DER GOLDENE SCHNITT

GÖTTLICHE PROPORTIONEN UND NOBLE ZAHLEN

Willst du am Ganzen dich erquicken,
musst du das Ganze im Kleinsten erblicken !

Axel Hausmann

DER GOLDENE SCHNITT

GÖTTLICHE PROPORTIONEN UND NOBLE ZAHLEN

Aachen 2002

Titelbild: **Mona Lisa**
Leonardo da Vinci, 1504
Öl auf Holz
Paris, Musée du Louvre

Grafiken und Zeichnungen : Axel Hausmann
E-Mail: axel.hausmann@physik.rwth-aachen.de

Herstellung: Books on Demand GmbH
ISBN 3-8311-2442-6

INHALT

PROLOG

Ordnung und Harmonie

Obwohl in Europa schon seit 2.500 Jahren Naturphilosophie betrieben worden ist, sind die Menschen auch heute noch auf der Suche nach einem allgemein gültigen Ordnungssystem hinter den vordergründigen, für uns sichtbaren Erscheinungen. Von diesem wird vermutet, dass es den Ablauf aller Vorgänge im Universum steuert. Weltweit suchen Tausende von Physikern nach einer einheitlichen Theorie, die auf der Basis von nur wenigen Annahmen über die Struktur der Materie und die zwischen ihnen wechselwirkenden Kräfte in der Lage ist, die gesamte Natur zu erklären.

Selbst wenn es erst eines fernen Tages eine solche Theorie geben sollte, lässt sich doch schon jetzt sagen, dass sie nur aus wenigen, sehr abstrakten und komplexen mathematischen Gleichungen bestehen wird. Diese einheitliche, mathematisch begründete Theorie wird dann vielleicht das Verhalten des Universums vom Mikrokosmos der Elementarteilchen bis hin zu den Grenzen des Alls mathematisch beschreiben können, doch werden diese Aussagen nur aus schwer verständlichen Angaben über gewisse Symmetrien und bestenfalls aus Feststellungen über die Größe von Wechselwirkungsparametern bestehen. Man wird den Gleichungen dann vielleicht entnehmen können, dass das jetzige Universum mit einer Singularität, dem sogenannten *big bang* oder Urknall, begonnen hat und wahrscheinlich auch, wie es nach der Theorie möglicherweise enden könnte. Nur ein geringe Anzahl von Wissenschaftlern wird vermutlich in der Lage sein, die abstrakten Aussagen nachzuvollziehen. Wahrscheinlich werden sich auch sie keine wirkliche Vorstellung davon machen können, welche Realität diese Theorie beschreibt. Selbst die Voraussetzung einer solchen Theorie, dass nämlich die uns bekannte Form der Naturgesetze unveränderlich sei, wird eher eine Frage der Überzeugung bleiben denn Teil unseres Wissens sein.

Ich halte es zwar für unwahrscheinlich, dass es diese einheitliche, mathematische Beschreibung für das gesamte Universum in seiner Vielfalt geben wird, doch bin auch ich davon überzeugt, dass sich viele Vorgänge mathematisch beschreiben lassen. Die menschliche Geistesgeschichte lehrt mich allerdings, dass unser Wissen immer nur einen vorläufigen Charakter besitzt. Die Ideen von einer mathematisch fassbaren Ordnung des Kosmos sind im Verlauf der Geistesgeschichte zu großen Veränderungen unterworfen gewesen, als dass man Ähnliches für unser heutiges Wissen ausschließen dürfte. Stets bestimmten Empfindungen, Gefühle und in noch stärkerem Maße die sozialen Verhältnisse die Interpretationen und Vorstellungen von einer angeblich vom Menschen unabhängigen, mathematischen Ordnung mit.

Die Vorstellung, die Ordnung der Welt lasse sich durch Mathematik ausdrücken sowie der Glaube an die Übereinstimmung von mathematischen Modellen mit der Realität, existieren beide seit dem Augenblick, als Menschen begannen, rational zu denken. Diese Überzeugung bildet gleichsam die Grundlage allen Nachdenkens über die Natur. Dafür gibt es einen einleuchtenden Grund: Die unendliche Vielfalt von realisierten Zuständen und von sich ergebenden Veränderungen im unbelebten und im belebten Universum gehorcht teilweise ganz offenkundig Gesetzmäßigkeiten, die sich durch mathematische Regeln aus der Geometrie oder durch Zusammenhänge zwischen Zahlen beschreiben lassen. Die Handhabung dieser mathematischen Regeln ist die Basis für menschliches Eingreifen in den Ablauf der Natur.

Die Menschheit hat sich seit mehr als 6.000 Jahren Vorstellungen von einem der Realität übergeordneten göttlichen Schöpfungsplan gemacht. Diese Ideen veränderten sich allerdings von Zeit zu Zeit. Alle auf Mathematik basierenden älteren Überlegungen bestanden aus der statischen Beschreibung eines von den Göttern geschaffenen Universums. Die Menschen der Frühzeit meinten auf der Basis von bestimmten, ausgezeichneten Zahlen das Wirken der Götter verstehen zu können. Zu den frühesten Erkenntnissen überhaupt gehörte dabei die Entdeckung von bestimmten, geordneten Zahlenfolgen. Der Umgang mit

diesen Zahlen prägte in ganz entscheidendem Maße die Geistesgeschichte Europas.
Bevor die Menschen im modernen Sinn Naturwissenschaften betrieben, beschränkten sie sich fast allein auf die Benutzung ihrer Sinnesorgane und ihres Verstandes. Vor rund 350 Jahren ereignete sich dann in Europa eine der folgenreichsten Zäsuren im menschlichen Denken mit der Entstehung der modernen Naturwissenschaften: Isaac Newton erdachte die Differentialrechnung. Mit ihrer Hilfe wurde es fortan möglich, die zeitlichen Veränderungen von Zuständen rückwärts in die Vergangenheit und vorwärts in die Zukunft zu berechnen. Seitdem folgt das Erkennen von gesetzmäßigen Naturphänomenen einem charakteristischen Muster. Am Anfang steht immer die Beobachtung von Vorgängen, die sodann mathematisch beschrieben werden. Der Mensch richtet gleichsam eine Frage an die Natur, indem er ihr eine Rechenaufgabe stellt. Der Beobachtung geht dabei meist noch eine Reduktion der Komplexität der Beobachtungsdaten auf das als wesentlich vermutete Verhalten voran.
Heute verwenden die Menschen ausgeklügelte Messverfahren für Experimente, in denen sie zahlenmäßige Anfangsbedingungen vorgeben. Das Ergebnis lesen Wissenschaftler als Zahlenwerte an immer komplexer werdenden Messinstrumenten ab. Damit behandeln wir die Natur im Experiment wie eine riesige Rechenmaschine. Aus den erhaltenen mathematischen Daten wird danach versucht, die Rechengesetze der Natur zu verstehen, indem man sie durch einen mathematischen Algorithmus beschreibt. Das gesetzmäßige Verhalten der Naturphänomene wird somit durch Rechengesetze abgebildet.
Je genauer man beobachtete und je größer das mathematische Wissen der Menschheit wurde, umso genauer wurde die Übereinstimmung zwischen der beobachteten „Realität“ und der mathematischen Beschreibung. Gleichzeitig verloren die durch Zahlenfolgen beschriebenen Gesetzmäßigkeiten weitgehend an Bedeutung.

Die Entwicklung der Naturwissenschaften bewirkte schnell eine folgenschwere Konsequenz: Der Mensch lernte, vergangene Abläufe zu verstehen und zukünftige Veränderungen als Fortsetzungen der Vergangenheit zu begreifen. Dadurch begann er zu glauben, die Zukunft sei ebenfalls in seinem Sinn beliebig veränderbar, sofern er nur die Naturgesetze im Sinne menschlicher Wünsche anwendete. Im Gleichschritt mit den rasanten Fortschritten auf dem Gebiet der Mathematik und der Naturwissenschaften und durch die Erfolge bei deren Anwendung wuchs unser Wissen über die Natur so immer schneller an.

Die Idee vom vollständigen Verstehen und von der völligen Beherrschbarkeit der Natur wurde allerdings schon vor hundert Jahren durch die Quantentheorie in Frage gestellt. Diese behauptet unter anderem, es existiere eine prinzipielle Ungenauigkeit bei der Bestimmung gewisser physikalischer Größen.
Vor rund dreißig Jahren verstärkte dann die Chaostheorie solche Bedenken. Es erschien mit einem Mal fraglich zu sein, ob sich physikalische Vorgänge stets ohne weiteres in die Zukunft fortschreiben ließen, nur weil das die mathematischen Gleichungen, mit denen wir die Naturgesetze abbilden, erlauben. Die Chaostheorie machte nämlich deutlich, dass sich nicht vorhersagbare Entwicklungen ergeben können, selbst wenn alle Anfangsbedingungen bekannt sind. Diese Erkenntnis sorgte in jüngster Zeit dafür, dass man sich auch wieder mit einer durch Zahlen beschreibbaren Ordnung beschäftigte. Erstaunlicherweise begegnete man nämlich in der Chaostheorie wieder denselben Zahlen, die schon am Anfang der Mathematik gestanden hatten.

Seit dem 19. Jahrhundert begann man darüber nachzudenken, ob die Mathematik selbst etwas Naturgegebenes sei oder ob es sich um nur ein menschliches Konstrukt handele. Die Antwort darauf ist bis heute eine Angelegenheit der jeweiligen Überzeugung geblieben. Manche Gelehrte vertreten dabei die Ansicht, die mathematischen Strukturen existierten gleichsam als etwas Immaterielles jenseits der materiellen Welt. Die Materie stelle demnach nur ein Abbild dieser Strukturen dar. Andere wiederum sind von der Vorstellung überzeugt, unsere mathematischen Konzepte hätten sich als abstrakte Ideen einzig aus den materiellen Vorgaben des Universums entwickeln können.

Unabhängig vom persönlichen Standpunkt lässt sich jedenfalls nicht leugnen, dass sich mathematische Strukturen sowohl in der unbelebten als auch in der belebten Materie finden. Diese äußern sie sich stets in ganz bestimmten Symmetrien und in einer beschränkten Anzahl von Zahlenverhältnissen. Sehr häufig sind diese Strukturen verbunden mit der Mathematik des Goldenen Schnitts, aus dem sich mit Geometrie und Arithmetik die beiden Grundrichtungen der Mathematik entwickelt zu haben scheinen. Da sämtliche rationalen Weltanschauungen der Philosophen seit den ersten Anfängen in Griechenland auch mathematische Modelle der Natur enthielten, ist die europäische Kultur ohne das Phänomen „Goldener Schnitt" im Grunde nicht denkbar.

Bevor sich die moderne Mathematik näher mit dem Goldenen Schnitt befasste, waren die Proportionen, die sich aus den mit ihm verbundenen Zahlenfolgen ergeben, aufs Engste mit dem Begriff „Harmonie" verknüpft. Harmonie und Ordnung standen Jahrhunderte lang im Zentrum antiker und auch christlicher Wertvorstellungen. Das Wort *harmonia* hat seinen Ursprung im Griechischen und bedeutet so viel wie Verbindung oder Verknüpfung von entgegengesetzten Dingen zu einer geordneten Ganzheit. Zuerst taucht das Wort bei Homer auf, dann bei Hesiod als mythologische Person in Gestalt einer Tochter des Kriegsgottes Ares und der Schönheits- und Liebesgöttin Aphrodite. Sie verbindet sich mit Kosmos und schafft damit die Voraussetzung für das Entstehen menschlicher Kultur. Harmonie vereinigt somit bildhaft zwei Gegensätze.

Vor allem war es die Vereinigung der Pythagoreer, welche im 6. Jahrhundert v. Chr. die Verbindung von Harmonie und Kosmos zu einem umfassenden Weltbild ausgebaut hat. Harmonie war für sie nicht nur eine schöne Eigenschaft, sondern auch eine objektive der Dinge schlechthin. Damit beschrieben sie die geordnete und regelhafte Anordnung vieler Dinge und Teile zu einem perfekten Ganzen. Das wesentliche Neue war dabei die Vorstellung, dass sich der Harmoniebegriff als Ordnung von Zahlen und Proportionen widerspiegelte. Die Pythagoreer glaubten, die Prinzipien der Mathematik seien auch die Prinzipien allen Seins, des Kosmos wie auch der menschlichen Seele. Die Schönheit und die Perfektion der Welt offenbarten sich für sie durch mathematische Gesetze, die ihre Entsprechung in dem Zusammenhang von Tönen und Zahlen besaßen, welche sie entdeckt hatten.

Schwingende Saiten erklingen in musikalischen Intervallen, wenn ihre Längen in einfachen Zahlenverhältnissen zueinander stehen. JOHANNES KEPLER schreibt in Buch II, Kap.II, p.107 seiner „Weltharmonik“ zur harmonischen Teilung:

„Wenn die Saite in solche Teile zerlegt wird, die einzeln unter sich und mit der ganzen konsonieren, so heißen wir diese Teilung harmonisch. Das Mittelglied dieser musikalisch (d.h. konsonant) *proportionierten Teilung ist einer der beiden gleichen Teile oder, falls die Teile ungleich sind, der Größere von ihnen; die Außenglieder der konsonanten Proportion sind der andere, kleinere Teil und die ganze Saite.“*

Beträgt das Verhältnis 2 : 1, so hört man eine Oktave, bei 3 : 2 eine Quinte, bei 4 : 3 eine Quarte. Das wichtigste Verhältnis schlechthin war für die Pythagoreer jedoch die Oktave. Harmonie und Oktave wurden dadurch zu identischen Begriffen.

Die Philosophen PLATON und Aristoteles erhoben dann Harmonie zu einem Universalbegriff und übernahmen viele Vorstellungen der Pythagoreer. Die Weltseele sollte nach Idealzahlen gebildet sein; sie fand ihr Abbild in der menschlichen Einzelseele. Der Mensch besitzt nach PLATON einen Sinn für Ordnung, Maß und Proportion, was eine Folge seiner Verwandtschaft mit den Göttern ist. Das Wesen des Schönen und Guten spiegelt sich im richtigen Maß und in der Symmetrie, dem gemeinsamen, angemessenen Maß. Es wird auch als Ebenmaß oder rechtes Verhältnis bezeichnet. Als besonders vollkommene Gebilde werden daher manche geometrischen Figuren wie der Kreis, die Kugel oder einige regelmäßige Polyeder empfunden. Maßlos gilt als hässlich und als nicht-menschlich.
Diese platonischen Vorstellungen gingen nie ganz verloren, sondern überlebten die Antike, wenngleich sie durch subjektive Elemente

verändert wurden. Der römische Baumeister VITRUV überliefert diese Anschauungen im ältesten erhaltenen Werk über die Baukunst.
„Alles hast du nach Maß, Zahl und Gewicht bestimmt - *Omnia in mensura et numero et pondere disposuisti*" heißt es im frühchristlichen *„Liber sapientiae"* aus dem 2. Jahrhundert und der Kirchenvater AURELIUS AUGUSTINUS (354 – 430), dessen Theologie und Philosophie das abendländische Mittelalter beherrschte, wurde ebenfalls stark vom Neoplatonismus geprägt. Er schuf die geistige Grundlage für den mittelalterlichen Gedanken des *„Ordo"*.
„Ordnung ist das Mittel, durch das alles bestimmt wird, was Gott festgelegt hat", definiert AUGUSTINUS. Nichts steht außerhalb der göttlichen Ordnung und auch die Schönheit äußert sich in der Zahl als Grundlage der Form. Die Zahl ist die vereinheitlichende Formkraft von Maß und Ordnung, die ihre vollkommenste Ausprägung durch die menschliche Vernunft erhält. Man könnte sagen, Harmonie sei die schlüssige Beziehung von Proportionen, die durch die Form anschaulich wird. Unter den Künsten schätzte AUGUSTINUS folgerichtig Musik und Architektur am höchsten ein, weil sie auf zahlenmäßigen Gesetzmäßigkeiten beruhen. Gott selbst wird im Mittelalter als Baumeister mit dem Zirkel dargestellt, der die Welt nach mathematischen Gesetzen schafft.

Der italienische Baumeister LEON BATTISTA ALBERTI (1404 – 1472) präzisiert in seinen *„De re aedificatoria libri decem"* die Gedanken über die Ordnung der Welt indem er schreibt:

„Die Schönheit ist eine gewisse Übereinstimmung und ein Zusammenklang der Teile zu einem Ganzen gemäß einer bestimmten Zahl, Proportion und Ordnung, so wie es das absolute und oberste Naturgesetz (concinnitas) fordert."

Concinnitas ist somit gleichsam das visuelle Äquivalent zur akustischen *consonantia*. Mit Ordnung und Proportionen war in der Vergangenheit stets nicht nur eine Qualität, sondern zugleich eine Quantität gemeint. Nicht umsonst sprechen wir von Maßlosigkeit.
Doch was war das rechte Maß der Antike?

Die Suche nach der Antwort auf diese Frage hat häufig auf methodologische Irrwege geführt. Diese brachten zeitweise jegliche Proportionsforschung in Misskredit. Zum Teil lag das daran, dass man einfach Vorstellungen von heute auf die Vergangenheit übertrug und das antike Handeln mit einer nicht vorhandenen Symbolik überfrachtete. Man denke dabei an die Vorstellungen von mittelalterlichen Bauhütten oder an jene vom Tun der Freimaurer.
Jede noch so scharfsinnige Entschlüsselung geheimnisumwitterter Proportionsverfahren, wie etwa bei der Cheopspyramide, bleibt vordergründig, wenn man sie als rein technische Verfahren betrachtet. Bauen war in der Vergangenheit stets mehr, nämlich die Erzeugung von Harmonie als Umsetzung von Schönheit im Einklang mit der göttlichen Ordnung. Seit der Antike wurde der Mensch als Ebenbild der Götter angesehen. Daher mussten seine Maßverhältnisse die göttliche Ordnung widerspiegeln. Deshalb sind wesentliche Teile der Architekturtheorien von VITRUV bis LE CORBUSIER Proportionslehren.
Mit dem Aufkommen der Naturwissenschaften wich der feste Glaube an eine durch bestimmte Zahlen und Proportionen geordnete Welt dann einem ästhetischen Subjektivismus.

Dieses Buch befasst sich im Wesentlichen mit Proportionen. Damit ist stets das Verhältnis zweier oder mehrerer Größen gemeint, das durch Zahlenbrüche ausgedrückt werden kann oder auch nicht. Grundsätzlich ist dabei zwischen numerischen und geometrischen Proportionen zu unterscheiden. Besser ist aber die Unterscheidung nach rationalen oder irrationalen oder auch nach kommensurablen oder inkommensurablen Proportionen.
Kommensurabel heißt nach EUKLID, dass es für zwei Größen ein gemeinsames Maß gibt. Kommensurabilität erlaubt den Vergleich zweier Größen durch ganze Zahlen ohne Rest. Diese sind Vielfache einer gemeinsamen Maßeinheit. Beispielsweise sind Strecken von 5 Metern und 8 Metern kommensurabel mit der Einheit „1 Meter“. Im Gegensatz dazu ist die Diagonale eines Quadrats mit $L = 5$ Meter Seitenlänge nicht kommensurabel mit dessen Seite. Mathematisch wird deren Länge durch eine irrationale Quadratwurzel, nämlich durch $L\sqrt{2}$, bestimmt.

Sie als Leser haben vermutlich sehr oft Objekte eines Systems mit konstanten, irrationalen Proportionen auf der Basis von $\sqrt{2}$ in Ihren Händen. Immer dann nämlich, wenn Sie ein Blatt Schreibpapier benutzen. Es gehört gewöhnlich zu einem Papierformat DIN A, das durch Halbieren der längeren Seite aus einem Rechteck DIN A0 mit genau einem Quadratmeter Fläche erzeugt worden ist. Dessen Seitenlängen und die aller anderen, kleineren Formate stehen zueinander im Verhältnis $\sqrt{2} : 1$. Dadurch bilden alle Formate eine Folge von geometrisch ähnlichen Rechtecken.

Irrationale Proportionen wurden mit Ausnahme des Goldenen Schnitts bisher wenig untersucht. Ein Grund dafür könnte in dem Tatbestand liegen, dass die Philosophie der Pythagoräer unter allen Umständen irrationale Verhältnisse vermeiden wollte, da sie der Vorstellung einer durch ganze Zahlen geordneten Welt widersprachen. Diese Einstellung mag sich bei vielen Menschen bis heute erhalten haben.

Wenn man heutzutage vom Goldenen Schnitt spricht, dann meint man damit ein bestimmtes Verhältnis von Strecken. Man kann diese durch geometrische Konstruktionen erzeugen oder man kann sie numerisch annähern als Quotienten einer Folge von Zahlen. Beides haben Menschen seit langer Zeit getan. Die mathematischen Besonderheiten der zum Goldenen Schnitt gehörenden Zahlenfolgen haben allerdings zu einer eigenständigen Entwicklung geführt, so dass der Zusammenhang mit der Geometrie des Goldenen Schnitts oft nicht mehr erkannt wird.

Lange bevor Menschen Mathematik im heutigen Sinn betrieben, wurden wahrscheinlich im Süden Siziliens Zusammenhänge zwischen bestimmten natürlichen Zahlen bei der Untersuchung des menschlichen Körpers entdeckt. Darin glaubten die damaligen Menschen das Wirken einer von mächtigen Gottheiten geschaffenen Ordnung zu erkennen. Diese Zahlen galten daher als sakrale Objekte, die Götter der Menschheit offenbart hatten. Als Menschen dann damit begannen, Tempel für den Kult dieser Gottheiten zu errichten, bewirkte die Umsetzung dieser Zahlen in Stein ganz bestimmte geometrische Formen.

Obwohl sich nicht genau sagen lässt, wann den Menschen dieser Zusammenhang zwischen Formen und Zahlen bewusst wurde, kann man doch nachweisen (HAUSMANN 1998), dass mehrere Jahrtausende lang Tempel und andere Bauwerke für den Kult in den frühen Hochkulturen rings um das Mittelmeer nur mit diesen sakralen Zahlen proportioniert worden sind. Die Bauten spiegelten dadurch in ihrem Aussehen notwendigerweise die durch die Eigenschaften der Zahlen bedingte mathematische Struktur wider, ungeachtet der Tatsache, ob das ein Betrachter wirklich bemerkte oder nicht.

Nach der Gründung griechischer Stadtstaaten in Kleinasien und später in ganz Griechenland wurden diese Ideen als Planungsgrundlage für den Tempelbau aus Ägypten übernommen. Da in dem jungen Volk der Griechen keine Tradition der Überlieferung wie am Nil existierte, empfanden die Hellenen auch keine Scheu, die mathematische Struktur der sakralen Zahlen näher zu untersuchen. Dabei entdeckten sie viele Phänomene, die mit diesen Zahlen verbunden sind. Als erste Menschen, die systematisch Philosophie betrieben, wurden sie dadurch gleichsam nebenbei zu den Begründern einer systematischen Mathematik, die sich vor allem mit geometrischen Problemen befasste.
Bei der Beschäftigung mit der Figur des regulären Fünfecks entdeckten die Griechen wahrscheinlich eine geometrisch exakte Konstruktion, mit deren Hilfe eine Strecke in einem ganz bestimmten Verhältnis geteilt werden konnte. Mit Hilfe dieses Vorgehens war es möglich, unendlich viele größere und kleinere Strecken mit demselben Verhältnis zu erzeugen. Heute wird dieses Verfahren deshalb als „stetige Teilung" bezeichnet.
Bald erkannten die Pythagoreer, dass dieses konstante Verhältnis durch die Folge der sakralen Zahlen näherungsweise angegeben werden konnte. Nach allem, was wir heute wissen, wurde aber den griechischen Mathematikern der Zusammenhang zwischen der stetigen Teilung in der Geometrie und den sakralen Zahlenfolgen erst zur Zeit des Hellenismus voll bewusst.

Die Entwicklung der Biologie hin zu einer exakten Naturwissenschaft führte zu Beginn des 19. Jahrhunderts zu der Entdeckung, dass sich die seit langer Zeit bekannten Zahlenfolgen in der Anordnung von Blüten und Blättern bei zahlreichen Pflanzen sowie in der symmetrischen Gestalt mancher Kleinlebewesen wiederfanden. Dennoch dauerte es noch fast hundert Jahre, bevor sich Mathematiker unabhängig von diesen Zusammenhängen intensiv mit der Mathematik der stetigen Teilung und mit den zugehörigen Zahlenfolgen zu beschäftigen begannen.

Erst neuerdings existieren die Voraussetzungen, um auch über den Zusammenhang zwischen dem Goldenen Schnitt als einer Möglichkeit zur Erzeugung von konstanten Proportionen sowie dem Auftreten von bestimmten Zahlenfolgen als Gestaltungsprinzip in der Natur genauer nachzudenken.

Dabei hat man entdeckt, dass dieses Prinzip offenbar wesentlich weiter verbreitet ist, als man vorher bemerkt hatte. Es lässt sich nämlich auch bei astronomischen Beobachtungen, in der Struktur von Molekülen und bei gewissen Phänomenen der Festkörperphysik erkennen. Zusätzliche Erkenntnisse lieferten dann Computer, die es ermöglichten, viele Eigenschaften der Mathematik des Goldenen Schnitts durch vereinfacht durchzuführende numerische Verfahren sichtbar zu machen. Schließlich merkte man sogar, dass sich einige der mathematischen Eigenschaften praktisch anwenden ließen.

Da das Wissen der Antike im Lauf der Zeit großenteils in Vergessenheit geraten war, befasste sich lange Zeit kaum noch jemand mit dem sakralen Ursprung dieser Mathematik, der einst Anlass für alle Beschäftigung mit diesem Thema gewesen war. Zwar wurden Vermutungen darüber geäußert, dass Künstler wie Raffael, Leonardo da Vinci oder DÜRER zur Zeit der Renaissance den Goldenen Schnitt für den Aufbau einiger Bilder benutzt haben könnten, doch besaßen solche Überlegungen eher den Charakter von esoterischen Gedankenspielen.

Es sind nun aber gerade die mathematischen Qualitäten der stetigen Teilung, die es ermöglichen, wie mit einem *metrischen Fingerabdruck* Zusammenhänge aufzudecken und zum Beispiel die überragende Rolle der sakralen Zahlen in der Kunst der Vergangenheit und in der Architektur der Antike zu untersuchen. Dabei wird deutlich, dass das

Vorkommen dieses Systems in der Natur einst Ausgangspunkt aller von Menschen betriebenen Mathematik gewesen sein dürfte.
Die genaue Untersuchung der ältesten menschlichen Bauwerke aus Stein macht deutlich, dass die Entdeckung der mit dem Goldenen Schnitt verbundenen Zahlenfolgen wesentlich älter sein muss als beispielsweise die geometrisch durchführbare Teilung einer Dreiecksseite in diesem inkommensurablen Verhältnis.

Dafür existiert ein einleuchtender Grund. Wie bald klar werden wird, ist das Teilungsverhältnis durch einen Zahlenwert gegeben, der weder durch ganze Zahlen noch durch einen Zahlenbruch aus ganzen Zahlen exakt angegeben werden kann. Das heißt mathematisch ausgedrückt, dass der Zahlenwert *irrational* ist. Allerdings ist es möglich, dieses Verhältnis beliebig genau durch einen Zahlenbruch aus ganz bestimmten Zahlen anzunähern.
Da die Proportion des Goldenen Schnitts aus der unmittelbaren Anschauung natürlicher Systeme gewonnen wurde, konnten logischerweise nur solche Gebilde zu Untersuchungen herangezogen werden, die aus einzelnen Objekten wie Zellen oder Samenkapseln bestanden. Deren Anzahl lässt sich prinzipiell beliebig genau angeben. Auf Grund dieser Tatsache kann man in allen natürlichen Systemen aus abzählbar vielen Objekten niemals den exakten Wert der durch den Goldenen Schnitt ausgedrückten, irrationalen Proportion finden, sondern immer nur eine mehr oder weniger gute Annäherung durch Zahlenbrüche. Wenn man genau sein will, dann muss man also unterscheiden zwischen der exakten, nur geometrisch durchführbaren Realisierung der Proportion, und der natürlich vorkommenden Annäherung an deren Wert durch abzählbar viele Objekte. Dabei können diese aus Atomen oder Molekülen in einem Kristallgitter, aus Bakterien, Kaninchen oder aus endlich vielen Ziegelsteinen eines Bauwerks bestehen.

Seit sich Mathematiker mit dem Goldenen Schnitt befassten, gab es auch hier zwei Gruppen. Eine von ihnen war überzeugt, es handele sich allein um ein mathematisches Problem, dass in der Natur nicht vorkomme. Wer das Gegenteil behaupte, der müsse notwendigerweise esoterisch veranlagt sein. Ihre Gegner in der anderen Gruppe waren dagegen der festen Überzeugung, das Wirken dieses Maßverhältnisses lasse sich vielfach in der Natur beobachten.

Aus den aufgezählten Gründen handelt es sich offenbar um das Problem, wie man den Goldenen Schnitt definieren will. Soll darunter nur das irrationale Verhältnis von geometrischen Strecken verstanden werden, dann hat die erste Gruppe bedingt Recht. Bezeichnet man hingegen die Annäherung der Proportion des Goldenen Schnitts durch endlich viele Objekte ebenfalls mit demselben Namen, dann lagen diejenigen nicht falsch, die den Goldenen Schnitt in natürlichen Systemen entdeckten.
Im Rahmen dieser Abhandlung sollen beide Seiten zu Wort kommen und ich werde die Bezeichnung „Goldener Schnitt“ ohne Differenzierung verwenden.

Um eine Auseinandersetzung darüber zu vermeiden, ob es den Goldenen Schnitt nun in der Natur gibt oder ob nicht, möchte ich die geometrische Behandlung der Thematik ungeachtet der historischen Entwicklung an den Anfang meiner Überlegungen stellen. Danach soll dann der Zusammenhang zwischen den zugehörigen, geometrischen Konstruktionen und den Zahlenfolgen abgehandelt werden. Auf diese Weise wird hoffentlich verständlich, worin der Unterschied zwischen der geometrischen Proportion und ihrer Realisierung in Systemen aus endlich vielen Objekten besteht. Im zweiten Abschnitt des Buches werde ich Beispiele für das Vorkommen des Goldenen Schnitts in der Natur vorstellen und im dritten Teil die Entdeckung der Heiligen Zahlen aus den Proportionen des menschlichen Körpers schildern. Dann folgt die Beschreibung, in welcher Weise der Goldene Schnitt in den verschiedenen Künsten vorkommt. Ein eigenes Kapitel ist dem Auftreten des Goldenen Schnitts in der Architektur gewidmet, wo das Prinzip für die Proportionierung von Bauwerken zuerst und am längsten angewandt wurde.

Der Leser kann alle Teile des Buches unabhängig voneinander studieren, da sie nicht aufeinander aufbauen. Er kann also auch die beiden mathematischen Abschnitte überschlagen. Dennoch scheint mir die zugehörige Mathematik ein unerlässliches Bindeglied für die verschiedenen Aspekte und zugleich ein Hilfsmittel für das Verständnis der Zusammenhänge zu sein.

Das Buch erhebt allerdings keinen Anspruch auf Vollständigkeit bezüglich des Vorkommens des Goldenen Schnitts, sondern möchte vielmehr den Leser dazu anregen, sich selbst mit dieser interessanten Thematik zu befassen. Aus erkennbaren Gründen werden auch nur markante Beispiele für dessen Auftreten in der Natur und in der Kunst der Menschen aufgeführt. Um den mathematischen Teil nicht zu umfangreich werden zu lassen, wurde auch weit gehend darauf verzichtet, die einzelnen mathematischen Aussagen zu beweisen.

Die hier beschriebenen, geometrischen Beziehungen gelten für die euklidische Ebene. Punkte werden durch große lateinische Buchstaben bezeichnet, Geraden durch zwei Punkte A und B werden $\mathcal{AB}$ genannt. Ein Vieleck wird durch seine Eckpunkte gekennzeichnet, also steht ABC für ein Dreieck und ABCD für ein Viereck.

Für die Beziehungen zwischen Zahlen und Größen werden die in der Mathematik üblichen Abkürzungen und Bezeichnungen verwendet. Mit der folgenden Bedeutung werden Sonderzeichen benutzt:

N $\Rightarrow$ Menge der positiven, ganzen Zahlen; G $\Rightarrow$ Menge aller ganzen Zahlen; $n \in$ N $\Rightarrow$ Natürliche Zahl n aus der Menge aller natürlicher Zahlen N; $123 : 76 \approx \Phi \Rightarrow$ Das Verhältnis der beiden Zahlen ist nur ungefähr gleich dem Zahlenwert des Modulus Φ; $\infty \Rightarrow$ unendlich groß; $\Sigma \Rightarrow$ Summenbildung aus endlich vielen Gliedern.

Großgeschriebene Autorennamen wie DÜRER verweisen auf das Literaturverzeichnis am Schluss des Buches.

TEIL I. GEOMETRIE UND ZAHLEN

1.1 Historische Anmerkungen

Der Goldene Schnitt mit seinen Maßverhältnissen und den zugehörigen Zahlenfolgen spielt seit Jahrtausenden eine glänzende Rolle in der Kultur, in der Kunst und in der Mathematik. Erstaunlicherweise hat es jedoch nie eine einheitliche Bezeichnung für alle Phänomene gegeben, die mit dieser Thematik zusammenhängen. Obgleich sich die Verwendung der mit dem Goldenen Schnitt verbundenen Zahlenfolgen schon bei den Megalithbauten der Jungsteinzeit nachweisen lässt, gibt es keine Überlieferung darüber, ob es überhaupt einen eigenen, treffenden Namen gegeben hat.

Der Ausdruck „Goldener Schnitt", in lateinischer Sprache *sectio aurea* genannt, setzte sich erst im 19. Jahrhundert für ein bestimmtes geometrisches Verfahren durch. Mit dieser Bezeichnung war dabei jene Konstruktion gemeint, mit deren Hilfe eine Strecke exakt so in zwei Teile M und m „zerschnitten" wurde, dass sich die Gesamtlänge M + m zum größeren Teilstück, dem Major M, genauso verhielt wie der Major M zum kleineren Teilstück, dem Minor m. In Formeln ausgedrückt schreibt sich das so

$$(M + m) : M = M : m$$

Weder im Altertum noch im Mittelalter scheint dieses Teilungsverhältnis als *sectio aurea* bezeichnet worden zu sein.

Ein angeblicher Schüler von PYTHAGORAS, Hippasos von Metapont, soll schon im Frühstadium der griechischen Mathematik die Konstruktion des regulären Fünfecks und in diesem Zusammenhang den Goldenen Schnitt entdeckt haben. Es wird berichtet, er habe auch zuerst die „aus zwölf Fünfecken zusammengesetzte Kugel, das Pentagondodekaeder" öffentlich beschrieben und sei deshalb als Gottloser im Meer ertrunken.

In den lateinischen Übersetzungen der mathematischen Arbeiten des Griechen EUKLID (XIII,5) findet sich die älteste Beschreibung des Teilungsverfahrens im Zusammenhang mit der Konstruktion eines regelmäßigen Fünfecks. Dort wird das Verfahren umschrieben und heißt *proportio habens medium et duo extrema*. Noch in der „Weltharmonik" des JOHANNES KEPLER findet sich diese Ausdrucksweise als „Teilung nach dem Extremen und dem Mittleren" wieder. Sie wurde wahrscheinlich gewählt, weil damit die Verhältnisse zwischen den Teillängen M und m sichtbar wurden. Die äußeren Teilstücke oder Extreme sind dabei die Gesamtlänge M + m sowie der Minor m, das Mittlere besteht aus dem Major M. Bei JOHANNES KEPLER findet sich aber auch schon die Bezeichnungen „göttlicher Schnitt".

Im 16. Jahrhundert erfuhr der Goldene Schnitt als ästhetisches Stilmittel speziell bei Malern eine besondere Beachtung. An die Stelle der Bezeichnung *sectio proportionalis* oder „Proportionalschnitt" trat nun immer häufiger der Name „göttliches Verhältnis" oder *divina proportio*, den der Venezianer Architekt LUCA PACIOLI als Erster in seinem im Jahre 1509 erschienenen gleichnamigen Werk verwandt hatte. Angeblich soll er das Verhältnis als „göttlich" bezeichnet haben, weil er in den drei Teilstücken das Wirken der göttlichen Trinität zu sehen meinte. Wohl kaum dürfte PACIOLI aber davon Kenntnis gehabt haben, dass die Glieder einer der zur geometrischen Teilung gehörenden Zahlenfolge bereits im Alten Reich von Ägypten „Zahlen der Götter" hießen.

Die lateinische Bezeichnung *proportio continua* wird im deutschen Sprachraum 1539 erstmals von W. SCHMID als „stäte Proportz" (d. i. stetige Proportion) wiedergegeben. Damit sollte wohl zum Ausdruck kommen, dass man prinzipiell unendlich viele Strecken erzeugen kann, von denen je zwei der Größe nach aufeinander folgende Längen immer dasselbe Verhältnis liefern. J. H. LORENZ prägte dann in seiner EUKLID - Ausgabe von 1781 die deutsche Bezeichnung „stetige Teilung".

Bei JOHANNES KEPLER wird zum ersten Mal der Zusammenhang zwischen der „göttlichen Teilung" und deren Näherung durch rationale Zahlenbrüche in Buch V,2 überliefert:

„Andererseits gibt es eine Proportion, die sich niemals durch ganze Zahlen ausdrücken lässt und nur durch eine lange Reihe von Zahlen, die sich ihr mehr und mehr nähern, dargestellt werden kann. Diese Proportion wird die göttliche genannt, insofern sie vollkommen ist. Sie herrscht auf verschieden Weise in der Dodekaederfamilie. Sie wird nun nach und nach näherungsweise ausgedrückt durch die harmonischen Proportionen 1/2, 2/3, 3/5, 5/8. Am unvollkommensten steckt sie in 1/2, am vollkommensten in 5/8; sie würde noch vollkommener erscheinen, wenn man über die Summe von 5 und 8, d.i. 13, die Zahl 8 (also 8/13) *setzen würde; nur ist dieses Verhältnis nicht mehr harmonisch."*

Im engeren Sinne der geometrischen und musiktheoretischen Überlegungen KEPLERS kann das Verhältnis der göttlichen Proportion nicht als harmonisch gelten, da er es selbst als „unaussprechbar" bezeichnet. Heute würde man stattdessen die Bezeichnung „irrational" vorziehen, um auszudrücken, dass sein Zahlenwert nie exakt als Verhältnis von zwei ganzen Zahlen ausgedrückt werden kann. KEPLER lehnte das Wort irrational allerdings ab, weil nach seiner Ansicht damit etwas Unsinniges und Zweideutiges verbunden sei, während es doch die besten Gründe für den Bestand dieser Proportion gebe.

„... man gibt ihr die Bezeichnung göttlich wegen ihrer wunderbaren Natur und ihrer mannigfachen Sondereigenschaften, von denen die wichtigste darin besteht, dass man immer wieder eine in gleicher Weise geteilte Strecke erhält, wenn man den größeren Teil zum Ganzen addiert, wobei dann der größere Teil zum kleineren und, was vorher das Ganze war, zum größeren Teil wird."

Die von KEPLER genannten Brüche bestehen aus sogenannten „Fibonacci-Zahlen" in Zähler und Nenner und können als Näherung eine anschauliche Abbildung des geometrischen Verhältnisses liefern. Sie verfügen über interessante mathematische Eigenschaften und haben zahlentheoretisch orientierte Mathematiker deshalb schon lange fasziniert. Sie tragen ihren Namen zu Ehren des 1175 in Pisa geborenen Mathematikers LEONARDO PISANO, dessen Buch *„Liber abaci"* (Buch des Abakus) im Jahre 1202 erschien. Ein Hauptziel dieses Werkes war es, am Hof von Kaiser Friedrich II. in Palermo die Überlegenheit des in Europa noch weitgehend unbekannten arabischen Zahlensystems gegenüber dem auf römischen Ziffern beruhenden zu demonstrieren. LEONARDO wählte dafür als Beweis die Berechnung der Nachkommenschaft eines Kaninchenpaares, für deren Gesamtzahl sich in jeder Generation Fibonacci-Zahlen ergeben.

Der Name von LEONARDO wird wohl für immer mit dieser Zahlenfolge verbunden sein. Der Pisaner verdankt das aber eigentlich nur der Tatsache, dass das antike Wissen weitgehend in Vergessenheit geraten war. Die Fibonacci-Zahlenfolge dürfte nämlich wahrscheinlich schon 1.700 Jahre früher von den Mitgliedern des Geheimbundes der Pythagoreer entdeckt worden sein, als sie sich mit den Eigenschaften bestimmter rechtwinkliger Dreiecke beschäftigten. Vermutlich erwuchs aus dieser Entdeckung die Beschäftigung griechischer Mathematiker im Bannkreis des Philosophen PYTHAGORAS mit der proportionalen Teilung überhaupt. Ich will deshalb an den Anfang der geometrischen Überlegungen zum Goldenen Schnitt eine Spekulation stellen, wie die Entdeckung durch die pythagoreïsche Schule stattgefunden haben könnte.

1.2 Pythagoras und das Dreieck

PYTHAGORAS von der Insel Samos war ein Sohn des Goldschmiedes Mnesarchos und lebte im 6. Jahrhundert vor dem Beginn unserer Kalenderrechnung. Er interessierte sich angeblich schon als Kind für Mathematik. Um seine Kenntnisse zu vervollkommnen, wandte er sich klugerweise an die berühmtesten Lehrmeister seiner Zeit, nämlich an die ägyptischen Priester. Angeblich soll er drei silberne Pokale aus der Werkstatt seines Vaters eingepackt und mit einem Empfehlungsschreiben des Tyrannen Polykrates von Samos ein Schiff nach Ägypten bestiegen haben. Die Priester von Heliopolis erklärten, sie seien eines solch illustren Schülers unwürdig und schickten ihn weiter nach Memphis. Auch diese Priester nahmen einen Pokal entgegen, verwiesen den wissensdurstigen PYTHAGORAS jedoch schnell weiter an die Priester in Theben. Dort ließ man ihn zunächst ein Jahr lang warten, bevor man schließlich den hartnäckigen Jüngling in die Mysterien einweihte. Nach der Beendigung seiner Lehrzeit vervollständigte PYTHAGORAS seine Ausbildung durch Reisen nach Phönizien und Babylonien, wo er Astronomie und Geometrie erlernte. Nachdem er seine Studien abgeschlossen hatte, kehrte er nach Samos zurück und wurde Lehrer des Sohnes von Polykrates. Bald gefiel ihm aber das ausschweifende Leben am Hofe des Tyrannen nicht mehr. Mit 40 Jahren schiffte er sich noch einmal ein und setzte nach Kroton in Süditalien über. Dort gründete er die Bruderschaft der Pythagoreer, deren unumschränktes Oberhaupt PYTHAGORAS wurde.

Der Meister war der Überzeugung, dass das Wesen aller Dinge die Zahl sei, und dass alle Naturerscheinungen von einer höheren Logik gesteuert würden. Am Anfang der Welt hatte noch das Chaos geherrscht, doch dann hatte die Eins die Zahlen hervorgebracht, und daraufhin die Harmonie in die Welt gesetzt, die durch diese Zahlen zum Ausdruck kam.
Einige dieser Zahlen standen innerhalb einer Hierarchie über den anderen. Ganz oben rangierte die Zahl 10, welche die Pythagoreer auch *Tetraktys* oder „Vierheit“ nannten. Unterhalb der 10 waren in der Hierarchie die Zahlen 1, 2, 3 und 4 angeordnet, deren Summe die 10 ergeben. Alle gemeinsam bildeten das „göttliche Dreieck“.
Besonders wichtig scheint für die Pythagoreer die Untersuchung der harmonischen, ganzzahligen Verhältnisse zwischen den Tönen von schwingenden Saiten einer Lyra gewesen zu sein, die sich als Oktave, Quinte oder Quarte in deren Längenverhältnissen durch die Werte 1 : 2; 2 : 3 und 3 : 4 ausdrücken. Die Pythagoreer glaubten nun, die ganze materielle Welt, aber auch die der immateriellen Seele, seien durch dieselbe göttliche Harmonie der Zahlen bestimmt.

Von PYTHAGORAS sind keine Schriften überliefert worden, daher gab es schon in der Antike mehr Gerüchte über die Gedankenwelt der

Pythagoreer als ein wirkliches Wissen. Bekannt wurde der Philosoph deshalb auch mehr durch den Beweis für einen geometrischen Lehrsatz, der nach PYTHAGORAS benannt ist.
Gemäß dem römischen Historiker Plutarch hatte PYTHAGORAS am Nil offenbar dieselbe Frage gestellt wie vor ihm schon der neugierige Mathematiker Thales, nämlich die nach der Höhe der Cheopspyramide. Als Antwort der Priester erfuhr PYTHAGORAS angeblich, wie zuvor schon Thales, dass jede ihrer vier dreieckigen Seitenflächen genauso groß sei wie das Quadrat über der Höhe der Pyramide. Thales berechnete daraufhin die Pyramidenhöhe indirekt über die Messung von deren Schattenlänge im Vergleich mit der eines Stabes von bekannter Länge. Entweder wusste PYTHAGORAS nichts von diesem Tun oder er glaubte seinem Landsmann nicht. Auf jeden Fall scheint es so gewesen zu sein, dass PYTHAGORAS meinte, zunächst einen allgemeinen geometrischen Zusammenhang beweisen zu müssen, eben den berühmten Lehrsatz des PYTHAGORAS.

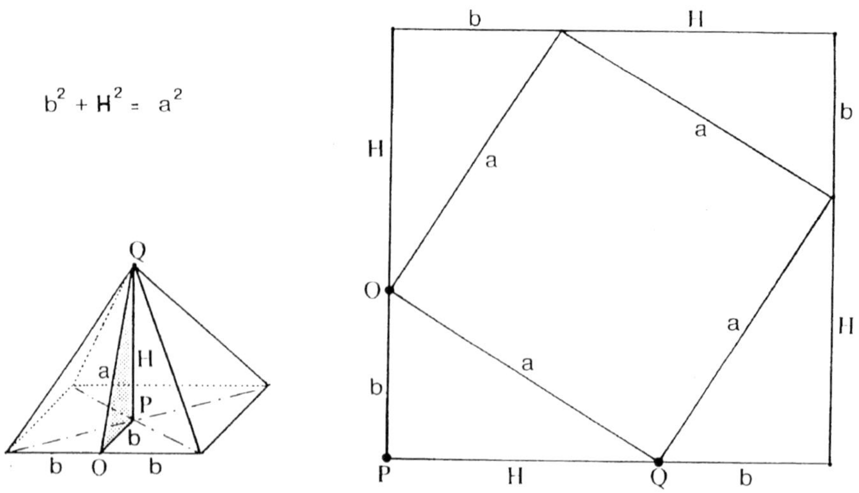

1.1

Bezeichnet man die nicht direkt messbare Höhe der Pyramide mit H, die messbare Basis der dreieckigen Seitenflächen mit 2b sowie die ebenfalls nicht zugängliche Dreieckshöhe mit a, dann bilden die drei Strecken a, b und H das schraffierte, rechtwinklige Dreieck OPQ links in Figur 1.1. Es hat die Strecken b und H als Katheten und a als Hypotenuse. Die Aussage der Priester aus Theben lässt sich nun schreiben als

$$H^2 = \tfrac{1}{2} a \times 2b = a \times b,$$

wobei in der obigen Gleichung die Längen H und a unbekannt sind. Wenn der Philosoph etwas mit dieser Aussage anfangen wollte, dann musste PYTHAGORAS einen weiteren Zusammenhang finden zwischen den Längen H, a und b.
Die mathematische Entdeckung des Philosophen war ein allgemein gültiger Lehrsatz für ein rechtwinkliges Dreieck. Er lautet:

- Das Quadrat über der Hypotenuse ist immer flächengleich mit der Summe aus den beiden Quadratflächen über den Katheten

Bei der Pyramide bedeutet das im Dreieck OPQ, dass

$$a^2 = H^2 + b^2$$

sein muss.

Vermutlich führte PYTHAGORAS den Beweis für diese Beziehung in der Weise, wie das Figur 1.1 zeigt. Er bildete ein Quadrat mit der Seitenlänge H + b und verband dann die vier Berührpunkte der beiden Strecken miteinander. Dadurch wurde seine Ausgangsfigur unterteilt in ein inneres Quadrat mit der Seite a und in vier Dreiecke mit H und b als Katheten sowie a als Hypotenuse. In einsichtiger Weise gilt für die einzelnen Flächen:

$$(H + b)^2 = a^2 + 4 \times \tfrac{1}{2} H \times b = a^2 + 2H \times b$$

Da aber auch die Berechnung

$$(H + b)^2 = H^2 + 2H \times b + b^2$$

bekannt war, folgt daraus durch Gleichsetzen der Lehrsatz des PYTHAGORAS in der Form

$$H^2 + b^2 = a^2$$

Diese Aussage ist für beliebig lange Seiten a, b und H eines jeden rechtwinkligen Dreiecks richtig.

Die Legende überliefert, PYTHAGORAS habe den Göttern aus Freude über seine Entdeckung hundert Ochsen geopfert. Noch heute kann man manchmal anlässlich einer grundlegenden Erkenntnis folgende Redewendung hören: *Nun zittern alle Ochsen!* Wer weiß allerdings schon, ob das nicht im übertragenen Sinne zu verstehen ist und nur jene Ochsen gemeint sind, welche die Entdeckung selbst nicht gemacht haben?

Mit Hilfe seiner Erkenntnis konnte PYTHAGORAS die Aussage der ägyptischen Priester nun folgendermaßen formulieren:

$$H^2 = a^2 - b^2 = a \times b$$

Um die Höhe als Zahlenwert berechnen zu können, hätte der Philosoph zwei ganze Zahlen a und b finden müssen, für welche die Differenz der Quadratzahlen a^2 und b^2 gleich war mit deren Produkt $a \times b$. So sehr er aber auch herumprobiert hätte, niemals wäre er auf zwei genau passende Zahlen gestoßen, da die Lösung dieser Gleichung einen irrationalen Wert besitzt, der nicht als Zahlenbruch aus zwei ganzen Zahlen geschrieben werden kann.

Hätte PYTHAGORAS andererseits die Pyramidenbasis vermessen, so hätte er als Länge b einen Wert von 3×76 Ellen erhalten. Durch Ausprobieren und Rechnen hätte er damit vielleicht herausfinden können, dass der Wert a = 3×123 Ellen die genannte Gleichung ungefähr befriedigt und sich somit eine Höhe von 290 Ellen ausrechnen ließ. Wahrscheinlich war seine Rechenfähigkeit dafür aber nicht ausreichend weit entwickelt.

Vermutlich wusste PYTHAGORAS aber, dass $(a + b) \times (a - b) = a^2 - b^2$ ergibt. Damit konnte er seine Gleichung umformen zu

$$a \times b = (a + b) \times (a - b)$$

oder

$$(a + b) : a = b : (a - b).$$

Wegen $a^2 - b^2 = a \times b$ muss nach Division des Ausdrucks durch $a \times b$ aber auch gelten

$$(1 + b) : a = (a + b) : a = a : b = b : (a - b)$$

Mit diesen Verknüpfungen zwischen a und b hätte PYTHAGORAS als Erster die stetige Proportion des Goldenen Schnitts formulieren können. Doch das geschah wohl nicht und niemand weiß, ob der ionische Philosoph überhaupt in dieser Weise vorging.
Möglicherweise erfuhr er in Ägypten die Länge der halben Pyramidenbasis zu $b = 3\times76$ Ellen und zusätzlich die der Höhe der Dreiecksfläche zu $a = 3\times123$ Ellen. Mit diesen Maßen für a und b konnte PYTHAGORAS dann die Höhe unmittelbar berechnen.

Mit diesem Wissen hätte er auch $a \times b = (a + b) \times (a - b)$ als Gleichung zwischen sogenannten „Heiligen Zahlen" schreiben können, welche in Ägypten wohlbekannt waren:

$$123 \times 76 \approx (123 + 76) \times (123 - 76) \approx 123^2 - 76^2 \text{ oder auch}$$

$$199 \times 47 \approx 123 \times 76$$

Das ist aber dieselbe Aussage wie

$$199 : 123 \approx 76 : 47.$$

Aus dieser Schreibweise wird schon das Bildungsgesetz der Heiligen Zahlen mit 199 = 123 + 76 und 123 = 76 + 47 sichtbar.

Die obige Proportion der zwei ganzen Zahlen a und b lässt sich recht genau sichtbar machen, wenn man sie an einem rechtwinkligen Dreieck realisiert. Dabei nehme man für die Dreieckseiten folgende Längen: Kathete K = 5 Maßeinheiten; Kathete G = 12 Maßeinheiten und Hypotenuse H = 13 Maßeinheiten. Solche Dreiecke nennt man pythagoreïsch, weil die Pythagoreer diese Dreiecke besonders gründlich untersucht haben. Im Buch werden sie durch die Schreibweise 12∗5∗13 gekennzeichnet; bei diesen Dreiecken besitzen alle drei Seiten ein gemeinsames Maß.

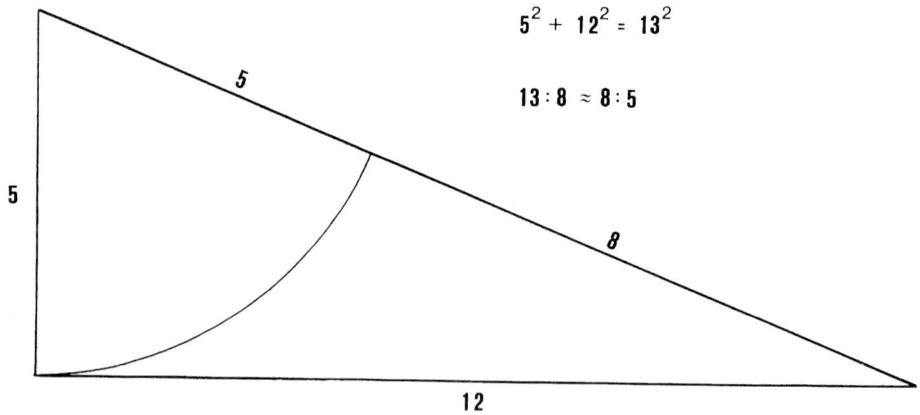

1.2

Trägt man von H die Länge K ab, so wird die Hypotenuse auf diese Weise in zwei Stücke von a = (H – K) = 8 und b = 5 Einheiten unterteilt, und es gilt tatsächlich

$$8 \times 5 \approx (8 + 5) \times (8 - 5) \approx 8^2 - 5^2 \quad \text{und} \quad (8 + 5) : 8 \approx 5 : (8 - 5).$$

Ich vermute, dass die Pythagoreer die Zahlen der Fibonacci-Folge über dieses rechtwinklige Dreieck entdeckt haben. Mit der Kenntnis der Heiligen Zahlen und deren Bildungsgesetz musste ihnen nämlich schnell klar werden, dass auch die Zahlen 3; 5; 8 = 3 + 5; 13 = 5 + 8 demselben Aufbaugesetz wie die Folge der Heiligen Zahlen gehorchen, wo jedes Glied als Summe oder Differenz der beiden vorhergehenden Zahlen entsteht.

Es existiert noch eine weitere Möglichkeit, indirekt über pythagoreïsche Dreiecke zu den Fibonacci-Zahlen zu gelangen, indem man vom kleinsten pythagoreïschen Dreieck 3∗4∗5 mit Seitenlängen K = 3, G = 4 und H = 5 ausgeht. Daraus lässt sich unter Verwendung der Heiligen Zahlen eine Verknüpfung ableiten, die beide Zahlenfolgen nur über Quadratzahlen miteinander in Beziehung setzt. (Die Heiligen Zahlen sind hier fett gedruckt).

$$\mathbf{3}^2 + \mathbf{4}^2 = 5^2;\ \mathbf{4}^2 + \mathbf{7}^2 = 8^2 + 1^2;\ \mathbf{7}^2 + \mathbf{11}^2 = 13^2 + 1^2;$$
$$\mathbf{11}^2 + \mathbf{18}^2 = 21^2 + 2^2;\ \mathbf{18}^2 + \mathbf{29}^2 = 34^2 + 3^2 \ldots.$$

Alle diese Wechselbeziehungen zwischen den Zahlen dürften die Pythagoreer in einen wahren Freudentaumel versetzt haben, wäre da nicht eine Enttäuschung gewesen. Als sie versuchten, die Länge der Diagonale eines Quadrats zu berechnen, ergab sich im Allgemeinen kein gemeinsames, ganzzahliges Maß, da das Verhältnis aus Diagonale und Quadratseite oft einen irrationalen Wert besitzt. Wie konnte das möglich sein, wenn doch die Erscheinungen der Natur sonst so schönen, harmonischen Gesetzmäßigkeiten gehorchten? Die Entdeckung der inkommensurablen Verhältnisse ließ jedenfalls das gesamte Theoriengebäude der Pythagoreer zusammenbrechen, demzufolge die Welt einzig durch ganze Zahlen geordnet sein sollte.

Nur wenige rechtwinklige Dreiecke genügen der Relation $K^2 + G^2 = H^2$ mit natürlichen Zahlen für K, G und H. Besonders das pythagoreïsche Dreieck 3∗4∗5 mit den kleinsten Zahlen war für die Schule der Pythagoreer von Bedeutung, weil bei ihm ein Kathetenschnitt durchgeführt werden konnte, welcher die Harmonie der Musik lieferte.

Die Untersuchungen der Pythagoreer hatten gezeigt, dass nicht nur zwei Saiten harmonisch zusammenklangen, wenn ihre Längen im Verhältnis kleiner ganzer Zahlen zu einander standen, sondern dass man dafür auch eine Saite geeignet verlängern oder unterteilen konnte. Die erhaltenen Teilstücke der Saite harmonierten dann unter Umständen ebenfalls.

2________ = 1____+ 1____ ⇒ 2________ : 1 ____ = Oktave

Gemäß dieser Überlegung ergeben sich durch Vergrößern der Saitenlänge die folgenden harmonischen Zweiklänge:

Aus **1** : **1** = Reine Prim ⇒ **1** : **2** = Oktave (1+1 = 2)

Aus 1 : 2 = Oktave ⇒ **2** : **3** = Quinte
⇒ 1 : 3 = Duodezime (1+2 = 3)

Aus 2 : 3 = Quinte ⇒ **3** : **5** = Große Sext (2+3 = 5)
⇒ 2 : 5

Aus 3 : 5 = Große Sext ⇒ **5** : **8** = Kleine Sext (3+5 = 8)
⇒ 3 : 8
....

Aus **1** : **3** = Duodezime ⇒ **3** : **4** = Quarte
⇒ 1 : 4 = Doppeloktave (1+3 = 4)

Aus 3 : 4 = Quarte ⇒ **4** : **7** (3+4 = 7)
⇒ 3 : 7
....

Aus **1** : **4** = Doppeloktave ⇒ **4** : **5** = Große Terz (1+4 = 5)
⇒ 1 : 5
....

Würde man auf diese Weise weiter fortfahren, so erhielte man schnell Zweiklänge, die gar nicht mehr harmonisch klingen. Die sich aus Prim, Oktave, Duodezime und Doppeloktave ergebenden Zahlenfolgen lauten nämlich 1; 2; 3; 5; 8; 13; ... (Fibonacci-Zahlen), 1; 3; 4; 7; 11; 18; ... (Heilige Zahlen) sowie 1; 4; 5; 9; 14; 23; ... . Bildet man Quotienten aus benachbarten Zahlen dieser Folgen, so streben sie sämtlich der irrationalen Proportion des Goldenen Schnitts $\Phi = (\sqrt{5} + 1) : 2$ als Grenzwert zu.

An dieser Zusammenstellung erkennt man, dass die verschieden großen, rationalen Verhältnisse aus kleinen Zahlen sowie der irrationale Grenzwert Φ die beiden Extreme eines Verfahrens sind, bei dem immer neue Glieder als Summe der beiden vorhergehenden entstehen. Weder JOHANNES KEPLER noch die Pythagoreer interessierten sich allerdings für die so gar nicht harmonisch klingenden Verhältnisse mit dem angenäherten Wert Φ. Manches spricht dafür, dass sie stattdessen wissen wollten, wo die Saiten einer Lyra mit dem Plektron, einem Stab aus Elfenbein, anzuschlagen waren, damit sie die gewünschten Konsonanzen lieferte. Bei ihrem Bemühen stießen sie vermutlich auf die Konstruktion des „Kathetenschnitts".

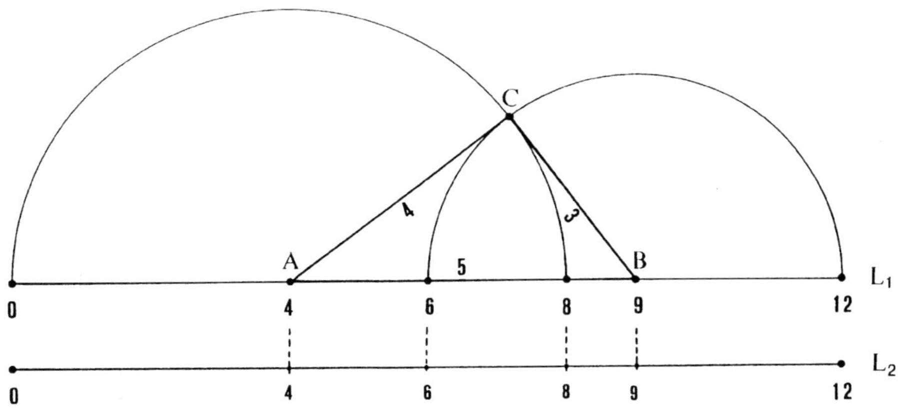

1.3

Trägt man auf der Hypotenuse eines Dreiecks 3∗4∗5 sowie auf deren Verlängerung gemäß Figur 1.3 beide Katheten als Strecken ab, so wird die Gesamtlänge von 4 + 5 + 3 = 12 Einheiten so in Teilstücke unterteilt, dass sich Verhältnisse von 12 : 9 (Quarte); 12 : 8 (Quinte); 12 : 6 (Oktave); 12 : 4 = (Duodezime); 12 : (12 – 9) (Doppeloktave) und 9 : 8 (Tonus oder Großer Ganzton) ablesen lassen. Mit zwei solchermaßen unterteilten Saiten kann man deshalb alle Konsonanzen erzeugen, auf denen die diatonische Harmonie der griechischen Musik aufbaute.

Der Punkt 8 stellt das harmonische Mittel, der Punkt 9 das arithmetische Mittel dar. Der Begriff des harmonischen Mittels beinhaltet folgende Vorstellung: Hat man zwei unterschiedliche Saiten mit L_1 = 6 Einheiten und L_2 = 12 Einheiten Länge, dann schwingen diese in Konsonanz, weil ihre Längen das ganzzahlige Verhältnis 1 : 2 einer Oktave bilden. Möchte man nun die längere Seite L_2 mit dem Anfangspunkt A und dem Endpunkt C durch einen Steg am Punkt B so unterteilen, dass die beiden entstehenden Teillängen *BC* und *BA* ebenfalls im Verhältnis der Oktave schwingen, so muss gelten *BC* : *AB* = L_1 : L_2. Das lässt sich erreichen, wenn man den Punkt B so wählt, dass die Strecke *AB* genau 8 Einheiten lang wird. Dann ist nämlich (12 – 8) : (8 – 0) = 1 : 2.
Man nennt 8 das harmonische Mittel HM von 6 und 12, weil sich bei der harmonischen Proportion die Differenzen benachbarter Zahlen in natürlicher Reihenfolge genauso verhalten wie die beiden äußeren Zahlen. Allgemein lässt sich das harmonische Mittel HM = b der beiden Zahlen a und c schreiben als

$$(c - b) : (b - a) = c : a \quad \text{oder} \quad HM = b = 2ac : (a + c)$$

Das arithmetische Mittel AM = d von zwei Zahlen a und c ist so definiert, dass d – a = c – d gilt. Eine Umformung liefert

$$AM = d = (a + c) / 2$$

Weder das harmonische noch das arithmetische Mittel der Oktave ergeben sich allerdings immer als eine ganze Zahl. Für eine Oktave mit a = 1 und c = 2 liefert nämlich das harmonische Mittel den Wert 4 : 3, also eine Quarte und das arithmetische Mittel mit 3 : 2 eine Quinte. Beide Ergebnisse sind daher Zahlenbrüche.

Erstmals liefert eine Oktave mit a = 6 und c = 12 durch HM = 8 und AM = 9 natürliche Zahlen für die Mittelwerte. Das erklärt vermutlich, warum die Pythagoreer die Zahlenfolge 6 – 8 – 9 – 12 als „Große Tetraktys“ vor anderen Zahlenfolgen auszeichneten.

Wendet man diese Überlegung schon einmal vorgreifend auf den Goldenen Schnitt und auf den Idealschnitt mit deren Moduli Φ beziehungsweise σ an, so erhält man für die harmonischen und arithmetischen Mittel aus der Zahl 1 den Moduli folgende Werte:

$$HM_G = 2 \times 1 \times \Phi : (\Phi + 1) = 2 : \Phi$$
$$AM_G = (\Phi + 1) : 2 = \Phi^2 : 2$$

und

$$HM_I = 2 \times 1 \times \sigma : (\sigma + 1) = 2\sigma : \sigma \times \sqrt{2} = \sqrt{2}$$
$$AM_I = (\sigma + 1) : 2 = \sigma : \sqrt{2}$$

1.3 Kathetenschnitte

Die Pythagoreer beschäftigten sich zunächst allgemein mit den Eigenschaften von rechtwinkligen Dreiecken, für die immer der Lehrsatz des PYTHAGORAS gilt. Besonderes Augenmerk richteten sie aber auf pythagoreïsche Dreiecke. Das sind alle die rechtwinkligen Dreiecke, bei denen die drei Seiten, die beiden Katheten K und G und die Hypotenuse H, ein gemeinsames Maß besitzen, das durch ganze Zahlen als Vielfache dieses Maßes ausgedrückt werden kann. Das ist zum Beispiel der Fall für die schon erwähnten Dreiecke 3∗4∗5 beziehungsweise 5∗12∗13.

Ungeachtet des Tatbestandes, dass die geometrische Konstruktion des Goldenen Schnitts vermutlich über den Umweg der pythagoreïschen Dreiecke und die harmonische Teilung der Hypotenuse gemäß Figur 1.3 gewonnen wurde, also aus der Erkenntnis eines Zusammenhangs zwischen natürlichen Zahlen bei speziellen Dreiecken entstand, will ich diese Spur hier nicht weiter verfolgen, sondern dieses Teilungsverfahren jetzt auf die Teilung von rechtwinkligen Dreiecken mit beliebig langen Seiten verallgemeinern.

Wie Figur 1.4 zeigt, kann man durch die einfach auszuführende Konstruktion des „Kathetenschnitts" alle Seiten eines beliebigen, rechtwinkligen Dreiecks ABC mit einem Zirkel geometrisch unterteilen.

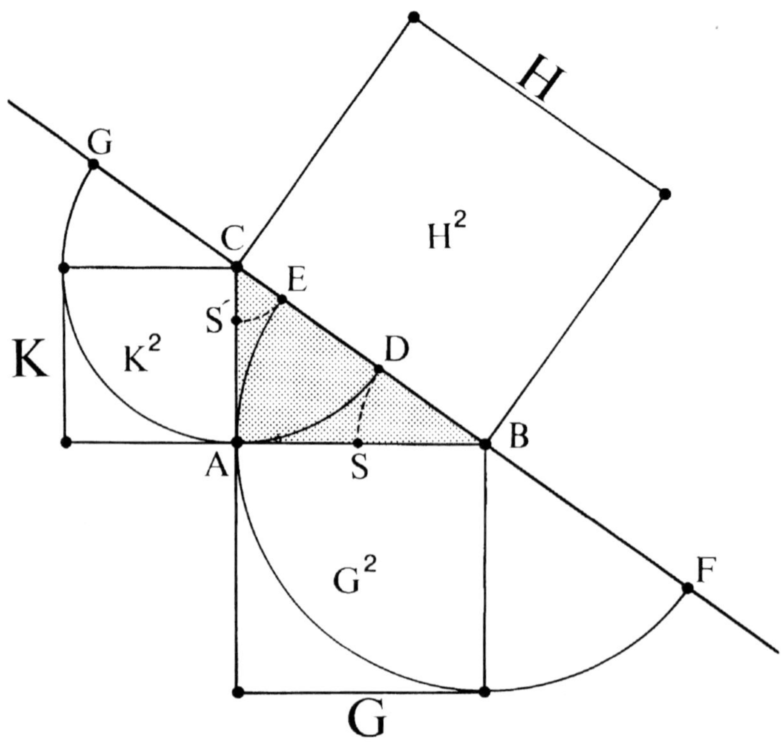

1.4

Wie für alle rechtwinkligen Dreiecke ABC gilt der Lehrsatz des PYTHAGORAS mit der Aussage: Die Summe der Flächen der Quadrate über den beiden Katheten *AB* und *AC* ist gleich der Fläche des Quadrats über der Hypotenuse *BC*.
Bezeichnet man wieder die Länge der kleinen Kathete mit K, die der großen mit G und die der Hypotenuse mit H, so gilt

$$K^2 + G^2 = H^2.$$

Da zugleich aber auch $H^2 - G^2 = K^2$ gelten muss, ist die Umformung

$$(H + G) \times (H - G) = K^2$$

ebenfalls richtig und es existiert zusätzlich eine entsprechende Relation mit der Vertauschung von G und K. Durch Umformen lassen sich hieraus leicht vier Beziehungen der folgenden Form erhalten:

$$(H + K) : G = G : (H - K) = (K + H - G) : (K + G - H)$$
$$= (K + G + H) : (G - K + H)$$

und nach der Vertauschung von G und K ergibt sich

$$(H + G) : K = K : (H - G) = (G + H - K) : (G + K - H)$$
$$= (G + K + H) : (K - G + H).$$

Damit wird dieselbe Proportion auf vierfache Weise ausgedrückt.

Schlägt man nun um den Punkt B einen Halbkreis mit der Strecke *AB* und um C einen mit *AC* als Radius, so schneiden diese Kreisbögen die beidseitigen Verlängerungen der Hypotenuse H in den Punkten F und G, beziehungsweise die Hypotenuse selber in D und E. Die oben genannten Summen und Differenzen aus den Katheten und der Hypotenuse sind jetzt leicht als Strecken erkennbar. So gilt zum Beispiel

BD = *BS* = (H – K); *CE* = *CS'* = (H – G) oder *ED* = *AS* = (K + G – H).

Die verschiedenen Teilstrecken lassen sich auf die beiden Katheten übertragen, indem man mit dem Radius BD um B bis zum Punkt S und mit dem Radius CE um C bis zum Punkt S' Kreisbögen schlägt.
Nun unterteilt der Punkt S die große Kathete G, so dass gilt

$$AB : BS = G : (H - K).$$

Der Punkt S' hingegen liefert für die kleine Kathete K die Unterteilung

$$AC : S'C = K : (H - G).$$

Die Vertauschung von G und K entspricht geometrisch gesehen dem Übergang von einer Teilung der großen Kathete G zur Teilung der kleinen Kathete K.

- Diese Überlegungen gelten für alle rechtwinkligen Dreiecke mit beliebigem Kathetenverhältnis K : G

Betrachten wir zunächst pythagoreïsche Dreiecke. Ihre Seiten lassen sich auf eine relativ einfache Weise berechnen. Nimmt man nämlich zwei natürliche Zahlen $m > n$, so ergeben sich pythagoreïsche Dreiecke, sofern die Hypotenuse H den Wert $m^2 + n^2$ und die beiden Katheten Werte von $K = m^2 - n^2$ und $G = 2m \times n$ als Länge haben.
Für m = 2 und n = 1 erhält man so zum Beispiel das Dreieck 3∗4∗5; für m = 3 und n = 2 das Dreieck 5∗12∗13 sowie für m = 4 und n = 1 das pythagoreïsche Dreieck 8∗15∗17.

Führt man den Kathetenschnitt wie in Figur 1.4 an pythagoreïschen Dreiecken aus, so müssen auch die Teilstücke der Katheten immer ganzzahlige Vielfache des gemeinsamen Maßes sein. Damit sind aber auch die Verhältnisse der Teilstücke von großer und kleiner Kathete stets Zahlenbrüche, also rationale Zahlen. Das lässt sich leicht einsehen, da ja für die Teilung der großen Kathete G gilt

$$G : (H - K) = 2m \times n : (m^2 + n^2 - m^2 + n^2) = m : n$$

Der Schnitt der großen Kathete erfolgt demnach genau im Verhältnis von m : n, während für die kleine Kathete gilt

$$(H - K) : (G + K - H)$$
$$= (m^2 + n^2 - m^2 + n^2) : (2m \times n + m^2 - n^2 - m^2 - n^2) = n : (m - n).$$

Für die Teilung der Hypotenuse ergibt sich der rationale Wert

$$(H - K) : K = (m^2 + n^2 - m^2 + n^2) : (m^2 - n^2) = 2n^2 : (m^2 - n^2)$$

Bei dem pythagoreïschen Dreieck 5∗12∗13 ist m = 3 und n = 2 und man erhält für die Hypotenusenteilung gemäß Figur 1.3 zwei Teilstücke mit Maßen von $2n^2 = 8$ beziehungsweise von $m^2 - n^2 = 5$ Einheiten. Das rationale Verhältnis $8 : 5 \approx \Phi$ beschreibt in guter Näherung die Proportion des Goldenen Schnitts. In einer antiken Anmerkung zum Satz 11 von EUKLIDS Elementen findet sich denn auch der Hinweis, dass das Verhältnis 8 : 5 die stetige Teilung annähere.

- Zwar existiert bei pythagoreïschen Dreiecken ein gemeinsames, ganzzahliges Maß für alle drei Seiten, doch genügen die Proportionen des Kathetenschnitts nicht den Bedingungen des Goldenen Schnitts mit seinem irrationalen Verhältnis von Major und Minor.

Im Gegensatz zu pythagoreïschen Dreiecken besitzt beim Goldenen Schnitt der „Modulus" des Kathetenschnitts, womit der Quotient M : m aus Major M und Minor m bezeichnet wird, einen irrationalen Wert. Gleiches gilt auch für die Quotienten aus den Differenzen und Summen von M und m.

Sollen dessen Maßverhältnisse auf geometrische Weise wiedergegeben werden, so muss folgende Zusatzbedingung gelten:

$$AB : BS = BS : AS = (M + m) : M = M : m.$$

Das lässt sich nur erfüllen, wenn das Verhältnis der Katheten den Wert K : G = 1 : 2 hat.

Da *AB* = G; *BS* = *BD* = (H – K) und *AS* = *ED* = (K + G – H) ist, gilt nämlich für den Fall der Gleichheit der Verhältnisse von *AB* : *BS* und *BS* : *AS* die Relation

$$G : (H - K) = (H - K) : (K + G - H).$$

Multipliziert man die Gleichung aus und setzt $H^2 - G^2 = K^2$ ein, dann ergibt sich

$$G \times (K - H) = 2\,K^2 - 2\,HK = 2\,K \times (K - H)$$

und damit G = 2 K.

- Nur ein rechtwinkliges Dreieck mit einem Kathetenverhältnis von K : G = 1 : 2 erfüllt die Voraussetzungen für einen Kathetenschnitt, der die Proportionen des Goldenen Schnitts auf der großen Kathete G abbildet.

Unterteilt man bei einem rechtwinkligen Dreieck mit K : G = 1 : 2 die Seite G in der beschriebenen Weise, so sagt man, sie sei geometrisch im Verhältnis des Goldenen Schnitts unterteilt worden. Nun verhält sich die Länge der großen Kathete zur Länge des größeren Teilstücks wie das größere Teilstück zum kleineren. Die Hypotenuse hat in diesem Fall den irrationalen Wert $\sqrt{5}$, da nach dem Lehrsatz des Pythagoras gilt

$$H = \sqrt{(K^2 + G^2)} = \sqrt{(1^2 + 2^2)} = \sqrt{5}$$

Auch diese Wurzel kann nicht als Zahlenbruch geschrieben werden.
Durch die Wahl des Verhältnisses von 1 : 2 für die Längen der Katheten nimmt das Teilungsverhältnis der großen Kathete nun ebenfalls einen irrationalen Zahlenwert an. Dieses Verhältnis, den „Modulus des Goldenen Schnitts“, bezeichnet man üblicherweise mit dem griechischen

Buchstaben „Phi“, der als Abkürzung mit dem Zeichen Φ geschrieben wird. Für die verschiedenen Teilungsverhältnisse gilt daher:

$$G : (H - K) = (H - K) : (K + G - H) = (H + K) : G$$

$$= 2 : (\sqrt{5} - 1) = (\sqrt{5} - 1) : (3 - \sqrt{5}) = (\sqrt{5} + 1) : 2$$

$$= 1{,}6180339887.... = \Phi$$

Wir erkennen an diesen Überlegungen, dass es eine geometrische Konstruktion gibt, welche die Proportion des Goldenen Schnitts exakt wiedergibt. Sie besitzt allerdings den Nachteil, dass es bei dem zu Grunde gelegten rechtwinkligen Dreieck kein gemeinsames Maß für alle Dreiecksseiten gibt. Vermutlich aus diesem Grund haben die Pythagoreer die Eigenschaften des rechtwinkligen Dreiecks mit $\sqrt{5}$ als Länge der Hypotenuse nicht weiter erforscht.

Ungeachtet dieser unangenehmen Irrationalität der Hypotenusenlänge untersuchten jedoch schon früh griechische Mathematiker, die nicht den Pythagoreern nahe standen, dieses ausgezeichnete, rechtwinklige Dreieck und seine geometrischen Besonderheiten. Wie wir sehen werden, sind sie in der Tat bemerkenswert!

Der Goldene Schnitt erfordert bei den Katheten K und G ein Längenverhältnis von 1 : 2. Die mathematischen Eigenschaften der Kathetenschnitte beschränken sich jedoch nicht alleine auf dieses Kathetenverhältnis.
Ähnliche Resultate ergeben sich auch bei Kathetenschnitten an solchen rechtwinkligen Dreiecke, für die das Kathetenverhältnis den Wert n : 1 besitzt. Hier ist n eine beliebige Zahl aus der Gesamtmenge der natürlichen Zahlen N. Die Aussage gilt also für die Längenverhältnisse 1 : 2; 2 : 2; 3 : 2; ... n : 2 bei den Katheten, von denen eine immer eine konstante Länge von 2 Maßeinheiten besitzt.

- Kathetenschnitte liefern für alle rechtwinkligen Dreiecke mit einem Längenverhältnis der Katheten von n : 2 einen konstanten Modulus.

Dieser ist durch die Teilstrecken auf einer Kathete festgelegt. Die Zahl n lässt sich als „Ordnungszahl“ für den Kathetenschnitt benutzen. Der Goldene Schnitt ist somit ein Kathetenschnitt der Ordnung 1, der Idealschnitt hat die Ordnung 2.

An dieser Stelle ist eine Anmerkung wichtig: Für die hier betrachteten Kathetenschnitte der Ordnung **n** ist es entscheidend, dass nicht die Kathete mit der konstanten Länge 2 geometrisch von der Hypotenuse $H = \sqrt{(K^2 + G^2)}$ abgezogen wird, sondern die durch die Ordnungszahl n gekennzeichnete Kathete K_n, die allein beim Goldenen Schnitt die kürzere Seite darstellt. In allen anderen Fällen ist $K_n > G$. Für das Verhältnis $(H + K_n) : G$ als Modulus Z_n eines Kathetenschnitts ergibt sich somit der noch vielfach wiederkehrende Ausdruck

$$Z_n = \{\sqrt{(n^2 + 4)} + n\} : 2$$

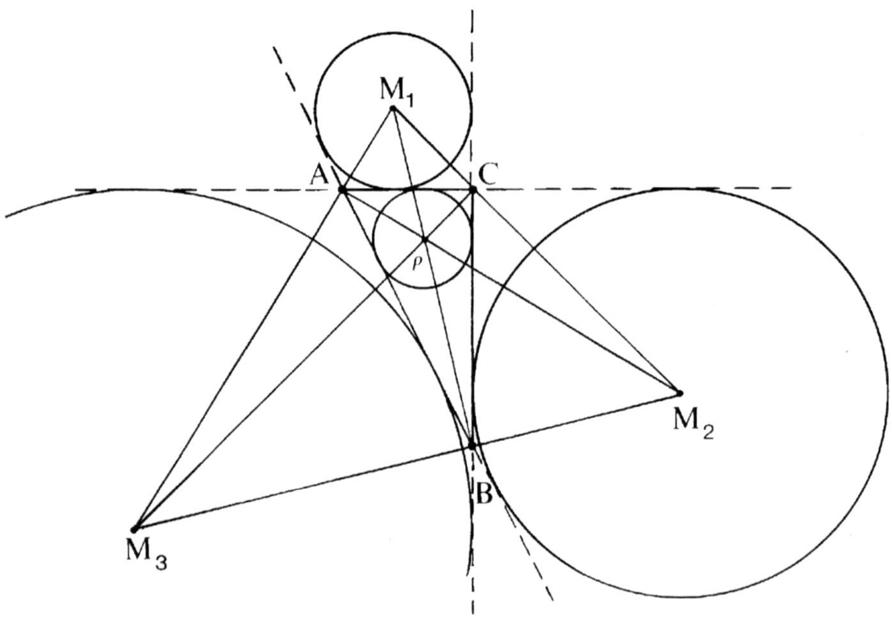

1.5

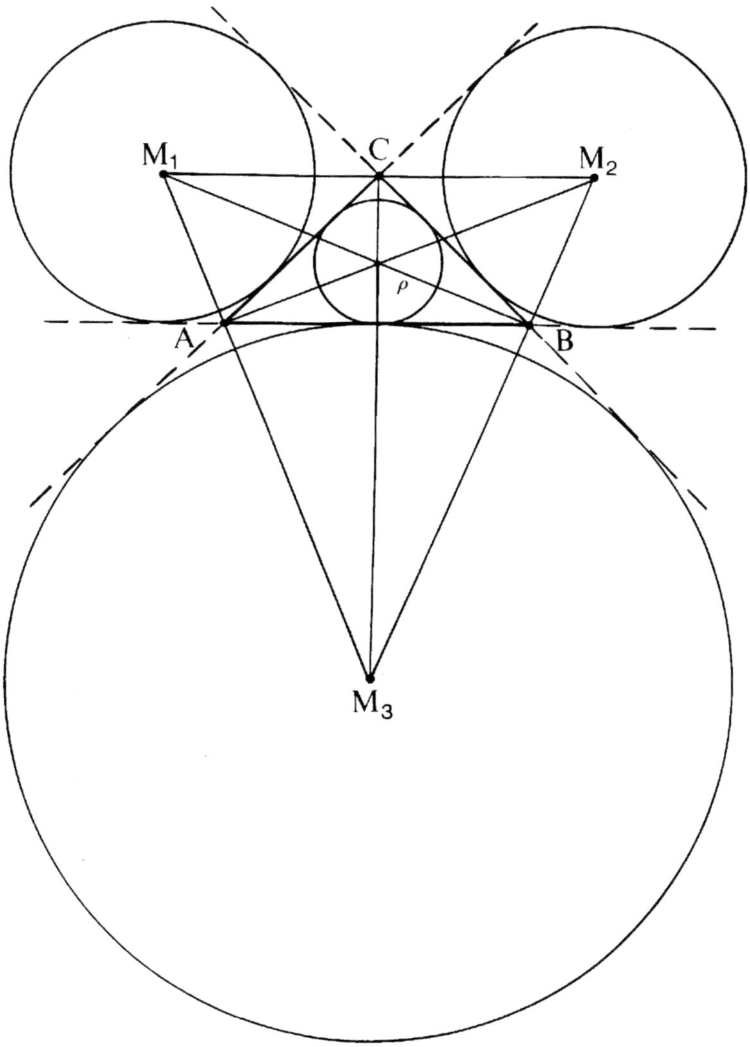

1.6

Der Zusammenhang zwischen den verschiedenen Kathetenschnitten der Ordnung **n** und dem zugehörigen Modulus lässt sich gut mit Hilfe der Ankreise des Dreiecks und des Inkreises ρ verdeutlichen. In Figur 1.5 hat das Dreieck ABC Katheten, für die gilt $AC : BC = 1 : 2$, so dass n = 1 ist. Der Inkreis mit dem Radius ρ berührt die Dreiecksseiten von innen her. Sein Mittelpunkt ist der Schnittpunkt der drei Winkelhalbierenden. Die drei Ankreise mit den Mittelpunkten M_1 bis M_3 berühren jeweils alle drei Verlängerungen der Seiten a, b und c über die Ecken A, B und C des Dreiecks hinaus. Berechnet man nun die Radien der Ankreise ρ_a bis ρ_c sowie den des Inkreises ρ, so erhält man die Werte Φ, Φ^{-1}; Φ^2 und Φ^{-2}. Führt man dieselben Rechnungen aus für höhere Ordnungen **n**, so erkennt man deutlich die Zusammenhänge zwischen den zugehörigen Moduli und der Ordnungszahl n. Sie sind im Folgenden für n = 1 bis 4 zusammengestellt.

Die einzelnen Z_n sind dabei die Moduli der Ordnung **n** und $\sqrt{D}$ steht hier als Abkürzung für den Ausdruck $\sqrt{(n^2 + 4)}$. Mit $s = (a + b + c) : 2$ berechnen sich die Radien für ein Dreieck allgemein zu:

$$\rho = (s - a) \times \tan(\alpha/2);\ \ \rho_a = s \times \tan(\alpha/2);\ \ \rho_b = s \times \tan(\beta/2);$$
$$\rho_c = s \times \tan(\gamma/2)$$

Für den Zusammenhang der vier Kreisradien mit dem Umkreisradius r gilt $\rho_a + \rho_b + \rho_c = 4r + \rho$. Nach der Formel des Heron ist

$$\sqrt{(\rho_a \times \rho_c \times \rho_c \times \rho)} = \rho \times s = a \times b \times c / 4r = A$$

Aus der Zusammenstellung ergibt sich unmittelbar, dass die Flächen A durch die natürlichen Zahlen n gegeben sind.

n	Z_n	ρ	**s**	ρ_a	ρ_b	ρ_c	$\rho_a \times \rho_b$
1	$Z_1 = \Phi$	$1 - 1/Z_1$	$Z_1 + 1$	$\Phi - 0$	$\Phi - 1$	$\Phi + 1$	1
2	$Z_2 = \sigma$	$1 - 1/Z_2$	$Z_2 + 1$	$\sigma - 1$	$\sigma - 1$	$\sigma + 1$	2
3	$Z_3 = \Psi$	$1 - 1/Z_3$	$Z_3 + 1$	$\Psi - 2$	$\Psi - 1$	$\Psi + 1$	3
4	$Z_4 = \Omega$	$1 - 1/Z_4$	$Z_4 + 1$	$\Omega - 3$	$\Omega - 1$	$\Omega + 1$	4
...	...	...	...	...	...	...	...
n	$\frac{1}{2}(\sqrt{D} + n)$	$1 - 1/Z_n$	$Z_n + 1$	$Z_n - n + 1$	$Z_n - 1$	$Z_n + 1$	n

n	$\rho_c \times \rho_b$	$\rho_a+\rho_b+\rho_c$	$A = \rho \times s$	r	U
1	$1 \times \Phi$	$3\Phi - 0$	1	$\frac{1}{2}\sqrt{5}$	$3 + \sqrt{5}$
2	$2 \times \sigma$	$3\sigma - 1$	2	$\frac{1}{2}\sqrt{8}$	$4 + \sqrt{8}$
3	$3 \times \Psi$	$3\Psi - 2$	3	$\frac{1}{2}\sqrt{13}$	$5 + \sqrt{13}$
4	$4 \times \Omega$	$3\Omega - 3$	4	$\frac{1}{2}\sqrt{20}$	$6 + \sqrt{20}$
...	...	...	...	...	...
n	$n \times Z_n$	$3Z_n - n+1$	n	$\frac{1}{2}\sqrt{D}$	$(n+2) + \sqrt{D}$

Für n = 2 mit dem Kathetenverhältnis $AC : BC = 2 : 2$ erhält man eine symmetrische Konstruktion des Idealschnitts gemäß Figur 1.6. Hier wird der Abstand $M_1M_2 = 2$ und $CM_3 = 2\sigma$.

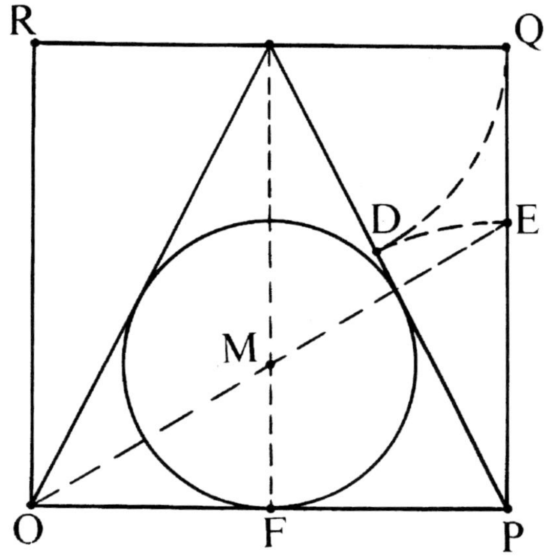

1.7

Verbindet man wie in Figur 1.7 bei einem Quadrat OPQR eine Seitenmitte mit den beiden gegenüberliegenden Ecken O und P und zeichnet in das entstandene gleichschenklige Dreieck mit der Quadratseite als Höhe einen Kreis ein, so teilt dessen Durchmesser die

Höhe des Dreiecks H = 1 im Verhältnis Φ. Der Grund dafür ist leicht ersichtlich: Da sich das Dreieck aus zwei kongruenten Teildreiecken mit den Seiten ½ ∗1∗ ½ √5 zusammensetzt, ist die Strecke s = (√5 + 1) : 2 = Φ lang, und da *tan* (α/2) = 1 : Φ ist, ergibt sich für die Länge des Inkreisradius ρ der Wert 1 : 2Φ. Für das Verhältnis aus Dreieckshöhe H und Durchmesser D = 2ρ des Inkreises erhält man damit H : D = Φ.

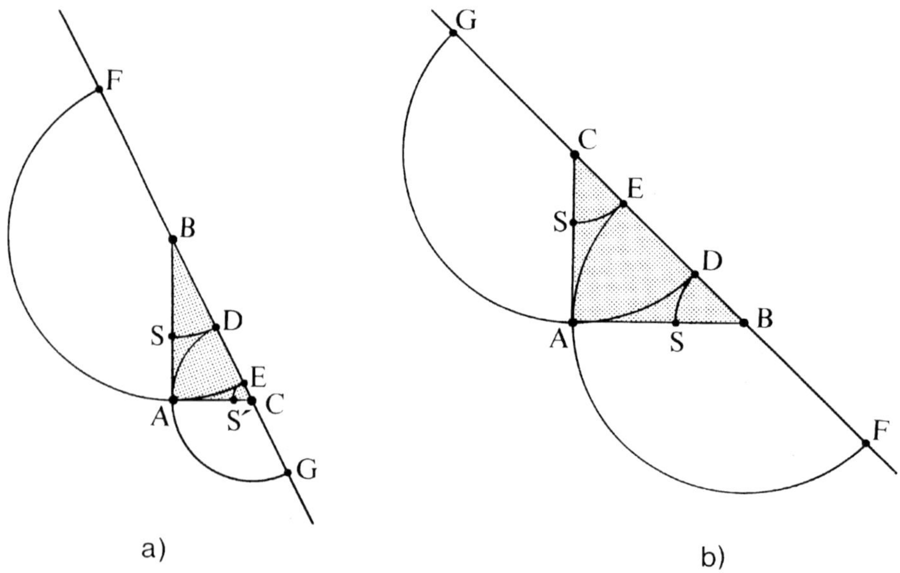

1.8

In der antiken Architekturplanung wurden die Kathetenschnitte mit n = 1 als Goldener Schnitt und mit n = 2 als Idealschnitt zur Proportionierung verwendet. Falls n ≥ 3 wird, nehmen die Moduli immer größere, irrationale Zahlenwerte an. Trotzdem sind die bemerkenswerten Gemeinsamkeiten aller Kathetenschnitte mathematisch sehr interessant.

- Beim Idealschnitt liegt der Fall eines gleichschenkligen, rechtwinkligen Dreiecks mit G = K_n vor und deshalb werden aus Symmetriegründen beide Katheten in gleicher Weise unterteilt. Durch diesen Kathetenschnitt wird die Hypotenuse symmetrisch in der Weise geteilt, dass die Hypotenuse BC zu ihrem mittleren Teilstück ED in demselben Verhältnis steht wie eine ganze Kathete K (oder G) zum kleineren Teilstück BS (oder CS).

Beim Idealschnitt (Figur 1.8b) hat der Modulus σ den Wert:

$$AB : BS = BC : DE = \sqrt{2} + 1 = \sigma = 2{,}41421356237...$$

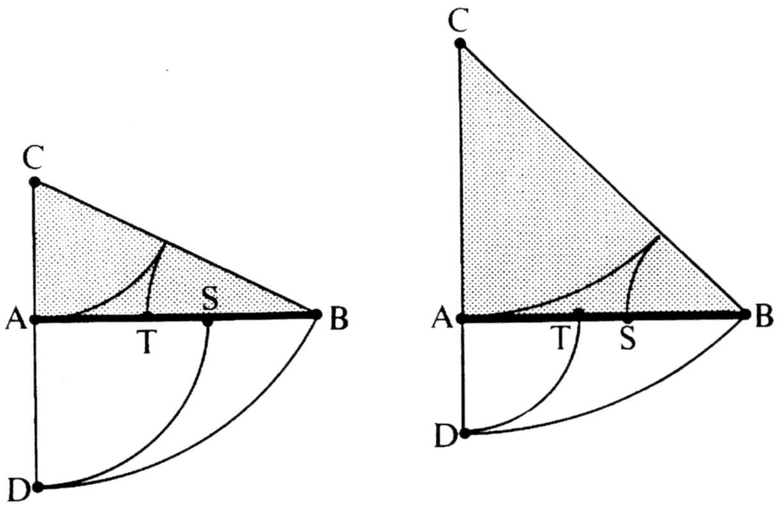

a) b)

1.9

In den Teilfiguren 1.9a und 1.9b wird jeweils die Strecke AB in leicht einsichtiger Weise durch die Punkte S oder T im Verhältnis Φ oder σ aufgeteilt. Es gilt nämlich mit den obengenannten Argumenten

$$AB : AT = AB : BS = AS : ST = G : (H - K) = \Phi$$

beziehungsweise

$$AB : BS = AB : AT = BS : TS = G : (H - K) = \sigma$$

Weiterhin werden die Strecken AB so unterteilt, dass

$$AB : ST = \sigma^3 \text{ bzw. } AB : TS = \sigma^2 \text{ ist.}$$

Für die Verwendung der Kathetenschnitte in der Architekturplanung ist es von Bedeutung, dass einfach durchzuführende, geometrische Konstruktionen existieren, die es gestatten, aus einer beliebigen Ausgangslänge weitere Längen zu erzeugen, die alle den richtigen Modulus besitzen. Sie lassen sich besonders einfach für den Goldenen Schnitt und für den Idealschnitt ausführen. Dabei kann man auf unterschiedliche Weise beliebig lange Strecke im Verhältnis der vorgegebenen Moduli verkleinern sowie vergrößern. Alle diese Verfahren leiten sich aus der Kathetenteilung der zugehörigen, rechtwinkligen Dreiecke ab (Figur 1.8).

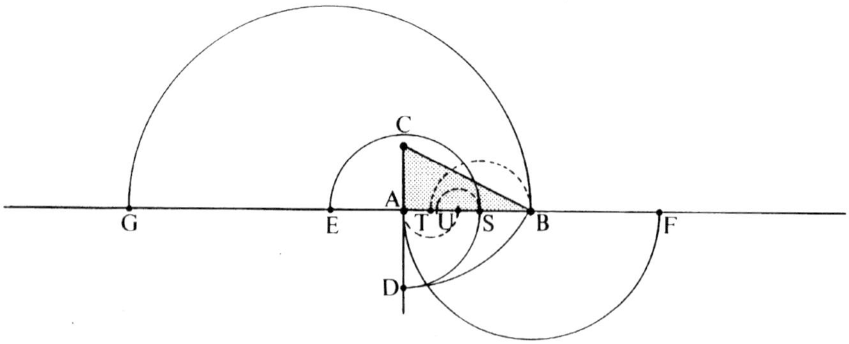

1.10

Figur 1.10 macht deutlich, wie man geometrisch mit Zirkel und Lineal eine vorgegebene Strecke AB beliebig oft im Verhältnis Φ vergrößern oder verkleinert, so dass gilt

$$EB : AB = EF : EB = GF : EF = \ldots = \Phi,$$

und

$$AB : AS = AS : ST = ST : TU = \ldots = \Phi.$$

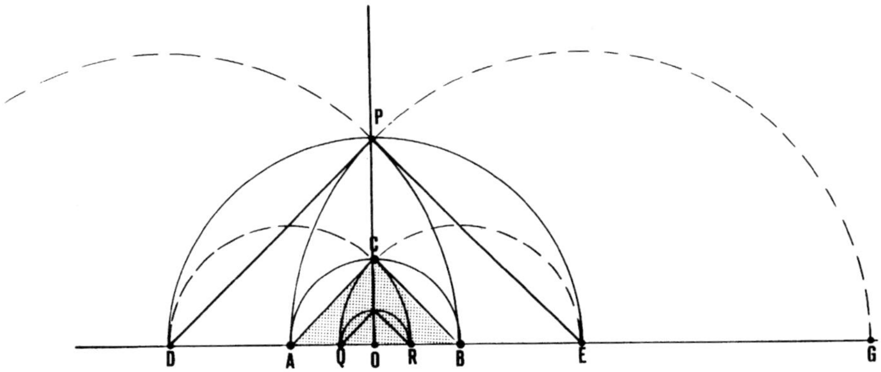

1.11

Figur 1.11 zeigt eine entsprechende Konstruktion für den Idealschnitt, bei der sich die Vergrößerungen und Verkleinerungen der Strecke AB mit dem Faktor σ ergeben, so dass gilt $ED : AB = AB : QR = \ldots = \sigma$.

Die enge Verwandtschaft der Schnitte wird sichtbar, wenn man wie in Figur 1.12 entsprechende Dreiecke benutzt, um mit ihnen spezielle Rechtecke der Ordnung **n** zu konstruieren. Sie unterscheiden sich dadurch voneinander, dass sie sich jeweils aus Gruppen von n Quadraten zusammensetzen, deren Seitenlänge dadurch entsteht, dass die große Rechteckseite im Verhältnis des zugehörigen Modulus verkleinert wird. In Figur 1.12 ist das zwar nur für die Ordnungen 1 bis 4 dargestellt, doch lässt sich zeigen, dass die verbleibenden Rechtecke für alle n aus immer kleiner werdenden Gruppen mit n kongruenten Quadraten aufgebaut sind.

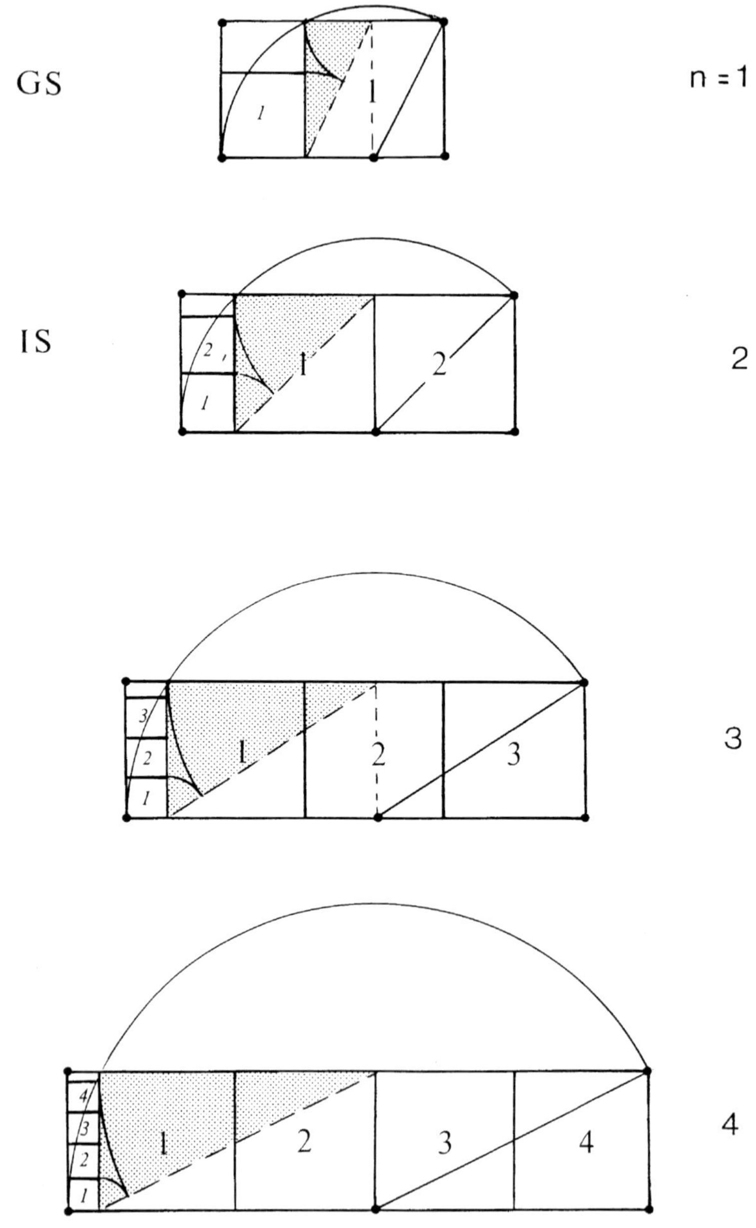

1.12

1.4 Goldene Geometrie

Die Menschen der Antike waren überzeugt, dass geometrische Figuren mit hoher Symmetrie und solche regulären Körper, die nur aus regelmäßigen Vielecken aufgebaut sind, vor anderen ausgezeichnet seien. Wegen ihrer größeren Ästhetik und auf Grund ihres Symbolgehalts gaben sie ihnen den Vorzug gegenüber Gebilden mit geringerer Symmetrie. Es ist deshalb nicht verwunderlich, dass man auf die Konstruktion dieser Figuren allein mit Zirkel und Lineal große Mühe verwendet hat. Dabei ist die Konstruktion von regelmäßigen Dreiecken, Quadraten und Sechsecken besonders einfach.
Goldener Schnitt und Idealschnitt ermöglichen zusätzlich die exakte geometrische Konstruktion von regelmäßigen Fünf- und Achtecken, sowie von Polygonen, bei denen die Anzahl der Ecken Vielfache von 5 und 8 beträgt. Zusätzlich existieren genaue Näherungen für die Konstruktion von Sieben- und Neunecken auf der Basis der Schnitte.

Einige geometrische Figuren sind besonders eng mit jenen stetigen Proportionen verknüpft, deren Moduli aus den Kathetenschnitten erhalten werden können. Sie sollen hier genauer vorgestellt werden. Dabei möchte ich mich jedoch auf die beiden Schnitte mit den Ordnungszahlen $n = 1$ und $n = 2$ beschränken.

- Ein stumpfwinkliges Dreieck soll *golden* heißen, wenn es gleichschenklig ist und seine Basis die Länge $\Phi \times a$ hat und die beiden Schenkel die Länge $1 \times a$ besitzen. Ein spitzwinkliges Dreieck heißt *golden*, wenn seine Basis die Länge $1 \times a$ besitzt und die Schenkel $\Phi \times a$ lang sind. Dabei darf a beliebig lang gewählt werden.

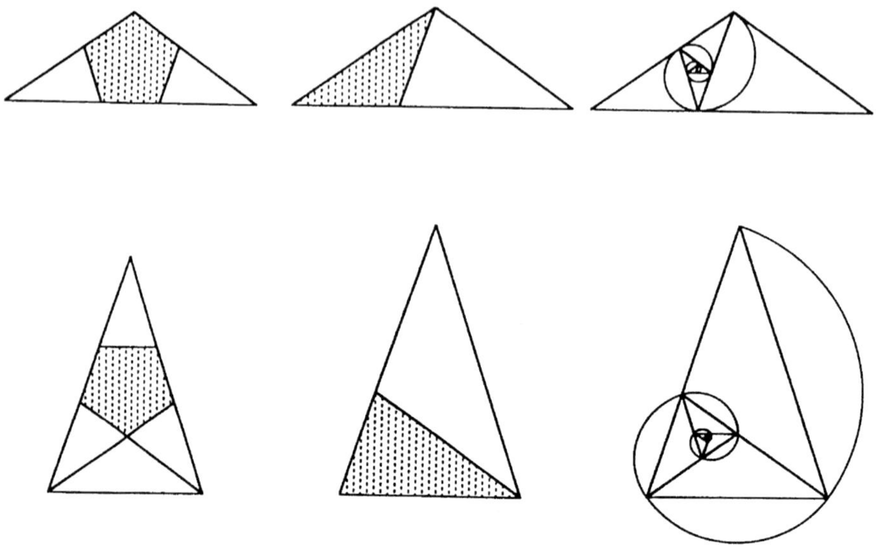

1.13

Nach den beschriebenen Verfahren am rechtwinkligen Dreieck lässt sich ein *goldenes* Dreieck leicht aus einer Ausgangslänge AB = 1 × a mit Hilfe des Goldenen Schnitts durch Erzeugung der Strecke Φ × a konstruieren. Die Basiswinkel des Dreiecks betragen dann ß = 2α = 72°, während der Winkel an der Spitze α = 36° misst. Der Kosinus von 36° hat den Wert Φ : 2, der von 72° beträgt 1 : 2Φ. Ein Dreieck mit den Seiten Φ × a; 1 × a; 1 × a hat Basiswinkel von α = 36° und einen Winkel 3α = 108° an der Spitze.

Figur 1.13 zeigt, wie *goldene* Dreiecke weiter in kleinere *goldene* Dreiecke und in reguläre Fünfecke aufgeteilt werden können. Deren Seiten sind um den Faktor Φ verkleinert. In der Art von Figur 1.22 lassen sich für beide Sorten von *goldenen* Dreiecken Spiralen konstruieren.

- Ein Rechteck soll *golden* heißen, wenn seine kleinere Seite die Länge 1 × a, die größere dagegen Φ × a besitzt. Seine Fläche wird im Buch durch die Schreibweise [Φ×a ∗ a] wiedergegeben.

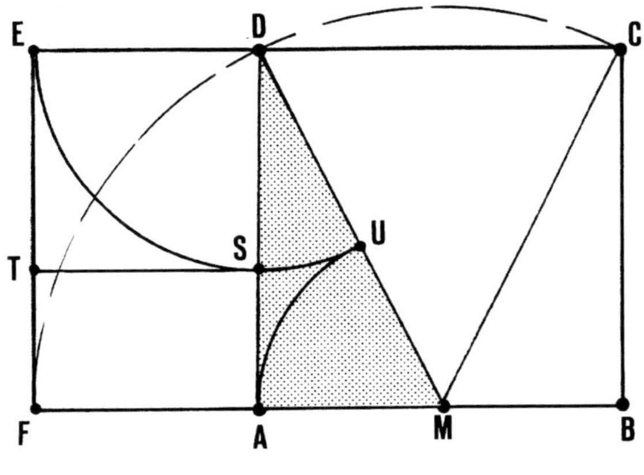

a)

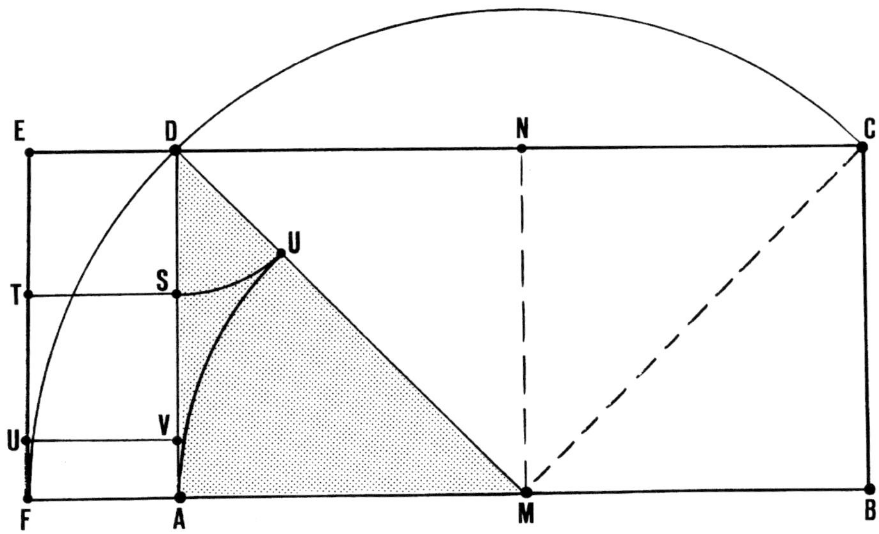

b)

1.14

Figur 1.14a zeigt, wie sich ein *goldenes* Rechteck konstruieren lässt. Man beginnt mit einem Quadrat ABCD der Seitenlänge $AB = 1 \times a$.

Sodann verlängert man die Seite AB um die Strecke AF, indem die Länge DM von der Seitenmitte M des Quadrats ABCD bis zum Punkt F abgetragen wird. Da das Dreieck ADM das Kathetenverhältnis 1 : 2 besitzt, liefert eine Teilung seiner großen Kathete AD nach dem Goldenen Schnitt die Strecke DS = ED = AF. Da weiterhin gilt:

(Große Kathete AD + Großes Teilstück DS) : Große Kathete AD
$= (DC + ED) : DC = \Phi$,

muss das Rechteck BCEF *golden* sein. Da aber zugleich $AD : ED = \Phi$ ist, muss das Rechteck ADEF ebenfalls *golden* sein.

Das *goldene* Rechteck BCEF besteht nach dem Gesagten aus einem Quadrat und einem kleineren *goldenen* Rechteck, das weiter in ein kleineres Quadrat sowie ein noch kleineres *goldenes* Rechteck gegliedert werden kann. Dieser Tatbestand lässt sich verallgemeinern:

- Jedes *goldene* Rechteck $[a * \Phi \times a]$ lässt sich unterteilen in ein Quadrat $[a * a]$ mit der Seite a und in ein kleineres *goldenes* Rechteck $[a : \Phi * a]$. Dieser Teilungsvorgang kann beliebig oft als geometrische Konstruktion wiederholt werden.

Figur 1.14b zeigt ein analoges Vorgehen für den Idealschnitt. Hier ist das Rechteck BCEF ein *ideales* Rechteck mit den Seiten $[\sigma \times a * a]$. Die Teilung wird dabei am rechtwinkligen, gleichseitigen Dreieck ADM ausgeführt. Die Strecke DM ist die Diagonale des Ausgangsquadrats ADNM = $[a * a]$. Auch ADEF ist ein *ideales* Rechteck.

- Jedes *ideale* Rechteck lässt sich in zwei gleiche Quadrate $[a * a]$ und in ein kleineres *ideales* Rechteck $[a * a : \sigma]$ unterteilen. Auch dieser Vorgang kann beliebig oft wiederholt werden.

Durch Verlängerung der Rechteckseite a um die Strecke $a \times \Phi$ erhält man das nächst größere *goldene* Rechteck $[a \times \Phi * a \times \Phi^2]$. Für die

Vergrößerung eines *idealen* Rechtecks wird die kürzere Seite a zweimal um die längere Seite verlängert, also die Seite a um die Strecke 2a × σ.

- Ein Rechteck der Ordnung **n** lässt sich jeweils in n Quadrate sowie ein kleineres Rechteck der Ordnung **n** zerteilen. Der Leser betrachte dazu auch Figur 1.12.

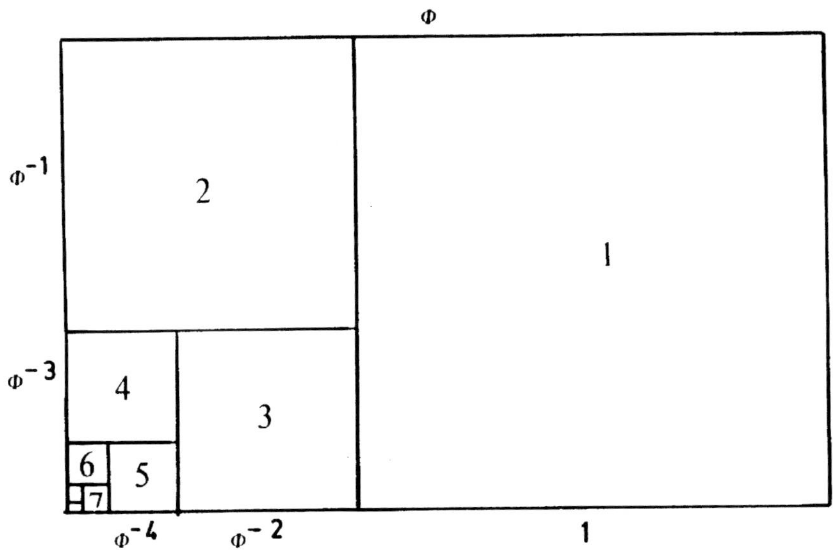

1.15

Eine fortlaufende Wiederholung der Teilungsvorgänge liefert eine Aufteilung der Rechteckflächen in Quadrate unterschiedlicher Größe. Der Einfachheit halber will ich das Ergebnis dieses Vorganges am Beispiel eines *goldenen* Rechtecks untersuchen, und die Seite a soll als Zusatzbedingung noch die Länge einer Maßeinheit haben. Hier wird also a = 1 gesetzt.

Wie Figur 1.15 zeigt, besteht die Rechteckfläche $A = [1 * \Phi]$ nach der Unterteilung aus einer Folge von Quadraten, deren Flächen folgende Abmessungen haben

$$(1)\quad [1 * 1];$$
$$(2)\quad [\Phi^{-1} * \Phi^{-1}];$$
$$(3)\quad [\Phi^{-2} * \Phi^{-2}];$$
$$(4)\quad [\Phi^{-3} * \Phi^{-3}];$$
......

An dieser Stelle wird spätestens deutlich, dass die geometrischen Konstruktionen der Kathetenschnitte Eigenschaften besitzen, die zugleich mit Zahlenwerten, im vorliegenden Fall mit den Potenzen des Modulus Φ, in Verbindung stehen.

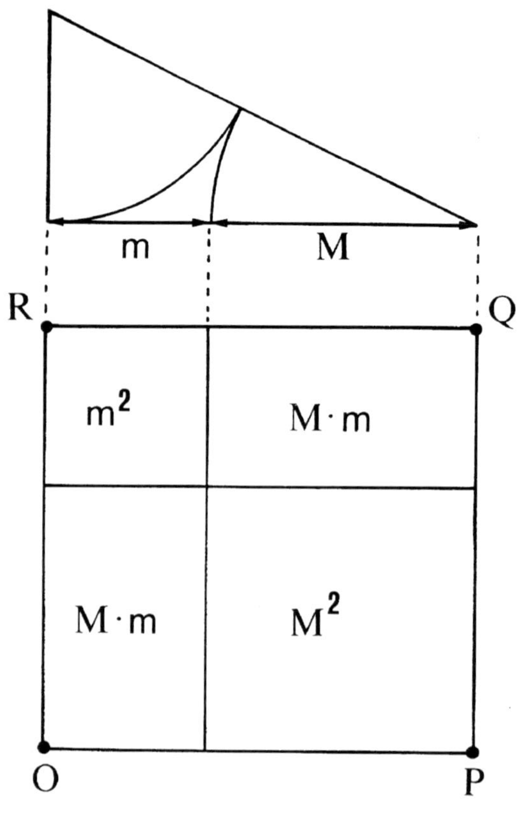

1.16

Quadrate sind immer *goldene* oder *ideale* Figuren, da sich ihre Seiten stets nach dem Goldenen Schnitt oder nach dem Idealschnitt unterteilen lassen. In Figur 1.16 werden die Seiten des Quadrats OPQR gemäß dem Goldenen Schnitt jeweils in ein größeres Teilstück M und ein kleineres m unterteilt. Verbindet man die Teilungspunkte, so wird die Fläche des Quadrats in zwei Teilquadrate [m * m] und [M * M], sowie in zwei *goldene* Rechtecke [M * m] aufgeteilt. Das Verhältnis M : m = Φ bewirkt, dass auch die Flächen der Teilfiguren im Verhältnis Φ zueinander stehen, nämlich

$$[M * M] : [M * m] = \Phi \text{ und } [M * m] : [m * m] = \Phi.$$

Gemäß Figur 1.16 kann man jedes Quadrat geometrisch in kleinere Quadrate und in kleinere *goldene* Rechtecke zerlegen. Das ist die Umkehrung der Feststellung, dass es möglich ist, jedes *goldene* Rechteck in Quadrate und in kleinere *goldene* Rechtecke zu zerlegen. Auf Grund dieses Tatbestandes lassen sich Quadrate und *goldene* Rechtecke zur Ausgangsbasis einer Rasterplanung machen, bei der die Aufteilung immer das feste Verhältnis Φ des Goldenen Schnitts zur Folge hat. Für Schnitte höherer Ordnung gilt Entsprechendes.

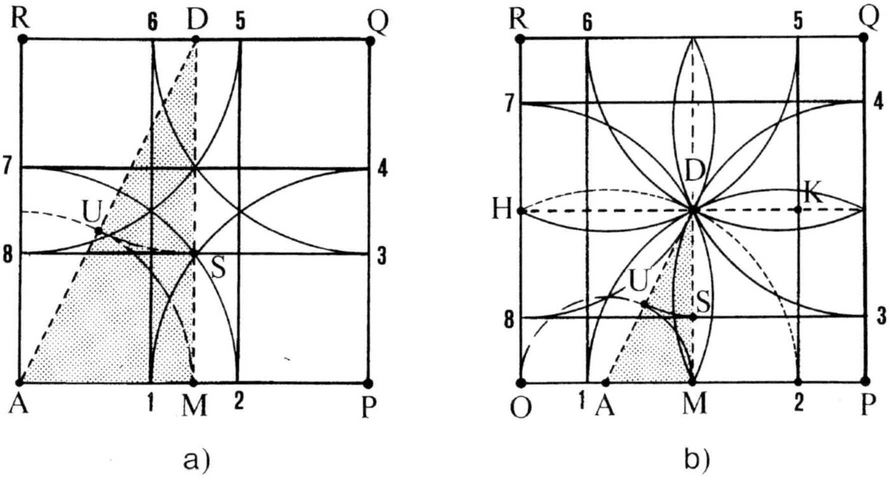

1.17

Die Aufteilung der Quadratfläche gemäß Figur 1.16 ist eine unsymmetrische Teilung. In einfacher Weise kann man allerdings auch symmetrische Unterteilungen von Quadraten erhalten.

In Figur 1.17a wird die Strecke DM, die gleich einer Seite des Quadrats APQR und zugleich große Kathete G des rechtwinkligen Dreiecks ADM ist, mit Hilfe des Goldenen Schnitts geteilt. Sodann schlägt man mit dem Abstand PS zwischen dem Teilungspunkt S und einer Ecke des Quadrats als Radius je einen Kreisbogen um die Quadratecken; sie schneiden die Quadratseiten in den Punkten 1 bis 8. Deren Verbindungen liefern eine Aufteilung der Quadratfläche in vier größere Teilquadrate $[\Phi^{-2} * \Phi^{-2}]$, in vier *goldene* Rechtecke $[\Phi^{-2} * \Phi^{-3}]$ und in ein kleineres Teilquadrat $[\Phi^{-3} * \Phi^{-3}]$.
Die Teilung der Quadratseite PQ erfolgt bei dieser Konstruktion folgendermaßen: Hat die Seitenlänge den Wert 1, dann messen die beiden längeren Teilstücke gerade Φ^{-2} und das kleinere Stück Φ^{-3} Einheiten. Es gilt nämlich

$$2\times\Phi^{-2} + \Phi^{-3} = \Phi^{-2} + \Phi^{-1} = 1.$$

Damit haben die Verhältnisse zwischen den Flächen eines großen Teilquadrats und eines Teilrechtecks sowie das zwischen den Flächen eines Teilrechtecks und eines kleinen Teilquadrats gerade den Wert Φ.

Die Quadratteilung in Figur 1.17b entspricht einer Unterteilung des Quadrats OPQR mit Hilfe des Goldenen Schnitts am rechtwinkligen Dreieck AMD in einem Quadranten des Quadrats OPQR. Die Unterteilung der Quadratseiten lässt sich in einfacher Weise dadurch bewirken, dass man sie viertelt und dann um die Seitenmitten der Quadranten (Punkt A) jeweils Kreisbögen mit der Strecke AD als Radius schlägt.
Die Verbindungen der Schnittpunkte 1 bis 8 auf den Seiten des Quadrats OPQR unterteilen die Quadratfläche in ein großes Teilquadrat $[\Phi^{-1} * \Phi^{-1}]$, in vier kleinere Quadrate $[2\Phi^{-2} * 2\Phi^{-2}]$ und in vier

Rechtecke [$\Phi^{-1} * 2\Phi^{-2}$]. Diese symmetrische Flächenteilung liefert den Wert 2Φ für das Verhältnis der Teilflächen. Beide Konstruktionen wurden von antiken Architekten zur Aufteilung von quadratischen Grundflächen benutzt.

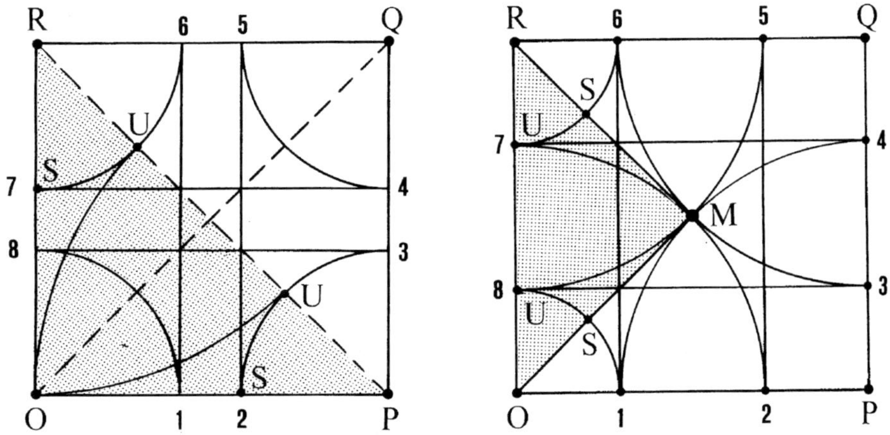

b)

1.18

In Figur 1.18 werden analoge Konstruktionen für den Idealschnitt gezeigt. Der Schnitt wird hier am gleichschenkligen, rechtwinkligen Dreieck OPR durchgeführt. Kreisbögen um die vier Ecken des Quadrats OPQR mit den Radien RU = RS = σ^{-1} liefern die Schnittpunkte 1 bis 8 auf den Quadratseiten. Deren Verbindungslinien unterteilen das Quadrat in vier Teilquadrate [$\sigma^{-1} * \sigma^{-1}$], vier *ideale* Rechtecke [$\sigma^{-1} * \sigma^{-2}$] und in ein kleineres Teilquadrat [$\sigma^{-2} * \sigma^{-2}$]. Die Flächenaufteilung erfolgt daher im Verhältnis σ.

Figur 1.18b zeigt eine weitere symmetrische Aufteilung mit dem Idealschnitt am rechtwinklig gleichschenkligen Dreieck OMR. Die Konstruktion wird mit Kreisbögen um die Quadratecken ausgeführt, deren Radien eine halbe Diagonale ½ × √2 = 1 : √2 lang sind. Die

Schnittpunkte 1 bis 8 spannen hier ein gleichseitiges Achteck auf, das dem Quadrat OPQR einbeschrieben ist. Die Teilflächen bestehen aus vier Quadraten $[(\sigma+1)^{-1} * (\sigma+1)^{-1}]$ an den Ecken, vier Rechtecken $[(\sigma+1)^{-1} * \sigma^{-1}]$ und aus einem großen Quadrat $[\sigma^{-1} * \sigma^{-1}]$ in der Mitte. Das Verhältnis der inneren Teilflächen beträgt in diesem Fall

$$(\sigma + 1) : \sigma = \sigma - 1 = 1 + \sigma^{-1} = \sqrt{2}.$$

Das reguläre Fünfeck ist das wichtigste mathematische Objekt, das im Zusammenhang mit dem Goldenen Schnitt steht. Alle fünf Seiten sowie sämtliche Innenwinkel sind gleich, wobei jede Seite noch parallel zu einer der fünf Diagonalen ist. Je zwei Diagonalen, die sich nicht in einer Ecke schneiden, teilen einander im Verhältnis Φ. Auch das Verhältnis der Länge einer Diagonalen und zur Länge einer Seite beträgt Φ. Die fünf Diagonalen des Fünfecks formen eine Figur, der man schon seit der ältesten Zeit magische Kräfte als Symbol der Gesundheit zuschrieb. Sie wird „Pentagramm" genannt und lässt sich auch dadurch konstruieren, dass man die Seiten eines regulären Fünfecks bis zum Schnitt verlängert.

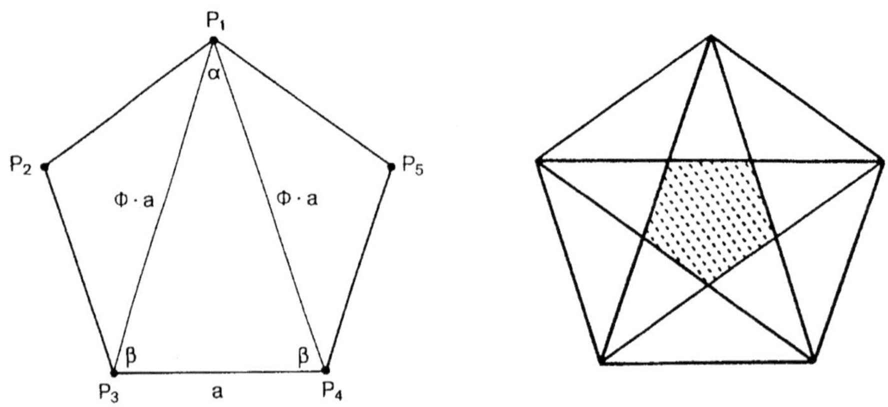

1.19

Ein reguläres Fünfeck lässt sich aus einem *goldenen* Dreieck mit der Basis a sowie aus zwei *goldenen* Dreiecken mit Basen a × Φ konstruieren. Auch das reguläre Zehneck ist eng mit dem Goldenen Schnitt verknüpft.

Alle Kreise sind einander ähnlich. Sofern sich bei einer Menge von Kreisen die Radien proportional zum Modul Φ verhalten, könnte man sie als *goldene* Kreismenge bezeichnen. Das ist aber nicht besonders interessant.

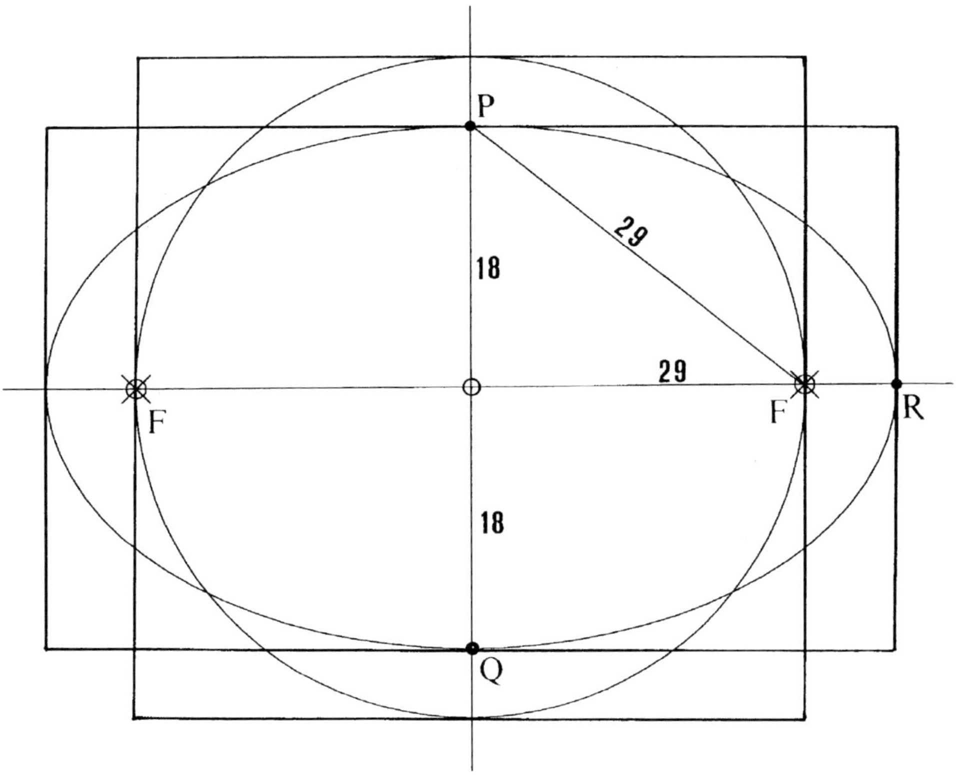

1.20

Goldene Ellipsen sind offenbar interessanter, da sie schon sehr früh eine Rolle in der Kunst gespielt haben, bevor mit dem Theater der Flavier in Rom, das besser unter dem Namen *Kolosseum* bekannt ist, erstmals ein großes Bauwerk als *goldene* Ellipse errichtet wurde. Dabei gestaltete der Baumeister den Grundriss der Arena des Theaters nach dieser geometrischen Form. Die perfekte Proportion des flavischen Theaters in Rom kann nur wirklich nachempfinden, wer einmal von den oberen Rängen bewusst die Arena betrachtet hat. Ein wenig davon mag der Leser nachvollziehen, wenn er den Abschnitt über den Goldenen Schnitt in der Architektur nachliest. Schon vor Tausenden von Jahren wussten auch Goldschmiede bereits die vollkommene Schönheit der *goldenen* Ellipse zu schätzen.

Die beiden Halbachsen $OR = a = b \times \Phi$ und $OP = b$ der Ellipse verhalten sich bei einer *goldenen* Ellipse zueinander wie der Modulus Φ. Zusätzlich ist eine *goldene* Ellipse dadurch ausgezeichnet, dass der Thaleskreis durch die beiden Brennpunkte flächengleich ist mit der Ellipse selbst. Damit ist aber auch das Quadrat zum Thaleskreis flächengleich mit dem *goldenen* Rechteck, das man um die Ellipse konstruieren kann.

Die lineare Exzentrizität der *goldenen* Ellipse, $OF = e = \sqrt{(a^2 - b^2)}$, beträgt $\sqrt{\Phi}$; das ist das geometrische Mittel der beiden Halbachsen. Die numerische Exzentrizität $\varepsilon = e : a$ besitzt den Wert $\varepsilon = \sqrt{\Phi^{-1}}$. Damit wird zugleich $\varepsilon \times e = 1$.

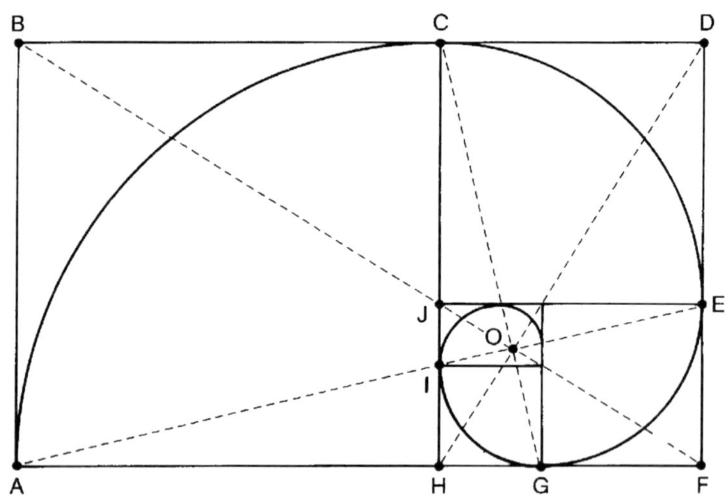

1.21

Für die Architektur unwichtig, aber von besonderer Ästhetik, ist eine geometrische Figur, die man als *goldene* Spirale bezeichnet. Der Leser möge sich dazu an die beschriebene Unterteilung eines *goldenen* Rechtecks in unendlich viele Quadrate erinnern. Dabei sollen die *goldenen* Rechtecke in Figur 1.15 jeweils „außen" abgeschnitten werden. Zeichnet man nun in die Quadrate sich aneinander anschließende Viertelkreise ein, so erhält man eine schon von JOHANNES KEPPLER beschriebene Näherung für die *goldene* Spirale. Für eine mathematisch exakte Beschreibung benötigt man Polarkoordinaten (r, θ). Sie schreibt sich als

$$R = \Phi^{2\theta/\pi}$$

Diese echte *goldene* Spirale berührt nicht wie in Figur 1.21 die Seiten der *goldenen* Rechtecke als Tangenten, sondern schneidet sie unter sehr kleinen Winkeln.

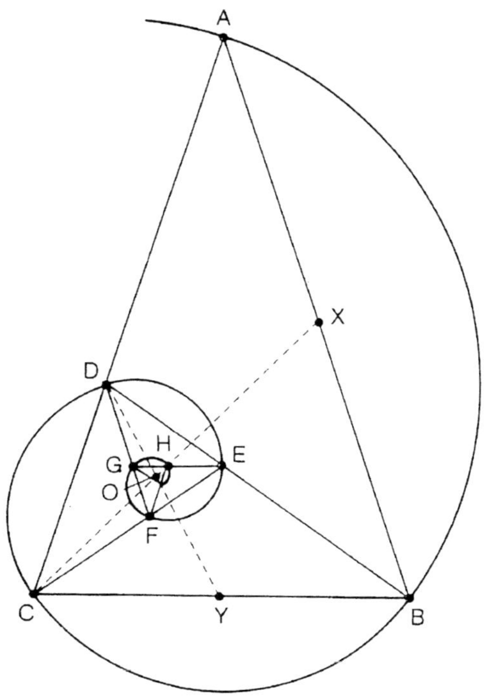

1.22

Eine Spirale in einem *goldenen* Dreieck ABC zeigt Figur 1.22. Sie wird *spira mirabilis* genannt und soll dem Leser ohne nähere Erklärung zur Freude gezeigt werden. In dieser Figur wird das Dreieck ABC in die beiden um den Faktor Φ verkleinerten *goldenen* Dreiecke ADB und CBD unterteilt und dieses Vorgehen immer erneut wiederholt. Die Spirale entsteht durch Kreisbögen, die um die gemeinsame Ecke der beiden Teildreiecke geschlagen werden. Deren Radien werden fortlaufend um den Faktor Φ kleiner.

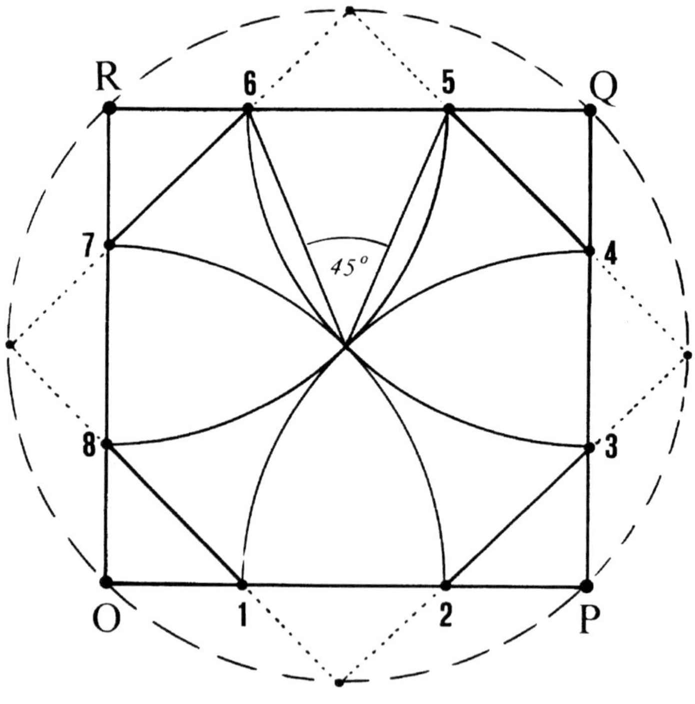

1.23

Das für den Idealschnitt charakteristische, regelmäßige Vieleck ist das Achteck oder Oktogon. Teilt man das Quadrat OPQR der Figur 1.23 durch Kreisbögen um die Eckpunkte mit einer halben Diagonale als Radius, so schneiden diese die Quadratseiten in den Punkten 1 bis 8. Verbindet man diese Punkte miteinander, so ergibt sich ein reguläres

Achteck. Die Verlängerungen der Verbindungslinien schneiden sich in vier Punkten, sodass sich ein um 45° gegenüber dem ursprünglichen Quadrat gedrehtes, zweites Quadrat mit gleich langen Seiten ergibt. Die acht Quadratecken formen einen Achterstern. Bei dieser Konstruktion erhält das den Quadraten einbeschriebene Oktogon eine Seitenlänge, die gleich der um den Faktor σ verkleinerten Quadratseite ist. Es handelt sich dabei tatsächlich um ein regelmäßiges Achteck. Der Innenwinkel bei jedem der acht gleichseitigen Dreiecke mit der Oktogonseite als Basis, die zusammen das Achteck bilden, hat den Wert $2 \times atan\ (\sigma^{-1}) = 45°$.

Bevor der Idealschnitt Verwendung fand, hatten römische Baumeister schon herausgefunden, dass man alleine mit den richtigen Zahlen auf einfache Weise regelmäßige Vielecke erzeugen konnte. Dabei benutzten sie für die Erzeugung der Innenwinkel der gleichschenkligen Dreiecke, aus denen man jedes regelmäßige Vieleck aufbauen kann, Näherungen für die Winkelfunktionen Sinus, Kosinus und Tangens beim rechtwinkligen Dreieck, beziehungsweise für deren Umkehrfunktionen:

Polygon	Winkel	Ankathete	Hypotenuse	Gegenkathete
		Einheiten	Einheiten	Einheiten
5 – Eck	$acos\ (1/2\Phi) = 72°$	55	2×89	
10 – Eck	$2\ asin\ (1/2\Phi) = 36°$		2×29	18
20 – Eck	$asin\ (1/2\Phi) = 18°$		2×47	29
7 – Eck	$atan\ (2/\Phi) \approx 51{,}4°$	8		2×5
8 – Eck	$2\ atan\ (1/\sigma) = 45°$	70		29
8 – Eck	$2\ asin\ (1/\Phi^2) \approx 45°$		76	29
16 – Eck	$asin\ (1/\Phi^2) \approx 22{,}5°$		123	47
9 – Eck	$cos\ (2/\Phi^2) \approx 40°$	2×47	123	
18 – Eck	$asin\ (2/\sqrt{5} \times \Phi^2) \approx 20°$		123	2×21

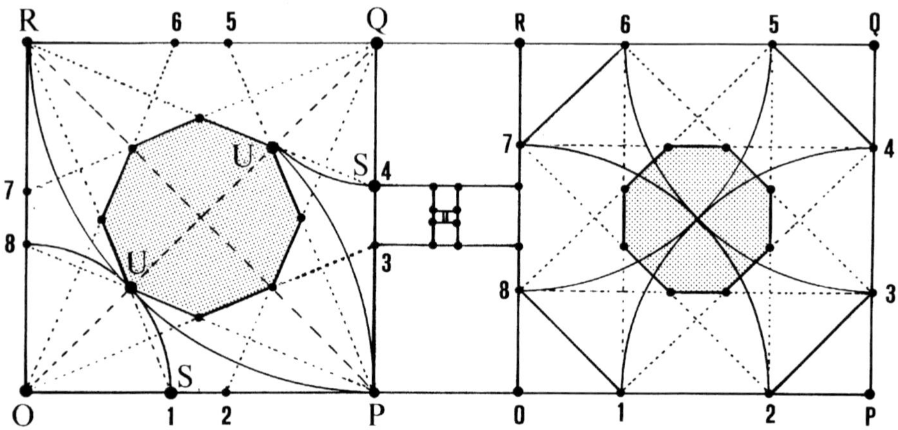

1.24

Ein oktogonaler Grundriss besaß für die antiken Menschen neben seiner formalen Ästhetik auch einen besonderen Symbolgehalt. Speziell in Mesopotamien und später im christlichen Abendland verband man die Zahl 8 mit Gedanken an eine Wiedergeburt nach dem Tode. Das 1. Buch Mose der Bibel erzählt unter anderem, dass acht Menschen, Noah und seine drei Söhne sowie deren Frauen, die Sintflut überlebten und dann den Bund mit Gott schlossen. Oktogonale Grundrisse haben sich denn auch vor allem bei antiken Mausoleen und in Gestalt der karolingischen Pfalzkapelle in Aachen erhalten.

In Figur 1.24 wird ein *ideales* Rechteck symmetrisch in zwei Quadrate und in ein um den Faktor σ verkleinertes *ideales* Rechteck unterteilt. Beide Teilquadrate wurden danach weiter gemäß den Konstruktionen aus Figur 1.18 durch den Idealschnitt aufgeteilt. Verbindet man die Ecken des linken Teilquadrats mit den Schnittpunkten 1 bis 8, so entsteht im Zentrum des Quadrats ein Oktogon, dessen Seiten um den Faktor $\sqrt{2} : \sigma$ gegenüber der Quadratseite *OP* verkleinert sind.
Im rechten Teilquadrat entsteht durch den Idealschnitt das schon bekannte, dem Quadrat OPQR einbeschriebene, Oktogon mit den Ecken 1 bis 8 der Figur 1.23. Verbindet man auch die Punkte 1 mit 4;

2 mit 7; 3 mit 6; 5 mit 8 und weiterhin 1 mit 6; 2 mit 5; 3 mit 8; 4 mit 7, so entsteht ein neues Oktogon, dessen Seiten mit dem Faktor σ^{-1} gegenüber dem größeren Oktogon verkleinert sind. Wiederholt man diesen Vorgang immer aufs Neue, so erhält man eine unendliche Folge von ineinandergeschachtelten Achtecken, welche die Eigenschaft der „Selbstähnlichkeit" besitzen. Eine unendliche Folge von selbstähnlichen Rechtecken erhält man auch im *idealen* Rechteck zwischen den beiden Quadraten.

In der gleichen Weise, wie das Achteck die charakteristische Figur zum Idealschnitt im Quadrat darstellt, gehört das Zehneck zum Goldenen Schnitt, wenn ein Quadrat gemäß Figur 1.17b aufteilt wird. Man erhält dann eine im Prinzip unendliche Folge von selbstähnlichen, regulären Zehnecken mit Seitenverhältnissen, die durch den Modulus Φ bestimmt werden.

In Figur 1,25 wird der einbeschriebene Kreis im Quadrat OPQR durch einen Kreis mit Radius $AY = \frac{1}{2} \times \Phi^{-1}$ in den Punkten B und D geschnitten; das durch den Goldenen Schnitt erzeugte innere Quadrat STUV mit der Fläche $[\Phi^{-1} * \Phi^{-1}]$ hingegen in den Punkten E und F. Das gleichschenklige Dreieck ABC ist dann ein *goldenes* Dreieck, da sich seine Schenkellänge zur Länge seiner Basis verhält wie

$$\frac{1}{2} : \frac{1}{2}\,\Phi^{-1} = \Phi$$

Das ähnliche Dreieck CEF ist ebenfalls *golden* und hat eine Basislänge $\frac{1}{2} \times \Phi^{-2}$, so dass die Strecke EF der Minor m zur Strecke AB als Major M ist.

Der Winkel $\angle$ ACB an der Spitze misst $\alpha = 36°$, da *asin* ($\frac{1}{2}$ AB : BC) = *asin* ($\frac{1}{2}\,\Phi^{-1}$) = 18° beträgt. Zehn *goldene* Dreiecke bilden ein reguläres Zehneck. Deshalb teilen die Strecken AB und EF die beiden Kreise in zehn gleich lange Bogenstücke. Beide Zehnecke sind den zugehörigen Quadraten einbeschrieben. Die Strecken DB und FG sind gleichzeitig die

Seiten von regelmäßigen Fünfecken, die den Quadraten einbeschrieben sind.

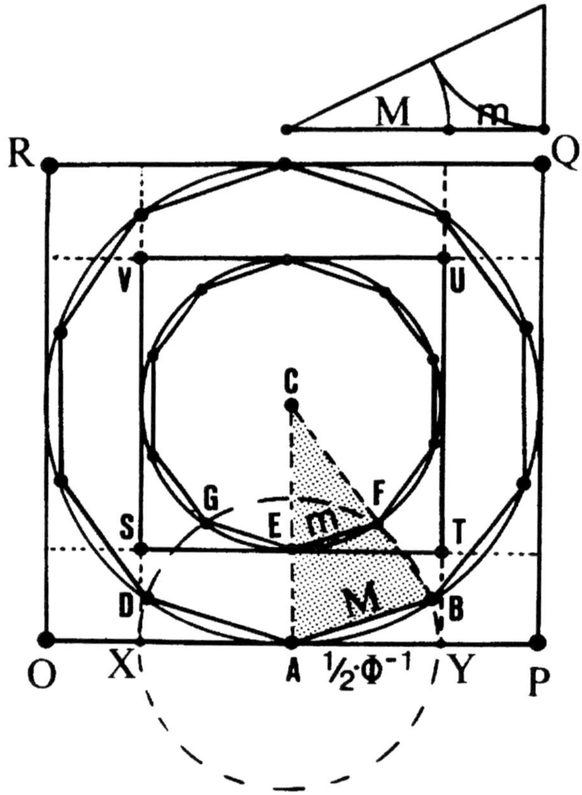

1.25

Figur 1.26 zeigt eine eng mit der vorherigen verwandte Konstruktion, um mit Hilfe des Goldenen Schnitts eine Quadratseite $OP = 1$ beliebig oft im Verhältnis Φ zu verkleinern oder zu vergrößern.

Es gilt ja $OP : AB = \Phi$ und $FB = \frac{1}{2}\Phi^{-1}$. Trägt man FB von M aus bis G ab, so ist auch $MF : MG = \Phi$ und, wegen der Ähnlichkeit der Dreiecke FBM und GLM auch $MG : GL = \Phi$. Die Strecke GL ist somit der Minor zum Major FB, ebenso wie GN den Minor zum Major FP liefert. Die

Konstruktion lässt sich in entsprechender Weise beliebig oft wiederholen.

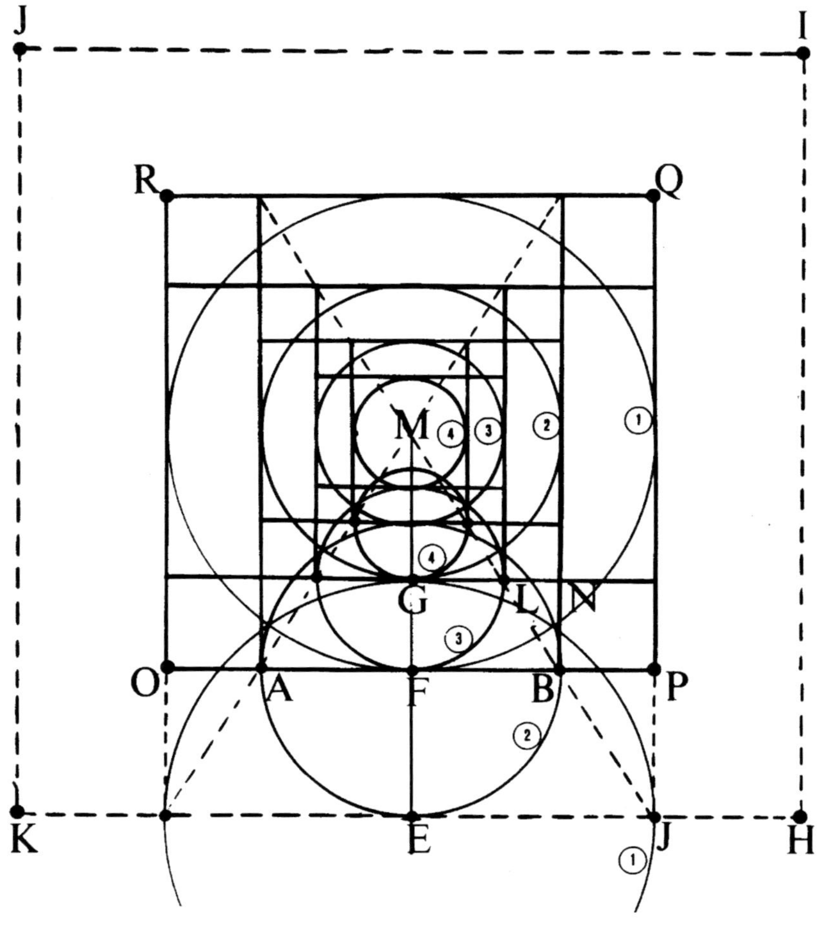

1.26

Die Strecke MG ist zugleich Radius für den Inkreis in dem um den Faktor Φ^{-2} verkleinerten Quadrat OPQR. Trägt man daher MG von F aus bis E ab, so ist nun die Strecke ME eine halbe Seitenlänge für ein um den Faktor Φ vergrößertes Quadrat HIJK. Mit Hilfe dieser Konstruktion lassen sich daher Folgen von selbstähnlichen Quadraten und Kreisen produzieren.

1.5 Reguläre Polyeder

Fünf Körper sind seit Jahrtausenden als platonische Körper bekannt, weil der griechische Philosoph PLATON sie den fünf Elementen zuordnete. Dazu gehörten Feuer, Erde, Luft und Wasser sowie der Äther als „Quintessenz“. Dieser sollte nach der Ansicht des Philosophen den gesamten Kosmos umfassen. EUKLID hat die Polyeder im Buch 13 seiner Elemente behandelt.

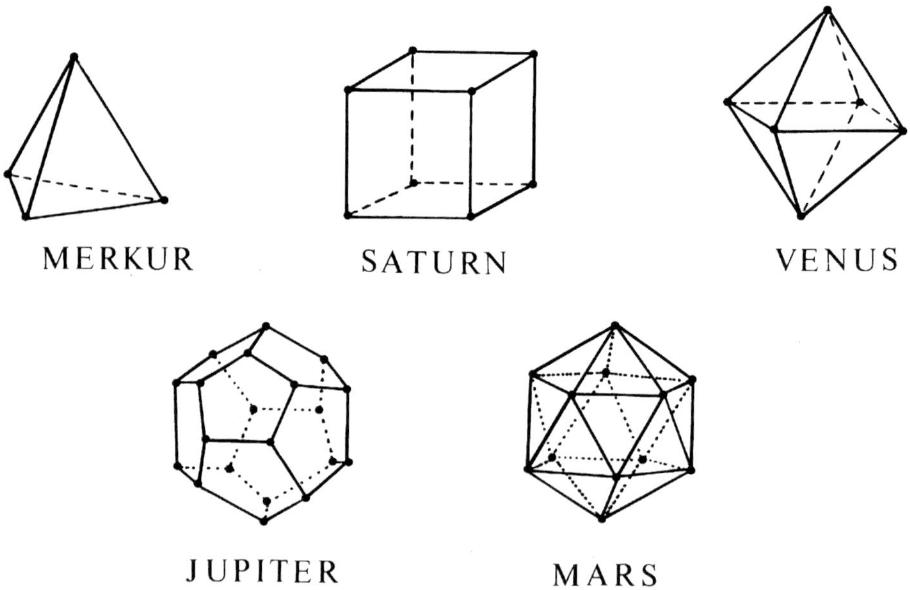

1.27

Die Gebilde haben als besonderes Kennzeichen, dass ihre Oberflächen aus jeweils kongruenten, regulären Vielecken bestehen. Die einzelnen Gebilde unterscheiden sich durch die Anzahlen von Drei-, Vier- bzw. Fünfecken an jeder Ecke des Körpers. JOHANNES KEPLER beschäftigt sich in seiner „Weltharmonik“ intensiv mit ihnen und zeigt, dass es nur diese fünf regulären Polyeder geben kann. In KEPLERS Weltmodell legen die fünf ineinander geschachtelten Körper Tetraeder, Würfel, Oktaeder,

Pentagondodekaeder und Ikosaeder die Abstände der fünf sichtbaren Planeten in seinem heliozentrischen Kosmos fest. Vermutlich übernahm KEPLER eine Vorstellung, die unter dem römischen Kaiser Augustus entwickelt worden war, als man die Polyeder mit den damals bekannten Planeten Merkur, Venus, Mars, Jupiter und Saturn in Verbindung gebracht und den wichtigsten römischen Göttern zugeordnet hatte. Drei von ihnen bildeten die göttliche Trias Venus, Mars und Jupiter, unter deren besonderem Schutz das Kaiserhaus der Julier stand. Auf nicht unmittelbar einsichtige Weise sind im Oktaeder, Pentagondodekaeder und Ikosaeder *goldene* Rechtecke verborgen. Wir untersuchen in Figur 1.28 zuerst das dem Gott Mars zugeordnete Ikosaeder, das aus zwanzig kongruenten Dreiecken zusammengesetzt ist.

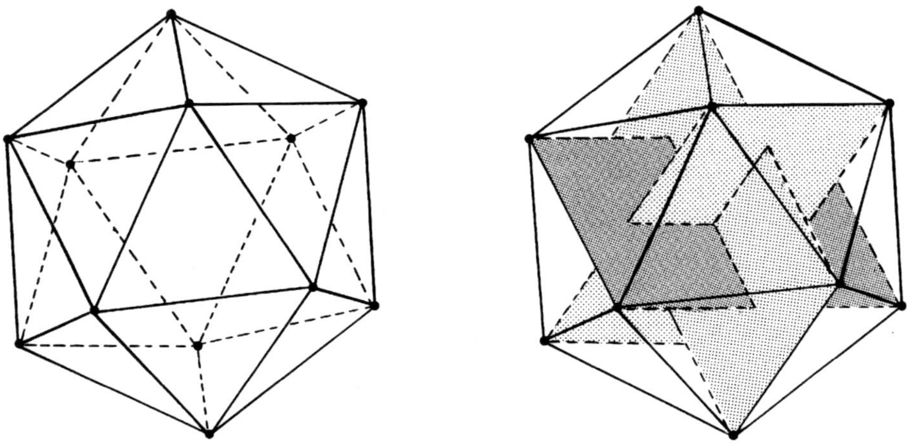

1.28

Zwei gegenüberliegende Kanten des Ikosaeders gehören jeweils zu einem Rechteck, dessen längere Seite Diagonale eines regulären Fünfecks mit Kantenlängen als Seiten ist. Das Verhältnis von Diagonale und Seite ist beim Fünfeck aber gerade Φ.

- Die Ecken eines Ikosaeders sind die zwölf Ecken dreier *goldener* Rechtecke, die paarweise aufeinander senkrecht stehen.

Die sechs Ecken des Oktaeders, das aus acht kongruenten, gleichseitigen Dreiecken besteht, sind die Ecken dreier, paarweise senkrecht aufeinanderstehender Quadrate. In ein Quadrat lässt sich ein *goldenes* Rechteck so einzeichnen, dass die Quadratseiten in dem Verhältnis 1 : Φ unterteilt werden. Daher gilt:

- In ein gegebenes Oktaeder kann ein Ikosaeder so einbeschrieben werden, dass dessen Ecken die Kanten des Oktaeders im Verhältnis 1 : Φ teilen.

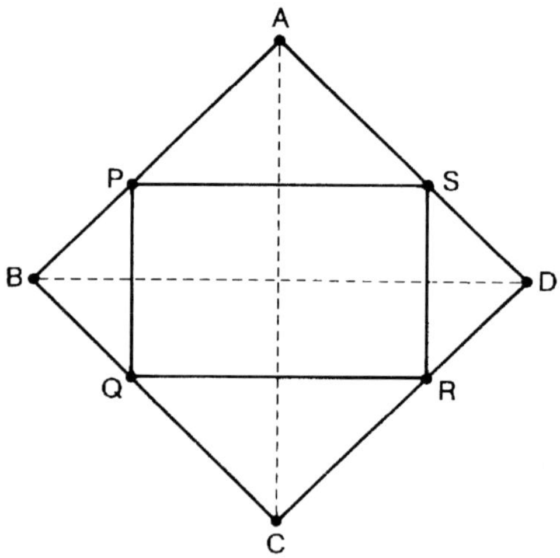

1.29

- Das Pentagondodekaeder besteht aus zwölf kongruenten, regulären Fünfecken. Die Mittelpunkte der zwölf Fünfecksflächen des Pentagondodekaeders bilden genau die Ecken eines regulären Ikosaeders. Daher müssen sie auch die zwölf Ecken von drei *goldenen* Rechtecken sein, die in paarweise zueinander senkrechten Ebenen liegen.

Das Auftreten des Goldenen Schnitts wird in der geometrischen Betrachtung der beschriebenen Figuren sichtbar, doch möchte ich nicht die vielen geometrischen Probleme im Zusammenhang mit dem Modulus Φ aufführen, die ein Mathematiker an dieser Stelle noch formulieren kann, sondern den Leser auf entsprechende Literatur verweisen.

Zum Abschluss dieses Abschnitts soll noch eine *ideale* Doppelspirale gezeigt werden, die eine Analogie zu den beschriebenen *goldenen* Spiralen darstellt. Auch für Schnitte höherer Ordnung mit $n \geq 2$ lassen sich nämlich durchaus Analogien zur *goldenen* Geometrie finden.

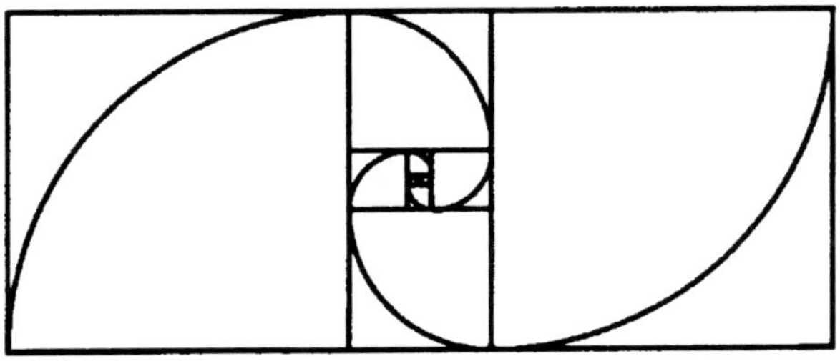

1.30

1.6 Anschauliche Kettenbrüche

Bei der Unterteilung eines *goldenen* Rechtecks in kleinere Quadrate wird sichtbar, dass es Zusammenhänge zwischen der Geometrie des Goldenen Schnitts und den Potenzen des Modulus Φ gibt. Betrachtet man noch einmal Figur 1.15, so lässt sich daraus sofort ablesen, dass folgende konvergenten Reihen existieren müssen, welche die Summation der einzelnen Quadratseiten zur ganzen Seitenlänge des *goldenen* Rechtecks beschreiben:

$$\sum_{k=0}^{\infty} \Phi^{-2k} = \Phi$$

und

$$\sum_{k=0}^{\infty} \Phi^{-(2k+1)} = 1$$

Hier ist k eine Laufzahl, die bei der Summation bis ∞ angibt, dass man bei der Unterteilung des *goldenen* Rechtecks unendlich viele kleinere Quadrate berücksichtigen muss. Die konvergenten Reihen existieren für alle Schnitte der Ordnung **n** in der Form

$$\sum_{k=0}^{\infty} n \times Z_n^{-2k} = Z_n$$

und

$$\sum_{k=0}^{\infty} n \times Z_n^{-(2k+1)} = 1$$

Die Z_n als Resultat der Summation sind bei diesen Reihen stets die positiven Lösungen

$$Z_n = ½ \{ n + \sqrt{(n^2 + 4)}\}$$

einer Folge von algebraischen Gleichungen mit der allgemeinen Form

$$Z^2 - n \times Z - 1 = 0 \quad \text{mit } n \in N.$$

Im folgenden Abschnitt sollen diese mathematischen Zusammenhänge genauer untersucht werden. Dabei wollen wir zunächst ermitteln, in wie viele Quadrate sich ein *goldenes* Rechteck zerteilen lässt. Das Ergebnis kann offenbar keine ganze Zahl sein, denn bei der Unterteilung eines *goldenen* Rechtecks in Quadrate gemäß Figur 1.15 bleibt immer ein Rest übrig.

Beginnt man mit einem Rechteck $[1 * \Phi]$, so lässt es sich in ein Quadrat $[1 * 1]$ und in eine Restfläche A_1 aufteilen, die kleiner als das Quadrat $[1 * 1]$ ist. Sie stellt wiederum ein *goldenes* Rechteck, diesmal jedoch mit der Größe $[1 * \Phi^{-1}]$ dar. Würde man bei ihm beide Seiten um den Faktor Φ vergrößern, so erhielte man das ursprüngliche Rechteck $[1 * \Phi]$ zurück. Man könnte nun auch die Restfläche $[1 * \Phi^{-1}]$ wieder in ein Quadrat und in ein noch kleineres, *goldenes* Rechteck A_2 unterteilen. Dabei wäre allerdings die Mengenangabe „ein zweites Quadrat $[1 * 1]$ plus ein restliches *goldenes* Rechteck“ falsch, weil sie um den Faktor Φ zu groß wäre. Richtig wäre hingegen die Angabe „ein zweites Quadrat $[\Phi^{-1} * \Phi^{-1}]$ + ein restliches *goldenes* Rechteck $[\Phi^{-2} * \Phi^{-1}]$“. Da die restlichen Rechteckflächen A_n stets kleiner als das abgetrennte Quadrat sind, kann man sie als Bruchteil angeben. So wie ¼ als Abkürzung steht für „1 Teil von einem Ganzen, das man zuvor in 4 gleiche Teile unterteilt hat“, so kann man für die Restfläche A_1 in der Form eines Bruches schreiben 1/(1 + Rest'), weil sie sich in ein Quadrat plus eine noch kleinere Rechteckfläche zerlegen lässt. Diesen Vorgang kann man beliebig oft wiederholen. Auf diese Weise ergäbe sich als Mengenangabe K für die Anzahl von Quadraten der Größe $[1 * 1]$, in die man die Fläche des *goldenen* Rechtecks $[\Phi * 1]$ aufteilen kann, schließlich folgender Ausdruck:

$$
\begin{aligned}
K &= 1 + \text{Rest} \\
&= 1 + \cfrac{1}{1 + \text{Rest}'} \\
&= 1 + \cfrac{1}{1 + \cfrac{1}{1 + \text{Rest}''}} \\
&= 1 + \cfrac{1}{1 + \cfrac{1}{1 + \cfrac{1}{1 + \dots + \cfrac{1}{1}}}}
\end{aligned}
$$

Da auch bei n Aufteilungen noch eine, wenn auch immer kleiner werdende, Restfläche A_n in Gestalt eines *goldenen* Rechtecks übrigbleibt, müsste man den Vorgang unendlich oft wiederholen, um eine exakte Aufteilung des ursprünglichen *goldenen* Rechtecks $[\Phi * 1]$ in immer kleiner werdende Quadrate zu erhalten. In diesem Fall besäße erst das wirklich letzte *goldene* Rechteck als Grenzfall keine Fläche mehr. Für die Mengenangabe K erhält man in diesem Fall einen sogenannten „unendlichen Kettenbruch", der nur noch aus lauter Einsen besteht. Gemäß der in der Mathematik üblichen Notation schreibt man für diesen unendlichen Kettenbruch

$$
K = 1 + \cfrac{1}{1 + \cfrac{1}{1 + \cfrac{1}{1 + \dots + \cfrac{1}{1}}}}
$$

mit der Abkürzung $K = [1, 1, 1, 1, \dots]$.

Allgemein sind endliche Kettenbrüche Ausdrücke der Form

$$a_0 + \cfrac{1}{a_1 + \cfrac{1}{a_2 + \cfrac{1}{a_3 + \ldots + \cfrac{1}{a_n}}}}$$

Hierbei sind die Zahlen a_1, ..., a_{n-1} ganze, in der Regel sogar natürliche Zahlen, während a_n eine beliebige reelle Zahl sein darf. Das bedeutet unter der Verwendung ganzer Zahlen p und q

$$[a_0, a_1, a_2, \ldots, a_n] = p_n / q_n$$

Könnte man den Wert des unendlichen Kettenbruchs K als Zahlenbruch berechnen, so gäbe dieser an, wie viele Bruchteile eines Quadrats mit der Fläche [1 ∗ 1] insgesamt benötigt werden, um das ursprüngliche Rechteck [1 ∗ Φ] damit auszufüllen. Da man den Teilungsvorgang unendlich oft wiederholen muss, lässt sich diese Zahl aber weder durch ganze Zahlen noch durch einen Zahlenbruch exakt angeben. Daher gilt:

- Das Verhältnis [1 ∗ Φ] : [1 ∗ 1] = Φ ist eine irrationale Zahl.

Man sieht an Figur 1.15, dass für die lange Seite des Rechtecks gilt

$$\Phi = 1 + 1/\Phi$$

Setzt man an Stelle von Φ im Nenner auf der rechten Seite der Gleichung den Ausdruck Φ = (1 + 1/Φ) ein, so erhält man

$$1 + \cfrac{1}{1 + 1/\Phi}$$

Ersetzt man auch hierin wieder Φ durch Φ = (1 + 1/Φ) und wiederholt diesen Vorgang unendlich oft, so erhält man denselben unendlichen Kettenbruch wie zuvor. Man darf deshalb schreiben:

$$\Phi = [1, 1, 1, 1, ...]$$

Wie Figur 1.12 deutlich macht, erhält man beim Idealschnitt genau zwei Quadrate und eine Restfläche, die wieder ein *ideales* Rechteck ist. Daher ergibt sich mit derselben Argumentation wie oben für den Wert von σ ein unendlicher Kettenbruch der Gestalt

$$2 + \cfrac{1}{2 + \cfrac{1}{2 + \cfrac{1}{2 + ... + \cfrac{1}{2}}}}$$

oder

$$\sigma = [2, 2, 2, 2,...]$$

Für den Schnitt der Ordnung n = 3 besteht der zugehörige Kettenbruch aus lauter Dreien. Man kann daher verallgemeinern:

- Der Modulus eines Schnitts der Ordnung **n** lässt sich als Zahlenwert durch einen unendlichen Kettenbruch der Gestalt [n, n, n, n, ...] schreiben.

Bricht man die Aufteilung in Quadrate nach endlich vielen Schritten ab, so erhält man keine vollständige Aufteilung, sondern eine Näherungslösung, da eine kleine Restfläche unberücksichtigt bleibt. Damit wird das Verhältnis $[\Phi * 1] : [1 * 1]$ zwar als rationale Zahl angenähert, doch bleibt der Rest als Ungenauigkeit erhalten. In der Schreibweise mit Kettenbrüchen wird durch den Abbruch der Unterteilung aus einem unendlichen ein endlicher Kettenbruch, der immer eine rationale Zahl ist. Rechnet man die endlichen Kettenbrüche aus, so erhält man eine Folge von Brüchen. Es handelt sich dabei um die Kehrwerte der bei KEPLER aufgeführten Quotientenfolge

$$1 : 1;\ 2 : 1;\ 3 : 2;\ 5 : 3;\ 8 : 5;\ 13 : 8;\ 21 : 13;\ \ldots ;$$

Die beiden Brüche 13/8 und 21/13 kann man beispielsweise schreiben als 13/8 = 1 + 5/8 = 1 + 1 : (8/5) und 21/13 = 1 + 8/13 = 1 + 1 : (13/8). Aus diesem Grund liefern die Ausdrücke 1 : (8/5) bzw. 1 : (13/8) eine Mengenangabe in Bruchteilen von Quadratflächen der Größe [1 ∗ 1], ohne dass die Flächen der beim sechsmaligen bzw. siebenmaligen Unterteilen übrig bleibenden *goldenen* Rechtecke berücksichtigt werden. Die obige Quotientenfolge nähert den Wert Φ also immer nur an. Erst bei unendlicher Unterteilung darf man daher schreiben:

$$[1 * \Phi] : [1 * 1] = \Phi = 1 + 1/\Phi$$

Durch die Multiplikation der rechten Seite der Gleichung mit Φ und nach einer Umstellung der Terme ergibt sich daraus die folgende quadratische Gleichung

$$\Phi^2 - \Phi - 1 = 0$$

Sie besitzt die beiden Lösungen

$$\Phi_+ = ½\ (1 + \sqrt{5}) = +\,1{,}6180339\ldots$$
$$\Phi_- = ½\ (1 - \sqrt{5}) = -\,0{,}6180339\ldots$$

An dieser Stelle möchte ich darauf hinweisen, dass der Goldene Schnitt manchmal auch in der folgenden Weise definiert wird:

- Eine Strecke der Länge 1 wird im Verhältnis des Goldenen Schnitts geteilt, wenn sich das kleinere Teilstück 1 – y zum größeren verhält wie das längere Teilstück y zur ganzen Strecke.

Aus dieser Definition (1 – y) : y = y : 1 ergibt sich die Gleichung

$$y^2 + y - 1 = 0$$

Somit ist die Länge $y_+ = ½ (-1 + \sqrt{5}) = -\Phi_-$ die positive Lösung dieser quadratischen Gleichung, während $y_- = ½ (-1 - \sqrt{5}) = -\Phi_+$ lautet. Da $\Phi_+ > 1$ und $y_+ < 1$ ist, werden die beiden Wurzeln bei dieser Definition des Goldenen Schnitts samt ihren Vorzeichen vertauscht.

Zwischen den beiden irrationalen Zahlen Φ_+ und Φ_- existieren folgende Beziehungen

$$\begin{aligned} \Phi_+ + \Phi_- &= +1 \\ (\Phi_+)^2 - \Phi_+ &= +1 \\ (\Phi_-)^2 - \Phi_- &= +1 \\ \Phi_+ \times \Phi_- &= -1 \\ \Phi_+ - \Phi_- &= \sqrt{5} \end{aligned}$$

Die Bedeutung der Kettenbrüche liegt vor allem darin, dass man mit ihrer Hilfe beurteilen kann, wie gut sich eine irrationale Zahl durch rationale Zahlen approximieren lässt. Mit einem mathematischen Satz von Liouville lässt sich beweisen, dass eine Approximation durch rationale Zahlen um so schlechter sein wird, je kleiner die a_n in den Kettenbrüchen sind. Da die kleinstmöglichen Werte $a_n = 1$ sind, muss der Kettenbruch $[1, 1, 1, 1, ...] = \Phi$ im Umkehrschluss die am schlechtesten durch einen Bruch zu nähernde Zahl überhaupt sein.
Allgemein kann man aussagen, dass jene Zahlen besonders irrational sind, die sich als Lösungen von quadratischen Gleichungen

$$Z^2 - n \times Z - 1 = 0$$

ergeben. Sie lassen sich als Kettenbrüche $[n, n, n, n,...]$ mit $n \in \mathbf{N}$ schreiben und werden als „noble Zahlen“ bezeichnet. Diese noblen Zahlen ergeben sich als Moduli von Schnitten der Ordnung **n**.

- Die Zahlen Φ und σ sowie die Moduli der Kathetenschnitte höherer Ordnung sind algebraische Irrationalzahlen vom Grad 2. Sie gehören zu den noblen Zahlen und sind die irrationalsten Vertreter dieser Klasse.

Φ ist die irrationalste Zahl überhaupt, denn bei der Unterteilung des *goldenen* Rechtecks in Quadrate beträgt die Abweichung vom exakten Wert für Φ gerade nur noch *ein* restliches Quadrat, beim Idealschnitt beträgt die Abweichung für σ dagegen schon *zwei*, und allgemein bei einem Schnitt der Ordnung **n** genau *n* Quadrate.

Eine quadratische Gleichung der Form $Z^2 - n \times Z - 1 = 0$ lässt sich umformen zu

$$Z^2 = n \times Z + 1$$

- Diese Umformung macht deutlich, dass prinzipiell jede Potenz von Z um einen Grad reduziert und dann in endlich vielen Schritten linearisiert werden kann.

Ohne Beweis will ich das für den Goldenen Schnitt und die Gleichung $\Phi^3 - \Phi^2 - \Phi = 0$ zeigen.

Durch Umstellen der Terme erhält man $\Phi^3 = \Phi^2 + \Phi$. Schreibt man für $\Phi^2 = \Phi + 1$, so erhält man $\Phi^3 = (\Phi + 1) + \Phi = 2\Phi + 1$ als linearen Ausdruck in Φ.

Am Beispiel $\Phi^4 = \Phi^3 + \Phi^2 = (2\Phi + 1) + (\Phi + 1) = 3\Phi + 2$ wird deutlich, dass man diese Operation als Iteration für alle Potenzen von Φ durchführen kann. Die Faktoren in den linearisierten Ausdrücken für die Potenzen erweisen sich beim Goldenen Schnitt als die Fibonacci-Zahlen.

1.7 Pythagoras und die Fibonacci-Zahlen

Ich habe die Vermutung geäußert, dass die Pythagoreer bei der Untersuchung über das gemeinsame Maß der Seiten eines rechtwinkligen Dreiecks, deren „Kommensurabilität", zuerst auf die Folge der Fibonacci-Zahlen gestoßen sein könnten. Man sollte sich dazu klar machen, dass die mathematischen Fähigkeiten der Griechen in der Frühzeit noch nicht sehr weit entwickelt waren und sich im Wesentlichen auf das Rechnen mit ganzen Zahlen beschränkten. Aus diesem Grund beschäftigten sich griechische Gelehrte anfangs wahrscheinlich nur mit solchen geometrischen Figuren, deren Abmessungen durch ganze Zahlen festgelegt waren. Bei einem rechtwinkligen Dreieck besitzen die Seiten dann ein gemeinsames Maß, etwa die Maßeinheit, wenn sie durch diese Größe ohne Rest teilbar sind. Man bezeichnet in diesem Fall die Seiten als „kommensurabel". Rechtwinklige Dreiecke, bei denen die beiden Katheten K und G sowie die Hypotenuse H kommensurabel sind, gehören zu den eher seltenen Objekten. Sie waren für die Pythagoreer deshalb besonders interessant, weil sich ihr Verhalten leicht berechnen ließ. Nach der Überlieferung soll PYTHAGORAS den allgemeinen Zusammenhang zwischen den Seitenverhältnissen und bestimmten ganzen Zahlen erkannt haben.

Die Beschäftigung mit bestimmten Zahlen hatte dabei durchaus eine Vorgeschichte, da PYTHAGORAS das Wissen von einer zahlenmäßigen Ordnung des Kosmos aus Ägypten mitgebracht hatte. Dort war eine Folge von sogenannten „Zahlen der Götter" bekannt, die mit den Fibonacci-Zahlen eng verwandt ist, und die in diesem Buch „Heilige Zahlen" genannt werden. Die Ägypter kannten den mathematischen Zusammenhang mit dem Goldenen Schnitt aber offenbar nicht. Aus noch verständlich werdenden Gründen sind die Verknüpfungen zwischen der stetigen Teilung und den Zahlenfolgen bei den Fibonacci-Zahlen besser zu erkennen als bei den göttlichen Zahlen der Ägypter.
Die Vorstellungen von einer Ordnung des Kosmos durch bestimmte Zahlen entstand jedoch auch nicht in Ägypten, sondern hatte zwei noch

ältere, voneinander unabhängige Ursprünge, die beide zu verschiedenen Ergebnissen führten. Ich will sie zum Vergleich in den Abschnitten 1.8 und 1.9 dieses Kapitels kurz gegenüber stellen, obgleich die babylonischen Zahlenfolgen nichts mit dem Goldenen Schnitt zu tun haben.

Wie ich schon beschrieben habe, könnten die Pythagoreer bei der Untersuchung eines rechtwinkligen Dreiecks 5∗12∗13 auf die Folge der Fibonacci-Zahlen gestoßen sein. Tatsächlich lässt sich diese Zahlenfolge erstmals bei Tempelbauten nach der Mitte des 6. Jahrhunderts im griechischen Siedlungsgebiet in der Bauplanung nachweisen, als die pythagoreïsche Schule ihre Blütezeit hatte. Falls die Pythagoreer tatsächlich das Dreieck 5∗12∗13 untersucht haben sollten, so hätten sie erkennen können, dass die Zahlenfolge 5; 8; 13 eine besondere Qualität besitzt. Mit der Kenntnis des Bildungsgesetzes für die ihnen bekannten Heiligen Zahlen, nach dem sich jede Zahl als Summe der beiden vorhergehenden ergibt, hätten sie dann unmittelbar die gesamte Folge der Fibonacci-Zahlen durch Addition und Subtraktion erhalten können, nämlich 1; 2; 3; **5**; **8**; **13**; 21; 34; 55, ...
Die Suche nach pythagoreïschen Dreiecken mit natürlichen Zahlen als Maßzahlen für die Dreiecksseiten könnte auch zur genaueren Untersuchung von solchen Dreiecken geführt haben, deren Seitenlängen durch Fibonacci-Zahlen gegeben waren. Dabei musste dann eigentlich eine Systematik auffallen: Benutzt man aufeinanderfolgende Fibonacci-Zahlen als Maßzahlen und beginnt für die Katheten mit 1 und 2, so hat die Hypotenuse den irrationalen Wert $\sqrt{5}$, da sich für die Fläche des Quadrats über der Hypotenuse der Wert $1^2 + 2^2 = 5$ ergibt. Die nächsten Zahlen 2 und 3 aus der Fibonacci-Folge liefern als Quadratflächen über den Hypotenusen die Zahlen

$$2^2 + 3^2 = 13;$$
$$3^2 + 5^2 = 34;$$
$$5^2 + 8^2 = 89;$$
$$8^2 + 13^2 = 233;$$
$$\ldots..$$

- Für die Summe der Flächen über den Katheten, die dem Quadrat über der Hypotenuse gleich ist, erhält man eine Hälfte der Fibonacci-Zahlen als Maß, wenn man für die Länge der Katheten ebenfalls Fibonacci-Zahlen benutzt hat.

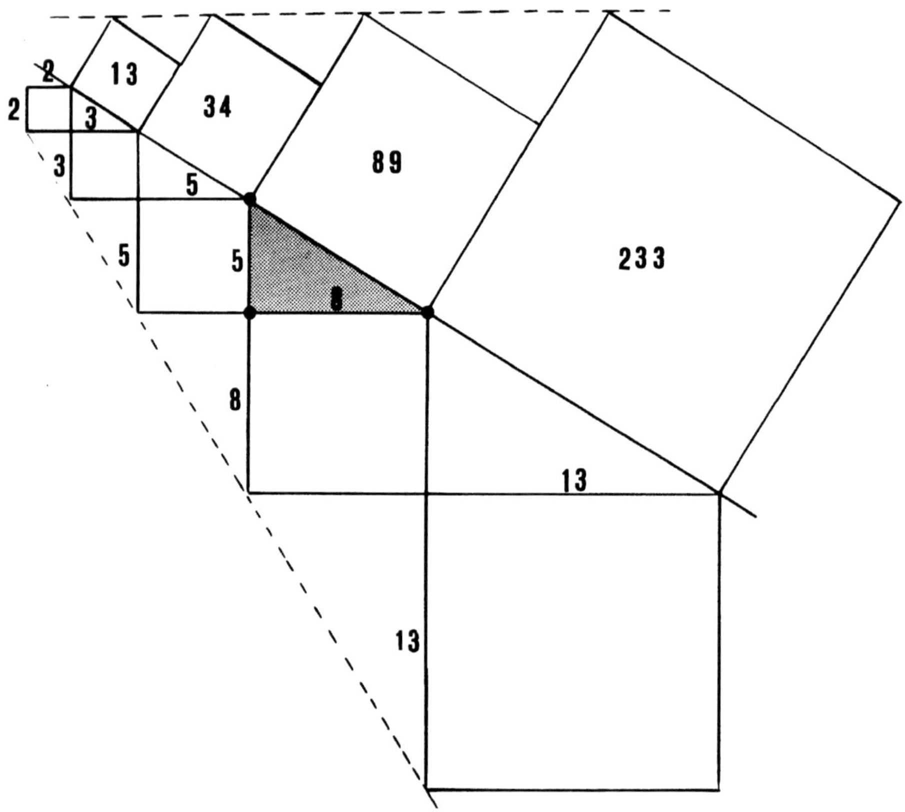

1.31

Will man auch die andere Hälfte herausfinden, so kann man zwar wieder den Lehrsatz des Pythagoras verwenden, allerdings müssen jetzt die Maßzahlen bei einer Kathete und bei der Hypotenuse Fibonacci-Zahlen sein. Es gilt nämlich wegen des Lehrsatzes des PYTHAGORAS ebenfalls $H^2 - K^2 = G^2$.

Beginnt man mit den Fibonacci-Zahlen 1 und 2 und setzt mit den folgenden Zahlen der Folge fort, so findet man die restlichen Glieder der Fibonacci-Folge.

$$2^2 - 1^2 = \mathbf{3}$$
$$3^2 - 1^2 = \mathbf{8};$$
$$5^2 - 2^2 = \mathbf{21};$$
$$8^2 - 3^2 = \mathbf{55};$$
$$13^2 - 5^2 = \mathbf{144};$$
$$.....$$

Wie man leicht erkennt, werden bei dieser Berechnung stets nur solche Zahlen in den Differenzen verwendet, die jeweils durch ein Glied aus der ersten Teilfolge getrennt sind. Die vollständige Fibonacci-Folge lautet daher:

1; **1**; 2; **3**; 5; **8**; 13; **21**; 34; **55**; 89; **144**; ...

Auffällig dabei ist, dass am Anfang zweimal die Ziffer 1 vorkommt. Der Grund dafür liegt darin, dass für beide Teilfolgen, aus denen sich die Fibonacci-Folge zusammensetzt, eine 1 benötigt wird. Für die Teilfolge 1; 2; 5; 13; 34; 89; ... gilt für alle Quotienten aufeinander folgender Zahlen, etwa 89 : 34, dass sie kleiner als Φ^2 sind, während sie bei der Folge 1; 3; 8; 21; 55; 144; ... stets größer als Φ^2 sind. Bei der Verallgemeinerung des Algorithmus zur Erzeugung von Zahlenfolgen bei Kathetenschnitten der Ordnung **n** wird noch deutlicher werden, dass es sich tatsächlich um zwei unterschiedliche Teilfolgen handelt.

Die Quotienten der Gesamtfolge sind abwechselnd größer und kleiner als Φ und nähern deshalb oszillierend den irrationalen Wert Φ mit größer werdenden Zahlen immer besser an. Die Quotienten benachbarter Fibonacci-Zahlen enthalten stets jeweils eine Zahl aus beiden Teilfolgen, so dass der Wert der Irrationalzahl Φ = 1,618033.... durch die Zahlenbrüche von beiden Seiten immer genauer angenähert wird, je größer die Zahlen in den Zählern und Nennern werden. So beträgt zum

Beispiel die Abweichung vom genauen Zahlenwert Φ beim Zahlenbruch 144 : 89 = 1,617978 nur noch drei Hunderttausendstel.

Man kann diese fortlaufende Erzeugung wachsender Fibonacci-Zahlen mit rechtwinkligen Dreiecken sichtbar machen, wie das in den Figuren 1.31 und 1.32 für die beiden Teilfolgen geschehen ist. Die Annäherung der Quotienten an einen konstanten Wert wird dabei an den gestrichelt gezeichneten Geraden deutlich, deren Steigungen *atan* $(\Phi^{-1}) = 31{,}6°$ betragen.

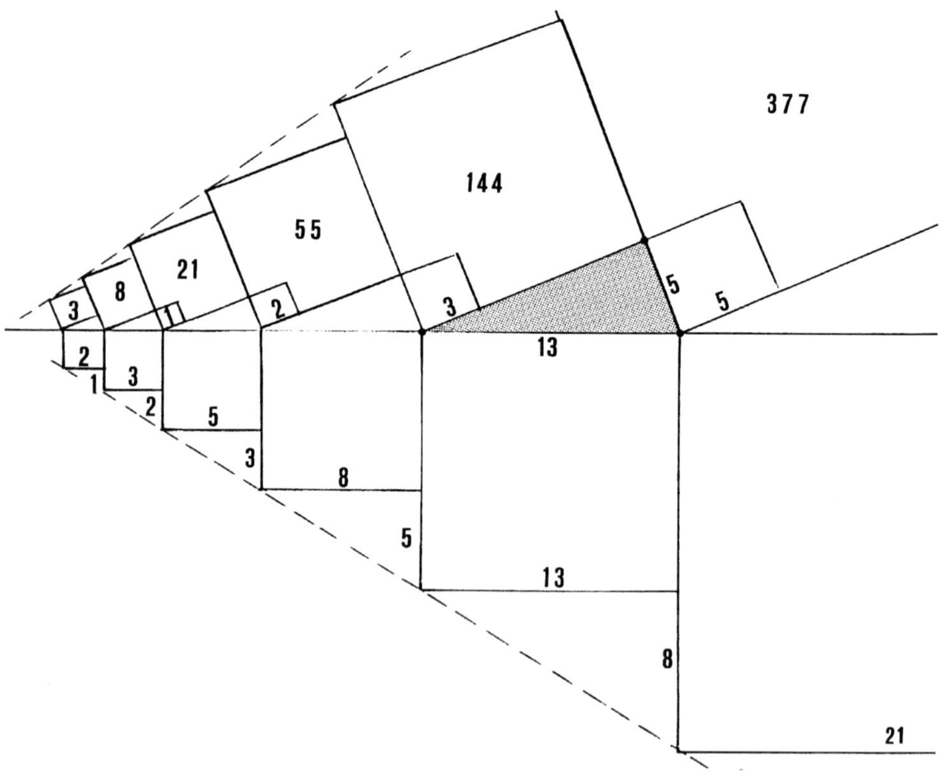

1.32

1.8 Zahlen der Götter

Schon mehrfach ist die Bezeichnung „Zahlen der Götter“ oder „Heilige Zahlen“ gefallen, ohne dass ich genauer gesagt hätte, worum es dabei geht. Das soll jetzt schnell nachgeholt werden. Wir wollen uns klar machen, dass die Entdeckung der Heiligen Zahlen sehr viel älter als die der Fibonacci-Zahlen ist und am Anfang einer kulturellen Entwicklung stand, die schließlich zu den modernen Industriegesellschaften hinführte. Mit ihrer Verwendung begann ein Prozess, der das menschliche Denken von einer magischen Betrachtungsweise der Umwelt hin zu einer rationalen Weltsicht veränderte.

Vermutlich begann diese Entwicklung damit, dass eine sesshaft gewordene Gesellschaft von Ackerbauern anfing, sich Abbildungen der von ihnen verehrten Gottheiten zu schaffen. Dabei standen die Menschen vor einem zweifachen Problem, da diese Abbilder einerseits menschenähnlich und zugleich doch dem Menschenbild überlegen sein sollten. Die gewünschte Ähnlichkeit mit dem menschlichen Körper ließ sich dadurch erreichen, dass man diesen genau untersuchte und vermaß, wobei sich als Maßstab die menschliche Hand anbot.
Wenn man einen Säugling in jener Phase beobachtet, in der er sich seines Körpers bewusst wird, so zeigt er uns gleichsam, in welcher Weise so etwas geschieht: Das Kind betrachtet zunächst seine Hände und Finger, mit denen es dann später seine Umwelt im wörtlichen Sinn „begreift“. So oder ähnlich dürfte es sich auch abgespielt haben, als erstmals ein Mensch seinen Körper bewusst in Augenschein nahm, um herauszufinden, wie das Abbild der Gottheit beschaffen sein musste: Er vermaß seinen Körper mit Hilfe seiner Hände.

Versuchen Sie in Gedanken das Ergebnis dieses Vorgangs nachzuvollziehen: Stellen Sie sich den Körper eines groß gewachsenen Mannes von beispielsweise $L = 180$ Zentimetern Länge vor. Der Bauchnabel teilt den Rumpf in zwei ungleiche Teilstücke A und B. Das größere Stück A reicht von der Fußsohle bis zum Nabel, der kleinere

Teil B hingegen vom Nabel bis zum Scheitel. Das Teilstück B wird in Schulterhöhe weiter in ein Stück C vom Nabel bis zur Schulter und in einen Rest D für den Hals und den Kopf unterteilt. Würden Sie nun einen Meterstab nehmen und die Teillängen ausmessen, so erhielten Sie beinahe mit Sicherheit folgendes Ergebnis: A = 111 cm; B = 69 cm; C = 43 cm und D = 26 cm. Wenn Sie einen Taschenrechner zur Hand hätten, könnten Sie sofort nachrechnen, dass die Verhältnisse

$$L : A \approx 1{,}62;\ A : B \approx 1{,}62;\ B : C \approx 1{,}62 \text{ und } C : D \approx 1{,}62$$

betragen. Somit ergibt sich, je nachdem wie genau Sie gerechnet hätten, derselbe Zahlenwert für die Verhältnisse der Teilstücke. Er ist ungefähr so groß wie der schon bekannte Wert Φ.

Meine Behauptung lautet also, dass sich die Maßangaben für die Teillängen unseres Modellmannes bei Verwendung der Einheit „Zentimeter" durch die ganzen Zahlen 180; 111; 69; 43 und 26 ausdrücken lassen. Wieso aber funktioniert das überhaupt mit der Längeneinheit Zentimeter, einer aus der modernen metrischen Einheitslänge „Meter" abgeleiteten Maßeinheit? Weiß die Natur vielleicht etwas vom Metermaß?

Die letzte Frage lässt sich mit Sicherheit verneinen. Das sieht man leicht ein, wenn man an Stelle des Meters als Maßeinheit die Dicke eines Fingers der betreffenden Person benutzen würde, also ein „Körpermaß". Nun würde man nämlich feststellen, dass L = 89; A = 55; B = 34; C = 21 und D = 13 Fingerdicken messen. Trotzdem besitzen die Verhältnisse L : A; A : B; B : C und C : D auch jetzt wieder den ungefähren Wert $\Phi \approx 1{,}62$. Ein ähnliches Ergebnis würde man auch erhalten, wenn man die Handbreite des Mannes unter Einschluss des Daumens als Maßstab nehmen würde. Dann nämlich ergäben sich für L = 18; A = 11; B = 7; C = 4 und D = 3 Handbreiten und wieder hätten die Verhältnisse einen Wert von $\Phi \approx 1{,}62$.

Jeder erwachsene und normal proportionierte Mensch kann das Experiment an sich selber ausführen und nachmessen: Seine

Körperlänge beträgt stets recht genau achtzehn seiner Handbreiten, wobei elf vom Fuß bis zum Bauchnabel, die restlichen sieben aber von dort bis zum Scheitel reichen. Vier Handbreiten werden vom Nabel bis zur Schulter und drei für Kopf und Hals benötigt. Damit hat man unmittelbar die ersten Glieder der Folge der „Heiligen Zahlen" vor Augen: Es sind unter Einschluss der Einheit die Zahlen

1; 3; 4; 7; 11; 18.

Nimmt man hingegen das kleinere Körpermaß Fingerbreite, so stößt man auf die Fibonacci- Folge.

1.33

Um diese Verhältnisse sichtbar zu machen, habe ich die Abbildung einer Statue des ägyptischen Pharaos Mykerinos (um –2650) mit seiner Gemahlin gewählt, die zeigt, dass der menschliche Körper in bestimmter Weise proportioniert ist. Die Längen der Teilstücke lassen sich offenbar durch Heilige Zahlen mit der Basiseinheit Handbreite ausdrücken.

- Im Mittelmeerraum wurde im 5. Jahrtausend die Folge der Heiligen Zahlen entdeckt, als die Menschen begannen, zur Verehrung ihrer Götter menschenähnliche Statuen als deren Abbild aufzustellen.

Damit erhebt sich jedoch schon wieder eine neue Frage: Kann man etwa beliebige, ganze Zahlen zur Abbildung des Verhältnisses benutzen? Auch diese Frage muss ich verneinen, da die zur Wiedergabe der Proportionen geeigneten Zahlenfolgen eine ganz bestimmte Eigenschaft besitzen müssen. Diese macht sich dadurch bemerkbar, dass stets jedes Glied einer solchen Folge die Summe der beiden vorhergehenden Zahlen sein muss. Also etwa 180 cm = 111 cm + 69 cm; 89 Fingerbreiten = 55 Fingerbreiten + 34 Fingerbreiten sowie 18 Handbreiten = 11 Handbreiten + 7 Handbreiten. Das lässt sich folgendermaßen ausdrücken:

- Es existiert eine bestimmte, eindeutige und wohldefinierte, mathematische Vorschrift für die in Frage kommenden Längenmaße (Rekursion). Als Maßeinheit dürfen nur Körpermaße verwendet werden, wenn die Teillängen als Vielfache der Einheit durch Heilige Zahlen oder durch Fibonacci-Zahlen ausgedrückt werden sollen. Die Quotienten aus zwei benachbarten Gliedern der beiden Zahlenfolgen, welche die menschlichen Proportionen abbilden, nähern den Wert Φ an, den Modulus des Goldenen Schnitts. Zusätzlich kann man alle Glieder dieser Zahlenfolgen als Summen und Differenzen von zwei beliebigen, benachbarten Zahlen der Folgen ausdrücken.

Das zeigt sich im obigen Beispiel an den Teillängen

$$L = (A + B);\ A = (B + C);\ B = (C + D)$$

wenn man stattdessen schreibt

$$L = (A + B);\ C = (A - B);\ D = (2\ B - A).$$

Auf diese Weise würde man alle Maße einzig durch die beiden Längen A und B ausdrücken. Ordnet man jetzt die Werte ihrer Größe nach, so ergibt sich die folgende Reihung:

$$(A + B);\ \ A;\ \ B;\ \ (A - B);\ \ (2\ B - A).$$

Wenn man das kleinste Glied (2 B – A) zum nächstgrößeren (A – B) addiert, so entsteht daraus das noch größere Glied B, weil B = (2 B – A) + (A – B) ist, während sich aus (A – B) + B durch Zusammenzählen das größere A ergibt.
Nach demselben Gesetz liefert die Summe von A + (A + B) = (2 A + B) ein weiteres, nochmals größeres Glied der Folge. In analoger Weise erhält man in Umkehrung der Addition durch Subtraktion ein neues, kleineres Glied

$$(A - B) - (2\ B - A) = (2\ A - 3\ B).$$

Wiederholt man diese Prozedur immer aufs Neue, so ergibt sich eine Folge von unendlich vielen Gliedern, die alle aus Vielfachen der beiden Anfangsbausteine A und B aufgebaut sind. Die Zahlenwerte, die als Faktoren vor A und B stehen, sind in der obigen Folge immer nur Fibonacci-Zahlen.

Kehren wir noch einmal zu unserem Beispiel zurück und beginnen zur Verdeutlichung mit den Werten A = 11 Handbreiten und B = 7 Handbreiten. Wir erhalten aus ihnen nach obiger Regel dann durch Addition und Subtraktion die gesamte Zahlenfolge der Heiligen Zahlen. Deren erste Glieder sind:

1; 3; 4; **7**; **11**; 18; 29; 47; 76; 123; 199; 322; 521; 843;.....

Andererseits würden die Anfangsglieder C = 21 und D = 13 in analoger Weise die vollständige Fibonacci-Zahlenfolge liefern

1; 1; 2; 3; 5; 8; **13**; **21**; 34; 55; 89; 144; 233; 377; 610;.....

Die Bedeutung der Maßeinheit, das heißt die Überlegung, ob eine Länge in Zentimetern, in Fingerbreiten oder in Handbreiten gemessen werden soll, spielt für die Proportionen offenbar gar keine Rolle, da nur das Verhältnis zweier Längen wichtig ist. Allein dieses Verhältnis lässt sich durch Zahlenbrüche aus ganzen Zahlen wiedergeben. Für die Darstellung der Proportionen des menschlichen Körpers durch Körpermaße kann man deshalb wahlweise eine der beiden miteinander verwandten Zahlenfolgen benutzen.

Metrische Untersuchungen von antiken Bauwerken zeigen, dass die Fibonacci-Zahlen erst zu Beginn der griechischen Klassik etwa dreitausend Jahre nach der erstmaligen Verwendung der Heiligen Zahlen Eingang in die Planung von sakralen Bauwerken und in die Kunst fanden. Das ist eigentlich erstaunlich und könnte vielleicht damit zusammenhängen, dass lange Zeit das relativ große Körpermaß „Handbreite“ mit der Folge der Heiligen Zahlen verwendet wurde, weil die „Götter diese Zahlen den Menschen geschenkt hatten“. Außerdem war die Fähigkeit der damaligen Menschen, mit größeren Zahlenwerten rechnen zu können, anfangs nur schlecht ausgebildet.

Das hatte folgende Konsequenz:
Wenn man die relativ große Breite einer Hand als Längeneinheit nimmt, dann ergeben sich für die Unterteilung des menschlichen Körpers nur kleine Heilige Zahlen. Benutzt man dagegen die kleinere Breite eines Fingers als Maß, so sind die Zahlenwerte schon um das Fünffache größer, weil eine Handbreite fünf Fingerbreiten misst. Da man vor etwa 5.500 Jahren nur mit kleinen Zahlen umzugehen wusste, war die Verwendung des größeren Maßes der Handbreite mit den sich ergebenden kleinen Maßzahlen naheliegender als die Benutzung der Fingerbreite mit den zugehörigen größeren Zahlen.

Nicht allein die Quotientenfolge aus Fibonacci-Zahlen nähert den natürlichen Modulus Φ an, sondern auch die Folge der Heiligen Zahlen. Man könnte zunächst vermuten, dass diese Zahlenfolge sogar besonders geeignet sei, den Modulus Φ darzustellen, da die Quotienten aufeinander folgender Glieder mit wachsender Größe den Wert von Φ fast genau so schnell annähern wie die Fibonacci-Zahlen, zusätzlich aber auch noch die Potenzen von Φ als Zahlenwerte recht genau wiedergeben. So gilt etwa

$$\Phi^7 \approx 29; \ \Phi^8 \approx 47; \ \Phi^9 \approx 76; \ldots..$$

Diese Überlegung ist jedoch nicht richtig.

Der Goldene Schnitt ist die Teilung einer Strecke *AB* durch einen Punkt C in der Weise, dass für die Teillängen gilt:

$$AB : AC = AC : CB = \Phi.$$

Üblicherweise wird das größere Teilstück *AC* als Major M und das kleinere *CB* als Minor m bezeichnet. Dann ist *AB* = M + m und man kann schreiben

$$\Phi = (M + m) : M = M : m$$

Durch eine Umformung der Gleichung erhält man daraus unmittelbar

$$M^2 - m^2 = M \times m$$

Gäbe es nun ganze Zahlen als Werte für M und m, so müssten diese der Bedingung genügen, dass die Differenz ihrer Quadratzahlen gleich ist mit deren Produkt. Diese Vorgabe lässt sich allerdings nie erfüllen, wie man für alle ganzen geraden und ungeraden Zahlen zeigen kann. Man kann selbst nachprüfen, dass die Beziehung am besten durch die Fibonacci-Zahlen zu erfüllen ist. Für sie gilt:

$$M^2 - m^2 = M \times m \pm 1$$

Für die Heiligen Zahlen ist hingegen nur

$$M^2 - m^2 = M \times m \pm 5.$$

Sie stellen daher eine schlechtere Näherung für den Modulus Φ dar als die Fibonacci-Zahlen. Wegen des Hinzufügens von ± 1 bzw. ± 5 in den beiden Gleichungen können weder Fibonacci-Zahlen noch Heilige Zahlen für M und m das irrationale Verhältnis des Göttlichen Schnitts je ganz genau beschreiben. Die Addition von +1 oder von −1 bewirkt nämlich, dass das geometrisch exakte Verhältnis M : m statt des Wertes Φ folgenden Wert besitzt:

$$\Phi = M : m \approx [(M + m) : M] \pm 1 : (M \times m)$$

Erst für sehr große Zahlenwerte von M und m wird der zusätzliche Beitrag $\pm 1 : (M \times m)$ immer kleiner und die Näherung für Φ damit genauer. Da der Zusatzterm bei den Heiligen Zahlen fünfmal so groß ist wie bei den Fibonacci-Zahlen, ist die Näherung entsprechend schlechter.

1.9 Zahlen zum Anfassen

Die Bemalung von Keramikschalen aus Mesopotamien zeigt, dass es während des Neolithikums im 5. Jahrtausend eine Beschäftigung mit der Welt der Zahlen gab, die offenbar getrennt verlief von jener, bei der man auf die Heiligen Zahlen stieß. Die besonderen Zahlenfolgen, die ich jetzt beschreiben will, wurden wahrscheinlich entdeckt, als man versuchte, die geheimnisvolle Natur der Zahlen sichtbar zu machen.

Heutzutage sind Zahlen für die meisten Menschen weitgehend abstrakte Gebilde, die man nur zum Rechnen benutzt. Für die noch ungebildeten Menschen der Frühzeit hingegen waren die Zahlen entweder gar nicht existent oder sie besaßen magische Eigenschaften. Diese äußerten sich als eine Ordnung hinter den vordergründigen Ereignissen ihres Lebens, wie man das etwa an der festliegenden Anzahl von Tagen zwischen einem Neumond und dem nächsten sah. Um diese magische Qualität sichtbar zu machen, wollte man offenbar ein Abbild der Zahlen schaffen.

Wir wollen darüber spekulieren, wie das abgelaufen sein könnte. Möglicherweise teilte ein Töpfer einen größeren Klumpen Ton in kleinere Portionen auf, die er mit seinen Händen dann zu gleich großen Kugeln formte und neben seiner Töpferscheibe ablegte. Dabei entstand ein turmartiges Gebilde voller Symmetrie, wenn er 6 sich berührende Kugeln zu einem gleichseitigen Dreieck anordnete, darauf ein Dreieck aus 3 Kugeln mit einer halb so langen Seite bildete, so dass beide Seiten parallel lagen und er schließlich noch eine letzte Kugel auf die Mitte des letzten Dreiecks legte. Damit war ein Tetraeder entstanden, ein geometrischer Körper mit vier identischen, gleichseitigen Dreiecken als Flächen.
Sofern der Töpfer neugierig war, mag er überlegt oder auch ausprobiert haben, wie viele Kugeln nötig waren, um das nächstgrößere Tetraeder zu erzeugen. Als Ergebnis seiner Tätigkeit hätte er bald festgestellt, dass er dafür 20 Kugeln benötigte, während für das nächst größere Tetraeder bereits 35 gleiche Kugeln notwendig waren. Bei seinen Beobachtungen hätte unser Töpfer wohl auch gemerkt, dass auf den vier Seitenflächen des Körpers der Reihe nach jeweils 6, dann 10 und dann 15 Kugeln sichtbar gewesen wären. Damit hätte er schon zwei besondere Folge von Zahlen entdeckt gehabt, nämlich die der *Dreieckszahlen* $\mathbf{D}_n$ und die der *Tetraederzahlen* $\mathbf{T}_n$:

$$\mathbf{1}$$
$$\mathbf{3} = 1 + 2$$
$$\mathbf{6} = 1 + 2 + 3$$
$$\mathbf{10} = 1 + 2 + 3 + 4$$
$$\mathbf{15} = 1 + 2 + 3 + 4 + 5$$
$$\mathbf{21} = 1 + 2 + 3 + 4 + 5 + 6$$
$$\mathbf{28} = 1 + 2 + 3 + 4 + 5 + 6 + 7$$

.....

Sie werden durch die nachfolgende Rechenvorschrift erhalten:

$$\mathbf{D}_n = \sum_{k=1}^{n} k$$

Die *Tetraederzahlen* $\mathbf{T}_n$ lauten:

$$\mathbf{1} = 1^2$$
$$\mathbf{4} = 2^2$$
$$\mathbf{10} = 1^2 + 3^2$$
$$\mathbf{20} = 2^2 + 4^2$$
$$\mathbf{35} = 1^2 + 3^2 + 5^2$$
....

mit der Rechenvorschrift

$$\begin{cases} \mathbf{T}_n^{g} = \sum_{k=1}^{n} (2k)^2 \\ \mathbf{T}_n^{u} = \sum_{k=1}^{n} (2k-1)^2 \end{cases}$$

Hierbei steht der Index *g* für gerade ($20 = 2^2 + 4^2$) und beschreibt die Zahlen $\mathbf{T}_n^{g}$, die aus Quadratzahlen von geraden, natürlichen Zahlen zusammengesetzt werden, während die $\mathbf{T}_n^{u}$ aus Quadratzahlen von ungeraden, natürlichen Zahlen ($10 = 1^2 + 3^2$) entstehen.

Beim Formen von quadratischen Ziegelsteinen könnte unser Töpfer eine analoge Entdeckung für das Erzeugen von größeren Quadraten oder Würfeln gemacht und dadurch die *Quadratzahlen* $\mathbf{Q}_n$ und die *Kubikzahlen* $\mathbf{K}_n$ gefunden und sichtbar gemacht haben. Er hätte dabei entdeckt:

$$\mathbf{1}$$
$$\mathbf{4} = 1 + 3$$
$$\mathbf{9} = 1 + 3 + 5$$
$$\mathbf{16} = 1 + 3 + 5 + 7$$
$$\mathbf{25} = 1 + 3 + 5 + 7 + 9$$

....

$$\mathbf{Q}_n = n^2 = \sum_{k=1}^{n} (2k - 1)$$

und

$$\mathbf{1} = 1^2$$
$$\mathbf{8} = 3^2 - 1^2$$
$$\mathbf{27} = 6^2 - 3^2$$
$$\mathbf{64} = 10^2 - 6^2$$
$$\mathbf{125} = 15^2 - 10^2$$

.....

$$\mathbf{K}_n = \mathbf{D}_n^2 - \mathbf{D}_{n-1}^2 = n \times (\mathbf{D}_n + \mathbf{D}_{n-1})$$

Auf folgende Weise sind die verschiedenen Zahlenfolgen miteinander verknüpft:

$$1^3 = 1^2$$
$$1^3 + 2^3 = 3^2$$
$$1^3 + 2^3 + 3^3 = 6^2$$
$$1^3 + 2^3 + 3^3 + 4^3 = 10^2$$

.....

$$1$$
$$4 = 3 + 1$$
$$9 = 6 + 3$$
$$16 = 10 + 6$$
$$25 = 15 + 10$$
$$36 = 21 + 15$$

......

In Worten ausgedrückt heißt das: Die *Tetraeder-*, die *Quadrat-* und die *Kubikzahlen* lassen sich aus den *Dreieckszahlen* herleiten.

Gewisse Zahlen schienen den Menschen durch die Art, wie man sie als gleichseitige Dreiecke, Quadrate, Tetraeder oder Würfel sichtbar machen konnte, aus der Menge der anderen Zahlen herausgehoben zu sein und deshalb eine besondere Qualität zu besitzen. Einige von ihnen schienen sogar noch wichtiger als die übrigen zu sein. So ist etwa

$$4 = \mathbf{Q}_2 = \mathbf{T}_2;$$
$$10 = \mathbf{D}_4 = \mathbf{T}_3;$$
$$36 = \mathbf{D}_8 = \mathbf{Q}_6 = (\mathbf{D}_3)^2.$$

Auch die Zahlen

$$6 = \mathbf{D}_3 = 1 + 2 + 3 = 1 \times 2 \times 3 \quad \text{sowie} \quad 28 = \mathbf{D}_7 = 1 + 2 + 4 + 7 + 14$$

schienen etwas Besonderes darzustellen, da sie als Dreieckszahlen gleichzeitig die Summe ihrer Teiler sind und die 6 sogar auch noch das Produkt der Zahlen ergibt, durch die 6 teilbar ist. $28 = 4 \times 7$ lieferte als Produkt zweier Heiliger Zahlen zudem einen ungefähren Wert für die Dauer des Mondeszyklus. Die Zahlen 6 und 28 gehören übrigens zu den sogenannten „vollkommenen Zahlen“, die vermutlich ebenfalls über die Pythagoreer zu den Griechen gelangten. Für die griechisch-römische Antike war es selbstverständlich, dass die 6 die vollkommenste aller Zahlen überhaupt war.

Schon seit langer Zeit haben die bestehenden Verknüpfungen zwischen einigen dieser Zahlen Menschen bewogen, diese auch grafisch sichtbar zu machen. Das geschah zum Beispiel im „Magischen Quadrat“ in Figur 1.34, dessen Gestaltung wiederum den Pythagoreern zugeschrieben wird. Dort sind die Zahlen von 1 bis 16 so angeordnet, dass sich immer wieder die Vierersumme 34 ergibt.
Die Dreieckszahl $\mathbf{D}_{16}$ hat den Wert 136, der im Quadrat auf vier Zeilen als $4 \times 34 = 136$ aufgeteilt wird. Dabei ist die Verteilung der Zahlen so

gewählt, dass auch die Diagonalen und die kleineren Teilquadrate in der Summe 34 ergeben. Zusätzlich wird auch der Modulus Φ des Goldenen Schnitts vielfach durch Kombination der Zahlen 21 : 13 wiedergegeben. Dieses magische Quadrat hat ALBRECHT DÜRER in seinem Holzschnitt „Melancholia“ abgebildet, um dadurch einen versteckten Hinweis dafür zu liefern, dass die Komposition des Bildes auf dem Goldenen Schnitt aufbaut.

13	3	2	16
8	10	11	5
12	6	7	9
1	15	14	4

1.34

Das „Pascal'sche Dreieck“ ist mindestens ebenso alt wie das magische Quadrat. Man nennt es auch arithmetisches Dreieck, weil immer die Summe zweier übereinander stehender Zahlen die darunter stehende, neue Zeile bildet. Die Anordnung der Zahlen beginnt mit 1; 1∗1; 1∗2∗1; 1∗3∗3∗1; ... . Das Dreieck enthält neben den natürlichen Zahlen **N** auch die Dreieckszahlen $\mathbf{D}_n$ und die Tetraederzahlen $\mathbf{T}_n$. Die Quadratzahlen $\mathbf{Q}_n$, die Fibonacci-Zahlen $\mathbf{F}_n$ und die Potenzen 2^n der Zahl 2 ergeben sich ebenfalls als Zahlensummen unterschiedlich geneigter Reihen. Am „Pascal'schen Dreieck“ wird deutlich, dass alle diese Zahlenfolgen aus natürlichen Zahlen aufgebaut werden können.

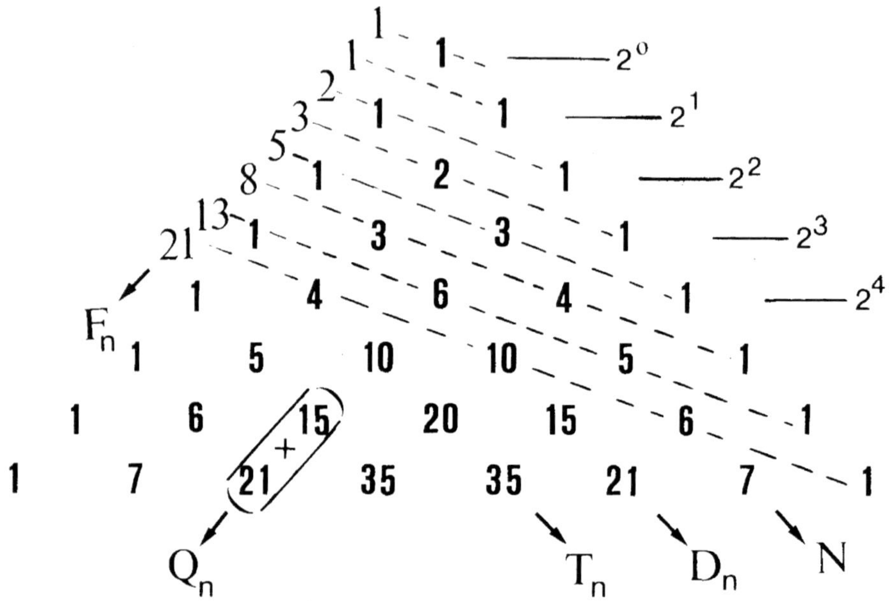

1.35

1.10 Noble Zahlen

Die Folge der Heiligen Zahlen ist eine Summenfolge aus zwei Fibonacci-Folgen und sie gehört zur allgemeineren Klasse der „Lucas-Folgen“. Addiert man zwei Lucas-Folgen, so hängt das Ergebnis der Addition davon ab, in welcher Weise die Glieder der Folge unter einander stehen. Bezeichnet man mit z die Stellendifferenz identischer Zahlen in den beiden zu addierenden Folgen, so ergibt sich für z = 0:

		1	1	2	3	5	8	13	21	34	...
z = 0		1	1	2	3	5	8	13	21	34	...
	Σ		2	4	6	10	16	26	42	68	...

Das Ergebnis ist eine Verdopplung der Fibonacci-Folge.

		1	1	2	3	5	8	13	21	34	55	...
z = 1			1	1	2	3	5	8	13	21	34	...
	Σ	1	2	3	5	8	13	21	34	55	89	...

Mit z = 1 erhält man wieder die Ausgangsfolge.

		1	1	2	3	5	8	13	21	34	55	...
z = 2				1	1	2	3	5	8	13	21	...
	Σ		1	3	4	7	11	18	29	47	76	...

Diese Summation liefert die Folge der Heiligen Zahlen $\mathbf{L}_n$.

Die entstandenen Summenfolgen sind also ebenfalls Lucas-Folgen mit demselben Bildungsgesetz wie die Fibonacci-Zahlen.

Die Quotienten aufeinander folgender Fibonacci-Zahlen lassen sich als Kettenbrüche aus endlich vielen Einsen berechnen. So gilt etwa

[1, 1] = 2/1;
[1, 1, 1] = 3/2
[1, 1, 1, 1] = 5/3
[1, 1, 1, 1, 1] = 8/5
[1, 1, 1, 1, 1, 1] = 13/8
[1, 1, 1, 1, 1, 1, 1] = 21/13
....

Ersetzt man in den Kettenbrüchen jeweils die letzte 1 durch die Ziffer 3, so ergibt sich die Quotientenfolge der Heiligen Zahlen $\mathbf{L}_n$, beispielsweise

$$[1, 1, 1, 1, 3] = 18/11$$

Nimmt man den Bruch 18/11 als Beispiel, so lässt sich dafür nämlich auch schreiben

$$18/11 = 11/11 + 7/11 = 1 + 7/11 = 1 + 1/(11/7),$$

da $1 : (11/7) \equiv 7/11$ ist. Da für den Rest $7/11 < 1$ gilt, muss sein Kehrwert 11/7 folglich größer als 1 sein. Dieser Kehrwert lässt sich daher wieder aufteilen und zwar in $11/7 = 7/7 + 4/7 = 1 + 4/7$. Von dem kleinen Rest kann man erneut den Kehrwert bilden und mit dieser Vorgehensweise so lange fortfahren, bis ein Kehrwert entsteht, der selbst eine ganze Zahl ist. Bei diesem Beispiel erhält man als Kettenbruch aus aufeinander folgenden Kehrwerten

$$18/7 = 1 + \cfrac{1}{1 + \cfrac{1}{1 + \cfrac{1}{1 + \cfrac{1}{3}}}}$$

Auch die Potenzen Φ^k des Modulus Φ lassen sich als unendliche, periodische Kettenbrüche schreiben, wobei k jede natürliche Zahl sein kann. In den Kettenbrüchen findet man die Folge der Heiligen Zahlen wieder:

$$\Phi^1 = [\mathbf{1}, \mathbf{1}, \mathbf{1}, \mathbf{1}, \ldots]$$
$$\Phi^2 = (\mathbf{3} - 1) + [1, (\mathbf{3} - 2), 1, (\mathbf{3} - 2), \ldots]$$
$$\Phi^3 = \mathbf{4} + [\mathbf{4}, \mathbf{4}, \mathbf{4}, \ldots]$$
$$\Phi^4 = (\mathbf{7} - 1) + [1, (\mathbf{7} - 2), 1, (\mathbf{7} - 2), 1, \ldots]$$
$$\Phi^5 = \mathbf{11} + [\mathbf{11}, \mathbf{11}, \mathbf{11}, \ldots]$$
$$\Phi^6 = (\mathbf{18} - 1) + [1, (\mathbf{18} - 2), 1, (\mathbf{18} - 2), 1, \ldots]$$

....

- Alle rationalen Zahlenbrüche aus aufeinander folgenden Heiligen Zahlen lassen sich als endliche Kettenbrüche mit Einsen und einer Drei in der eckigen Klammer schreiben. Im Gegensatz dazu werden die irrationalen Zahlenwerte der Potenzen von Φ immer durch unendliche Kettenbrüche dargestellt, in denen die Heiligen Zahlen vorkommen.

Die Lucas-Folge mit z = 2 liefert nicht nur die Heiligen Zahlen $\mathbf{L}_n$, sondern sie nähert auch die Potenzen Φ^k an. Benutzt man bei den Potenzen Φ^k die Beziehung $\Phi^k = \Phi^{k-1} + \Phi^{k-2}$ sowie die Tatsache, dass sich alle Potenzen Φ^k als Ausdrücke aus Fibonacci-Zahlen und aus dem Modulus Φ linearisieren lassen, so kann man schreiben:

$$\Phi^k = F_k \times \Phi + F_{k-1}$$

Hier bedeutet k eine Laufzahl, die alle Werte von 1 bis ∞ annimmt und die entsprechenden Fibonacci-Zahlen definiert:

$$F_1 = 1;\ F_2 = 1;\ F_3 = 2;\ F_4 = 3;\ F_5 = 5;\ F_6 = 8;\ \ldots;\ F_k = F_{k-2} + F_{k-1}.$$

Damit wird beispielsweise

$$\Phi^6 = \Phi \times 8 + 5 \approx 18 = L_6$$

und es gilt als sehr gute Näherung für große Werte von k die Beziehung

$$\Phi^k \approx L_k.$$

Normalerweise werden für die Laufzahl k in den Zahlenfolgen nur ganze, positive Zahlen benutzt. Setzt man für k negative Werte ein, so erhält man wegen $\Phi^{-k} = 1 : \Phi^k$ Werte, die kleiner als 1 sind und eine Verkleinerung an Stelle von einer Vergrößerung bei positiven k beschreiben.

Um auch die Potenzen Φ^{-k} mit negativen Exponenten wiedergeben zu können, lässt sich die Fibonacci-Folge erweitern, indem man als Bildungsgesetz für die erweiterte Folge unter Benutzung aller ganzen Zahlen schreibt:

$$F_k = F_{k+2} - F_{k+1} \text{ mit } k \in G.$$

Als Laufzahl k im Exponenten treten jetzt alle positiven und negativen ganzen Zahlen G unter Einschluss der Null auf. Das liefert die „erweiterten Fibonacci-Zahlen“

F_k	...	**–21**	**13**	**–8**	**5**	**–3**	**2**	**–1**	**1**	**0**	**1**	**1**	**2**	**3**	**5**	**8**	**13**	**21**	...
k	...	-8	-7	-6	-5	-4	-3	-2	-1	0	1	2	3	4	5	6	7	8	...

Mit ihnen lassen sich alle Potenzen von Φ folgendermaßen schreiben:

	k = 0	$\Phi^0 = \mathbf{0} \times \Phi + \mathbf{1}$	
k = –1	$\Phi^{-1} = \mathbf{1} \times \Phi - \mathbf{1}$	k = 1	$\Phi^1 = \mathbf{1} \times \Phi + \mathbf{0}$
k = –2	$\Phi^{-2} = \mathbf{-1} \times \Phi + \mathbf{2}$	k = 2	$\Phi^2 = \mathbf{1} \times \Phi + \mathbf{1}$
k = –3	$\Phi^{-3} = \mathbf{2} \times \Phi - \mathbf{3}$	k = 3	$\Phi^3 = \mathbf{2} \times \Phi + \mathbf{1}$
...	...	...	...

Man erkennt an dieser Schreibweise unmittelbar, dass die $\Phi^k \leq 1$ nur Fibonacci-Zahlen mit negativem k enthalten, während sich für $\Phi^k \geq 1$ die gewöhnliche Fibonacci-Folge mit positiven Werten von k ergibt. Die Potenzen gehorchen der Gesetzmäßigkeit

$$\Phi^k = \Phi^{k-1} + \Phi^{k-2} \quad \text{für } k \geq 0 \quad \text{und} \quad \Phi^k = \Phi^{k+2} - \Phi^{k+1} \quad \text{für } k \leq 0.$$

Jede Potenz ist Summe oder Differenz von zwei benachbarten Potenzen und lässt sich daher linearisieren, also auf einen Ausdruck aus Φ^1 und Fibonacci-Zahlen zurückführen. Der komplizierte Vorgang des

Potenzierens wird so in eine einfachere Multiplikation und eine Addition übersetzt. Das hat zur Konsequenz, dass sich die Proportion des Goldenen Schnitts, sei es als stetige Teilung oder als Vergrößerung mit dem Modulus Φ, immer als einfache Subtraktion oder Addition aus einer Einheitslänge sowie der mit Φ multiplizierten Einheitslänge und deren Vielfachen schreiben lässt. Diese sind durch Fibonacci-Zahlen vorgegeben.

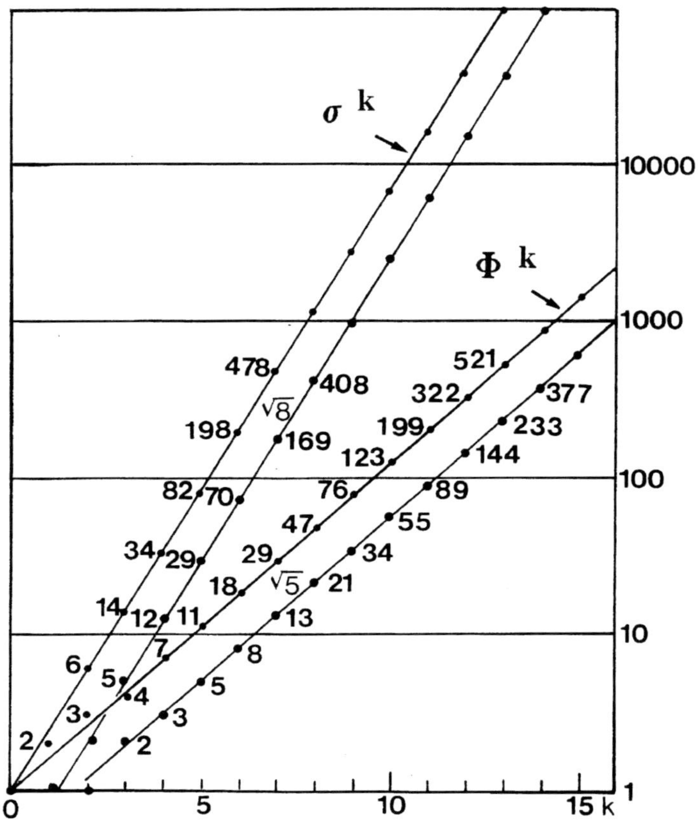

1.36

Ich möchte das an einem Beispiel deutlich machen: Will man etwa eine Länge L_1 von 34 m viermal mit dem Modulus Φ vergrößern, so bedeutet das eine Multiplikation von L_1 mit dem Faktor Φ^4. Da $\Phi \approx 55/34$ ist, muss die Länge $L_1 \times \Phi^4 \approx 233$ m lang werden, denn es gilt

$$L_1 \times \Phi^4 = L_1 \times (3\Phi + 2) \approx 34 \times (3 \times 55/34)\ \text{m} + 2 \times 34\ \text{m}$$
$$= 165\ \text{m} + 68\ \text{m} = 233\ \text{m}.$$

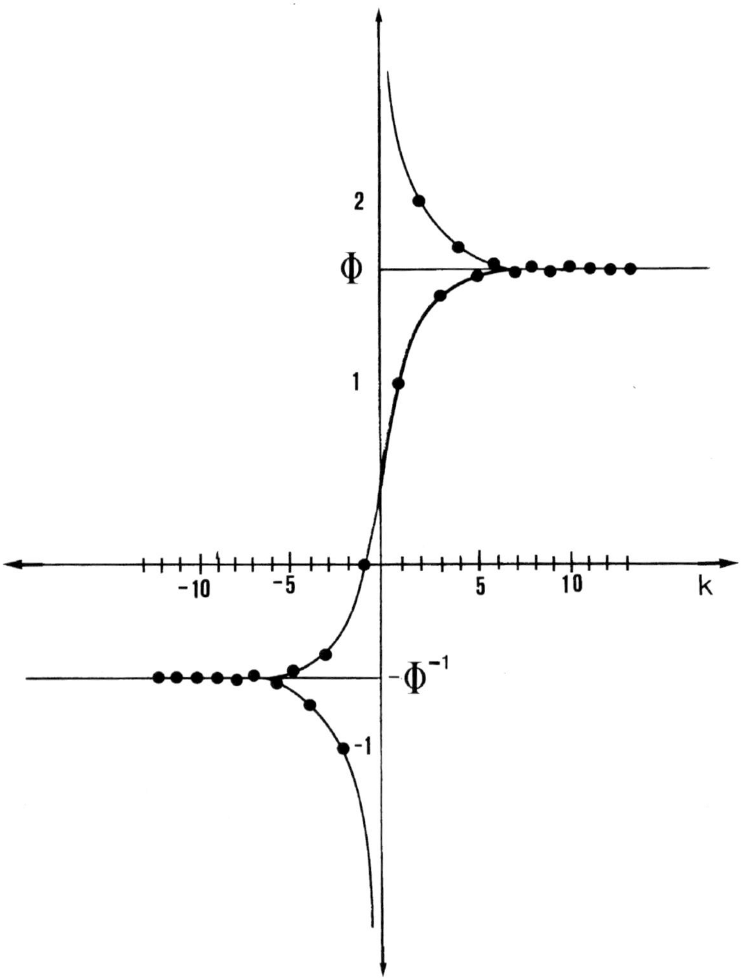

1.37

Die Fibonacci-Zahlen selbst bilden im Gegensatz zur Folge der Potenzen Φ^k keine geometrische Folge. Wäre das richtig, so müssten die Quotienten aus zwei aufeinander folgenden Gliedern der Zahlenfolge nämlich stets genau denselben Wert haben. Das ist aber nicht der Fall, da die Quotienten den Wert von Φ nur annähern, aber niemals exakt erreichen. Sie tun das zwar umso besser, je größer die Fibonacci-Zahlen werden, aber sie tun es eben niemals beliebig genau. Wie man in Figur 1.36 erkennt, sind die Abweichungen dabei umso größer, je kleiner die Fibonacci-Zahlen sind. Wären die Zahlenfolgen echte Potenzfolgen, so müssten alle Fibonacci-Zahlen wie auch die Heiligen Zahlen bei einer halblogarithmischen Auftragung auf einer Geraden liegen. Das ist aber für die kleinen Zahlen nur schlecht erfüllt. Analoge Überlegungen gelten im Übrigen auch für die Idealzahlen und für alle jene Zahlenfolgen, die zu anderen Kathetenschnitten der Ordnung **n** gehören.

In Figur 1.37 sind die Zahlenwerte der Quotientenfolge aus den erweiterten Fibonacci-Zahlen gegen die Laufzahl k aufgetragen. Man erkennt hierbei gut die Annäherung an Φ beziehungsweise an $-\Phi^{-1}$ für große Fibonacci-Zahlen sowie die Abweichungen bei kleineren Werten.

Aus dem Bildungsgesetz für die Potenzen Φ^k mit positivem k

$$\Phi^k = F_k \times \Phi + F_{k-1}$$

lässt sich der Zusammenhang zwischen den Heiligen und den Fibonacci-Zahlen erkennen. Ersetzt man nämlich Φ durch $\Phi \approx F_{k+1}/ F_k$, was ja eine gute Näherung für Φ darstellt, so ergibt sich für die Folge der Heiligen Zahlen

$$\Phi^k \approx L_k = F_{k+1} + F_{k-1} \text{ mit } k \geq 0$$

Dieses Ergebnis hatten wir zuvor schon als Summenfolge für z = 2 erhalten, wobei immer eine Fibonacci-Zahl zur übernächsten addiert worden war.

Für die Potenzen Φ^k mit positivem k erhält man die Folge der Heiligen Zahlen $\mathbf{L}_n$:

$$\Phi^1 \approx 1 + 0 = \mathbf{1};\ \Phi^2 \approx 2 + 1 = \mathbf{3};\ \Phi^3 \approx 3 + 1 = \mathbf{4};\ \Phi^4 \approx 5 + 2 = \mathbf{7}....$$

Mit negativen Werten für k erhält man über $L_k = L_{k+2} - L_{k+1}$ mit $k \in G$ die erweiterte Folge von Heiligen Zahlen

L_k	...	**–29**	**18**	**–11**	**7**	**–4**	**3**	**–1**	**2**	**1**	**3**	**4**	**7**	**11**	**18**	**29**	...
k	...	-7	-6	-5	-4	-3	-2	-1	0	1	2	3	4	5	6	7	...

Der Zusammenhang zwischen beiden Zahlenfolgen wird auf folgende Weise sichtbar: Schreibt man

$$\Phi^k = F_k \times \Phi + F_{k-1} = a \times F_k,$$

so liefert eine kleine Umformung den Wert der Konstanten a zu:

$$a = \Phi + F_{k-1} : F_k \approx \Phi + \Phi^{-1} = \sqrt{5}.$$

Die Konstante $a = \sqrt{5}$ stellt hier den einfachsten Fall des allgemeinen Ausdrucks

$$a = \sqrt{D} = \sqrt{(n^2 + 4)}$$

für n = 1 dar. Dieser Wert wird unter den gemachten Voraussetzungen wegen $\Phi \approx F_{k+1} : F_k$ nur angenähert und $a = \sqrt{5}$ ist deshalb der Grenzwert für unendlich große Fibonacci-Zahlen. Beim Idealschnitt nimmt a den Grenzwert $\sqrt{8}$ an.

Bisher habe ich nur die Eigenschaften der Fibonacci-Zahlen und der Heiligen Zahlen genauer untersucht. Ähnliche Beziehungen gelten aber auch für jene Zahlenfolgen, die mit Kathetenschnitten der Ordnung **n** > 2 in Zusammenhang stehen. Ein Faktor a_n lässt sich nämlich auch für alle anderen natürlichen Zahlen $n \in \mathbf{N}$ angeben. Man erhält dabei Zahlenfolgen, die ähnliche Eigenschaften aufweisen wie die Fibonacci-Folge $\mathbf{F}_n$ und die Folge der Heiligen Zahlen $\mathbf{L}_n$.

Beim Goldenen Schnitt sind die beiden Grenzwerte Φ und $-\Phi^{-1}$ in Figur 1.37 die zwei Lösungen oder „Wurzeln" der quadratischen Gleichung

$$\Phi^2 - \Phi - 1 = 0.$$

Deren positive Lösung lautet

$$\Phi_+ = + ½ \{\sqrt{(1^2 + 4)} + 1\} = ½ (\sqrt{5} + 1),$$

die negative dagegen

$$\Phi_- = -\Phi^{-1} = - ½ \{\sqrt{(1^2 + 4)} - 1\} = - ½ (\sqrt{5} - 1).$$

Die Gleichung $\Phi^2 - \Phi - 1 = 0$ lässt sich verallgemeinern zu

$$Z^2 - n \times Z - 1 = 0, \quad n \in \mathbf{N}$$

wobei n = 1; 2, 3, ... die Folge der positiven, ganzen Zahlen **N** durchläuft. Die positiven Wurzeln dieser n Gleichungen liefern eine Folge von Moduli Z_n, die sich durch aufeinander folgende Quotienten zugehöriger Zahlenfolgen immer genauer annähern lassen. Durch Multiplikation mit

$$\sqrt{D} = \sqrt{(n^2 + 4)}$$

erhält man aus diesen Zahlenfolgen weitere Lucas-Folgen, deren Zahlen die Potenzen der Wurzeln Z_n annähern.

Wenn man die Fibonacci-Folge als „Binet-Gleichung“ schreibt, wird der Zusammenhang noch klarer: Mit Φ_+ und Φ_- lassen sich die verallgemeinerten Fibonacci-Zahlen und die Heiligen Zahlen dann folgendermaßen wiedergeben

$$L_k = (\Phi_+)^k + (\Phi_-)^k \text{ und } F_k = \{(\Phi_+)^k - (\Phi_-)^k\} : \sqrt{5}$$

Diese Schreibweise lässt sich auf die Schnitte höherer Ordnung übertragen, indem man schreibt

$$Y_k' = (Z_{n+})^k + (Z_{n-})^k \quad \text{und} \quad Y_k = \{(Z_{n+})^k - (Z_{n-})^k\} : \sqrt{D}$$

Zusätzlich zur Rekursionsformel $Y_k = n \times Y_{k-1} + Y_{k-2}$ sind auch noch folgende Relationen gültig

$$Y_{2k} = Y_k \times Y_k'$$
$$Y_{k+1} \times Y_k' - Y_k \times Y_{k+1}' = 2(-1)^k$$
$$Y_k' = Y_{k-1} + Y_{k+1}$$

- Da es unendlich viele natürliche Zahlen n gibt, existieren auch unendlich viele Zahlenfolgen mit einem näherungsweise konstanten Modulus. Sie gehören zu den Gleichungen $Z^2 - n \times Z - 1 = 0$ und befolgen die Rekursionsformel $Y_k = n \times Y_{k-1} + Y_{k-2}$ mit $n \in \mathbf{N}$. Die Erzeugung der Folgen beginnt stets mit den Startzahlen $Y_1 = 1$ und $Y_2 = n$. Die Quotientenfolgen $Y_k : Y_{k-1}$ konvergieren gegen die Werte Z_n als positiven Wurzeln der zugehörenden quadratischen Gleichungen.

Die Endglieder der Zahlenfolgen für einen bestimmten Wert der Laufzahl k lassen sich gemäß der Binet-Gleichung angeben als

$$(1/\sqrt{D}) \times \{[(n + \sqrt{D}) : 2]^k - [(n - \sqrt{D}) : 2]^k\}$$

Bei den mit $\sqrt{D}$ multiplizierten, abgeleiteten Folgen gilt für benachbarte Zahlen M und m < M

$$M(n)^2 - m(n)^2 = n \times [\, M(n) \times m(n)] \pm D.$$

Der Ausdruck

$$M(n) : m(n) = Z_n = \pm \tfrac{1}{2} (\sqrt{D} \pm n)$$

ist identisch mit den jeweiligen Moduli Z_n als Wurzeln der zu jedem n gehörigen quadratischen Gleichungen $Z^2 - n \times Z - 1 = 0$.

Die Zahlenfolgen nähern die Moduli Z_n nur mehr oder weniger genau an, während die beschriebenen, geometrischen Konstruktionen das exakt tun. Die Zahlenfolgen selbst sind keine geometrischen Folgen, wohl aber die Potenzfolgen der Z_n^k mit $n \in N$; $k \in G$. Mit Hilfe der Moduli lassen sie sich exakt in der folgenden Form darstellen:

$$Z_n^k = Y_k \times Z_n + Y_{k-1},$$

sofern man die obigen Ausdrücke für Z_n und die jeweiligen Zahlenfolgen Y_k verwendet. Diese Beziehungen gelten für alle Schnitte der Ordnung **n** mit $n \in$ **N** und lassen sich folgendermaßen verallgemeinern:

- Alle Potenzen Z_n^k sind als lineare Ausdrücke aus den Moduli Z_n und den entsprechenden Zahlenfolgen darstellbar.

Im Einzelfall ergibt sich für n = 1 bis n = 3:

n = 1, D = 5

Vergrößerung $+Z_1 = \tfrac{1}{2} (\sqrt{5} + 1) = M_1 / m_1 = \Phi$
Verkleinerung $-Z_1 = -\tfrac{1}{2} (\sqrt{5} - 1) = -m_1 / M_1 = -\Phi^{-1}$;

n = 2, D = 8

Vergrößerung $+Z_2 = \frac{1}{2}(\sqrt{8} + 2) = M_2 / m_2 = \sigma$
Verkleinerung $-Z_2 = -\frac{1}{2}(\sqrt{8} - 2) = -m_2 / M_2 = -\sigma^{-1}$;

n = 3, D = 13

Vergrößerung $+Z_3 = \frac{1}{2}(\sqrt{13} + 3) = M_3 / m_3 = \psi$
Verkleinerung $-Z_3 = -\frac{1}{2}(\sqrt{13} - 3) = -m_3 / M_3 = -\psi^{-1}$

......

- Für alle Werte von n kann man die Potenzen Z_n^k näherungsweise als Summenfolgen mit z = 2, durch die mit $\sqrt{D}$ multiplizierten Ursprungsfolgen oder durch zugehörige Kettenbrüche wiedergeben. Die Moduli Z_n sind unendliche Kettenbrüche [n, n, n, n,....], während die endlichen Kettenbrüche mit zunehmenden Werten für k die Quotientenfolgen $Y_k : Y_{k-1}$ liefern.

Der einfachste und bekannteste Fall liegt mit n = 1 beim Goldenen Schnitt mit dem Modulus Φ und dessen Näherung durch die Fibonacci-Zahlen vor. Aus ihnen lässt sich die Folge der Heiligen Zahlen herleiten. Den Fall n = 2 mit der Bezeichnung „Idealschnitt" will ich jetzt wegen seiner Bedeutung in der antiken Architekturplanung genauer untersuchen.

- Mit n = 2 erhält man den Idealschnitt mit dem Modulus $\sigma = \sqrt{2} + 1$ sowie die Folge der Idealzahlen 1; 2; 5, 12; 29; 70; 169; ... Die Glieder dieser Folge erhält man nach folgendem Bildungsgesetz:

$$I_k = 2\, I_{k-1} + I_{k-2}.$$

Die verallgemeinerten Idealzahlen berechnen sich gemäß dieser Regel zu

I_k	...	**+70**	**–29**	**+12**	**–5**	**+2**	**–1**	**0**	**1**	**2**	**5**	**12**	**29**	**70**	...
k	...	-6	-5	-4	-3	-2	-1	0	1	2	3	4	5	6	...

Mit den schon zuvor genannten Beziehungen lassen sich die Idealzahlen $I_k = \{(\sigma_+)^k - (\sigma_-)^k\} : \sqrt{8}$ und $I_k' = (\sigma_+)^k + (\sigma_-)^k$ auch über die Potenzen von σ berechnen.

I_k'	...	**+198**	**–82**	**+34**	**–14**	**+6**	**–2**	**2**	**2**	**6**	**14**	**34**	**82**	**198**	...
k	...	-6	-5	-4	-3	-2	-1	0	1	2	3	4	5	6	...

Umgekehrt kann man aus den Idealzahlen I_k durch Multiplikation mit $\sqrt{D} = \sqrt{(2^2 + 4)} = \sqrt{8}$ alle Potenzen von σ näherungsweise erzeugen. Diese stimmen dann ungefähr mit der Zahlenfolge I_k' überein:

$$\sigma^1 \approx 1 \times \sqrt{8} \approx 2;\ \sigma^2 \approx 2 \times \sqrt{8} \approx 6;\ \sigma^3 \approx 5 \times \sqrt{8} \approx 14;$$
$$\sigma^4 \approx 12 \times \sqrt{8} \approx 34;\ \sigma^5 \approx 29 \times \sqrt{8} \approx 82; \ldots$$

Man erhält diese Näherung für die Potenzen auch durch Verdoppeln der ersten Summenfolge der Idealzahlen mit z = 2. Mit z = 1 erhält man halb so große Summenzahlen; sie sind im Folgenden fett gedruckt:

0 + 1 = **1**; 1 + 2 = **3**; 2 + 5 = **7**; 5 + 12 = **17**; 12 + 29 = **41**; ...

Diese Summenfolge lautet **1**; **3**; **7**; **17**; **41**, **99**; **239**; .... und gehorcht demselben Bildungsgesetz wie die Folge der Idealzahlen; sie hat auch denselben Modulus σ :

$$I_k = 2\ I_{k-1} + I_{k-2}$$

Für die Idealzahlen und den Modulus σ ergeben sich die folgenden unendlichen Kettenbrüche

$$\sigma^1 = 2 \times \mathbf{1} + [2 \times \mathbf{1}, 2 \times \mathbf{1}, 2 \times \mathbf{1},\ldots]$$
$$\sigma^2 = (2 \times \mathbf{3} - 1) + [1, (2 \times \mathbf{3} - 2), 1, (2 \times \mathbf{3} - 2), \ldots]$$
$$\sigma^3 = 2 \times \mathbf{7} + [2 \times \mathbf{7}, 2 \times \mathbf{7}, 2 \times \mathbf{7},\ldots]$$
$$\sigma^4 = (2 \times \mathbf{17} - 1) + [1, (2 \times \mathbf{17} - 2), 1, (2 \times \mathbf{17} - 2),\ldots]$$
$$\sigma^5 = 2 \times \mathbf{41} + [2 \times \mathbf{41}, 2 \times \mathbf{41}, 2 \times \mathbf{41},\ldots]$$
$$\sigma^6 = (2 \times \mathbf{99} - 1) + [1, (2 \times \mathbf{99} - 2), 1, (2 \times \mathbf{99} - 2) \ldots]$$
.....

Für die geometrische Konstruktion der Potenzen Z_n^k lassen sich beim Goldenen Schnitt die Seiten eines goldenen Rechtecks $[1 * \Phi]$, beim Idealschnitt hingegen die Seite und die Diagonale eines Quadrats $[1 * 1]$ benutzen. Addiert man nämlich eine Quadratseite mit der Länge „Eins" zur Diagonalen mit der Länge „ $\sqrt{2}$ " und teilt das Ergebnis dann durch die Seitenlänge, so ergibt das den Modulus $\sigma = (1 + \sqrt{2})$.

- Beim Idealschnitt lassen sich alle vergrößerten und verkleinerten Teilstücke aus einer Seite und aus der Diagonale eines Quadrats in Gestalt von Summen oder Differenzen dieser Strecken zusammensetzen. Es ist dieser einfache Sachverhalt, der diesen Schnitt neben dem Goldenen Schnitt so überaus interessant für die antike Rasterplanung machte.

An Stelle der exakten geometrischen Konstruktionen erhält man für den Modulus σ gute Annäherungen durch die Verwendung von Idealzahlen. Die Erzeugung der zum Goldenen Schnitt und zum Idealschnitt gehörigen Zahlenfolgen mit ihrem einfachen Bildungsgesetz (Startzahlen $1 \cup 1$ bzw. $1 \cup 2$) war so einfach, dass sie jeder antike Baumeister zusammen mit der leicht auszuführenden geometrischen Vorgehensweise in seinem Gedächtnis gespeichert hatte. Daher bedurfte es keiner schriftlichen Aufzeichnung.

Im römischen Kaiserreich wurden Legionslager nach einem Rastersystem auf der Basis der „richtigen Zahlen“ erbaut, das bedeutete die Verwendung einer Mischung von Fibonacci- und Heiligen Zahlen. Dabei lernten die Feldmesser bald gewisse Eigenschaften der Zahlenfolgen zu verwenden, die sich aus den geschilderten mathematischen Eigenschaften ergeben. Besonders zu nennen sind dabei die sich aus der Möglichkeit der Linearisierung ableitenden Zerlegungen von vorgegebenen Strecken in Teilstrecken mit den entsprechenden Zahlenfolgen. So gilt etwa für die Folge der Fibonacci-Zahlen

$$1 \times \mathbf{3} = 3;\quad 2 \times \mathbf{4} = 8;\quad 3 \times \mathbf{7} = 21;\quad 5 \times \mathbf{11} = 55;\quad 8 \times \mathbf{18} = 144;\ \ldots.$$
$$2 \times \mathbf{4} - 1 \times \mathbf{3} = 5;\quad 3 \times \mathbf{7} - 2 \times \mathbf{4} = 13;\quad 5 \times \mathbf{11} - 3 \times \mathbf{7} = 34;\ \ldots.$$

und für die Heiligen Zahlen entsprechend

$$1 \times \mathbf{3} + 2 \times \mathbf{4} = \mathbf{11};\quad 2 \times \mathbf{4} + 3 \times \mathbf{7} = \mathbf{29};\quad 3 \times \mathbf{7} + 5 \times \mathbf{11} = \mathbf{76};\ \ldots.$$
$$3 \times \mathbf{7} - 1 \times \mathbf{3} = \mathbf{18};\quad 5 \times \mathbf{11} - 2 \times \mathbf{4} = \mathbf{47};\quad 8 \times \mathbf{18} - 3 \times \mathbf{7} = \mathbf{123};\ \ldots.$$

Da sich für alle Heiligen Zahlen eine Zerlegung in Fibonacci-Zahlen und in kleinere Heilige Zahlen in der Art von

$$\mathbf{123} = \mathbf{1}\times 55 + \mathbf{2}\times 34 = \mathbf{3}\times 34 + \mathbf{1}\times 21 = \mathbf{4}\times 21 + \mathbf{3}\times 13 = \mathbf{7}\times 13 + \mathbf{4}\times 8$$
$$= \mathbf{11}\times 8 + \mathbf{7}\times 5 = \mathbf{18}\times 5 + \mathbf{11}\times 3 = \mathbf{29}\times 3 + \mathbf{18}\times 2 = \mathbf{47}\times 2 + \mathbf{29}\times 1$$
$$= \mathbf{76}\times 1 + \mathbf{47}\times 1$$

durchführen lässt, ergibt sich eine große Variationsbreite für die Rasterplanung.

Die obige Zerlegung kann man aber noch weiter vereinfachen und dabei nur Fibonacci-Zahlen verwenden:

$$\mathbf{123} = 1\times 34 + 3\times 21 + 2\times 13 = 1\times 34 + 2\times 21 + 3\times 13 + 1\times 8$$
$$= 1\times 34 + 2\times 21 + 2\times 13 + 2\times 8 + 1\times 5$$
$$= 1\times 34 + 2\times 21 + 1\times 13 + 3\times 8 + 1\times 5 + 1\times 3 + 1\times 2 = \ldots$$

Diese Zerlegung gilt in analoger Weise für alle Heiligen Zahlen.

Auch für die Fibonacci-Zahlen existieren Zerlegungen, die beispielsweise so aussehen:

$$144 = 1\times89 + 1\times55 = 2\times55 + 1\times34 = 3\times34 + 2\times21 = 5\times21 + 3\times13$$
$$= 8\times13 + 5\times8 = 13\times8 + 8\times5 = 21\times5 + 13\times3 = 34\times3 + 21\times2$$
$$= 55\times2 + 34\times1$$

Für die Idealzahlen I_k gelten ähnliche Regeln. So lassen sich beim Idealschnitt alle Idealzahlen aus nur zwei Werten zusammensetzen, die sich um den Faktor √2 unterscheiden, beispielsweise aus den Zahlen 12 und 17 sowie aus der Folge der verallgemeinerten Idealzahlen:

$$2(+5 \times \mathbf{12}) + 7 \times \mathbf{17} = 239$$
$$+5 \times \mathbf{17} + 7 \times \mathbf{12} = 169$$
$$2(+2 \times \mathbf{12}) + 3 \times \mathbf{17} = 99$$
$$+2 \times \mathbf{17} + 3 \times \mathbf{12} = 70$$
$$2(+1 \times \mathbf{12}) +1 \times \mathbf{17} = 41$$
$$+1 \times \mathbf{17} + 1 \times \mathbf{12} = 29$$
$$2(0 \times \mathbf{12}) + 1 \times \mathbf{17} = 17$$
$$0 \times \mathbf{17} + 1 \times \mathbf{12} = 12$$
$$2(+1 \times \mathbf{12}) -1 \times \mathbf{17} = 7$$
$$+1 \times \mathbf{17} - 1 \times \mathbf{12} = 5$$
$$2(-2 \times \mathbf{12}) + 3 \times \mathbf{17} = 3$$
$$-2 \times \mathbf{17} + 3 \times \mathbf{12} = 2$$
$$2(+5 \times \mathbf{12}) - 7 \times \mathbf{17} = 1$$
$$+5 \times \mathbf{17} - 7 \times \mathbf{12} = 1$$

Auf Grund dieses Tatbestandes war es auf einfache Weise möglich, den gesamten Plan eines Klosters durch Aufschnüren ins Gelände zu übertragen. Dafür benötigte man nur zwei Seile mit Längen von 29' und 41'. Genau wie bei 17 und 12 hat deren Verhältnis den Zahlenwert √2. Ein solches Vorgehen ist etwa für den Bau der Karolingerabtei Corvey an der Weser im Jahre 822 schriftlich überliefert.

1.11 Die Quadratur des Kreises

Die Pythagoreer haben die Irrationalität bestimmter Zahlenwerte erstaunlicherweise nicht über den Wert „√2“ als dem Verhältnis aus der Länge einer Diagonalen und der Seite eines Quadrats entdeckt, sondern am regulären Fünfeck und bei der Untersuchung des Goldenen Schnitts. Wahrscheinlich wussten die Pythagoreer aber auch schon, dass der Umfang eines Kreises und sein Durchmesser ebenfalls kein gemeinsames Maß besitzen. Dieses Verhältnis ließ sich deshalb ebenfalls nicht durch einen Zahlenbruch (*ratio*) genau wiedergeben.
Die Irrationalität einer Größe widersprach der Vorstellung, dass die Götter die Ordnung der Welt mit einem universellen System von ganzen Zahlen, also rational erschaffen hätten. Die Pythagoreer vermuteten wohl einige Zeit lang, dass die Erklärung dieser Irrationalität im menschlichen Unverständnis des zu Grunde liegenden Ordnungsprinzips liegen könnte. Würde es also gelingen, den Umfang oder den Flächeninhalt eines Kreises durch ein kommensurables Quadrat wiederzugeben, so wäre das Problem gelöst gewesen. Aus dieser Hoffnung heraus verwandten griechische Mathematiker große Anstrengungen darauf, den Kreis als geometrische Konstruktion mit Zirkel und Lineal zu „quadrieren“. Heute weiß man, dass dies nicht exakt zu bewältigen ist.

Das genannte mathematische Problem erhielt eine neue, politische Qualität, als sich der römische Staat unter Augustus aus einer Republik in eine Monarchie verwandelte. Seit dieser Zeit war der Herrscher nämlich gleichzeitig weltliches und religiöses Oberhaupt der Gesellschaft in einer Person. Diese Doppelrolle sollte auch in den Kaiserbauten für den Kult zum Ausdruck kommen. Als Ausdrucksmittel boten sich dafür die geometrischen Symbole Kreis und Quadrat an. Dabei verkörperte die Kreisform das Irrationale und Göttliche in der Ordnung der Welt und in der Rolle des Kaisers, während das Quadrat für das Rationale und das Menschliche in seiner Person stand. Die

Quadratur des Kreises gewann im Mittelalter unter den Kaisern Karl dem Großen und Friedrich Barbarossa noch einmal an Bedeutung.

Zwar gelang es nie, eine exakte Lösung für das Problem zu finden, aber es wurden immerhin einige recht genaue geometrische Näherungen für die Kreisquadratur mit Zirkel und Lineal entdeckt, die entweder auf dem Goldenen Schnitt oder auf dem Idealschnitt basieren. Diese Tatsache dürfte ein wichtiger Grund dafür gewesen sein, dass Konstruktionen mit den beiden Schnitten eine erhebliche Bedeutung in der antiken Architekturplanung als Ausdruck der kaiserlichen Doppelrolle besaßen. Wichtige Maßverhältnisse bei den Bauwerken wurden deshalb mit dem Zahlenverhältnis von Umfang und Durchmesser eines Kreises proportioniert.
Ich will einige dieser Verfahren kurz beschreiben.

Grundlage der Überlegungen soll ein Quadrat mit einer beliebigen Maßeinheit als Seitenlänge, also ein Einheitsquadrat [1 * 1] sein. Um dessen Mittelpunkt kann man zwei besondere Kreise zeichnen, einen „Inkreis“, der die Quadratseiten als Tangenten hat und einen „Umkreis“, der durch die vier Ecken geht.
Der Inkreis besitzt in diesem Fall den Radius $R = ½$ und einen Umfang von

$$U_i = 2\pi \times R = ½ \times 2\pi = \pi,$$

seine Kreisfläche beträgt

$$A_i = \pi \times R^2 = (½)^2 \times \pi = \pi / 4.$$

Für den durch die vier Ecken gehenden Umkreis ist $R = ½ \times \sqrt{2}$ und es gilt für seinen Umfang und für seine Kreisfläche

$$U_a = ½ \times \sqrt{2} \times 2\pi = \sqrt{2} \times \pi \text{ und}$$

$$A_a = (½ \times \sqrt{2})^2 \times \pi = ½ \times \pi.$$

Bei der Quadratur geht es nun darum, diese geometrischen Aussagen durch geeignete Konstruktionen oder durch *richtige* Zahlenwerte wiederzugeben.

In Figur 1.38 wurde zur Quadratur des Umkreises im Quadrat OPQR die Ecke R mit der gegenüber liegenden Seitenmitte M verbunden. Damit ist das Dreieck OMR rechtwinklig und seine Katheten stehen zueinander im Verhältnis 1 : 2. Die Strecke RM misst ½ × √5. Das mit der Strecke RM konstruierte Quadrat RMTU besitzt den Umfang 2 × √5, den man als Näherung für den wahren Umfang des Umkreises nehmen kann, da die Abweichung nur ungefähr –0,65 % beträgt. Man hat auf diese Weise den Wert der Zahl Pi durch

$$\pi = \sqrt{10}$$

genähert, da $\sqrt{2} \times \pi = 2 \times \sqrt{5}$ gesetzt wurde.

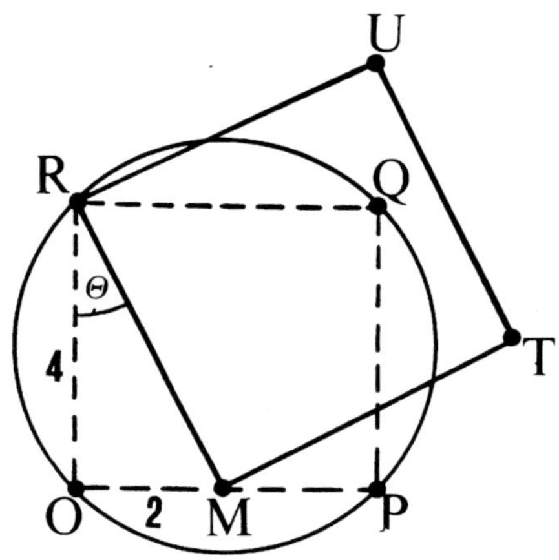

1.38

Wählt man für das Quadrat Seitenlängen, die durch Fibonacci-Zahlen als Vielfache der Maßeinheit ausgedrückt werden, so hat das für die Strecke RM folgende Konsequenz: Sei etwa die Strecke *OM* eine Länge mit der Fibonacci-Zahl 144 als Maßzahl, so misst die Länge RM gerade

$144 \times \sqrt{5} \approx 322$ Einheiten, wird also mit einer Heiligen Zahl als Maßangabe wiedergegeben. Allgemein ist bei dieser Näherung die Strecke *RM* für jede Länge *OM* mit der Maßzahl F_k immer eine Länge mit einer Maßzahl

$$L_k = 2\,F_k + F_{k-3} \approx (2 + \Phi^{-3}) \times F_k = \sqrt{5} \times F_k.$$

Im vorliegenden Beispiel wird $U_a = \sqrt{2} \times \pi \times 2 \times 144 \approx 1.280$ durch den Ausdruck $4 \times 322 = 1.288$ angenähert. Der Umfang eines Umkreises durch die vier Ecken eines Quadrats, dessen Seiten durch Fibonacci-Zahlen gegeben sind, kann demnach durch Heilige Zahlen näherungsweise quadriert werden. Die einfache Möglichkeit, den Umfang U_a des Umkreises auf diese Weise durch den Umfang eines Quadrats wiederzugeben, führte wohl dazu, dass dieses Verfahren der Kreisquadratur besonders oft verwendet wurde, um die Polarität Kreis-Quadrat darzustellen.

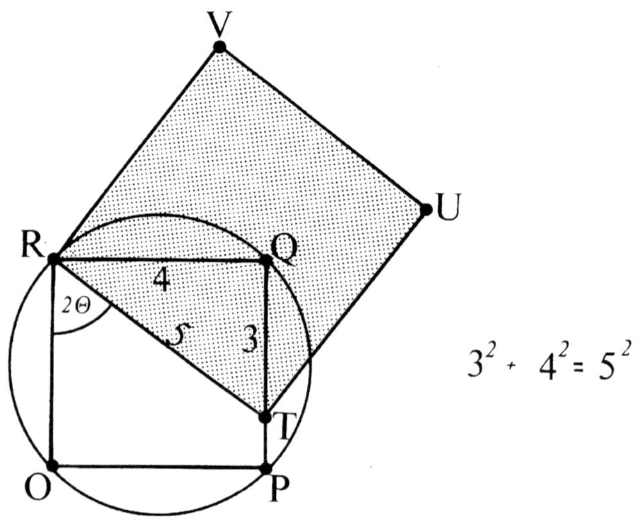

1.39

In Figur 1.39 wurde das Quadrat RMTU aus Figur 1.38 ein weiteres Mal in derselben Weise wie zuvor quadriert. Das dabei entstandene Dreieck

QRT ist ein pythagoreïsches Dreieck mit dem Seitenverhältnis 3*4*5, dessen Hypotenuse als neu gewonnene Quadratseite RT = 5/4 Einheiten lang ist. Die Fläche des Quadrats RTUV beträgt $(5/4)^2$ und wird hier mit dem Wert $A_a = ½ × \pi$ gleichgesetzt. Diese Näherung für π bedeutet

$$\pi \approx 25/8.$$

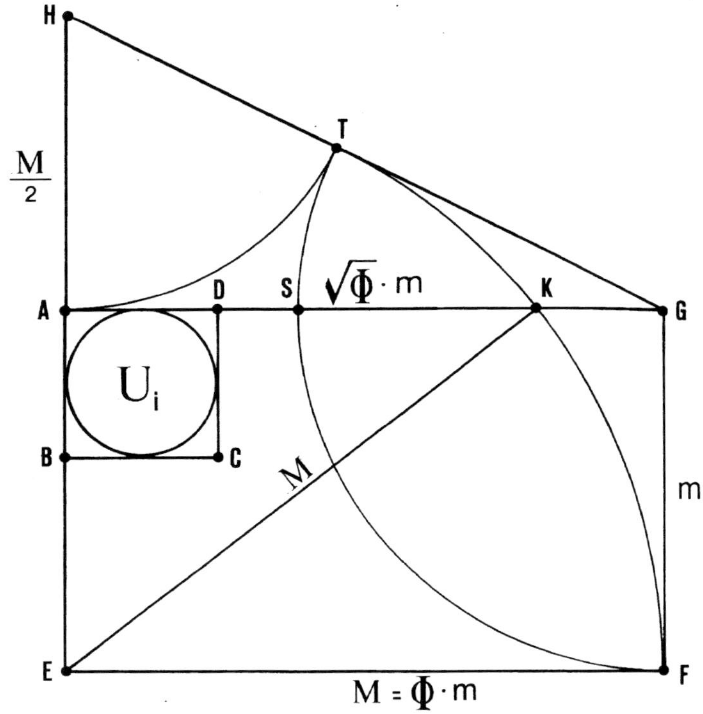

1.40

Um den Umfang eines Inkreises in einem beliebigen Quadrat durch eine geometrische Konstruktion zu quadrieren, kann man vorgehen, wie das in Figur 1.40 gezeigt wird. Zunächst trägt man den Umfang des Quadrats ABCD als Major M vom Eckpunkt A aus bis zum Punkt G ab. Sodann teilt man *AG* geometrisch mit Hilfe des Goldenen Schnitts in die Teilstücke *AS* und *SG*. Die Strecke *SG* = *FG* ist dann Minor m zum Major

M. Schlägt man nun um den Punkt E einen Kreisbogen mit *AG* = *EF* als Radius, so schneidet er die Strecke *AG* im Punkt K. Der Abstand *AK* hat jetzt die Länge m × √Φ, da im rechtwinkligen Dreieck AEK wegen *EK* = M und *AE* = m, sowie auf Grund des Lehrsatzes des PYTHAGORAS und der Definition des Goldenen Schnitts gilt:

$$M^2 - m^2 = M \times m = (M / m) \times m^2 = \Phi \times m^2.$$

Die Strecke *AK* gibt den Umfang des Inkreises U_i im Quadrat ABCD sehr genau wieder. Als Zahlenwert bedeutet das

$$\pi \approx 4 : \sqrt{\Phi} \approx 3{,}14461$$

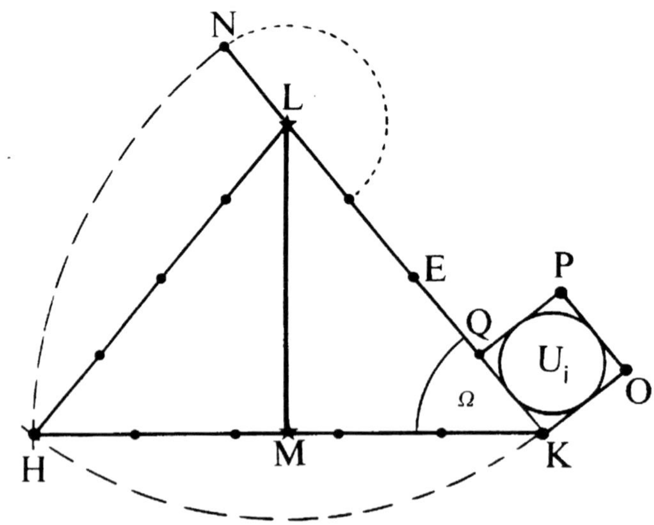

1.41

Aus dieser Näherung für U_i entstand im Mittelalter das sogenannte „Druidendreieck“, mit dessen Hilfe es möglich war, ein Sieben- oder ein Vierzehneck geometrisch zu konstruieren. In Figur 1.40 hat das Dreieck AEK die Länge m × Φ als Hypotenuse und M und m als Katheten.

Nähert man die Strecke EK durch 8 Einheiten, AE dagegen durch 5 Einheiten an, so stellt das Dreieck AEK der Figur 1.40 ein halbes Druidendreieck dar. Ihm entspricht in Figur 1.41 das Dreieck MKL, bei dem allerdings alle Strecken im Maßstab halbiert wurden. Die Höhe ML des Druidendreiecks gibt den Umfang des Inkreises im kleinen Quadrat OPQK wieder durch die Näherung

$$\pi \approx \tfrac{1}{2} \times \sqrt{(8^2 - 5^2)} = \tfrac{1}{2} \times \sqrt{39}$$

Der Winkel Ω im Teildreieck MKE beträgt Ω = *acos* (5/8) = 51,318°. Sieben dieser Winkel nähern als Innenwinkel eines Siebenecks mit 359¼ ° genau genug einen Vollwinkel von 360° an.

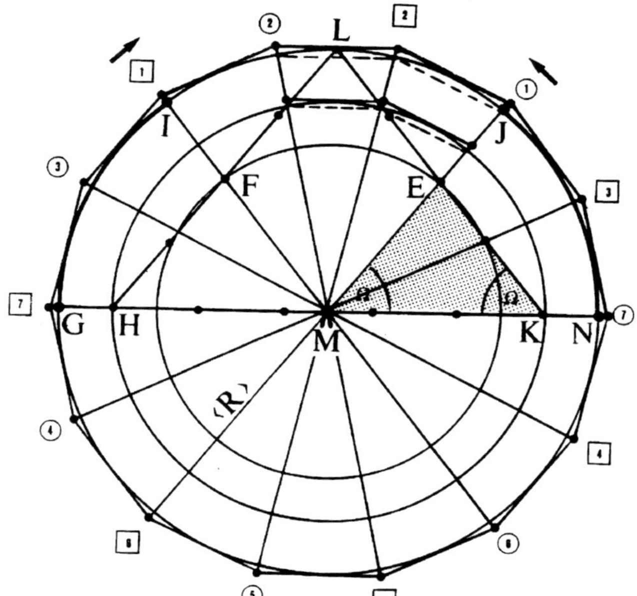

1.42

Wie beim 9/14 - Chorschluss der gotischen Chorhalle am Aachener Dom festzustellen ist, legte man bei der Konstruktion eines Vierzehnecks zunächst die Quer- und die Längsachse des Polygons mit dem

Chormittelpunkt M fest. Sodann trug man fünf gleiche, doch beliebig lange Strecken nach beiden Seiten von M aus auf der Querachse bis zu den Punkten H und K ab. Ein Kreisbogen mit acht dieser Strecken um H oder K schneidet die Längsachse im Punkt L und legt dadurch die Höhe eines Druidendreiecks fest. Nun werden die Strecken LK und LH halbiert, (Punkte E und F) und die Verbindungslinien ME und MF über die Halbierungspunkte hinaus verlängert. Die Winkel ∠ EMK und ∠ MHF sind nun Innenwinkel eines zu konstruierenden Siebenecks. Mit R = MN = MG kann der Durchmesser des Polygons frei gewählt werden.

Ein Kreis mit R als Radius schneidet die Verlängerungen von ME und MF in den Punkten I und J. Daraufhin wird der Kreisbogen NJ bzw. GI einmal im Uhrzeigersinn und einmal gegensinnig auf dem Kreis abgetragen. Die entstehenden Schnittpunkte teilen den Kreis in zweimal sieben Kreissegmente mit demselben Innenwinkel Ω, die aber um den halben Innenwinkel ½ Ω gegeneinander verdreht sind. Sie legen das gewünschte Vierzehneck eindeutig fest.

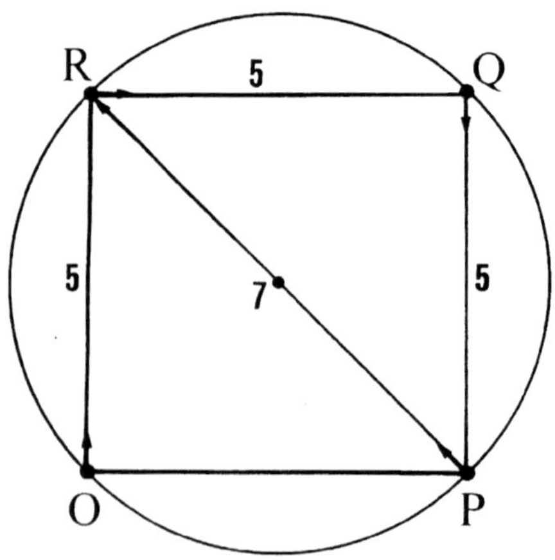

$U_a \hat{=} \overline{ORQPR}$

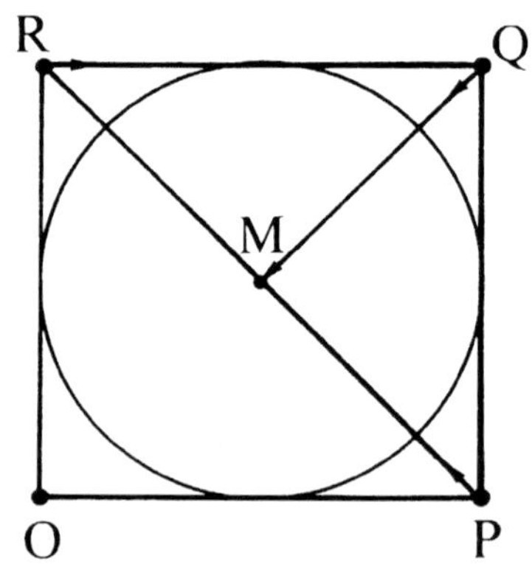

$U_i \hat{=} \overline{PRQM}$

1.43

Figur 1.43 zeigt zum Abschluss eine Kreisquadratur mit der Hilfe des Idealschnitts. Der Umfang U_a des Umkreises zu einem beliebigen Quadrat OPQR lässt sich durch folgende Näherung wiedergeben:

$$U_a = 3 \text{ Seiten} + 1 \text{ Diagonale} = 3 + \sqrt{2}.$$

Wählt man 5 Maßeinheiten für die Längen der Seiten und 7 für die Diagonale des Quadrats OPQR, so ergibt diese gute Näherung folgenden Zahlenwert für π:

$$\pi \approx 22 / 7$$

Sie ist auch als Näherung des ARCHIMEDES bekannt, obgleich sie auf andere Weise hergeleitet wurde.

Der Umfang des Inkreises in einem Quadrat kann durch 1½ Diagonalen plus 1 Seite genähert werden als

$$2\pi \approx 2 + 3\sqrt{2}.$$

Man weiß seit etwa hundert Jahren, dass π eine transzendente Zahl ist, die nicht als Lösung einer algebraischen Gleichung erhalten werden kann. Die Kreisquadratur kann daher nicht in der Weise geleistet werden, dass man algebraische Kurven, wie etwa Geraden und Kreise benutzt. Plutarch berichtet, der griechische Denker Anaxagoras habe im Gefängnis die Quadratur des Kreises gezeichnet. Ferner haben sich Hippokrates von Chios, Antiphon und andere Griechen mit dem Problem beschäftigt. Da die originalen Arbeiten nicht überliefert worden sind, können wir uns nur auf Überlieferungen aus zweiter Hand stützen. Der Grundgedanke aller antiken Versuche war die Feststellung:

Der Kreisumfang ist größer als jedes eingeschriebene und kleiner als jedes umgeschriebene reguläre Vieleck. Wozu es aber Größeres und Kleineres gibt, dazu gibt es auch Gleiches. Es gibt aber größere und kleinere Polygone als der Kreis, also gibt es auch ein ihm gleiches.

Auf der Basis dieser Überlegung hat ARCHIMEDES für den Wert π als Verhältnis des Umfangs U zum Durchmesser d folgende Ungleichung angegeben

$$223 / 71 < U / d < 22 / 7$$

Der Wert 22 / 7 wurde lange Zeit als Näherung zur Berechnung von Kreisflächen oder von Kugelvolumina benutzt. So beschreibt der römische Politiker MARCUS TERENTIUS VARRO (–116 bis –27) in den ältesten erhaltenen gebliebenen Fragmenten römischer Mathematik die Berechnung des Kreisumfangs. Dort heißt es in deutscher Übersetzung:

Aus dem Durchmesser den Umfang des Kreises finden. Mache es so: Den Durchmesser {14 Fuß} *nimm dreimal, es ist 42. Dazu füge 2* {= 1/7 des Durchmessers} *hinzu; es ist 44; das ist der Umfang des Kreises.*
Aus dem Umfang wird der Durchmesser berechnet, indem durch 22 dividiert und mit 7 multipliziert wird.

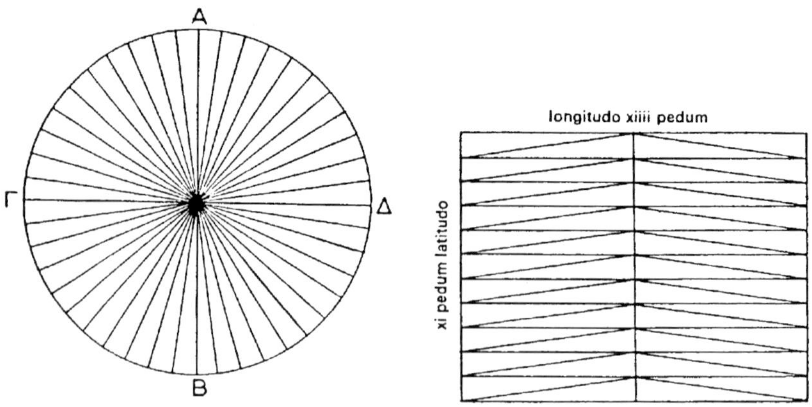

1.44

Diese antike Näherung für die Zahl π gelangte gegen Ende des 12. Jahrhunderts zu einer gewissen Berühmtheit, als man am Hofe Kaiser Friedrichs II. in Palermo begann, den Kreis mit der mathematischen

Größe π als Sinnbild für die Unendlichkeit Gottes zu betrachten. Sie versuchte der Mensch nun zu erfassen. Die Anregung zur Beschäftigung mit diesem Problem ging dabei vermutlich auf eine Bemerkung von Aristoteles zurück, der die Kreisquadratur als Beispiel dafür anführt, dass etwas *wissbar* sein kann, auch wenn zur Zeit noch kein Wissen existiert.

Bei Hofe stützte man sich auf eine Schrift des Mönches FRANCO VON LÜTTICH mit dem Titel *De quadratura circuli.* Dieser Kleriker leitete um 1060 eine Klosterschule in Lüttich. FRANCO stellt in seiner Schrift die Frage: Kann ein Kreis einem Quadrat zahlenmäßig gleich sein? Dann gibt er sinngemäß zur Antwort:

Man erhält die Fläche eines Kreises mit dem Durchmesser 14, indem man dessen Hälfte quadriert und mit 22/7 multipliziert, zu 154. Die Seite des Quadrats mit der Fläche 154 ist aber weder eine ganze Zahl, aber auch kein Bruch. Zahlenmäßig kann man also zum Kreis mit dem Durchmesser 14 kein flächengleiches Quadrat finden. Konstruktiv kann man aber ein flächengleiches Rechteck mit den Seiten 14 (= d) *und 11* (= ½ U) *erzeugen.*

Zum Beweis teilt FRANCO den Umfang in 44 Teile der Länge 1, also den Kreis in 44 Sektoren und setzt diese dann wie in Figur 1.44 passend zu einem Rechteck mit den Seiten 11 und 14 zusammen.

Aufbauend auf diesen Überlegungen des FRANCO VON LÜTTICH entwickelte sich um 1230 am staufischen Hof in Palermo die literarische Gattung des Sonetts als Ausdruck für den menschlichen Versuch, Gottes Unfassbarkeit näherungsweise zu begreifen, so wie man das Verhältnis von Umfang und Durchmesser eines Kreises mit dem Wert π = 22 / 7 annähern konnte (W. PÖTTERS). Ich will das am Beispiel eines Sonetts von Francesco Petrarca (1304 – 1374) zeigen.

Vaucluse

O Tal, erfüllt von meinen Klagelauten!
(11) ^ ^ ^ ^ ^ ^ ^ ^ ^ ^ ^
O Bach, gespeist von meinen Tränenquellen! (4)
^ ^ ^ ^ ^ ^ ^ ^ ^ ^ ^

Ihr grünen Ufer! Sonnige Forellen!
^ ^ ^ ^ ^ ^ ^ ^ ^ ^ ^
O meine Rehe! Vögel, meine Trauten!
^ ^ ^ ^ ^ ^ ^ ^ ^ ^ ^

O Seufzerhauch um Amarant und Rauten!
^ ^ ^ ^ ^ ^ ^ ^ ^ ^ ^
(7) Ihr süßen Ziele, die nun Gram verstellen!
^ ^ ^ ^ ^ ^ ^ ^ ^ ^ ^

Ihr dunklen Schatten auf den Hügelschwellen,
^ ^ ^ ^ ^ ^ ^ ^ ^ ^ ^
Wo meine Augen die Geliebte schauten!
^ ^ ^ ^ ^ ^ ^ ^ ^ ^ ^

Derselbe Ausblick rings von den Terrassen,
^ ^ ^ ^ ^ ^ ^ ^ ^ ^ ^
Doch ich bin müde und nicht mehr der gleiche, (3)
^ ^ ^ ^ ^ ^ ^ ^ ^ ^ ^

Ein graues Haus noch, bewohnt von Herzeleid,
^ ^ ^ ^ ^ ^ ^ ^ ^ ^ ^

Seitdem sie einging in die lichten Reiche
^ ^ ^ ^ ^ ^ ^ ^ ^ ^ ^

Und auf der Erde nur zurückgelassen
^ ^ ^ ^ ^ ^ ^ ^ ^ ^ ^
Erinnerung wie ein angestaubtes Kleid.
^ ^ ^ ^ ^ ^ ^ ^ ^ ^ ^

Ein Sonett hat eine vorgegebene Form und besteht als Gedicht aus zwei Vierzeilern *(Quartinen)* und aus zwei Dreizeilern *(Tercinen)* mit jeweils 11 Silben pro Vers. Je zwei aufeinander folgende Verse stehen in einem Sinnzusammenhang und formen so 7 Doppelverse. Die Gesamtzahl der Silben bildet mit $14 \times 11 = 154$ die Kreisfläche als Rechteck ab. Auch die Zahlen 3 und 4 für die Verszahl der Tercinen und Quartinen haben im Sonett symbolische Bedeutung als Ausdruck für die Trinität Gottes und für die vier Himmelsrichtungen.

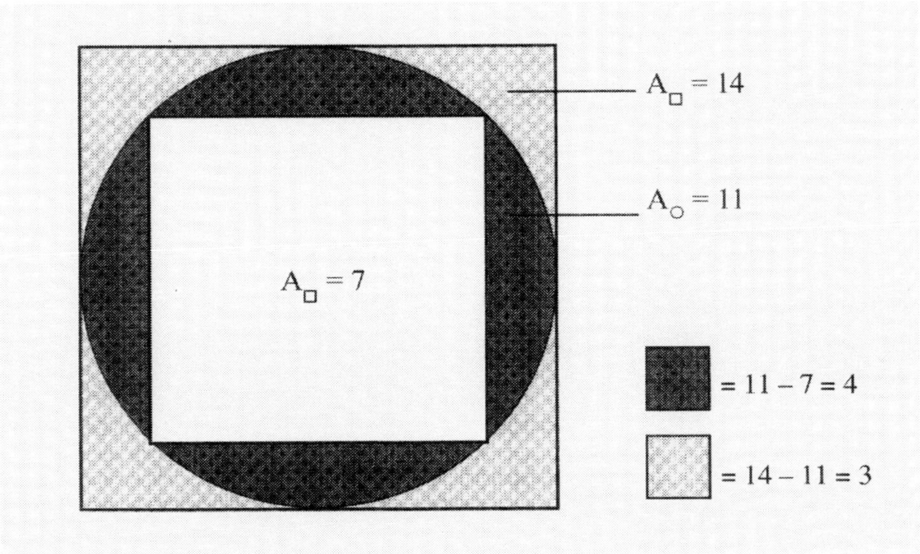

1.45

Alle genannten Zahlen werden in einer *figura magistralis* genannten Konstruktion dargestellt. Sie besteht aus einem Quadrat, seinem einbeschriebenen Inkreis und einem darin einbeschriebenen kleineren Quadrat. Mit der Näherung $\pi = 22 / 7$ lassen sich die einzelnen Teilflächen der Figur leicht berechnen. Wenn man dem größeren Quadrat eine Seitenlänge von 14 Einheiten zuteilt, so besitzt es eine Fläche von 14×14, während die kleinere Quadratfläche 7×14 und die Kreisfläche 11×14 messen. Die dunklen Kreissegmente haben eine Fläche von 4×14 und die inneren Quadratdefizite eine Fläche von 3×14.

Die einzelnen Teilflächen der *figura magistralis* entsprechen dem Aufbau des Sonetts und werden durch die Heiligen Zahlen 3 = Verszahl der Tercinen; 4 = Verszahl der Quartinen; 7 = Zahl der Doppelverse und 11 = Silbenzahl pro Vers ausgedrückt. Das Verhältnis von Kreisfläche und großer Quadratfläche nähert mit 11 / 14 den Wert π / 2 an.

Schon in der Antike gab es zahlreiche Versuche, den Wert von π immer genauer zu berechnen. Bei den meisten Zahlenangaben lässt sich leider nicht mehr sagen, auf welche Weise das Ergebnis erzielt worden ist. In einigen Fällen scheint aber stets die gleiche Berechnungsweise angewandt worden zu sein. Um das einzusehen, ist es ganz praktisch, noch einmal auf die Darstellung einer irrationalen Zahl mit der Hilfe eines unendlichen Kettenbruchs zurückzukommen.

Die antiken Mathematiker merkten offenbar schnell, was ARCHIMEDES mit seiner Ungleichung $223 / 71 < \pi < 22 / 7$ ausgesagt hatte: Der wahre Kreisumfang musste kleiner sein als ein 44-Eck, in das der Kreis eingezeichnet war, aber größer als ein dem Kreis einbeschriebenes Polygon mit 446 Ecken.
Schreibt man in der Ungleichung des Archimedes für die rechte Seite $\pi < 22 / 7 = 3 + 1 / 7$, so bedeutet diese Feststellung, dass der Bruch 1 / 7 zu groß ist. Das lässt sich ändern, indem man an Stelle von 1 / 7 schreibt

$$\pi \approx 3 + \frac{1}{7 + n}$$

Wählt man n = 1, so liefert das den Wert $\pi \approx 25 / 8$, was augenscheinlich einen zu kleinen Wert ergibt, da $25 / 8 < 223 / 71$ ist. Daraus folgt, dass man n kleiner als 1 machen muss, um den Bruch 1/ 7 zu verkleinern. Das wiederum lässt sich bewirken, wenn man im Nenner schreibt

$$\pi \approx 3 + \frac{1}{7 + \frac{1}{n}}$$

Ein einfache Umformung macht daraus den Ausdruck

$$\pi \approx \frac{22n + 3}{7n + 1}$$

Wenn die antiken Mathematiker die beschriebene Vorgehensweise angewandt hätten, was ich nicht weiß, dann hätte ARCHIMEDES für n = 10 seine Aussage $\pi > 223 / 71$ gewonnen, während der chinesische Mathematiker ZU CH'ONG-ZHI, der um 450 lebte, mit n = 16 seine Näherung

$$\pi \approx 355 / 113$$

heraus gefunden haben könnte. Mit ihr hat er den richtigen Wert immerhin schon bis auf einen Fehler von 8×10^{-8} richtig berechnet. PTOLEMÄUS rechnete in Alexandria um das Jahr 150 offenbar mit n = 17 als Ergebnis aus

$$\pi \approx 377 / 120.$$

1.12 Der goldene Winkel

Als *goldenen* Winkel φ bezeichnet man jenen Winkel, der den Kreisbogen im Verhältnis des Goldenen Schnitts teilt. Nimmt man für den vollen Winkel 360° als Maß, so erhält man $\varphi \approx 222{,}4922°$ für den Winkel im sogenannten „langen Weg", der einer Linksdrehung entspricht, beziehungsweise den Ergänzungswinkel $\varphi' = 360° - \varphi \approx 137{,}5078°$ für den einer Rechtsdrehung entsprechenden Winkel im „kurzen Weg". Wegen $\Phi^{-2} + \Phi^{-1} = 1$ ergänzen sich beide Winkel zu 360°. Auf Grund der Beziehung

$$1 - \Phi^{-1} = \Phi^{-2}$$

entspricht dem Winkel φ' eine Teilung des Vollwinkels im Verhältnis 360° : 137,5078° = Φ^2. Der Winkel φ' schneidet aus dem Kreis einen Sektor aus, dessen Fläche zur Restfläche im Verhältnis von Φ steht. Üblicherweise bezeichnet man φ' als „Divergenzwinkel", wenn man in der Botanik über den Zusammenhang zwischen dem *goldenem* Winkel und der Anordnung von Blättern, Blüten oder Früchten spricht. Im Kontext dieses Buches spielt die Unterteilung des Kreises in Winkel φ und φ' eine Rolle bei der Untersuchung des Goldenen Schnitts in der Natur.

Beginnt man, den Winkel φ' von 0° aus fortlaufend abzutragen, so kann man das unendlich oft tun, ohne dass jemals zwei Schenkel an derselben Stelle liegen. Dieser Tatbestand hängt natürlich mit der Irrationalität von Φ zusammen.

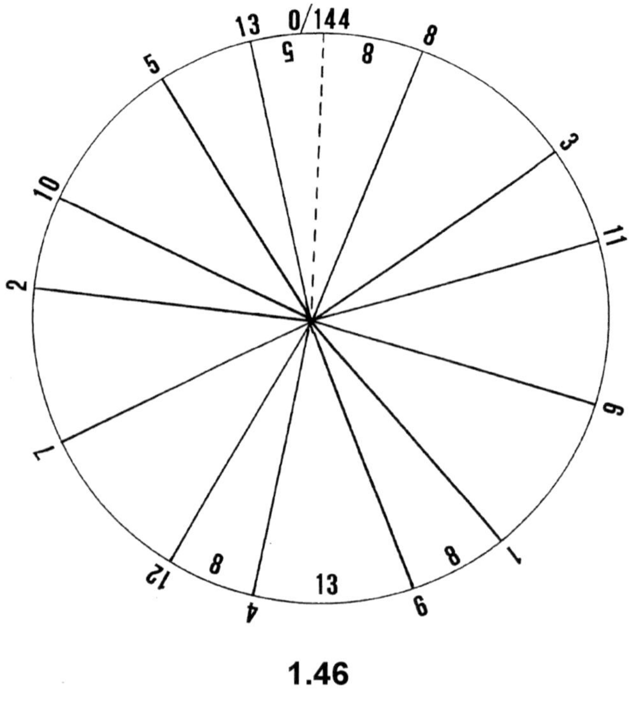

1.46

Die fortlaufende Addition des Winkels φ' liefert interessante Ergebnisse, die sich gut darstellen lassen, wenn man bei der Unterteilung statt durch Φ^2 zu dividieren mit der Näherung $55 : 144 \approx \Phi^{-2}$ multipliziert. Damit ergeben sich dann für φ und φ' Werte von 89 bzw. 55 Einheiten. Eine Maßeinheit entspricht somit genau 2,5°, da 360° : 144 = 2,5° ergibt. Trägt man φ' im Uhrzeigersinn bei Position 0 beginnend ab (Figur 1.46), so gelangt man zur Position 1 und nach erneutem Abtragen zum Punkt 2 usw. Bei der Position 13 sind dann 13 × 55 = 715 Einheiten oder 1.787,5° abgetragen, so dass noch 5 Einheiten oder 12,5° bis zur Stellung 0 fehlen. Zählt man die Position 0 nicht mit, so sind die 13 Schenkel der Winkel von 1 bis 13 so verteilt, dass sich zwischen ihnen nur Abstände von 8 bzw. 13 Einheiten ergeben. Sie summieren sich insgesamt zu genau 8 × 13 + 5 × 8 = 144 Einheiten. Fährt man mit dem Abtragen von φ' bis zur Position 21 weiter fort, so werden insgesamt 21 × 55 = 1.155 Einheiten abgetragen. Nun überschreitet der Schenkel 21 die Position 0 um 3 Einheiten. Alle Abstände betragen jetzt entweder 8 oder 5 Einheiten; insgesamt summieren sie sich auf 13 × 8 + 8 × 5 = 144 Einheiten.

Winkel	Einheiten		Abstände	Vollwinkel	Abweichung
1 × φ'	55		1 × **89** + 1 × **55** = 144	0×144	**+ 55**
2 × φ'	110		2 × **55** + 1 × **34** = 144	1×144	**– 34**
3 × φ'	165		3 × **34** + 2 × **21** = 144	1×144	**+ 21**
5 × φ'	275		5 × **21** + 3 × **13** = 144	2×144	**– 13**
8 × φ'	440		8 × **13** + 5 × **8** = 144	3×144	**+ 8**
13 × φ'	715		13 × **8** + 8 × **5** = 144	5×144	**– 5**
21 × φ'	1.155		21 × **5** + 13 × **3** = 144	8×144	**+ 3**
34 × φ'	1.870		34 × **3** + 21 × **2** = 144	13×144	**– 2**
55 × φ'	3.025		55 × **2** + 34 × **1** = 144	21×144	**+ 1**
89 × φ'	4.895		89 × **1** + 55 × **1** = 144	34×144	**– 1**
144 × φ'	7.920		144 × **1** + 89 × **0** = 144	55×144	**± 0**

Man erkennt folgende Gesetzmäßigkeit: Je kleiner die Anzahl der abgetragenen Winkel φ' ist, desto größer sind die Abstände zwischen

den Schenkeln, und umso größer ist die Abweichung zwischen dem letzten Schenkel und der Position 0. Es gilt im Einzelnen: Spalte 1 gibt an, wie oft der Winkel φ' = 55 Einheiten abgetragen wurde. Spalte 3 zeigt die Abstände zwischen den einzelnen Schenkeln, wobei die Ausgangsstellung 0 nicht mitgezählt wird. Spalte 5 gibt an, um wie viele Einheiten die Nullstellung verfehlt wird.
Erst nach dem Abtragen von 144 × φ' ist der Vollkreis in genau 144 äquidistante Abstände mit je 1 Einheit aufgeteilt worden.
Ähnliche Überlegungen kann man natürlich auch für jeden anderen Bruch anstellen, der den Wert Φ^{-2} durch entsprechende Zahlen annähert, etwa durch 76 : 199 oder 89 : 233.
Je größer die Zahlen in Zähler und Nenner werden, desto kleiner werden die Maßeinheiten und umso dichter liegen die Schenkel der Winkel beieinander. Eine Unterteilung mit dem exakten Wert von Φ würde logischerweise eine Folge von unendlich vielen und beliebig nahe beieinander liegenden Positionen auf dem Kreisumfang liefern, weil in diesem Fall der goldene Winkel wegen $\varphi' = 360° : \Phi^2$ eine irrationale Maßzahl hätte.

Es existiert offenbar eine Systematik in der Abweichung von der Position 0, wenn die Anzahl der abgetragenen *goldenen* Winkel eine Fibonacci-Zahl ist. Man kann die Abweichung exakt angeben als

$$F_k \times \varphi' = F_{k-2} \times 360° \pm 360° : \Phi^k$$

An diesem Ausdruck wird deutlich, dass die Abweichung von der Position 0, und das heißt der maximale Abstand der Strahlen in Figur 1.46, mit wachsender Größe der bei der Näherung des Winkels φ' verwendeten Fibonacci-Zahlen immer kleiner wird. Er ergibt sich jedoch niemals zu Null.
Nimmt man beispielsweise $F_k = F_{10} = 55$ und $\varphi' = 137{,}507764°$, so ist $F_{k-2} = 21$. Die Abweichung beträgt nach dem Abtragen von 55 × φ' noch $360° : \Phi^{10} = 2{,}927023°$. Dabei wechselt das Vorzeichen der Abweichung für die Glieder der beiden Teilfolgen, aus denen die Fibonacci-Zahlen bestehen.

Interessanterweise treten nach dem Abtragen von $F_k \times \varphi'$ stets nur zwei Abstände $360° : \Phi^{k-1} \approx 360° : L_{k-1}$ sowie $360° : \Phi^k \approx 360° : L_k$ zwischen den Schenkeln der Winkel auf. Außerdem folgen nie mehr als zwei große Abstände aufeinander. Es gelten nämlich näherungsweise folgende Relationen:

$$\sqrt{5} \times F_k \approx L_{k-1}$$

$$\sqrt{5} = \Phi + \Phi^{-1} \approx (F_k : F_{k-1}) + (F_{k-1} : F_k)$$

$$F_k \times 360° : L_{k-1} + F_{k-1} \times 360° : L_k \approx 360°$$

$$(F_k : L_{k-1}) : (F_{k-1} : L_k) \approx \Phi^2$$

Bei der Unterteilung eines Kreisumfangs durch das Abtragen von F_7 = 13 *goldenen* Winkeln ergeben sich F_6 = 8 große und F_5 = 5 kleine Abstände. Denn es gilt

$$8 \times 360° : \Phi^5 + 5 \times 360° : \Phi^6 = 360°$$

Wählt man, wie in Figur 1.46 geschehen, gerade 144 Einheiten für den Vollwinkel und damit φ' = 55 Einheiten, so werden die beiden Abstände nach dem Abtragen von $13 \times \varphi'$ gerade $144 : 11 \approx 13$ Einheiten beziehungsweise 144 / 18 = 8 Einheiten groß.

Die Folge der verschiedenen Abstände ist isomorph zu einer Fibonacci-Folge. Beginnt man in Figur 1.46 bei Position 8 als dem am nächsten bei der Position 0 liegenden Strahl, so messen die 13 Abstände der Reihe nach

13 – 8 – 13 – 13 – 8 – 13 – 8 – 13 – 13 – 8 – 13 – 8 – 13 Einheiten.

Fasst man die Teilstrecken zusammen, so erkennt man den Zusammenhang besser:

(**1**) 13 = **13**
(**2**) 13 + 8 = **21**
(**3**) 13 + 8 + 13 = **34**
(**5**) 13 + 8 + 13 + 13 + 8 = **55**
(**8**) 13 + 8 + 13 + 13 + 8 + 13 + 8 + 13 = **89**
(**13**) 13 + 8 + 13 + 13 + 8 + 13 + 8 + 13 + 13 + 8 + 13 + 8 + 13 = **144**

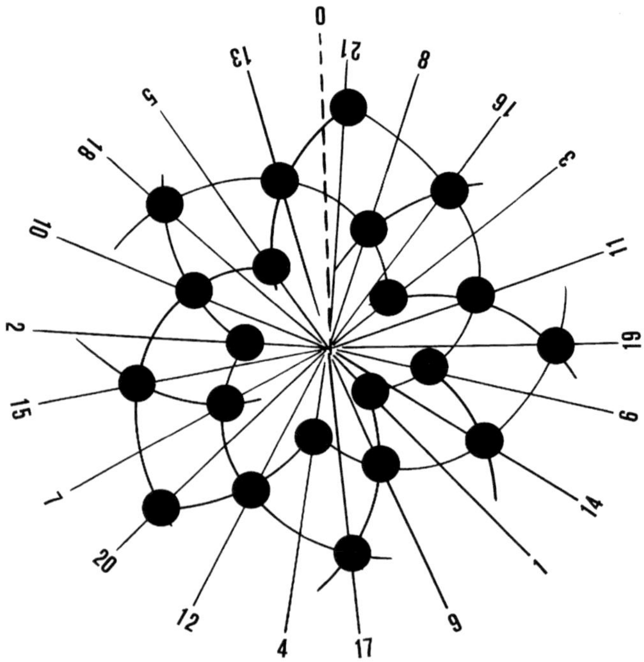

1.47

Unterteilt man einen Kreis in F_{12} = 144 Punkte, so liegen alle Punkte im gegenseitigen Abstand von einer Einheit zu 2,5° auf den Schenkeln der *goldenen* Winkel. Sie können damit auf einem Kreis angeordnet werden, wenn man sie im gleichen Abstand vom Scheitelpunkt der Winkel aus aufträgt. Interessanter ist es zu untersuchen, was passiert, wenn man bei den Punkten 1 bis 144 die Abstände vom Kreismittelpunkt fortlaufend vergrößert. In diesem Fall erhält man eine flächenhafte Verteilung aller 144 Punkte auf der Kreisfläche.

Wegen einer besseren Übersichtlichkeit zeige ich das in Figur 1.47 nur für die Schenkel 1 bis 21. Die Abstände nehmen für die 21 Punkte jeweils um einen konstanten Betrag *d* zu, wobei man bei 1 innen beginnt und bis zum Punkt 21 nach außen fortfährt. Dadurch liegen alle 21 Punkte auf einer *Archimedischen Spirale*. Man erkennt nun einen scheinbaren Zusammenhang zwischen einzelnen Punkten, der sich dadurch äußert, dass das Auge links- und rechtsdrehende Spiralen zu sehen meint. Sie sind zur Verdeutlichung in die Figur eingezeichnet worden und würden sich bei mehr Punkten nach außen hin fortsetzen. Dieses Bild wird erzeugt, weil das menschliche Gehirn eine Ordnung in das Muster hineininterpretiert, indem benachbarte Punkt zu Paaren zusammengefasst werden. Ermittelt man die Anzahl der Spiralen, so ergeben sich 5 linksdrehende und 8 rechtsdrehende Spiralen. Ändert man den Zuwachs *d,* so erhält man andere Verhältnisse, jedoch sind es immer zwei benachbarte Fibonacci-Zahlen, welche die Anzahl der links- und rechtsdrehenden Spiralen festlegen.

Neben den Winkeln φ und φ' existieren noch andere Möglichkeiten für eine Verteilung von Punkten auf einem Kreis in der Weise, dass niemals zwei Punkte aufeinander fallen. Das gilt allgemein für Unterteilungen mit Winkeln von $360° : (\Phi + k)$ und $360° : (k + \Phi^{-2})$, wobei $k = 0,1,2,3,...$ ist. Die entsprechenden Divergenzwinkel haben dann folgende Werte:

$$\varphi = 360° : (\Phi^2 - 1) \approx 222{,}4922° = 360° : [1, 1, 1, 1...]$$
$$\varphi' = 360° : (\Phi^2 + 0) \approx 137{,}5078° = 360° : [2, 1, 1, 1...]$$
$$\varphi_2 = 360° : (\Phi^2 + 1) \approx 99{,}5016° = 360° : [3, 1, 1, 1...]$$
$$\varphi_3 = 360° : (\Phi^2 + 2) \approx 77{,}9553° = 360° : [4, 1, 1, 1...]$$
$$\varphi_4 = 360° : (\Phi^2 + 3) \approx 64{,}0794° = 360° : [5, 1, 1, 1...]$$

.....

$$\varphi_5 = 360° \times \Phi^2 : (1 + 1\Phi^2) \approx 260{,}4984° = 360° : [1, 2, 1, 1, ...]$$
$$\varphi_6 = 360° \times \Phi^2 : (1 + 2\Phi^2) \approx 151{,}1357° = 360° : [2, 2, 1, 1, ...]$$
$$\varphi_7 = 360° \times \Phi^2 : (1 + 3\Phi^2) \approx 106{,}4470° = 360° : [3, 2, 1, 1, ...]$$
$$\varphi_8 = 360° \times \Phi^2 : (1 + 4\Phi^2) \approx 82{,}1549° = 360° : [4, 2, 1, 1, ...]$$
$$\varphi_9 = 360° \times \Phi^2 : (1 + 5\Phi^2) \approx 66{,}8901° = 360° : [5, 2, 1, 1, ...]$$

.....

Für die Divergenzwinkel φ und φ' legen die Fibonacci-Zahlen, für φ_2 und φ_5 die Heiligen Zahlen die Anzahl der Spiralarme fest. Auch bei den anderen Divergenzwinkeln handelt es sich um Lucas-Folgen, wie etwa im Beispiel φ_3: 1; 4; 5; 9; 14; 23;... oder bei φ_6: 2; 5; 7; 12; 19; 31;... sichtbar wird. Als Beispiel für solche ungewöhnlichen Anordnungen zeigt Figur 1.48 eine Simulation für den Winkel φ_6 mit 19 rechts- und 31 linksdrehenden Spiralarmen.

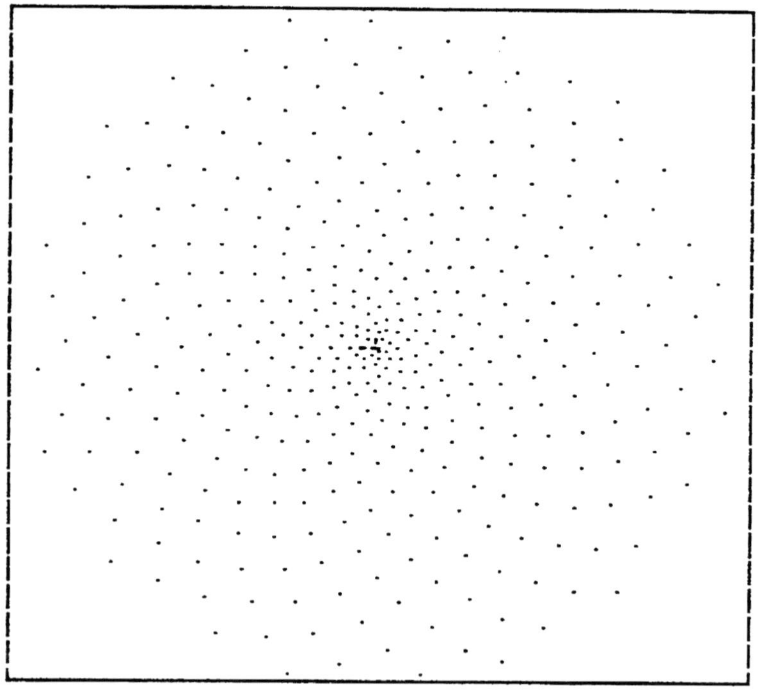

1.48

An dieser Stelle sei angemerkt, dass sich diese Winkel sämtlich nicht durch eine weitere Unterteilung von φ' im Verhältnis Φ herleiten lassen, da dann Divergenzwinkel von rund 84,9845° und annähernd 52,5232° folgen müssten.

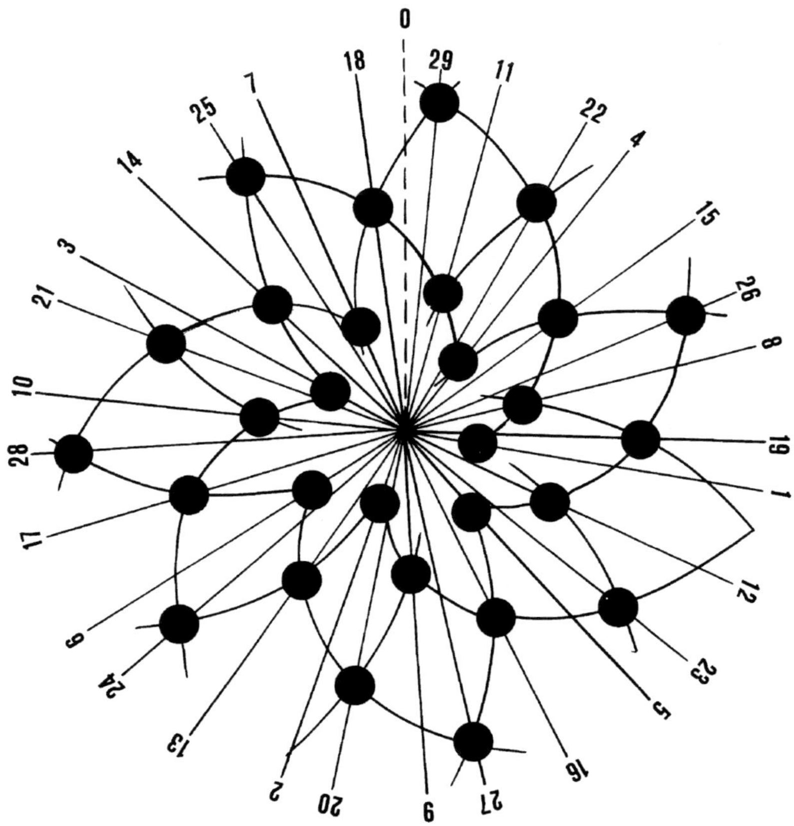

1.49

Bezüglich der natürlichen Häufigkeit der Divergenzwinkel folgt dem Winkel φ' bei Pflanzen der Winkel $\varphi_2 = 360° : (\Phi^2 + 1) \approx 99{,}5016°$. Das ist deshalb von Interesse, weil in diesem Fall die links- und rechtsdrehenden Spiralen durch Paare von Heiligen Zahlen gegeben sind. Auch hier existiert eine Systematik in der Abweichung von der Position 0, wenn die Anzahl der abgetragenen *goldenen* Winkel eine Heilige Zahl ist. Es gilt die allgemeine Beziehung

$$L_k \times 360° : (\Phi^2 + 1) = F_{k-1} \times 360° \pm \Phi^{k-1} \times 360° : (\Phi^2 + 1)$$

Für große Werte von L_k wird die Abweichung beliebig klein und es ist dann wegen der Relationen $\Phi^2 + 1 = \Phi \times \sqrt{5}$ und $L_k : \Phi \approx L_{k-1}$

$$L_k : (\Phi \times \sqrt{5}) \approx F_{k-1} \text{ bzw. } L_{k-1} \approx F_{k-1} \times \sqrt{5}$$

Die beobachteten Spiralstrukturen der Pflanzen gestatten deshalb die folgende Aussage:

- Es handelt sich bei den Spiralen nicht um eine Näherung des Goldenen Schnitts durch Fibonacci-Zahlen, sondern um das Ergebnis von Winkelteilungen mit dessen exaktem Modulus Φ im Zusammenspiel mit einer optischen Täuschung.

1.13 Zusammenfassung

An dieser Stelle findet der Abschnitt über die mathematischen Eigenschaften des Goldenen Schnitts ein vorläufiges Ende. Das soll aber nicht ohne eine Zusammenfassung der wesentlichen Erkenntnisse geschehen.

- Der Goldene Schnitt beschreibt die Unterteilung einer beliebigen Größe in zwei Teile, so dass sich das ganze Stück zum größeren verhält wie das größere zum kleineren. Dabei kann sich dieses Verhältnis (Proportion) auf unterschiedliche Objekte beziehen, etwa auf Längen, Flächen, Volumina, Winkel, Frequenzen oder auch auf Zahlenwerte. Das Verhältnis trägt den Namen Φ und kann nicht exakt durch einen endlichen Bruch aus ganzen Zahlen wiedergegeben werden, da es einen irrationalen Wert besitzt. Das ist nur durch zahlreiche, sehr unterschiedliche geometrische Konstruktionen möglich. Hierbei werden im Allgemeinen Streckenverhältnisse mit dem Wert Φ erzeugt.

- Die geometrischen Verfahren zum Goldenen Schnitt lassen sich entweder auf die Konstruktion von *goldenen* Dreiecken oder auf einen Kathetenschnitt am rechtwinkligen Dreieck mit dem Seitenverhältnis $1*2*\sqrt{5}$ zurückführen.

- Aufbauend auf dem Dreieck $1*2*\sqrt{5}$ ergeben sich zahlreiche Möglichkeiten, eine Teilung und eine Vergrößerung im Verhältnis Φ beliebig oft zu wiederholen. Dabei wird deutlich, dass sich die wiederholte Teilung, also das Potenzieren von Φ, durch die Subtraktion und die Addition von Teillängen ergibt. Dieser Vorgang stellt eine Iteration dar. Die Potenzen lassen sich also linearisieren. Diese Eigenschaft erklärt die Bezeichnung „stetige Proportion".

- Die Konstruktion des Kathetenschnitts weist den Weg zur Verallgemeinerung des Goldenen Schnitts auf Schnitte der Ordnung **n**, wobei $n \in$ **N** eine beliebige natürliche Zahl ist. Stetige Proportionen ergeben sich, wenn die beiden Katheten des Dreiecks das Verhältnis n : 2 besitzen. Beispielsweise $\mathbf{1}*2*\sqrt{5}$; $\mathbf{2}*2*\sqrt{8}$; $\mathbf{3}*2*\sqrt{13}$; ...

- Die geometrischen Zusammenhänge lassen sich auch analytisch beschreiben und zeigen als Ergebnis, dass zu jedem Schnitt der Ordnung **n** ein Modulus Z_n gehört, der ähnliche Eigenschaften besitzt wie der Wert Φ beim Goldenen Schnitt.

- Die Proportionen $M(n) : m(n) = Z_n = + ½ \{\sqrt{(n^2 + 4)} - n)\}$ liefern die zugehörigen Moduli Z_n als positive Wurzeln von quadratischen Gleichungen $Z^2 - n \times Z - 1 = 0$ mit $n \in$ **N**.

- Besonders anschaulich ist die Darstellung der Moduli Z_n durch unendliche Kettenbrüche. Sie werden geschrieben als [n, n, n, n, ...].

- Schon länger als die Geometrie des Goldenen Schnitts sind jene Zahlenfolgen bekannt, die den irrationalen Modulus Φ als Quotienten aus benachbarten Zahlen von Zahlenfolgen immer genauer annähern. Sie spiegeln alle jene Eigenschaften näherungsweise wider, die sich als geometrische Konstruktionen exakt darstellen lassen.

- Für jeden Schnitt der Ordnung **n** lassen sich analoge Rechenvorschriften angeben, nach denen die entsprechenden Zahlenfolgen aufgebaut werden. Sie können in allgemeiner Form geschrieben werden als $Y_k = n \times Y_{k-1} + Y_{k-2}$, $n \in$ **N**, wobei stets mit 1 und n als Startzahlen zu beginnen ist.

  Goldener Schnitt
  n = 1.
  Fibonacci-Zahlen: 1; **1**; 2; 3; 5; 8; 13; 21; ...

  Idealschnitt
  n = 2:
  Idealzahlen: 1; **2**; 5; 12; 29; 70; ....

  n = 3:
  1; **3**; 10; 33; 109; 360; ...

- Die Quotienten von benachbarten Zahlen in diesen Folgen können als endliche Kettenbrüche [n, n, n, n] mit einer begrenzten Anzahl von n berechnet werden.

- Die Potenzen Z_n^k lassen sich mit den zugehörigen Zahlen und über $a = \sqrt{D} = \sqrt{(n^2 + 4)}$ berechen zu $Z_n^k = Y_k \times Z_n + Y_{k-1} \approx a \times Y_k$.

Den entscheidenden Unterschied zwischen den geometrischen und den arithmetischen Aspekten der Kathetenschnitte möchte ich an dieser Stelle an Hand eines sehr einfachen Beispiels noch einmal deutlich machen. In Figur 1.50 wurde ein Quadrat $[\Phi * \Phi]$ der Seitenlänge Φ nach dem Goldenen Schnitt geteilt und dann zu einem Rechteck $[\Phi^2 * 1]$ wieder zusammengesetzt. Daher sind die Flächen von Quadrat und Rechteck gleich groß.

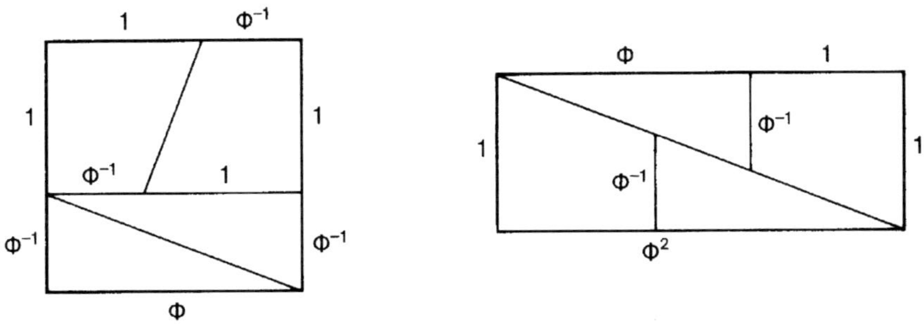

1.50

Wählt man stattdessen Seitenlängen von 13 Einheiten für das Quadrat und unterteilt diese Fibonacci-Zahl in Teilstücke von 8 und 5 Einheiten, so erhält man ein Rechteck [21∗8]. Berechnet man jetzt die Flächeninhalte, so ergibt sich für das Quadrat $13^2 = 169$, für das Rechteck aber nur $21 \times 8 = 168$.

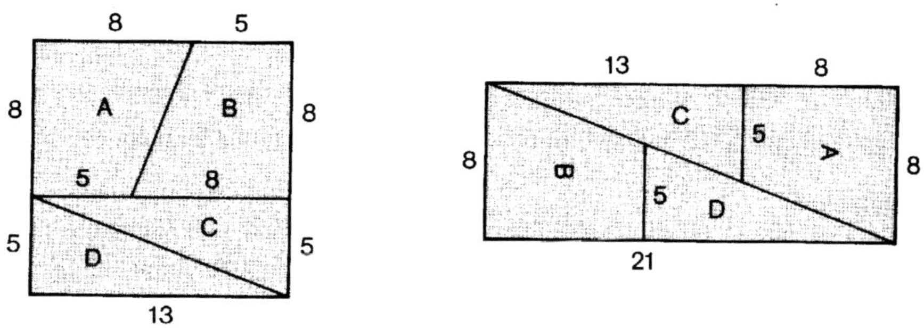

1.51

Dieser scheinbare Widerspruch entsteht, weil das Rechteck [21∗8] in Wirklichkeit gar kein genaues Rechteck ist. Der Flächeninhalt des Quadrats ist nämlich $(F_7)^2$, der des Rechtecks hingegen $(F_5 + F_6) \times F_6 = F_8 \times F_6$. Wegen der sogenannten „Simpson-Identität“ ist andererseits $F_8 \times F_6 - (F_7)^2 = -1$. Die in der Rechteckfläche fehlende Einheit versteckt sich in der Weise, dass die Einzelteile entlang der Diagonalen teilweise überlappen, zum Teil auch winzige Lücken lassen. Das lässt sich gut erkennen, wenn man die Steigungen der entsprechenden Strecken berechnet, die mit *atan* (3/8) bzw. *atan* (5/13) leicht verschieden sind

Die Figuren 1.50 und 1.51 liefern ein gutes Beispiel für den Unterschied zwischen der geometrischen Konstruktion des Goldenen Schnitts und einer Näherung seiner Proportion durch Zahlenwerte. Die Nichtbeachtung dieses Unterschieds hat häufig zu unnötigen Diskussionen über seine Existenz oder Nichtexistenz geführt.

TEIL II. WACHSTUM UND ORDNUNG

2.1 Biologische Systeme

Die beschriebenen mathematischen Eigenschaften der Kathetenschnitte bilden die Grundlage für das Auftreten von irrationalen Verhältnissen als Proportionen in der belebten und in der unbelebten Natur. Vorwiegend handelt es sich dabei um den Modulus Φ des Goldenen Schnitts, der den einfachsten aller möglichen Fälle darstellt. An den Proportionen des menschlichen Körpers ist früh erkannt worden, das sie bezüglich der Abmessungen der wichtigsten Körperteile den Bedingungen des Goldenen Schnitts genügen. Lange Zeit, bevor dessen geometrisches Prinzip erkannt war, entdeckten Menschen, dass sich diese Maße durch die Heiligen Zahlen 1; 3; 4; 7; 11 und 18 recht genau wiedergeben ließen, sofern man mit der Breite der menschlichen Hand ein Körpermaß als Maßeinheit benutzte. Diese gleichsam natürliche, mathematische Ordnung fand als Abbild einer den Göttern zugeschriebenen Ordnung Eingang in zahlreiche Bereiche der Kultur.
Obgleich diese göttliche Ordnung durch sakrale Zahlen für mehrere Jahrtausende kultureller Bestandteil der mediterranen Zivilisationen und Ausgangspunkt für alle Beschäftigung mit dem Goldenen Schnitt überhaupt gewesen ist, wurde diese Erkenntnis meist als esoterische Interpretation abgetan. Der Leser weiß jedoch bereits, dass diese Einstellung nicht richtig ist.

Seit dem Anfang des 19. Jahrhunderts hat es zum Teil tiefgehende Debatten darüber gegeben, ob der Goldene Schnitt in der Natur überhaupt vorkommen könne oder ob es sich dabei nur um eine Variante der rationalen Proportion 5 : 8 handele. Den Grund für solche Auseinandersetzungen erkennt man leicht in der Quotientenfolge der Fibonacci-Zahlen. Sie beginnt ja bei den kleinen Zahlen mit den rationalen Verhältnissen

1 : 1; 2 : 1; 3 : 2; 5 : 3; 8 : 5 ; 13 : 8;...,

um schließlich für große Fibonacci-Zahlen in den Nennern und Zählern der Brüche den irrationalen Grenzwert Φ immer genauer anzunähern.

Die meisten Gelehrten, die sich mit diesem Problem befassten, konnten oder wollten sich offenbar nicht mit der Vorstellung anfreunden, in der Natur könnten auch irrationale Moduli existieren. Hingegen waren rationale Proportionen durchaus geläufig, wie sie sich durch die Evolution deutlich sichtbar in der Verteilung 1 : 1 bei den Geschlechtern oder in der lateralen Symmetrie von 2 : 1 bei Armen und Oberkörper widerspiegeln. Zu tief schien man noch im pythagoreïschen Denken verwurzelt zu sein, demzufolge Harmonien zwangsläufig Verhältnisse aus ganzen Zahlen zu sein hatten. So waren es denn auch vor allem „Harmoniker“, die in der Nachfolge von JOHANNES KEPLER versuchten, eine universale Harmonienlehre auf der Basis der musikalischen Konsonanzen aufzubauen, deren wesentlichste Verhältnisse von 2 : 1 bei der Oktave, 3 : 2 bei der Quinte, 5 : 3 bei der großen Sexte und 8 : 5 bei der kleinen Sexte in der obigen Quotientenfolge vorkommen.

Wo immer der Goldene Schnitt in der Natur sichtbar zu sein schien, wurde er von den Anhängern der Harmonienlehre geleugnet und das Verhältnis 1 : Φ als geringfügig ungenaue Variante der kleinen Sexte bezeichnet. Durch das Beharren auf dieser Prinzipienfrage manövrierten sich die „Harmoniker“ schnell in eine Sackgasse, aus der sie sich nicht mehr zu befreien vermochten. HELMUT REIS hat in seinem Buch die unterschiedlichen Ansichten zu diesem Thema ausführlich beschrieben. Bei ihren Argumentationen kam den Vertretern der Harmonielehre allerdings zupass, dass es oft nicht unerhebliche Ungenauigkeiten gibt, wenn man versucht, durch das Nachmessen von Streckenverhältnissen die Existenz des Modulus Φ zu beweisen.

Es scheint mir daher vernünftiger zu sein, zuerst einmal jene Fälle zu untersuchen, in denen offenkundig wird, dass der Goldene Schnitt in der belebten Natur als Realität vorkommt. Das ist dann der Fall, wenn man jene Formen beobachtet, die unauflöslich mit dessen geometrischen Qualitäten verbunden sind. Wie wir bereits wissen, äußern sie sich besonders deutlich beim Fünfeck und bei den regulären Polyedern.

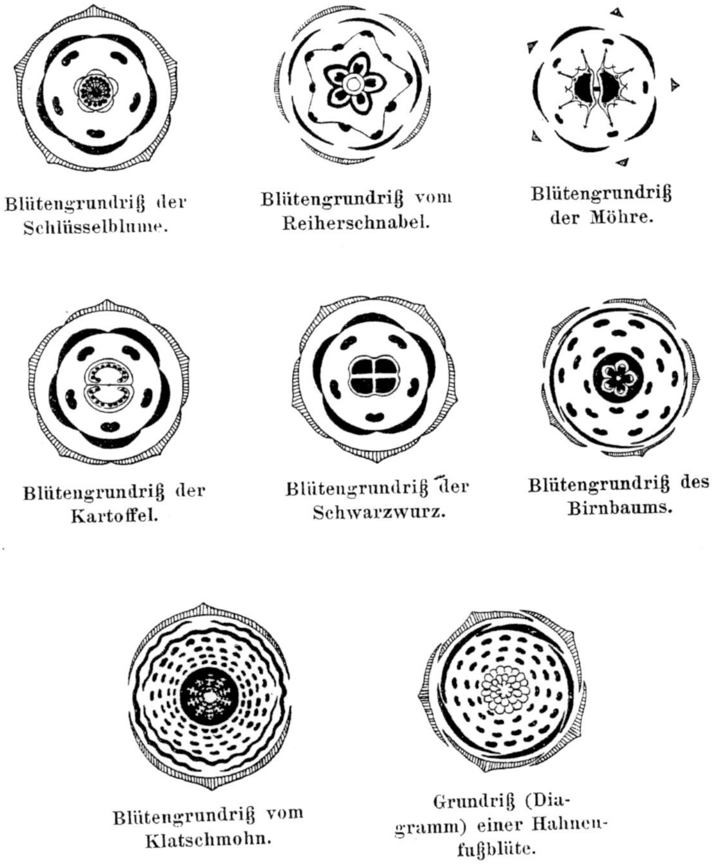

2.1

Figur 2.1 zeigt eine Zusammenstellung von Blütengrundrissen aus einem alten Lehrbuch der Botanik. Trotz ihrer Zugehörigkeit zu sehr unterschiedlichen Pflanzenarten besitzen sie alle entweder fünf- oder zehnzählige Rotationsachsen. Insbesondere lassen die Blüten von Schlüsselblume, Reiherschnabel und Birnbaum unmittelbar in der Anordnung von äußeren Kelchblättern (schraffiert), Blütenblättern (schwarz) und Staubgefäßen sowie an der Gestalt der Nabe das reguläre Fünfeck erkennen, dessen geometrische Struktur mit dem Goldenen Schnitt verknüpft ist. Bei der Klatschmohnblüte fallen die zehnzählige Nabe sowie vier Reihen von je 21 spiralig angeordneten

Staubgefäßen auf. Die Hahnenfußblüte schließlich zeigt, wie die Staubgefäße auf einer arithmetischen Spirale um die Nabe angeordnet sind. Pro Umlauf zählt man von außen nach innen 18, 13 und 11 Staubgefäße. Um die siebenzählige Nabe sind 11 beziehungsweise 18 Fruchtstände zu erkennen, die im Reifezustand wie bei Kiefernzapfen zusammenwachsen.

Doch nicht nur der Querschnitt der Blüten, sondern auch die Form der Blütenblätter macht die Symmetrie des Fünfecks deutlich, wie das Figur 2.2 am Beispiel einiger Blütenpflanzen zeigt.

2.2

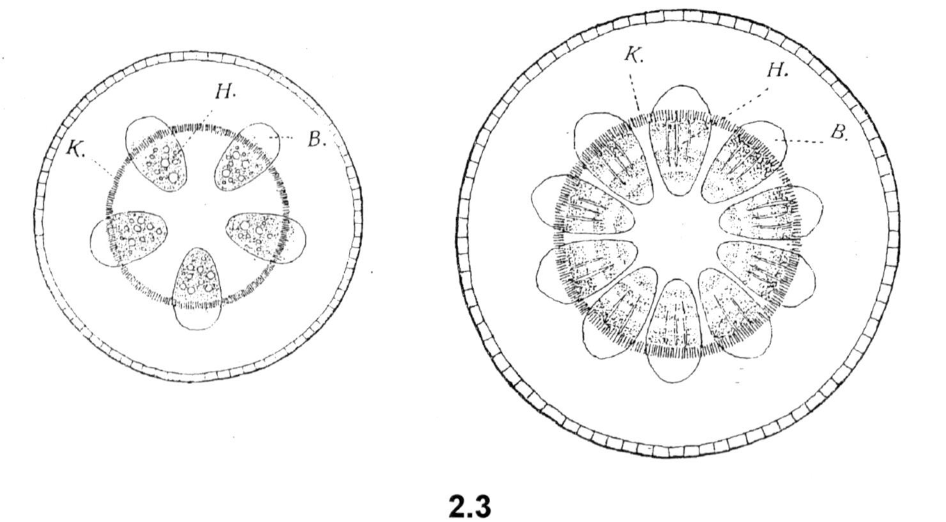

2.3

Eine fünf- beziehungsweise zehnzählige Symmetrieachse lässt sich auch beim Dickenwachstum der Baumstämme beobachten. Hier entwickelt sich nach und nach eine mächtige Holzsäule aus fünf Gefäßbündeln, die zu einem Kreis geordnet sind. Holz- und Bastteil (B) sind durch eine Kambiumschicht (K) getrennt. Beim dreijährigen Stamm hat sich zwischen je zwei Gefäßbündel ein neues geschoben, so dass jetzt die zehnzählige Symmetrie sichtbar ist. Die Holzteile (H) der Gefäßbündel lassen je drei Jahresringe erkennen.

Manche Kürbisarten (Figur 2.4) und zahlreiche Zitrusfrüchte verleugnen ebenfalls nicht die Existenz des Goldenen Schnitts, da diese Früchte vorwiegend mit der Symmetrie eines regulären Zehnecks heranwachsen.

2.4

Noch deutlicher äußert sich die Realität des Goldenen Schnitts im Aufbau der Skelette einiger Kieselalgen, die nahezu perfekte Polyeder sind. In Figur 2.5 sieht man von links nach rechts ein Skelett von *Circoporus octahedrus*, *Circogonia icosahedra* und *Circorrhegma dodecahedra*. Aber auch das Skelett der einzelligen, goldbraunen Alge *Braarudosphaera bigelowi* besteht als Pentagondodekaeder aus zwölf, nur etwa 15µ großen Platten aus kristallinem Calcit.
Im Grenzgebiet zwischen belebter und unbelebter Natur kristallisieren auch einige Viren wie etwa das Herpesvirus in der Form des regelmäßigen Ikosaeders.

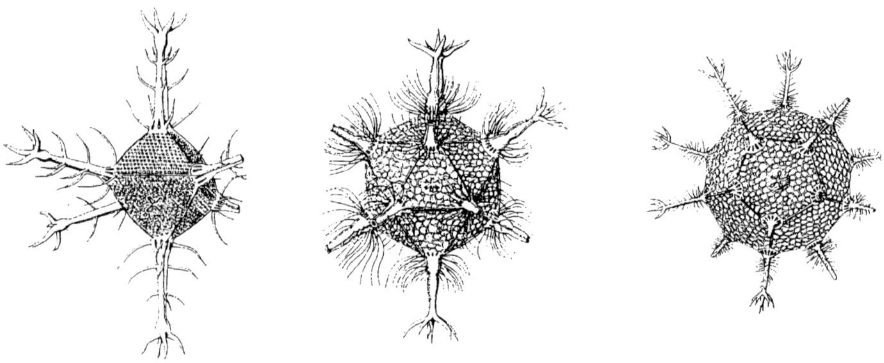

2.5

Die vorgestellten Organismen besitzen eine gemeinsame Eigenschaft, die sich im makroskopischen Erscheinungsbild der Lebewesen als Geometrie des Goldenen Schnitts widerspiegelt. Wenngleich die Zahl dieser Organismen im Vergleich zur Vielfalt des Lebens nur gering ist, so lässt sich doch nicht leugnen, dass es offenbar ein Ordnungssystem gibt, dessen Proportionen auf irgendeine Weise mit dem Modulus Φ in Verbindung stehen.
Der Goldene Schnitt wird meistens als geometrisches Verhältnis von Längen oder Flächen definiert. Daher ist es eigentlich erstaunlich, dass man in botanischen Fachbüchern über lineare Streckenverhältnisse bei Pflanzen nur wenig findet. ZEISING und PFEIFER als Pioniere des

Goldenen Schnitts haben an Stängeln von Pflanzen zahlreiche solcher Messungen durchgeführt und ausgewertet. Sie kamen dabei zu dem Ergebnis, dass der Modulus Φ am häufigsten und exaktesten bei Farnkräutern, Doldengewächsen und Hahnenfußgewächsen auftritt. Allerdings ist eine sichere Entscheidung zwischen dem irrationalen Modulus $1 : \Phi$ und rationalen Verhältnissen wie $5 : 3$ oder $8 : 5$ nur schwer zu treffen.

Zum Abschluss soll hier noch eine Röntgenaufnahme durch das Kalkskelett eines Kopffüßlers mit dem Namen Nautilus (*Nautilus pompilus*) als Beispiel für eine nahezu perfekte *goldene* Spirale gezeigt werden, die man in der Form auch erhielte, wenn man sie in einem *goldenen* Rechteck mit Viertelkreisen konstruieren würde.

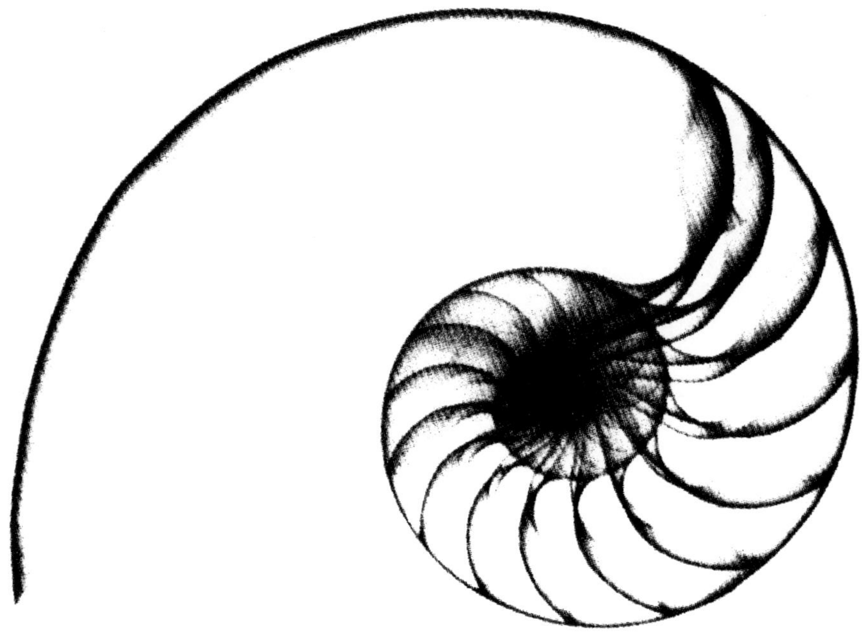

2.6

Wesentlich häufiger sind natürliche Objekte zu finden, in denen das Wirken des Goldenen Schnitts nicht unmittelbar durch die äußere Form oder in Streckenverhältnissen erkennbar ist, sondern wo das erst nach genauerem Überlegen deutlich wird. Es handelt sich dabei vor allem um Objekte, bei denen sich Zahlenverhältnisse ergeben, die sich auch in der schon früher genannten Quotientenfolge der Fibonacci-Zahlen wiederfinden. An ihnen entzündete sich überwiegend der Streit zwischen den Anhängern des Goldenen Schnitts und den sogenannten „Harmonikern".

2.7

Schon vor mehr als hundert Jahren fand der Botaniker F. LUDWIG heraus, dass die Anzahl der Dolden bei der Schlüsselblume vorwiegend durch die Fibonacci-Zahlen 3; 5; 8; 13 und 21 gegeben ist. Vor allem die Quotienten der letzten drei Zahlen dieser Folge passen nicht in eine Harmonienlehre, da sie alles andere als harmonisch klingen. Ähnliches gilt für die Untersuchung der spiraligen Anordnung von Samenkapseln bei gewissen Pflanzen. Betrachtet man die Blüte einer Sonnenblume, so wird schnell klar, um welches Problem es hier geht.

Figur 2.7 zeigt einen Ausschnitt aus einer Sonnenblumenblüte in der Umgebung ihres Zentrums nahe dem Stamm der Pflanze. Unmittelbar fällt die spiralige Struktur der Samen auf, die jeweils auf zwei Scharen von Spiralen zu liegen scheinen, von denen die eine linksdrehend, die andere hingegen rechtsdrehend ist. Macht man sich die Mühe, die Anzahlen der Spiralen zu bestimmen, so erhält man 34 linksdrehende und 55 rechtsdrehende Spiralen. Dem im Umgang mit Fibonacci-Zahlen inzwischen geübten Leser wird nicht entgangen sein, dass das Verhältnis 55 : 34 den Modulus Φ schon recht genau annähert. Je nach der Größe der untersuchten Sonnenblumen lassen sich sogar noch größere Zahlenverhältnisse wie 89 : 55, 144 : 89 oder sogar 233 : 144 entdecken. Eher selten sind dagegen die Fälle, in denen das Verhältnis der beiden Sorten von Spiralen durch Quotienten aus Heiligen Zahlen wie 29 : 18 ausgedrückt werden kann.

Will man diese Quotienten im Rahmen einer musikalischen Harmonienlehre interpretieren, so ist das eigentlich unmöglich, da sie überhaupt nicht harmonisch klingen. Andererseits erweist sich aber auch eine Interpretation der Zahlenbrüche als Annäherung an den Modulus Φ als schwierig, da sich in derselben Blüte meist mehrere Brüche als Verhältnisse gleichzeitig erkennen lassen. Zudem haben wir schon bei der Untersuchung des *goldenen* Winkels gesehen, dass diese Spiralen eigentlich Artefakte sind, die erst das menschliche Gehirn durch ein Zusammenfassen von benachbarten Objekten als Ordnungsprinzip in das Bild hineininterpretiert.

In Figur 2.8 lassen sich im Blütenzentrum 21, weiter außen jedoch 55 linksdrehende Spiralen erkennen. Je größer die Blüte wird, desto so größer werden nämlich auch die Fibonacci-Zahlen, welche die Anzahlen der Spiralen beschreiben. Wir müssen deshalb die Entstehung dieses Spiralmusters genauer untersuchen, wenn wir das Wirken des Goldenen Schnitts verstehen wollen.

2.8

Fibonacci-Zahlen entdeckt man nicht nur beim Betrachten der Spiralmuster von Samen, sondern viel öfter als Anzahl der Blütenblätter oder Staubgefäße in einer Blüte. So sieht man in Figur 2.1, dass es in der Blüte des Klatschmohns vier Reihen mit jeweils genau 21 Staubgefäßen in spiraliger Anordnung gibt.

In den meisten Blüten sind die Anzahlen der Blütenblätter neben anderen Merkmalen normalerweise sehr genau festgelegt. Schwertlilien (*Iris*) haben 3 Blütenblätter, Hahnenfußgewächse (*Ranunculus*) 5, Kornblumen (*Centaurea*) 8, Ringelblumen (*Calendula*) 13, Astern 21 und Korbblütler (*Compositae*), zu denen das Gänseblümchen gehört, besitzen 34, 55 oder 89 Blütenblätter. Andere Zahlen sind eher die Ausnahme, denn die Regel, oder sie gehören zur Folge der Heiligen Zahlen.

Fibonacci-Zahlen lassen sich aber auch an dreidimensionalen Objekten wie Tannen- oder Pinienzapfen entdecken, wo sie angeben, wie viele Schuppen oder Samenkapseln als links- beziehungsweise rechtsdrehende Spiralen angeordnet zu sein scheinen oder wie viele Samen für einen spiraligen Umlauf benötigt werden. Figur 2.9 macht das am Beispiel von zwei Tannenzapfen deutlich, wo die räumliche Anordnung durch 3 und 5, beziehungsweise 5 und 8 Spiralen bestimmt wird. Zählt man die Schuppen auf einem vollen Umlauf, so erhält man im ersten Fall 21 und 34, im zweiten Beispiel hingegen 34 und 55 Samenkapseln.

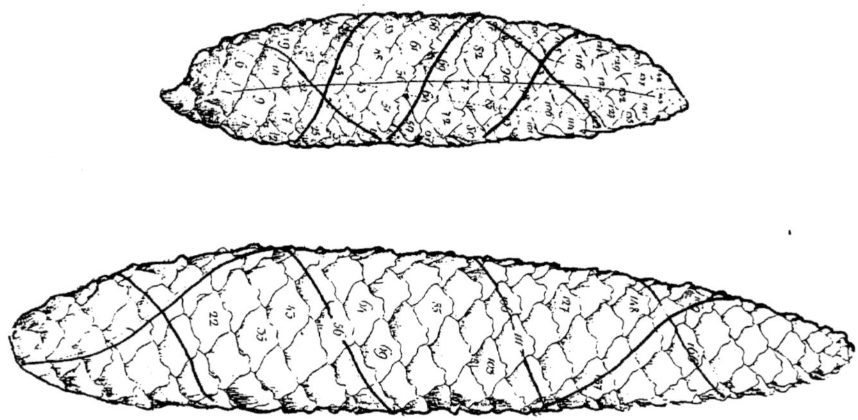

2.9

Nach Beendigung einer Autofahrt nach Italien führte mich übrigens ein Pinienzapfen zum ersten Mal auf die Spur des Goldenen Schnitts.
Das monotone Summen des Motors war verstummt, das Fahrzeug parkte unter einer schattenspendenden Steineiche und als Fahrer war ich glücklich, ohne Unfall am Ziel einer langen Reise angekommen zu sein. Noch immer voller Anspannung streckte ich mich in einem

Liegestuhl im Schatten einer alten Pinie aus und ließ meine Blicke über die sanften Hügel der Toskana streifen. Die Harmonie einer unzerstörten mediterranen Landschaft ringsum tat schnell ihre Wirkung und hatte mich gerade in einen leichten Schlummer versetzt, als ich jäh gestört wurde.
Mit einem zischenden Geräusch sauste ein Gegenstand nahe an meinem Kopf vorbei und schlug auf dem Boden auf. Ich war sofort wieder hellwach und erkannte einen dicken Pinienzapfen als Urheber der Störung. Seine Samenkapseln waren noch geschlossen und die Farbe des Zapfens spiegelte die Unreife der Frucht wider, da sie zwischen dem Ocker der Landschaft und dem Grün der Nadeln an den Zweigen des Baumes ein Gleichgewicht hielt.
Trotz einiger kleiner glänzender Perlen aus klebrigem Harz nahm ich den Zapfen in meine Hände. Er war fast so groß wie ein kleines Straußenei und ließ sich kaum mit den Fingern umschließen. Sogleich war ich fasziniert von der Ausgewogenheit seiner Form und bemerkte bald auch die spiralige Anordnung seiner Samenkapseln. Unwillkürlich begann ich zu zählen: Zunächst die Reihen der im Uhrzeigersinn verlaufenden Spiralen, dann die derjenigen, die sich ihm entgegenwanden. Je nach meiner Blickweise erhielt ich als Ergebnis einmal fünf, dann aber dreizehn rechtsläufige Kurven. Andererseits ließen sich die Samendeckel jedoch genauso gut auch als acht oder einundzwanzig linksdrehende Spiralen betrachten. Ermittelte ich die Anzahl der Samenkapseln auf einer der acht linksdrehenden Spiralen zwischen Basis und Spitze des Zapfens, so zählte ich je dreizehn Schuppen, einundzwanzig hingegen auf den fünf rechtsdrehenden oder auch acht auf den dreizehn rechtsdrehenden Spiralen.
Meine Neugier wurde damals dadurch geweckt, dass ich schnell einen mathematischen Zusammenhang zwischen den Zahlen erkannte, der offenbar nicht von zufälliger Natur war. Dieselben Zahlen fanden sich nämlich auch bei anderen Exemplaren, die auf dem Boden im Bereich der Baumkrone herumlagen. Sollte die Existenz der Fibonacci-Zahlen wirklich nur ein Zufall, eine Laune der Natur sein?

Ein Pinienzapfen ist unter den Aspekten des Goldenen Schnitts betrachtet ein dreidimensionales Gebilde mit bestimmten Eigenschaften.

Man könnte ihn als geometrische Form erzeugen, indem man ein Stück einer logarithmischen Spirale um eine Achse rotieren ließe. Die Spirale müsste dafür so ausgewählt werden, dass das Verhältnis aus ihrer Länge und ihrem größten Durchmesser den von der Natur ausgezeichneten Wert Φ besäße.
Gleichzeitig jedoch scheinen die Samenkapseln des Zapfens in Spiralform so angeordnet zu sein, dass die Anzahl der links- oder rechtsdrehenden Spiralen durch ausgewählte Zahlen aus der Fibonacci-Folge beschreibbar ist. Offenbar besitzen Objekte wie ein Pinienzapfen eine Brückenfunktion zwischen der Geometrie und der Arithmetik, den beiden Wurzeln der Mathematik.
Bevor ich aber versuche, eine Erklärung für die Existenz der durch den Modulus Φ bestimmten Ordnung zu liefern, will ich zunächst noch ein weiteres Phänomen aus dem Gebiet der Morphologie der Pflanzen vorstellen, in dem der Goldene Schnitt wesentlich, jedoch auf den ersten Blick nicht auszumachen ist.

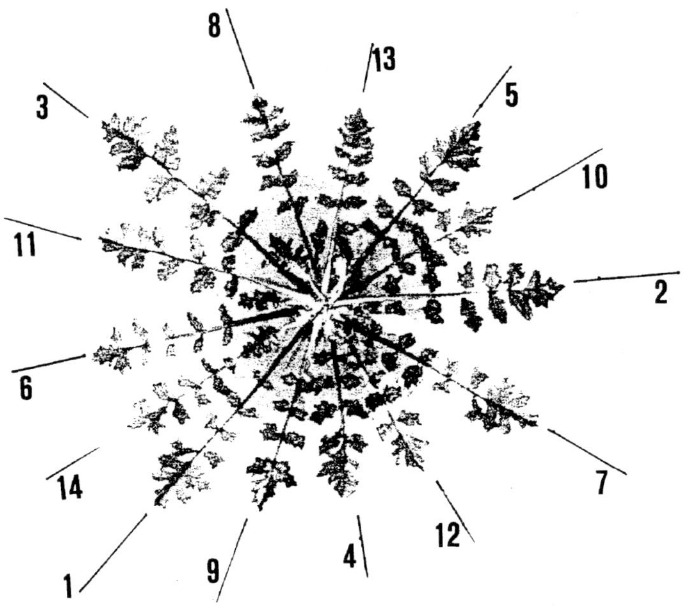

2.10

Es handelt sich dabei um die Anordnung von Blättern an einem Stiel oder um die Verteilung der einzelnen Blätter in einer Blattrosette. Die Biologen sprechen in diesem Fall von „Phyllotaxis“. Bei allen schraubigen Blattstellungen kann man in der Aufsicht durch die jeweiligen Blattansätze eine Spirallinie ziehen. Die Winkel zwischen den Mittelachsen von zeitlich unmittelbar nacheinander entstandenen Blättern, die sogenannten Divergenzwinkel, sind dabei in guter Näherung konstant und entsprechen der Größe nach dem goldenen Winkel φ'. In der Blattstellungslehre gibt man allerdings die Divergenz nicht als Winkel, sondern in Bruchteilen des Stängelumfangs an: Der Zähler des Divergenzbruches wird aus der Anzahl der Umläufe gebildet, die erforderlich sind, um auf das nächstfolgende Blatt derselben Gradzeile zu stoßen. Der Nenner gibt die dazwischen liegenden Blattzahlen an. So beobachtet man bei der Aster die Divergenz 3 / 8, bei den Nadelansätzen der Kiefer meist 5 / 8.
Bei der Blattrosette des Reiherschnabels (*Erodium cicutarium*) in Figur 2.10 sind zwar die Blattstellungen durch den *goldenen* Winkel festgelegt, dennoch lässt sich kein Divergenzbruch angeben, da keine Blattrispe mit einer anderen überlappt. Dennoch handelt es sich um ein besonders gutes Beispiel für das Wirken des Goldenen Schnitts, da der Divergenzbruch in diesem Fall den Wert Φ^{-1} hat.

Die bisher beschriebenen Tatbestände lassen sich folgendermaßen zusammenfassen:

- Zahlreiche Pflanzen und Lebewesen besitzen eine Ordnung, die auf einen Zusammenhang mit dem Goldenen Schnitt hinweist. Es handelt sich dabei um bestimmte Symmetrien, geometrische Formen und Anordnungen mit dem *goldenen* Winkel sowie um Strukturen, die durch Fibonacci-Zahlen beschrieben werden können. Welcher Art allerdings diese Zusammenhänge sind, das bedarf noch einer genaueren Untersuchung. Das Auftreten des Modulus Φ hängt jedenfalls immer mit der räumlichen Selbstorganisation eines Systems von Zellen durch eine ganz bestimmte Wachstumsdynamik zusammen.

2. 2 Natürliches Wachstum und Goldener Schnitt

Die Fibonacci-Zahlen tragen ihren Namen zu Ehren des italienischen Mathematikers LEONARDO von Pisa. Als Sohn (*filio*) des Bonacci wurde er *FIBONACCI* genannt. Zwischen 1220 und 1240 lebte er am Kaiserhof in Palermo. LEONARDO begleitete seinen Vater auf Reisen nach Nordafrika, wo er von den arabischen Meistern Mathematik lernte. Er wurde berühmt, weil er in Europa den Durchbruch für die Verwendung der indisch-arabischen Ziffern an Stelle der römischen Zahlenzeichen bewirkte. Er tat das mit der Berechnung der Anzahl von Kaninchen, die sich aus einem einzigen Paar durch Fortpflanzung ergaben, wenn man bestimmte Annahmen zu Grunde legte. Bei dieser Berechnung ergab sich die nach LEONARDO benannte Folge von Zahlen, die zuerst im 1202 erschienen Buch *Liber abaci* genannt wurde.

LEONARDO betrachtete die Nachkommenschaft eines Kaninchenpaares unter folgenden Annahmen:

1. Jedes Kaninchenpaar wird im Alter von zwei Monaten gebärfähig.
2. Jedes Paar bringt von diesem Zeitpunkt an jeden Monat ein neues Paar zur Welt.
3. Alle Kaninchen leben ewig.

Die Reproduktion erfolgt also innerhalb typischer Zeitspannen, so dass es genügt, sich die Populationsstärke jeweils nach einer festen Zeiteinheit n, n + 1, n + 2, ... anzuschauen. Zu jeder Zeit n wird die Population durch zwei Zahlen R_n und U_n charakterisiert, wobei R_n die Zahl der gebärfähigen und U_n die Zahl der unreifen jungen Paare darstellt.

Unter diesen Annahmen lebt im ersten Monat ein Paar; dieses wird im zweiten Monat gebärfähig und gebiert im dritten Monat ein weiteres Paar. Auch im vierten Monat bringt das erste Paar ein neues Paar zur Welt, während im fünften Monat beide Paare ein Kaninchenpaar zur

Welt bringen. Im fünften Monat gibt es demnach insgesamt fünf Kaninchenpaare, von denen drei gebärfähig und zwei nicht gebärfähig sind. Die weitere Entwicklung des Fortpflanzungsverhaltens wird in Figur 2.11 anschaulich. Dabei bedeuten Kästchen nicht gebärfähige und Punkte gebärfähige Paare.

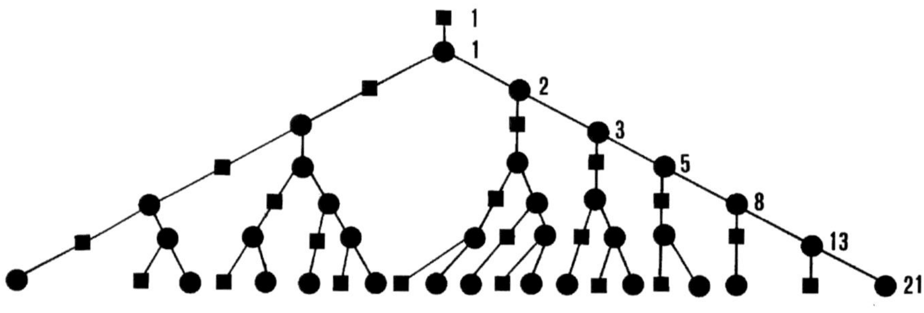

2.11

Wie man leicht erkennen kann, lässt sich die Gesamtzahl aller Kaninchenpaare für jede Generation n als Summe der beiden vorherigen Anzahlen berechnen:

$$R_n \Rightarrow \quad R_{n+1} = R_n + U_n$$
$$U_n = R_{n-1} \Rightarrow \quad U_{n+1} = R_n$$

Aus diesem Aufbaugesetz für die Kaninchenpopulation folgt zwangsläufig, dass nicht nur die Gesamtzahl von Paaren, sondern auch die Anzahlen R_n und U_n für sich betrachtet durch die Folge der Fibonacci-Zahlen gegeben sind.

Für eine reale Wachstumsdynamik sind LEONARDOS unsterbliche Kaninchen nur schlecht geeignet und deshalb will ich für die weitere Diskussion lieber eine idealisierte Population von Bakterien betrachten. Darin wird das gebärfähige Paar durch ein teilungsfähiges Bakterium und das nicht gebärfähige durch ein reifendes Individuum ersetzt.

Bevor ich jedoch eine solche Population genauer untersuche, möchte ich darauf hinweisen, dass sich die Erkenntnisse von F. LUDWIG über die Anzahl von Blüten in Doldengewächsen durch eine gleichartige Überlegung wie die von LEONARDO verstehen lassen.
Bei vielen dieser Pflanzen erfolgt das Wachstum in der Weise, dass an einer Verzweigung meist ein kleines Blatt gebildet wird und dann zwei unterschiedlich lange Stängel in unterschiedlicher Richtung weiterwachsen. Im Rahmen einer geringen Ungenauigkeit stehen die Längen der aufeinander folgenden und immer kürzer werdenden Stängel im Verhältnis des Modulus Φ. Betrachtet man Figur 2.12 genauer, so erkennt man darin sogar zweimal die Fibonacci-Folge: Einmal als lange und kurze Stängel, zum anderen als Zahl der Blätter in den Gabelungen. Setzt man ein derartiges, regelmäßiges Wachstumsverhalten der Pflanze voraus, so ist unmittelbar einsichtig, dass auch die Anzahl der Blüten in der Dolde eine Fibonacci-Zahl sein muss.

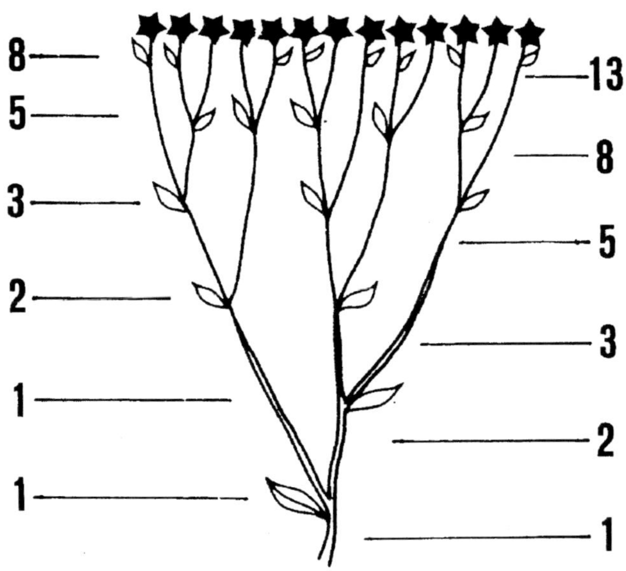

2.12

Die Gemeinsamkeit der beiden Beispiele äußert sich darin, dass es zwei Unterarten von Objekten, gebärfähige und nicht gebärfähige Kaninchenpaare oder lange und kurze Stängel gibt, die nach einer festen Zeitdauer ununterscheidbar werden und dann zusammen die nächste Generation bilden. Dadurch ergibt sich die der Entstehung von Fibonacci-Zahlen zu Grunde liegende Regel gleichsam von selbst.

Nach dem Gesagten ist die Existenz von Fibonacci-Zahlen in der Natur Ausdruck für eine zahlenmäßige Ordnung, die sich als Folge eines dynamischen Wachstumsprozesses ergibt. Um das genauer zu untersuchen, werde zunächst das Wachstum eines Kollektivs von einzelnen Individuen betrachtet, das folgende Bedingungen erfüllen soll:

1. Das System startet mit dem ersten Bakterium U_1.
2. Nach einer Zeit τ entsteht aus U_1 durch Teilung ein zusätzliches Individuum U_2.
3. Wiederum nach der Zeit τ teilen sich nun U_1 und U_2. Dieser Vorgang setzt sich beliebig lange fort, indem jedes Individuum immer nach der Zeit τ ein weiteres Individuum U_n durch Teilung erzeugt. Die Zahl $n \in \mathbf{N}$ charakterisiere die einzelnen Generationen.
4. Alle Individuen mögen im Vergleich zur Reifezeit eine lange Lebensdauer $T >> \tau$ besitzen.

Die Anzahl der Bakterien wird in diesem System durch die Potenzen 2^n bestimmt. Da die Zunahme der Bakterienpopulation infolge der Verdoppelung in jeder Generation proportional zur Zahl der jeweils vorhandenen Bakterien ist, liegt ein exponentielles Wachstum der Form $N(n) = N_0 \times 2^n$ vor.

Jetzt wollen wir die Wachstumsbedingungen geringfügig verändern:

1. Das System starte wieder mit einem urgezeugten, ersten Bakterium U_1.

2. Nach der Geburt von U_1 vergehe zunächst die Reifezeit τ, bevor U_1 als herangereiftes Individuum R_1 nun selbst ein neues, unreifes Individuum U_2 durch Teilung produziert, das vor einer eigenen Reproduktion erst heranwachsen muss.
3. Nach der Zeit τ ist U_2 zu einem erwachsenen Individuum R_2 herangereift und kann jetzt ebenfalls ein neues Exemplar U_3 gebären. Dieser Vorgang setzt sich beliebig lange fort, indem jedes reife Individuum R_n immer nach der Zeit τ ein weiteres Individuum U_n gebiert. Diese müssen vor einer Teilung zunächst reif werden. Die Gesamtzahl der Individuen sei jeweils $G_n = U_n + R_n$.
4. Alle Individuen besitzen im Vergleich zur Reifezeit eine lange Lebensdauer $T >> \tau$.
5. Das Wachstum des Kollektivs werde durch eine *„logistische Differenzengleichung*“ nach VERHULST beschrieben.

In diesem Beispiel wächst die Bakterienpopulation durch unreife Individuen U ebenfalls proportional zur Zahl der ausgereiften Bakterien R an. Wiederum liegt ein exponentielles Wachstum vor, diesmal jedoch gemäß der Gleichung

$$N(n) = (1 / \sqrt{5})\, N_0 \times \Phi^n.$$

Nach sieben Generationen beträgt damit die Gesamtzahl der Bakterien

$$N(7) = (1 / \sqrt{5}) \times 1 \times \Phi^7 = 13$$

gegenüber $2^7 = 128$ im ersten Beispiel.
Würde sich der unwahrscheinliche Fall ereignen, dass sich das Bakterium U_1 bei der ersten Teilung in drei statt in zwei Individuen teilte, so erhielte man für die Gesamtzahl der Bakterien die Folge der Heiligen Zahlen $\mathbf{L}_k$ und ein exponentielles Wachstum der Gestalt

$$N(n) = N_0 \times \Phi^n ,$$

bei dem nach sieben Generationen 29 Individuen existieren würden.

Im Allgemeinen erfolgt ein exponentielles Wachstum nicht mit konstanter Wachstumsrate, diese hängt vielmehr vom vorhandenen Platz und vom Nahrungsangebot ab. Das lässt sich durch eine negative Rückkopplung berücksichtigen, die das anfängliche exponentielle Wachstum bremst. Man kann für die Wachstumsrate in diesem Fall schreiben

$$N_{n+1} / N_0 = (N_n / N_0) + W \times (N_n / N_0) - W \times (N_n / N_0)^2$$

Damit errechnet sich die Populationsgröße einer jeden Generation als Summe aus der vorhergehenden Größe sowie aus dem Zuwachs und der Abnahme, die beide durch den Wachstumsfaktor W bestimmt werden.

Diese Gleichung ist eine „nichtlineare Differenzengleichung" und wurde von VERHULST erstmalig 1845 untersucht. Man löst sie durch Iteration, indem man zuerst N_{n+1} / N_0 aus N_n / N_0 berechnet und dann das Ergebnis N_{n+1} / N_0 als erneuten Startwert N_n / N_0 wieder in die Gleichung einsetzt.

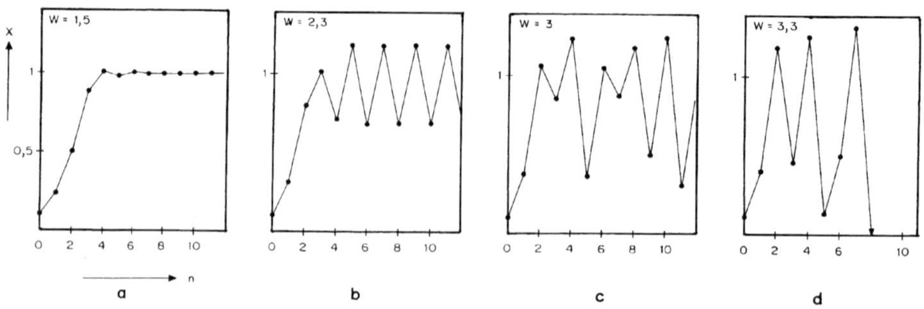

2.13

Sie zeigt ein seltsames Verhalten: Je nach der Größe des Wachstums W stellt sich eine stabile Populationszahl N_{n+1} / N_0 ein, oder die Population oszilliert zwischen zwei Werten hin und her, oder sie ist anscheinend regellos chaotisch: Da das Verhältnis N_{n+1} / N_0 aber nach wie vor durch die obige Gleichung bestimmt wird, spricht man von „deterministischem Chaos“. Schließlich kommt es bei zu großem Wachstum W zur Katastrophe: Die Population wird Null.

Wenn man sich nicht für die Populationsgröße N_n / N_0, sondern nur für die Wachstumsrate interessiert, so wird oft die sogenannte „logistische Gleichung“ untersucht. Sie sieht folgendermaßen aus:

$$X_{n+1} = r \times X_n - r \times X_n^2$$

Dabei bedeutet r die Wachstumsrate U_n / G_n, n die jede Folge von Generationen kennzeichnende Laufzahl und X_n das zu Anfang des Wachstumsprozesses bestehende Verhältnis von U_n / G_n. Es kann alle Werte zwischen $X_n = 0$ und $X_n = 1$ annehmen. Wenn zu Beginn des Wachstumsprozesses nur ein unreifes Exemplar vorhanden ist, gilt U = G und X_1 besitzt den Wert 1. Eine Generation später ist zwar ein reifes Individuum, jedoch noch kein unreifes vorhanden. Daher ist U = 0 und damit auch $X_n = 0$. Für alle anderen möglichen Fälle liegt der Wert von X_n zwischen 1 und 0. Daher gilt $1 < X_n > 0$

Die logistische Differenzengleichung lässt sich wieder durch Iteration lösen und zeigt ein ähnliches Verhalten wie die VERHULST-Gleichung. Für Wachstumsraten $1 < r < 3$ oszillieren die Werte von X_n für kleine n zunächst um einen Grenzwert, der für $n \to \infty$ immer besser angenähert wird, so dass die Amplituden der Oszillationen beliebig klein werden. Für $r > 3$ treten stabile Oszillationen auf und bei $r \approx 3{,}56994567...$ kommt es zu chaotischem Verhalten mit sich ständig verändernden Werten von X_n.

Der Wert von U / G, d.h. der relative Zuwachs des Systems, strebt für $1 < r < 3$ zum Grenzwert $(r - 1) / r$, derjenige von U / R nach $(r - 1)$ und der von R / G nach $1 / r$. Die Grenzwerte werden erreicht, wenn $X_n = X_{n+1}$ wird.

Es gilt dann

$$1 = r\,(1 - X_n) \;\Rightarrow\; X_n = (r - 1) / r$$

und mit

$$U / G = X_n = (r - 1) / r \;\Rightarrow\; U \times r = G \times r - G.$$

Unter Berücksichtigung von G = R + U folgt

$$\Rightarrow\; U \times r = R \times r + U \times r - U - R,$$

Damit gilt für die Verhältnisse

$$U / R = r - 1$$

und zugleich auch

$$U / G : U / R = R / G = 1 / r$$

Bei beliebigen Wachstumsraten r ist $U / R \neq R / G$. Das bedeutet für das Kollektiv entweder eine zunehmende Verjüngung durch das Anwachsen der Anzahl U oder aber eine sich verstärkende Überalterung der Generationen durch die relative Abnahme der U im Verhältnis zur Anzahl der R. Benötigen die unreifen Individuen einen „Pflegeaufwand", den die R aufbringen müssen, so tritt im ersten Fall eine Überforderung, im zweiten Fall eine nicht optimale Ausnutzung der „Pflegefähigkeit" ein. Ein Optimum liegt daher als Spezialfall vor, wenn U / R = R / G und damit $r - 1 = 1 / r$ ist.
Eine Umformung dieser Gleichung liefert

$$r^2 - r - 1 = 0.$$

Als deren Lösungen ergeben sich die beiden Wurzeln

$$r_1 \equiv \Phi_+ = (\sqrt{5} + 1) / 2 \approx 1{,}6180339...$$

und

$$r_2 \equiv \Phi_- = -1 / \Phi_+ = -(\Phi_1 - 1) \approx -0{,}6180339...$$

Da $\Phi_- < 1$ ist, beschreibt diese Wurzel kein Wachstum, sondern einen Schrumpfungsprozess.

Für den Spezialfall $r = \Phi_+$ nehmen die Verhältnisse nun folgende Werte an:

$$U / G = (r - 1) / r = (\Phi_+ - 1) / \Phi_+ = 1 / (\Phi_+)^2$$
$$U / R = r - 1 = \Phi_+ - 1 = 1 / \Phi_+$$
$$R / G = 1 / r = 1 / \Phi_+$$

Für zwei aufeinander folgende Generationen n und n +1 gilt somit

$$U_n + R_n = G_n$$
$$U_{n+1} + R_{n+1} = G_{n+1}$$

$$\text{Mit } G_n = R_n \times \Phi_+ \Rightarrow U_n = R_n (\Phi_+ - 1) = R_n / \Phi_+$$

und entsprechend

$$U_{n+1} = R_{n+1} (\Phi_+ - 1) = R_{n+1} / \Phi_+;$$
$$U_{n+1} / U_n = \Phi_+;$$
$$R_{n+1} / R_n = \Phi_+;$$
$$G_{n+1} / G_n = \Phi_+.$$

Für diesen speziellen Fall gilt also nicht nur innerhalb einer Generation $R / U = G / R = \Phi_+$, sondern auch alle Verhältnisse aus den Anzahlen von reifen, unreifen oder aus den Gesamtzahlen von Individuen zwischen zwei zeitlich aufeinander folgenden Generationen sind durch denselben Wert Φ_+ ausgezeichnet.

Das Verhältnis Φ_+ ist als Proportion des Goldenen Schnitts eng mit der Fibonacci-Folge $\mathbf{F_n}$ verbunden. Deren Quotientenfolge $F_{n+1} : F_n$ nähert ja für große Zahlenwerte den Zahlenwert Φ_+ immer besser an, da für die Glieder der Quotientenfolge gilt

$$F_{n+1} / F_n \rightarrow \Phi_+;$$
$$F_n / F_{n+1} \rightarrow 1/\Phi_+;$$
$$F_n / F_{n+2} \rightarrow 1 / \Phi_+^2.$$

Bei einer Population aus einzelnen, unterscheidbaren Individuen sollten wir uns deshalb nicht verwundern, dass wir die Fibonacci-Zahlen nur als Annäherung an den Modulus Φ_+ des Goldenen Schnitts beobachten können.

Die Untersuchungen von VERHULST über das Vermehrungsverhalten von Insekten-Populationen hatten überwiegend die bei Werten von $r > 3$ immer stärker werdenden Oszillationen der Wachstumsraten von Insektenvölkern zum Ziel, während er die in den Anfangsgenerationen stets auftretenden Schwankungseffekte nicht untersuchte. Auch erst in jüngerer Zeit erwachte mit der „Chaos-Forschung" das Interesse am Wachstumsverhalten bei Werten von $r > 3{,}57$.

Offenkundig stellt ein Wachstum mit $r = \Phi_+$ etwas Besonderes dar, da es in der Natur realisiert ist. Das kann man sich klar machen, wenn man Wachstumsraten mit $r > \Phi_+$ oder $r < \Phi_+$ zum Vergleich heranzieht. Für $r > \Phi_+$ gilt stets:

$$U / R = (r - 1) > R / G = 1 / r$$

Das bedeutet, dass die Zahl der unreifen Individuen U in diesem Fall von Generation zu Generation auf Kosten der reifen R anwächst. Die Population wird also insgesamt immer jünger und bei einem vorhandenen „Pflegebedarf" kommt es zur Überforderung der reifen Individuen. Ist hingegen $r < \Phi_+$, so gilt umgekehrt

$$U / R = (r - 1) < R / G = 1 / r.$$

In diesem Fall wächst der Anteil der R an der gesamten Population auf Kosten der U an und es kommt zu einer zunehmenden Überalterung des Kollektivs.

- Für die Wachstumsrate r = Φ_+ befindet sich die Population in Bezug auf ihr Wachstum in einem ausgewogenen Gleichgewicht.

Wo immer man allerdings Fibonacci-Zahlen in der Natur entdeckt, etwa bei der spiraligen Anordnung der Samenkapseln von Pinienzapfen oder von Sonnenblumen, niemals beobachtet man dabei einen Wachstumsprozess, sondern nur ein bereits abgeschlossenes Wachstum. Das hängt teilweise damit zusammen, dass jedes Wachstum normalerweise einschränkenden Bedingungen unterliegt, die durch die Begrenzung der stofflichen und energetischen Ressourcen gegeben sind. Der Bedarf an Nahrung wächst ja zum Beispiel bei zunehmender Größe des Kollektivs immer mehr an. Logistische Schwierigkeiten werden deshalb in realen Systemen schließlich jedes weitere Anwachsen eines Kollektivs zwangsläufig beenden. Für unsere Betrachtungen bedeutet das, dass irgendwann r = 1 werden muss. Wegen U / R = (r – 1) $\rightarrow$ 0 nimmt dann auch die Zahl der U auf den Wert 0 ab, so dass schließlich nur noch reife Individuen vorhanden sind und R = G ist. Damit hat das Kollektiv sein Wachstum beendet und einen vorläufigen Endzustand erreicht. Dieses Ergebnis kann nur dadurch bewirkt werden, dass die R ihre Teilungsfähigkeit verlieren, oder dass ihre Reproduktionsfähigkeit verloren geht.

Ein Wachstum mit der Rate Φ bewirkt innerhalb der Generationen und auch zwischen ihnen ein ausgewogenes Verhalten, das eine gleichmäßige Verteilung der Ressourcen auf alle beteiligten Individuen eines Kollektivs ermöglicht. Bestehen diese aus dem zur Verfügung stehenden Platz, so dürfen wir vermuten, dass solche Anordnungen in der Natur bevorzugt werden, bei denen jedem zusätzlich entstehenden Individuum die gleiche Fläche zukommt wie den schon vorhandenen.
Betrachten wir beispielsweise die Entstehung von n Einzelblüten auf der kreisförmigen Wachstumsfläche einer Pflanze, so erfordert das für das zuvor beschriebene, ausgewogene Wachstum eine Unterteilung der

Kreisfläche A_0 in n gleichgroße Teilflächen. Da sich die einzelnen Blüten nacheinander in möglichst gleichmäßigen Abständen voneinander bilden, könnten sie auf einem Kreisumfang entstehen, der durch den goldenen Winkel φ' unterteilt würde.
Nun wachsen die Blüten aber nicht auf einem Kreisumfang, sondern auf einer sich spiralig vergrößernden und um den Stängel umlaufenden Fläche. Neue Blüten entstehen am Stängel und wandern dann nach außen. Die älteren Blüten befinden sich daher in einem anwachsenden Abstand vom Zentrum. Mit zunehmender Anzahl von Blüten nimmt der Durchmesser der Wachstumsscheibe ungleichmäßig zu, weil jede Blüte den gleichen Flächenbedarf hat, die Gesamtfläche jedoch mit dem Quadrat des Radius wächst. Benötigt jede Blüte die Fläche A_1, so wächst folglich für jede weitere Blüte der Platzbedarf um $n \times A_1$ an. Alle neuen Teilflächen $n \times A_1$ bilden zusammen die Gesamtfläche A_0. Es muss daher gelten

$$A_0 = \pi \times R^2 = n \times A_1.$$

Nach dieser Gleichung ist für den anwachsenden Radius R der Wachstumsscheibe die folgende Gesetzmäßigkeit zu erwarten:

$$R \propto \sqrt{n}.$$

R legt dabei fest, wie der Durchmesser mit zunehmender Blütenzahl spiralig anwächst. Die Abstände zwischen den einzelnen Blüten wird hingegen durch eine Unterteilung des jeweiligen Kreisumfangs mit dem *goldenen* Winkel φ' festgelegt.

Es gibt mehrere Möglichkeiten, diese Überlegungen zu überprüfen, indem man natürliche Objekte untersucht, Modellrechnungen anstellt oder Experimente zum Wachstum durchführt. Historisch gesehen wurde der erste Weg mit der Untersuchung von Blütenformen und der spiraligen Anordnung von Samenkapseln mit dem Auftreten der Fibonacci-Zahlen beschritten. Dabei entbrannte die genannte Diskussion zwischen Anhängern des Goldenen Schnitts mit seinem irrationalen Modulus und den Forschern, die die rationalen Proportionen ihrer Harmonielehre vorzogen.

Das Auftreten des *goldenen* Winkels bei Blattrosetten hätte allerdings schon früh deutlich machen können, dass der irrationale Modulus Φ in der Natur tatsächlich vorkommt. Wie schon an jeder Hahnenfußblüte (Figur 2.1) sichtbar wird, wachsen die Staubgefäße offensichtlich auf einer Spirale mit der Nabe im Zentrum, wobei die einzelnen Staubgefäße eine Divergenz $1/\varphi$ aufweisen. Hingegen entsteht die spiralige Anordnung bei der Klatschmohnblüte nur als subjektiver Eindruck.

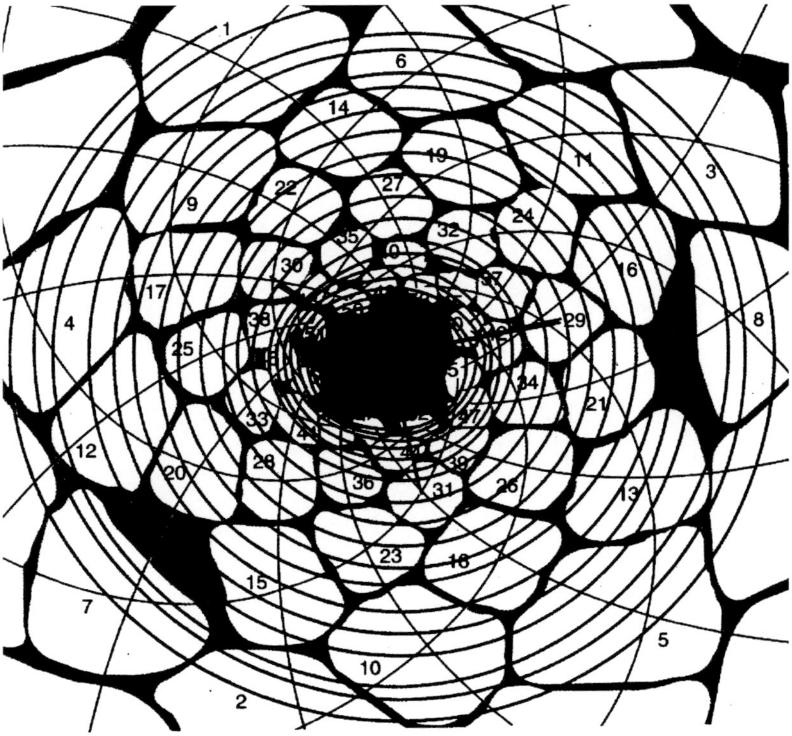

2.14

Untersucht man das Wachstum der einzelnen Blattanlagen bei einer Blattrosette, so merkt man, dass auch sie in der Reihenfolge ihrer

Entstehung auf einer eng gewundenen Spirale liegen. Auffälliger sind jedoch jene Spiralen, die man „Parastichen“ nennt und die sich als optischer Eindruck in den Vordergrund drängen. In Figur 2.14 winden sich acht im Urzeigersinn und dreizehn mit entgegengesetzter Krümmung um das Zentrum. Sie sind das Ergebnis einer Anordnung der Blattanlagen gemäß dem *goldenen* Winkel als Divergenzwinkel.

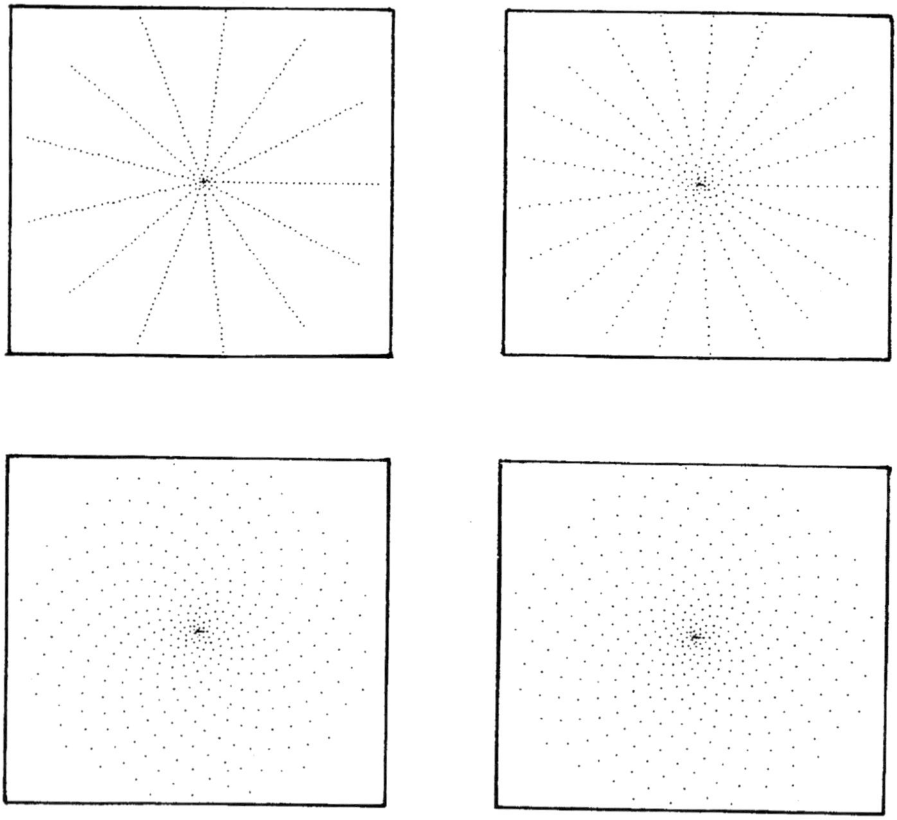

2.15

Die neuen Blätter entstehen am Rand einer Kreisscheibe, des Apex, von wo sie mit zunehmendem Alter nach außen wandern. Je älter sie werden, desto weiter. Daran kann man die Reihenfolge ihres Entstehens

ablesen. Die Brüder AUGUSTE und LOUIS BRAVAIS, von denen Auguste die Kristallographie begründete, zogen Linien vom Mittelpunkt jeder Blattanlage zum Mittelpunkt des Apex, maßen die Winkel zwischen aufeinanderfolgenden Blattanlagen aus und entdeckten dabei jene Divergenzwinkel, die mit dem Modulus Φ des Goldenen Schnitts in Zusammenhang stehen.
Eine Modellrechnung, bei der man die Blattanlagen als Punkte auf einer arithmetischen Spirale mit veränderlichem Divergenzwinkel aufträgt, zeigt deutlich, in welch starkem Maße eine nur geringfügige Abweichung vom *goldenen* Winkel das Erscheinungsbild der Parastichen verändert. In Figur 2.15 sind der Reihe nach Divergenzwinkel von 5/13 × 360°; 8/21 × 360°; 21/55 × 360° und 34/89 × 360° bei gleichem Punktabstand aufgetragen worden. Obgleich die Abweichung zum *goldenen* Winkel im zweiten Bild nur noch weniger als 0,2% beträgt, liegen die Parastichen noch überwiegend auf 21 Strahlen. Nur in der Nähe des Zentrums meint unser Auge die ersten Ansätze von Spiralen zu erkennen. Erst im vierten Teilbild bei einer Abweichung von nur mehr 0,01% zum *goldenen* Winkel erscheinen dann 21 bzw. 34 Spirallinien.

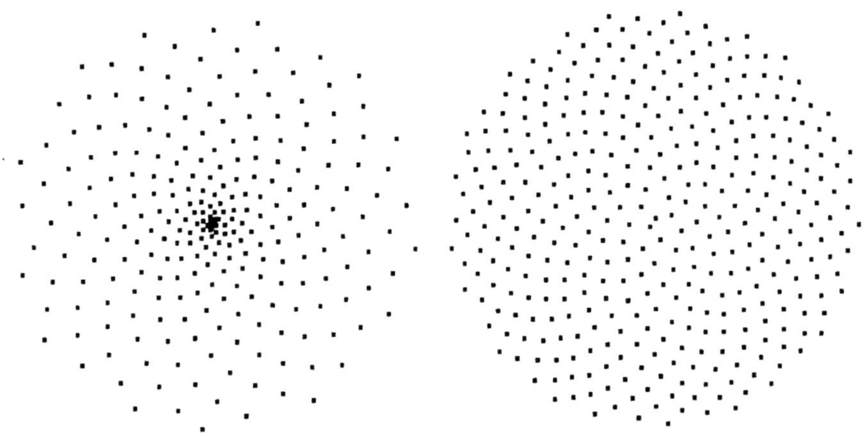

2.16

Vergleicht man das Zentrum einer Sonnenblume (Figur 2.7) mit dem Punktraster in Figur 2.15, so fällt auf, dass die Samenkapseln beim realen Objekt keine Häufung aufweisen, wie das bei der Annahme von arithmetischen Spiralen zwangsweise der Fall ist. In Figur 2.16 entstehen die Parastichen des linken Bildes durch den *goldenen* Winkel sowie durch eine arithmetische Spirale für die Orte der Punkte, während im rechten Teilbild die Punkte unter sonst gleichen Bedingungen mit der Abhängigkeit $R \propto \sqrt{n}$ aufgetragen sind. Dadurch kommt es in der Nähe des Apex nicht länger zu einer Anhäufung sondern zu einer gleichmäßigen Verteilung, wie man sie bei realen Blüten beobachtet.

Die Blattrosette des Reiherschnabels in Figur 2.10 besitzt die Divergenz $1/\Phi$, weil das Wachstum zusätzlicher Blattrispen durch den *goldenen* Winkel bestimmt wird. Da das radial in den Außenraum gerichtete Wachstumsverhalten jedoch nicht auf eine Wachstumsscheibe beschränkt ist, erfordert das keine dichte Packung. Günstiger ist für die sonnenhungrige Pflanze eine Anordnung, bei der sich niemals zwei Rispen genau überdecken.

Als Resümee können wir daher festhalten:

- Irrationale Moduli können in der Natur beim Blütenwachstum beobachtet werden. Sie äußern sich in spiraligen Parastichen. Deren Anzahl wird durch benachbarte Fibonacci-Zahlen bestimmt, die um so größere Werte annehmen, je größer die Zahl der Blüten und je enger deren Packung wird. Dieser Eindruck entsteht allerdings durch eine optische Täuschung, da dafür nur der *goldene* Winkel verantwortlich ist, welcher die Anordnung der Blütenanlagen beim Wachstum bestimmt. Unmittelbar ist dieser Divergenzwinkel auch für die Phyllotaxis in Blattrosetten verantwortlich. Wachstumsgesetze nach der Art des Kaninchenproblems von FIBONACCI verursachen das Auftreten von Fibonacci-Zahlen bei der Anzahl von Blüten oder Samenkapseln.

Bei den beschriebenen Phänomenen handelt es sich um das Ergebnis einer durch Wachstum entstandenen dynamischen Ordnung in der Natur. Mit unseren heutigen Kenntnissen ist die Vorstellung wenig wahrscheinlich, die Natur kenne die Mathematik des Goldenen Schnitts oder die Gesetze der Harmonie. Plausibler ist die Überlegung, dass diese Ordnung als eine im Sinne der Evolution besonders begünstigte Form der Selbstorganisation in Anpassung an Vorgaben der natürlichen Umwelt entsteht.

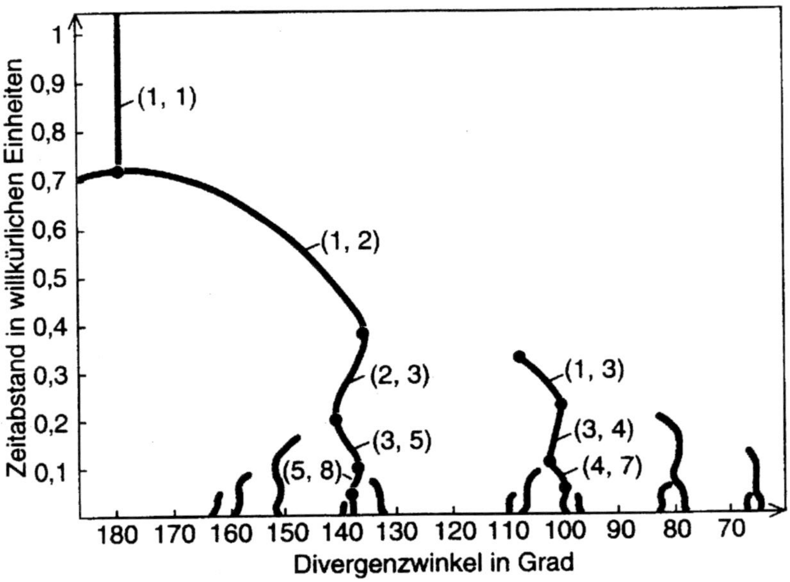

2.17

Für eine solche Vorstellung sprechen Experimente der französischen Forscher DOUADY und COUDER aus der unbelebten Natur. Sie füllten eine kreisförmige Schale mit Silikonöl und stellten sie in ein vertikales Magnetfeld. Dann ließen sie periodisch kleine Tropfen einer magnetischen Flüssigkeit in die Mitte der Schale tropfen. Das Magnetfeld polarisierte die Tropfen, so dass sie einander abstießen. Um eine auswärts gerichtete Kraft auszuüben, machten die Forscher die Feldstärke am Rande der Schale größer als in der Mitte. Je nachdem, wie viel Zeit zwischen aufeinanderfolgenden Tropfen verging, entstanden dabei verschiedene Muster. Sehr häufig lagen die Tropfen auf einer Spirale und waren durch den *goldenen* Winkel als Divergenzwinkel getrennt. Simulationsrechnungen zeigten, dass der

Divergenzwinkel in komplizierter Weise von der Zeitspanne zwischen zwei Tropfen abhängig ist. Es ergeben sich mehrere hin- und herschwankende Kurven. Die Stellen, an denen die Kurve ihre Richtung ändert, entsprechen jeweils einem Zahlenpaar von Spiralfamilien. Außerdem sind diese Punkte Verzweigungspunkte. Die meisten Abzweigungen gehören zu instabilen Anordnungen, die schnell zerfallen. Wenn die Zeitspannen sehr kurz werden, dann bleiben im Wesentlichen nur die Zweige übrig, die zu *goldenen* Divergenzwinkeln gehören. Die Spiralen zeigen für φ' Anordnungen mit Fibonacci-Zahlen und für φ_2 mit Heiligen Zahlen. Die Orte, an denen sich neue Tropfen ansiedeln, entstehen wie bei Blüten durch eine Teilung des Vollwinkels gemäß den Relationen

$$360^\circ : \Phi^2 = \varphi' \approx 137{,}5078^\circ \quad \text{oder} \quad 360^\circ : (\Phi^2 + 1) = \varphi_2 \approx 99{,}5016^\circ$$

Das beschriebene Experiment zeigt, dass sich der *goldene* Winkel offenbar dann in einem Kollektiv von Individuen einstellt, seien es lebende oder auch tote Objekte, wenn die Wachstumsdynamik und die Anzahl der miteinander konkurrierenden Individuen groß sind. Zusätzlich muss auch eine abstoßende Kraft zwischen den Teilen wirken.

Die Forscher P. RICHTER und H. - J. SCHOLZ haben die Musterentstehung in biologischen Systemen untersucht und Modellrechnungen durchgeführt, um den Mechanismus der Regulation zu verstehen. Das typische Szenario der entstehenden Ordnung sieht so aus, dass an einem Punkt durch Autokatalyse das Wachstum angeregt wird und gleichzeitig eine hemmende Gegenwirkung beginnt, die eine weitere Anregung in der Nachbarschaft unterdrückt. Diese breitet sich schneller aus als die Anregung für das autokatalytische Wachstum. Erst wenn die Hemmung in einiger Entfernung genügend stark abgeklungen ist, kann erneutes Wachstum einsetzen. Die räumliche Struktur des Musters wird durch das raumzeitliche Verhalten der hemmenden Wirkung bestimmt. Diffundiert diese schnell, so ist ein möglichst großer Abstand zwischen den einzelnen Wachstumszentren günstig und deren Anordnung gemäß dem *goldenen* Winkel ergibt sich von selbst.

Auch die Blattstellung an Stängeln lässt sich verstehen, wenn man zusätzlich die zylindrische Geometrie berücksichtigt, die sich dadurch ergibt, dass die Blätter nur im sogenannten „meristematischen Ring“ am Unterrand der wachsenden Sprossspitze angelegt werden, weil nur dort die Zellen erregbar sind. Gleichartige Argumente gelten auch für das räumliche Wachstum von Zapfen oder auch von Früchten wie der Ananas.

Schon Leonardo da Vinci begründete die Spiralmuster der Pflanzen mit der Forderung nach optimaler Ausnutzung von Sonne und Regen. Der Botaniker Bonnet argumentierte, die Blätter sollten sich möglichst wenig überlagern, damit die Luftzirkulation nicht behindert sei. Beide Forderungen werden durch die Anordnung mit dem *goldenen* Winkel optimal erfüllt. Vielleicht lässt sich das gegenteilige Verhalten anderer Pflanzen, die ihre Blätter übereinander stellen und keine Spiralen zeigen, damit erklären, dass sie einen evolutionären Vorteil darin sehen, wenn die Blätter möglichst viel Schatten haben. Auffällig ist auf jeden Fall, dass die Natur offenbar die beiden Extreme der größten Rationalität beziehungsweise der größten Irrationalität vor allen anderen Möglichkeiten bevorzugt.

2.3 Quasikristalle

Man könnte vermuten, der Goldene Schnitt mit seinem Modulus Φ sei außer in der belebten Natur auch in der unbelebten Welt der Kristalle wiederzufinden, weil sich dort beim Kristallwachstum viele Atome zu einem Festkörper zusammenfinden. Allerdings sollte man sich an dieser Stelle in Erinnerung rufen, dass bei den betrachteten dynamischen Wachstumsprozessen in der Welt der Pflanzen offenbar einige Randbedingungen erfüllt sein müssen. Es sind zum einen viele Individuen wie Blätter, Blüten oder Zellen nötig, zum anderen eine zwischen ihnen wirksame, abstoßende Kraft zu Beginn des Wachstums.

Erst wenn beides vorhanden ist, kann ein evolutionärer Vorteil für miteinander konkurrierende Individuen durch möglichst große Abstände zwischen der Gesamtheit der einzelnen Blätter oder Samenkapseln sowie durch die sich ergebende dynamische Ordnung wirksam werden. Auf der Ebene der Atome oder Moleküle fehlt aber gerade die abstoßende Kraft, weil Kollektive von Atomen durch anziehende Bindungskräfte zusammengehalten werden. Ein möglichst enges Zusammenrücken der Teilchen ist deshalb aus energetischen Gründen vorteilhafter als ein großer Abstand. Eine dynamische Ordnung, wie sie sich in Gestalt des Modulus Φ oder in einer Annäherung durch die Fibonacci-Zahlen äußert, ist aus dem genannten Grund deshalb eher unwahrscheinlich.

Ein perfekter Kristall besteht aus einem riesengroßen Satz von Atomen, die in einem räumlichen Gitter angeordnet sind. Im Allgemeinen sind diese Gitter periodisch. Das heißt, dass bei der Verschiebung des Gitters um bestimmte Elementarstrecken die neuen mit den alten Atompositionen zur Deckung kommen. Man erhält deshalb das ganze Gitter durch Aneinanderfügen eines einzigen Grundelementes. Diese Eigenschaft bezeichnet man als „Translationsinvarianz“.

In seinem Werk „Harmonices Mundi“ zeigt JOHANNES KEPLER, dass Elemente nur dann zum Aufbau eines periodischen Gitters geeignet sind, wenn sie bezüglich ihrer Rotationssymmetrie bestimmte Eigenschaften aufweisen. Die Elemente dürfen nämlich nur ein-, zwei-, drei-, vier- und sechszählige Rotationsachsen besitzen. Hat das Element beispielsweise eine dreizählige Rotationsachse, so kann man das Element um den Winkel 360° : 3 = 120° um diese Achse drehen und es kommt dabei jedes Mal mit einem identischen Element zur Deckung. KEPLER liefert auch den Beweis dafür, dass es mit einem Element mit fünfzähliger Rotationsachse nicht möglich ist, ein flächen- bzw. raumfüllendes periodisches Gitter aufzubauen. Eine fünfzählige Symmetrie ist andererseits ein „Fingerabdruck“ des Goldenen Schnitts. Elemente mit einer fünfzähligen Symmetrie sind in der Fläche das reguläre Fünfeck mit fünf und im dreidimensionalen Raum das Ikosaeder mit sechs fünfzähligen Rotationsachsen. Wenn man solche

Strukturen beobachtet, lohnt es sich, dem Goldenen Schnitt nachzuforschen.

AUGUSTE BRAVAIS hat gezeigt, dass die räumlichen Symmetrien in 230 Fälle eingeteilt werden können, von denen keiner eine durchgehende fünfzählige Rotationsachse zulässt. Um so größer war das Erstaunen, als 1984 von Kristallen einer Aluminium-Mangan-Legierung berichtet wurde, bei denen man in Röntgenbeugungsbildern eine Ikosaedersymmetrie beobachtet hatte. Inzwischen kennt man über zweihundert weitere kristalline Phasen mit fünfzähligen Symmetrien. Man hat diese besondere Klasse von Festkörpern „Quasikristalle" genannt, weil sie neben dem amorphen und dem kristallinen Zustand eine neue Form der kondensierten Materie darstellen, deren Ordnung eng mit dem Goldenen Schnitt verknüpft ist.
Während ein amorpher Festkörper nur über eine Nahordnung auf atomarer Ebene verfügt, ist ein Kristall dadurch gekennzeichnet, dass er sowohl über eine Nahordnung als auch über eine weitreichende Fernordnung verfügt. Die letztere ist dafür verantwortlich, dass man in einem Röntgenbeugungsbild scharfe Reflexe beobachten kann. Quasikristalle als dritte Klasse besitzen nur eine Ordnung bezüglich großer Entfernungen, jedoch nicht im Bereich der Elementarzellen.

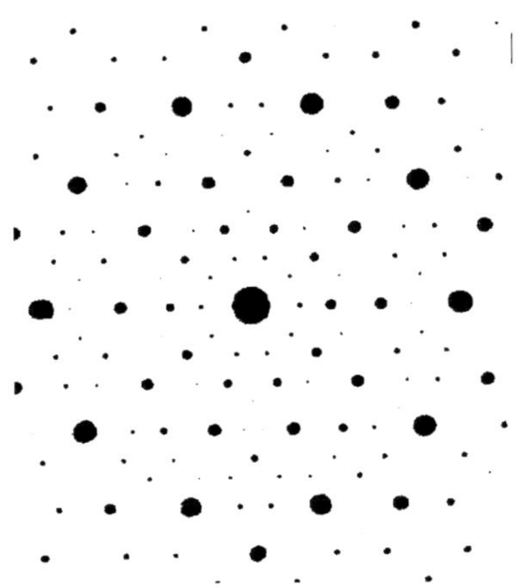

2.18

Eine genauere Betrachtung von Figur 2.18 zeigt, dass dieses Beugungsdiagramm eines Quasikristalls aus Aluminium mit 14% Mangan nicht eine fünfzählige, sondern eine zehnzählige Symmetrie aufweist. Mit dem Nullstrahl als Mittelpunkt kann man das Diagramm nämlich zehnmal um 36° drehen, wobei das Bild jedes Mal mit sich selbst zur Deckung kommt. Das hängt allerdings nur mit der Entstehung des Beugungsbildes zusammen, dessen Zähligkeit stets geradzahlig sein muss. Da man dadurch jeden Reflex zweimal sieht, besitzt die Rotationsachse des Kristalls in Wahrheit also eine fünfzählige Symmetrie.

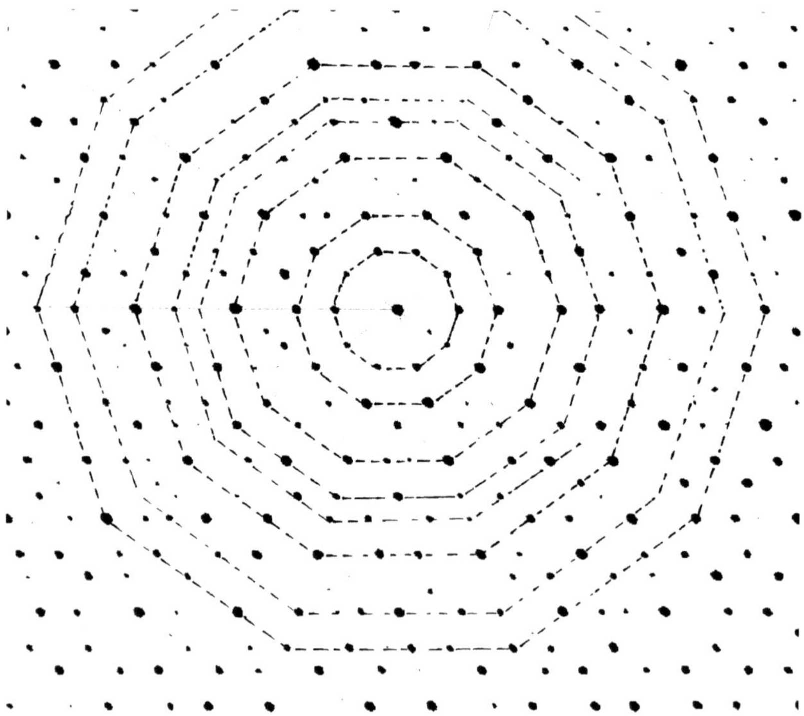

2.19

Eine hochauflösende Elektronenbeugungsaufnahme wie die in Figur 2.19 entlang den fünfzähligen Ikosaederachsen zeigt, dass es sich bei Quasikristallen tatsächlich um eine echte Fernordnung handeln muss.

Nur wenn eine solche Ordnung besteht, ist es möglich, dass ein Röntgenstrahl an vielen Atomen mit identischen Positionen phasenrichtig reflektiert wird, um dadurch so scharfe Reflexe im Beugungsbild zu liefern.

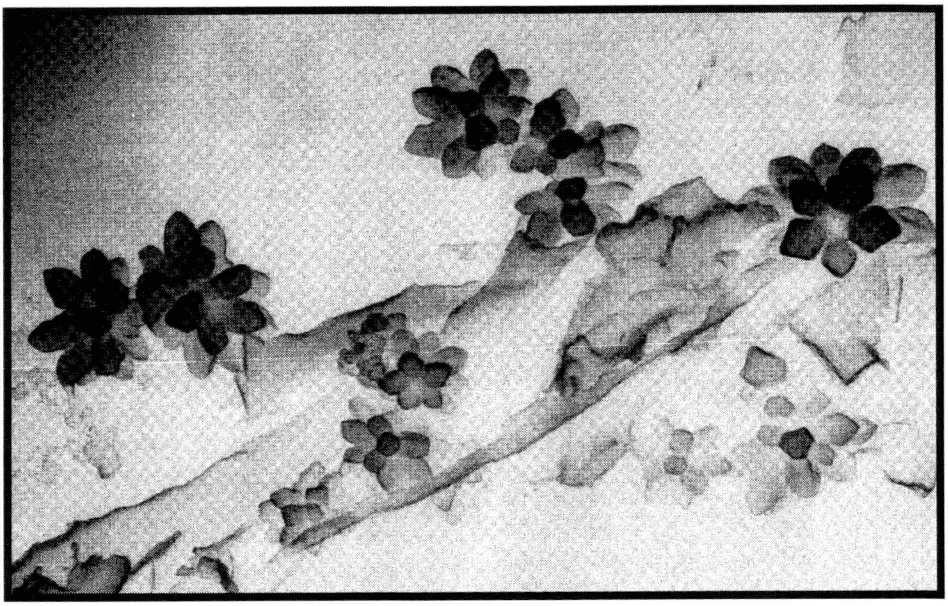

2.20

In der Zwischenzeit ist es sogar gelungen, jene etwa 3 Mikrometer großen Kristalle direkt sichtbar zu machen, die für die fünfzählige Symmetrie verantwortlich sind. Es handelt sich dabei um Quasikristalle, die als „Blüten“ (Figur 2.20) aus den 12 Ecken von Ikosaedern über den dort zusammentreffenden fünf Dreiecksflächen wachsen. Auch Mikroaufnahmen von Hohlräumen in einem Kristall einer Legierung aus Palladium-Nickel-Aluminium (Figur 2.21) spiegeln die fünfzählige Symmetrie des Gitters wider.

Der Zusammenhang mit dem Goldenen Schnitt ist auf den ersten Blick hier so wenig zu erkennen wie bei der Blattstellung zahlreicher Pflanzen.

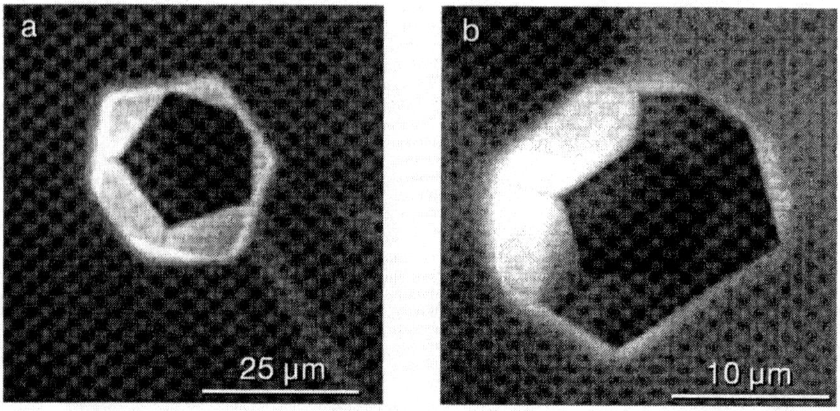

2.21

Um eine weit reichende Fernordnung ohne Translationssymmetrie auf kleiner Skala zu erhalten, bedarf es eines Mechanismus, der einerseits im Nahbereich aperiodisch und andererseits durch eine streng einzuhaltende Aufbauregel langreichweitig geordnet ist. Beide Forderungen scheinen nur erfüllbar zu sein, wenn das Quasigitter nicht aus einer Einheitszelle aufgebaut ist, sondern aus mindestens zwei elementaren Bausteinen.

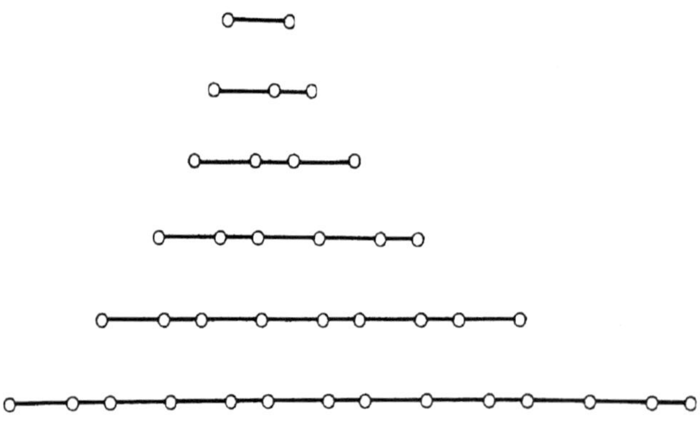

2.22

Bezüglich ihrer Länge müssen sie in einem irrationalen Verhältnis zueinander stehen und nach einer festen Regel angeordnet sein. Figur 2.22 zeigt, wie man eine lineare Anordnung von zwei Längen L und K erhalten kann, die im Verhältnis Φ stehen.
Die Aufbauregel lässt sich in diesem Fall folgendermaßen formulieren: Man beginne mit L und füge dann die Länge K an, wodurch die Strecke L+K = 1L + 1K entsteht. Nun werde für das nächste Glied L ersetzt durch L+K sowie K durch L. Auf diese Weise entsteht als neue Strecke ein Stück der Länge L+K+L = 2L+1K. Befolgt man diese Regel weiterhin, so ergeben sich als nächste Bausteine Stücke von

$$L+K+L+L+K = 3L + 2K;$$
$$L+K+L+L+K+L+K+L = 5L + 3K;$$
$$L+K+L+L+K+L+K+L+L+K+L+L+K = 8L + 5K \ldots..$$

Der aufmerksame Leser erkennt schnell, dass hier eine Fibonacci-Folge aus den linearisierten Potenzen Φ^k aufgebaut wird, wobei man K = 1 und L = Φ gewählt hat. Da Φ eine irrationale Zahl ist, kann die Kette aus den beiden Längen K und L niemals periodisch werden und gleichzeitig können niemals zwei kurze oder drei lange Stücke aufeinander folgen. Dennoch ist die Kette nach einem festen System aufgebaut, das aus der Rekursionsformel für die Fibonacci-Folgen besteht. Demnach ist jedes Glied die Summe der beiden vorhergehenden.
Setzt man nun noch an die richtigen Stellen der Kette Atome, so wird eine elektromagnetische Welle bei dieser Anordnung so reflektiert, dass ein scharfes Beugungsbild entsteht. Obwohl also keine Periodizität im Gitter existiert, ist das Gitter dennoch durch die Aufbauregel genau festgelegt. Es ist „deterministisch" und besitzt deshalb eine Fernordnung.

Vergleicht man diese lineare Kette aus langen und kurzen Strecken mit den zwei Kreisbogenstücken, die sich bei der Unterteilung eines Kreisumfangs durch den *goldenen* Winkel ergeben, so stellt man eine starke Ähnlichkeit fest. Auch dort stehen die beiden Teillängen im Verhältnis Φ und man erhält bei Verwendung des *goldenen* Winkels eine unendliche, aperiodische Fibonacci-Folge (Figur 1.46).

Man kann eine gleichartige Fibonacci-Folge aus Längen auch erhalten, wenn man einen Streifen eines quadratischen Gitters wie in Figur 2.23 auf eine Gerade x_p projiziert, die relativ zu den Achsen des Gitters eine irrationale Steigung mit Winkel α besitzt, so dass *tan* $\alpha = \Phi$ gilt. Außer dem Koordinatenursprung kann dann kein weiterer Punkt des gesamten Gitters auf dieser Geraden liegen.

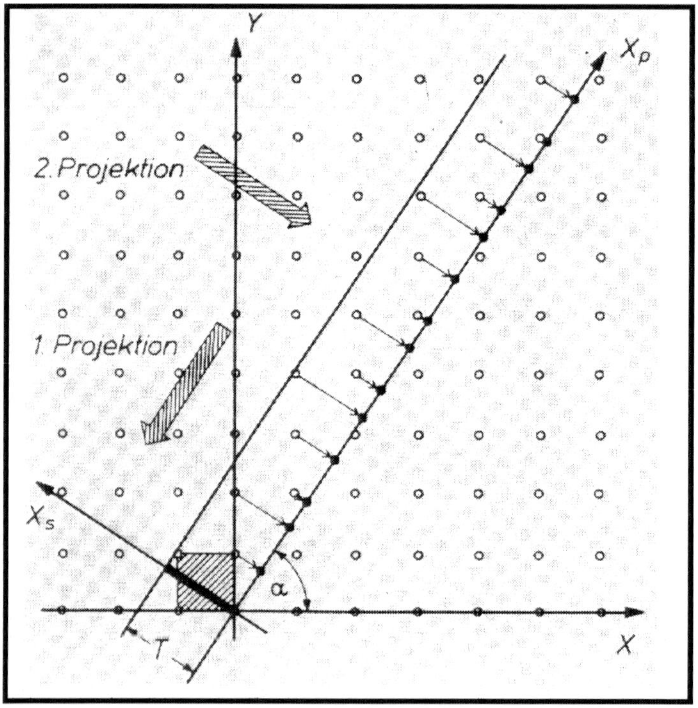

2.23

Diese Konstruktionsmethode besitzt den Vorteil, dass sie sich auch auf zwei und drei Dimensionen verallgemeinern lässt, sofern man geeignete Elemente wie Rauten oder rautenförmige Körper aneinanderfügt.

Das Ergebnis für ein zweidimensionales „Quasigitter" zeigt Figur 2.24, wo ein sogenanntes PENROSE-Muster aus zwei Sorten von gleichseitigen Rauten entstanden ist, deren Winkel nur Vielfache von 36° betragen.

Damit ist es möglich, die Innenwinkel von 72° beim regulären Fünfeck wiederzugeben. Die Rauten wurden gemäß einer strengen Regel aneinanderfügt, die wiederum keine Periodizität zulässt. Die Elementarstrecken gleicher Richtung bilden unregelmäßig gezackte Streifen, die sich eng an ein System paralleler und äquidistanter Linien halten. Sie sorgen dafür, dass sich in einem nach einem solchen Muster aufgebauten Atomgitter scharfe Reflexe im Beugungsbild ergeben. Eingezeichnet wurde auch die fünfzählige Symmetrie an den Orten der Gitteratome.

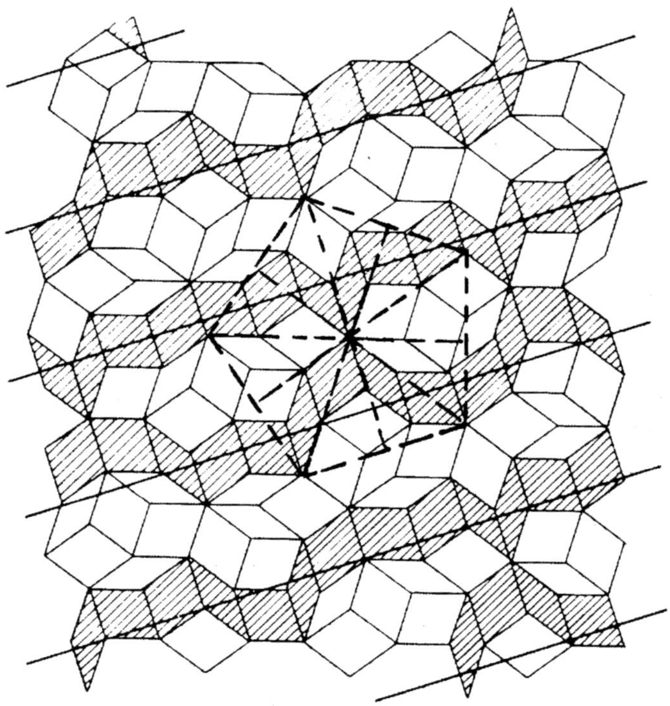

2.24

Beim Phänomen der Phyllotaxis in der Botanik ließ sich die Ordnung nach dem Goldenen Schnitt, welche beim Wachstum von einzelnen Blättern oder Blüten zu beobachten ist, durch die Konkurrenz der Individuen verstehen. Eine optimal dichte Packung der Blätter mit

gleichzeitig möglichst geringfügiger gegenseitiger Beeinträchtigung bei der Verwertung des einfallenden Lichts lässt sich am besten durch eine Unterteilung der kreisförmigen Wachstumsscheibe mit dem irrationalsten aller Winkel verwirklichen.
Diese Argumentation kann man bei den Quasikristallen kaum aufrechterhalten. Vielmehr besteht bei dieser Form von kondensierter Materie offenbar ein energetischer Vorteil, wenn sich die verschiedenen Metallatome zu Atomagglomeraten aus rund hundert Atomen zusammenfinden, die iskosaedrische Symmetrie besitzen. Man könnte sie als „intermetallische Verbindungen auf einer mesoskopischen Skala" bezeichnen. Das heißt, die Agglomerate sind als „Elementarmoleküle" größer als einzelne Atome, jedoch kleiner als Kristallite. Zwischen diesen Ikosaedern, welche durch kurzreichweitige Kräfte zusammengehalten werden, sind kleinere Komplexe mit anderen Symmetrien eingebaut. Diese wirken gleichsam als Abstandshalter zwischen den Elementarmolekülen und verhindern, dass sie durch Anwachsen in ein normales Metallgitter überführt werden. Delokalisierte Elektronen in den Abstandshaltern vermitteln nach der Art eines Strickmusters eine weitreichende Ordnung, indem sie vorgeben, nach welcher Reihenfolge Elementarmoleküle und kleinere Komplexe zusammengefügt werden sollen. Ein Optimum wird erreicht, wenn die Elementarmoleküle möglichst gleichmäßig und ohne Wechselwirkung im Festkörper verteilt sind. Das lässt sich mit einer Ordnung nach der Art des Goldenen Schnitts am Besten bewirken.

2.4 Goldene Fraktale

Das System des menschlichen Blutkreislaufs ist ein komplexes, jedoch optimal entwickeltes Stück biologischer Ingenieurskunst. Er besteht mit den Arterien aus einem Versorgungssystem und mit den Venen aus einem Entsorgungsteil. Die beiden Systeme von sich verzweigenden

Röhren entspringen im Herzen als Pumpanlage. Sie müssen so beschaffen sein, dass kein Teil des Körpers, sei es ein Organ oder ein Stück Gewebe, von diesen beiden Netzwerken weit entfernt ist. Da die Leistung der Herzmuskulatur und das Kammervolumen der Pumpe begrenzt sind, besteht das Problem darin, mit einem begrenzten Blutvolumen jede Körperstelle zu erreichen. Diese Vorgabe erzwingt eine umfangreiche Verzweigung der Gefäße. Das strömende Blut unterliegt andererseits als zähes Medium den physikalischen Strömungsgesetzen und erfordert für seinen Umlauf Arbeit, die der Herzmuskel verrichten muss. Eine Verzweigung der Arterien und Venen vergrößert den Strömungswiderstand überproportional, so dass die Strömungsgeschwindigkeit mit zunehmender Anzahl von kleiner werdenden Gefäßen in den peripheren Gliedmaßen auf Null abnimmt.
Der Blutstrom verzweigt sich zwischen acht- und dreißigmal, bevor er jede Körperstelle erreicht. Es entsteht dadurch eine Art von Baum, dessen Struktur nach einem mathematischen Vorbild als „Fraktal“ bezeichnet wird. Diesen Begriff hatte BENOIT MANDELBROT als qualitatives Instrument geschaffen, um die Dynamik des geordneten oder chaotischen Wandels in der nichtlinearen Welt sichtbar zu machen. Unter Fraktalen versteht man Gebilde, die „Selbstähnlichkeit“ aufweisen. Das heißt, dass Teilfiguren eine verkleinerte Kopie der Gesamtfigur sind.

In der Natur erscheinen Fraktale oft als „Austauschprofile“, wo es wie im Blutkreislauf darum geht, den Sauerstoff-Kohlendioxid-Austausch in den Zellen so wie die Ver- und Entsorgung mit Nährstoffen und Abfallprodukten zu bewirken. Ähnliches trifft für Bäume mit ihren Verästelungen oder auf Bäche sowie kleine Flussläufe zu. Die Lunge im menschlichen Körper mit den sich verzweigenden Bronchialröhren dient der Dissimilation, dem Sauerstoff-Kohlendioxid-Austausch. Auch in diesem Fall verringern sich die Querschnitte der Röhren und es entsteht ein Verzweigungsbaum.

Die Haupteigenschaft der Fraktale ist die Verzweigung, an der gleichzeitig eine Verkleinerung beginnt. Gehorcht dieser Vorgang einer festen Regel mit einem konstanten Verkleinerungsfaktor, so ergibt sich zwangsläufig das, was man Selbstähnlichkeit nennt. Mathematisch lassen sich solche fortgesetzten Verkleinerungen als Iteration beschreiben. Betrachtet man beispielsweise die Struktur der Dolde in Figur 2.12, so lautet dort die Regel bei einer Verzweigung: *Zunächst Gabelung in zwei Teilstängel unter Bildung eines Blattes, dann Erzeugung je eines neuen, längeren und eines kürzeren Stängels. Gleichzeitige Verkürzung der Längen bei den Neubildungen nach einer festen Regel.*

2.25

Untersuchungen haben ergeben, dass die Längenverhältnisse der ersten sieben Generationen von Bronchialröhren in der menschlichen Lunge der Fibonacci-Skala folgen. Die Durchmesser dieser Röhren entsprechen sogar bis zu zehn Generationen den Fibonacci-Zahlen. Das ist nach dem bisher Gesagten nicht allzu sehr verwunderlich, da zahlreiche Wachstumsvorgänge demselben Gesetz gehorchen, wie uns das Beispiel der Dolde gezeigt hat. Dadurch lässt sich dann auch die Folge der Fibonacci-Zahlen erkennen. BRUCE WEST und ARY GOLDBERGER haben nachgewiesen, dass die Lunge eine ganze Reihe fraktaler Strukturen beherbergt. Nach der 20. Iteration beispielsweise

erfolgt die Verzweigung mit dem gleichen Luftröhrendurchmesser, aber auf einer kleineren Längenskala. Durch diese Skalenverschiebung erreicht die Lunge eine größere Effizienz, da sie den Übergang von einer laminaren in eine turbulente Strömung der Luft mit zugehörigem, größerem Widerstand auf diese Weise vermeidet.
Untersucht man einen Zweig des Wurmfarns und vergleicht ihn mit dem durch ein Iterationsverfahren berechneten Gebilde in Figur 2.25, so ist die Ähnlichkeit zwischen beiden Objekten groß. Was beim künstlichen Farn allerdings fehlt, das sind die in der Natur stets vorkommenden, kleinen Unregelmäßigkeiten. Beide Male erkennt man jedoch die gleiche Struktur, die sich mit verschiedenen Skalierungen in den seitlichen Ästen und den weiteren, immer kleineren Verzweigungen wiederholt.

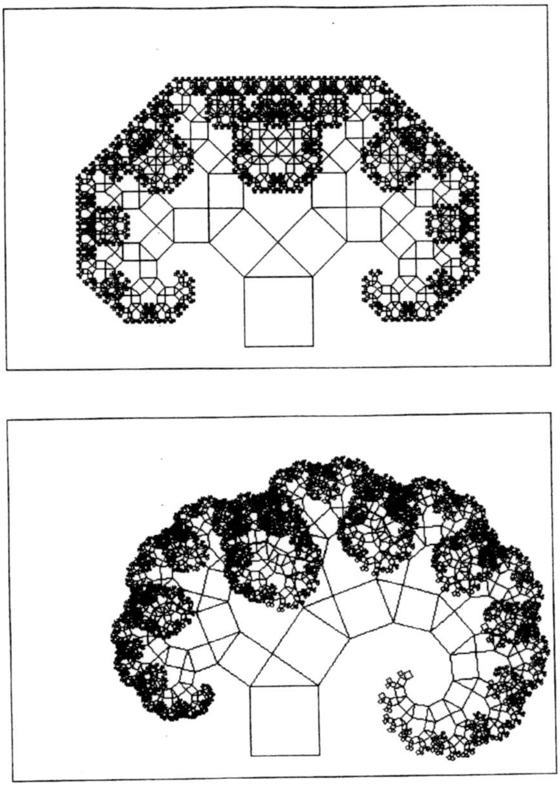

2.26

Die notwendige Mathematik zur Reproduktion von natürlichen, selbstähnlichen Strukturen ist im Allgemeinen recht kompliziert. Deshalb will ich in Figur 2.26 einen „Pythagorasbaum“ als einfacheres Beispiel vorstellen. Der Iterationsvorgang ist hier von geometrischer Natur und besteht darin, dass über den Katheten eines rechtwinkligen Dreiecks Quadrate gezeichnet werden. Deren Außenseiten werden sodann als neue Hypotenuse eines verkleinerten rechtwinkligen Dreiecks mit identischen Winkeln benutzt; über dessen Katheten wird der Vorgang sodann wiederholt. Auffällig an den beiden Teilfiguren ist, dass eine kleine Änderung bei den Parametern, hier sind das die Winkel, eine stark veränderte fraktale Figur erzeugt. Aus dem symmetrischen Fraktal mit zwei gleichen Winkeln wird dadurch unmittelbar ein unsymmetrischer Baum. Dieser Tatbestand ist charakteristisch für alle Fraktale.

Wie man an den genannten Beispielen sieht, stellt der Goldene Schnitt eine häufig von der Natur bevorzugte Form der Skalierung dar. Sie lässt sich als Iteration mit dem konstanten Faktor Φ beschreiben. Da dieser Modulus auch sonst viele Besonderheiten aufweist, ist es nicht verwunderlich, dass auch *goldene* Fraktale Sonderfälle sind. Betrachten wir zunächst die Verzweigung eines Modellbaumes.

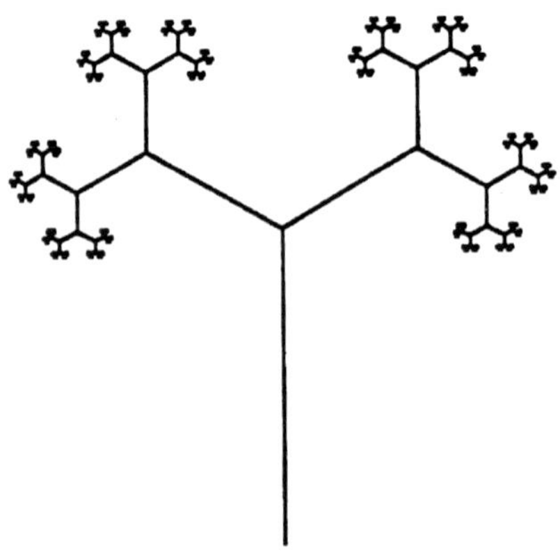

2.27

Eines der einfachsten geometrischen Modelle (Figur 2.27) beginnt mit einem Stamm der Einheitslänge 1, der sich unter Winkeln von 120° in zwei Äste mit f = ½ aufteilt. Die Äste der ersten Generation teilen sich wieder unter gleichen Winkeln in zwei weitere Äste der Länge f^2 = ¼ auf und jede weitere Verzweigung weist somit dieselben Winkel und einen zusätzlichen Faktor f auf. Führt man diesen Vorgang siebenmal iterativ durch, so erhält man bereits eine gut durchlichtete Krone, bei der jeder Ast ein verkleinertes Abbild des gesamten Baumes ist. Wäre das ein realer Baum, so würden die Blätter an seinen Ästen das Licht allerdings nicht gut ausnutzen, da sie weit voneinander entfernt wachsen.

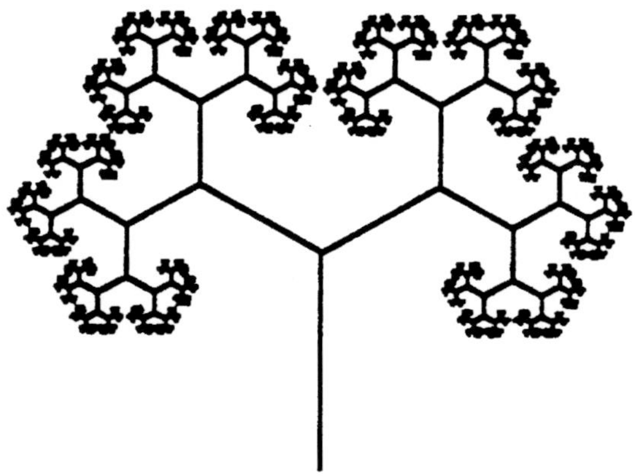

2.28

Eine bessere Ausnutzung des vorhandenen Platzes ergäbe sich, wenn man den Faktor f unter Beibehaltung der Winkel vergrößern würde. Dabei könnte es passieren, dass sich die einzelnen Äste überlappten. Das Optimum erreicht man, wenn sich die zur Mitte hin wachsenden Äste gerade berühren. Bei n Iterationen muss die erste Teilstrecke mit der Länge $f \times \cos 30°$ aus Gründen der Geometrie durch die Summe $f^3 \times \cos 30° + f^4 \times \cos 30° + f^5 \times \cos 30° + \ldots + f^n \times \cos 30°$ gefüllt werden. Bei $f < 1$ konvergiert diese Reihe für $n \to \infty$ gegen den Grenzwert $f^3 / (1 - f)$.

Aus $f = f^3 / (1 - f)$ erhält man nach einer einfachen Umformung die Gleichung

$$f^2 + f - 1 = 0$$

mit der positiven Lösung $f = \Phi^{-1}$. In diesem Fall ist ein *goldener* Baum entstanden, der durch den Verkleinerungsfaktor $f = \Phi^{-1}$ gekennzeichnet ist. Bei ihm berühren sich die Äste ohne zu überlappen, aber auch ohne einen Zwischenraum übrig zu lassen.

Durch die gewählte Verzweigung in n = 2 Äste ergeben sich beim *goldenen* Baum der Figur 2.28 zwei spiegelsymmetrische Teilfiguren. Die Anzahl der Teile hängt einerseits vom Längenverkleinerungsfaktor f und andererseits von der Dimension D des Objektes ab. Dabei gilt der Zusammenhang $n = (1 / f)^D$. Daher ergibt sich für den *goldenen* Baum mit n = 2 die Dimension

$$D = \log(2) : \log(\Phi) \approx 1{,}4404....$$

- Goldene Fraktale haben immer irrationale Dimensionen.

2.29

Dieselbe Dimension wie ein *goldener* Baum hat auch das *goldene* Quadratfraktal mit T-förmiger Verzweigung in der Figur 2.29.

2.30

Auch bei Dreiecken, Quadraten und Fünfecken erhält man *goldene* Fraktale mit unterschiedlichen Dimensionen, wenn man mit dem Faktor Φ verkleinert. Alle zeichnen sich durch vollständige Raumfüllung ohne Überlapp aus.
Beim *goldenen* Quadrat der Figur 2.31 sind die freibleibenden Flächen *goldene* Rechtecke.

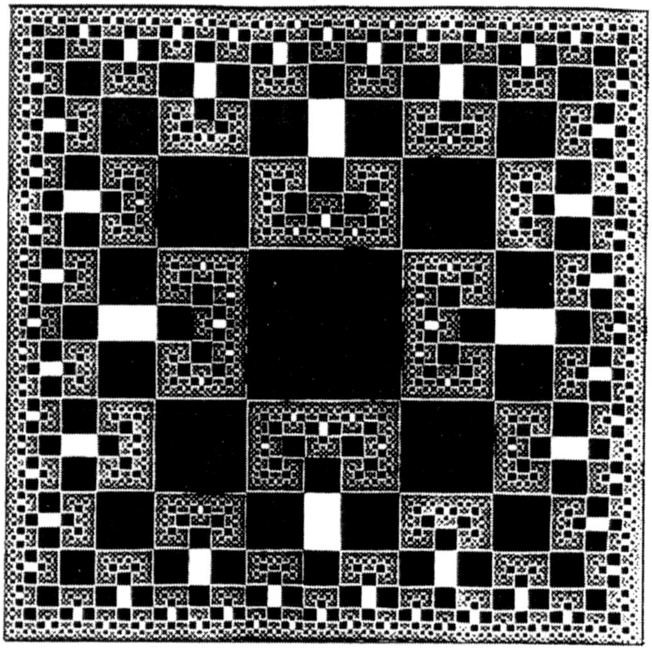

2.31

Da jedes *goldene* Rechteck aus einem Quadrat und einem verkleinerten *goldenen* Rechteck aufgebaut werden kann, ergibt sich auch für ein *goldenes* Rechteck eine fraktale Unterteilung (Figur 2.32). Auf Grund der Beziehung $\Phi^{-2} + 2 \times \Phi^{-3} + \Phi^{-4} = 1$ lässt sich das erste Teilquadrat in zwei *goldene* Rechtecke und in zwei unterschiedlich große, mit dem Faktor Φ verkleinerte, Quadrate aufteilen. Setzt man diese Art der Unterteilung jeweils für das größere der beiden sich dadurch ergebenden Quadrate fort, so erhält man eine fraktale Aufteilung des Ausgangsquadrats mit Selbstähnlichkeit. Für jeden Teilungsvorgang wächst die Anzahl der Rechtecke und Quadrate in der Weise an, dass sich ein „Stammbaum“ mit Fibonacci-Zahlen ergibt.

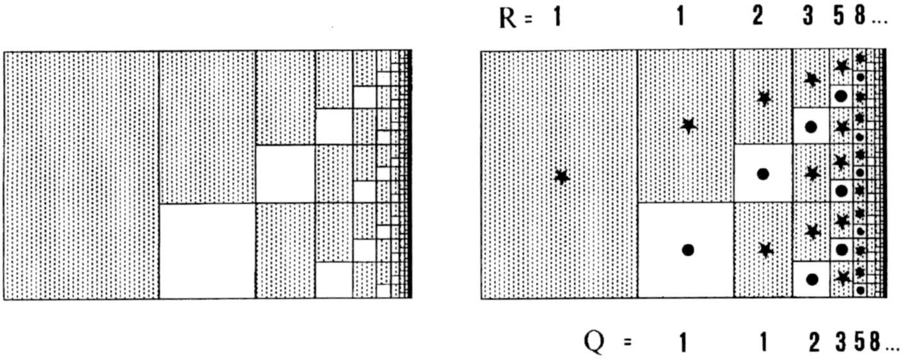

2.32

Es existieren auch Fraktale auf der Basis des Idealschnitts, bei denen eine Verkleinerung mit dem Modulus σ erfolgt.

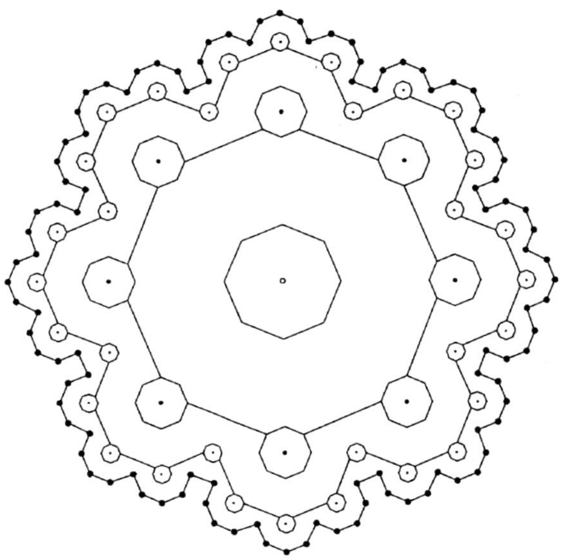

2.33

MAX KOECHER hat in einer Untersuchung mathematische Kriterien für den Fall aufgestellt, dass eine geometrische Konfiguration eine „innere Ästhetik“ besitzt und diese auf das Staufische Castello del Monte in Apulien angewendet. Dieses Bauwerk besitzt eine besondere Symmetrie auf der Basis des Oktogons. KOECHER zeigt, dass eine Oktogonkonfiguration gerade dann „ästhetisch“ ist, wenn der Verkleinerungsfaktor σ^{-1} beträgt. Wiederholt man das zentrale Oktogon immer wieder als verkleinerte Kopie in bestimmter Weise, dann erhält man ein Oktogon-Fraktal. Einzelheiten zum Castel del Monte findet der Leser im Abschnitt über den Goldenen Schnitt in der Architektur.

2.5 Zwischen Ordnung und Chaos

Die logistische Differenzengleichung stellt die einfachste, nichtlineare Funktion dar, mit deren Hilfe man das dynamische Verhalten einer Rekursionsvorschrift untersuchen kann, wie es beispielsweise beim Anwachsen einer Population vorliegt. Um das Wachstumsverhalten mathematisch zu beschreiben, kann man es durch eine Funktion f(x) abbilden. Die Funktion $X_{n+1} = f(x)$ muss dabei nichtlinear angesetzt werden, da lineare Differenzengleichungen lediglich das Aussterben oder das ungebremste Wachstum einer Population wiedergeben können. Im einfachsten Fall reicht ein quadratischer Term aus, um zahlreiche dynamische Verhaltensweisen zu simulieren. So erhält man die schon diskutierte Gleichung

$$X_{n+1} = P \cdot X_n (1 - X_n).$$

Für die Wachstumsrate gilt die Einschränkung $0 \leq x \leq 1$ und der Kontrollparameter P muss zwischen 0 und 4 liegen, damit X das Intervall [0,1] nicht verlässt. Die Funktion f(x) ist eine Parabel, die ihren Scheitel bei $X = ½$ hat, nach unten geöffnet ist und die x-Achse bei $X = 0$ und

X = 1 schneidet. Je nach der Größe von P ändert sich das Verhalten der Funktion. Für 0 < P < 1 endet jedes Wachstum beim Grenzwert $X_S = 0$ und für 1 < P < 3 beim Grenzwert $X_S = 1 - 1/P$. Diese beiden Werte stellen gleichsam Fixpunkte oder „Attraktoren" dar, wenn man die logistische Gleichung durch die Funktion f(x) abbildet. Das unterschiedliche Verhalten für P < 3 mit einem Attraktor und für P > 3 mit zwei Attraktoren zeigt Figur 2.34.

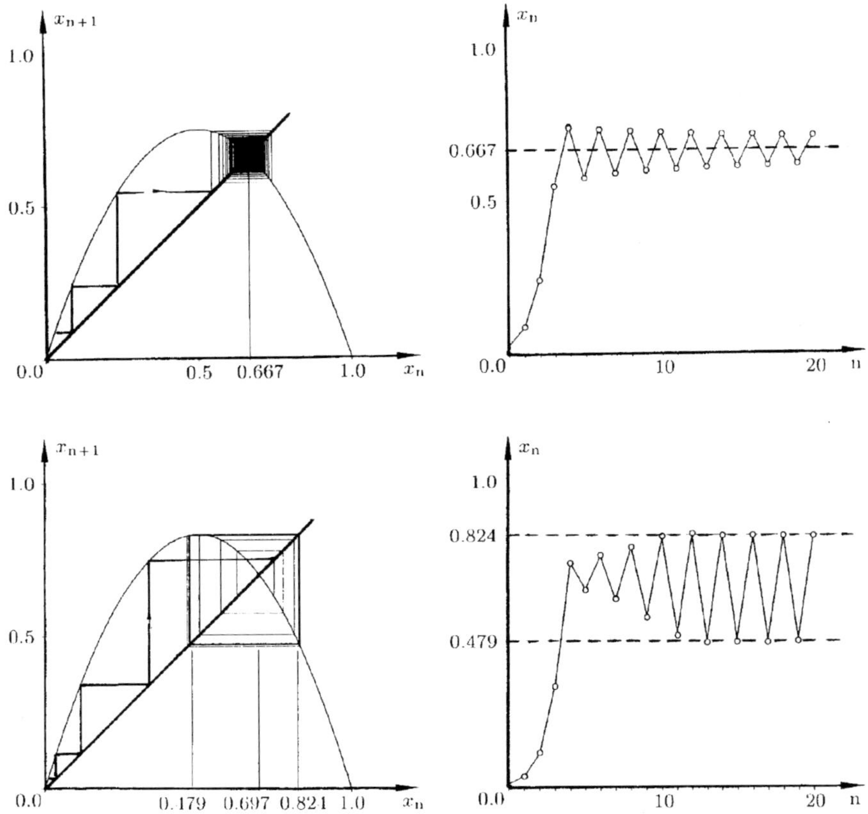

2.34

Wird $P > 3$, so erscheint ein neuer Verhaltenstyp, für den keiner der beiden Fixpunkte attraktiv ist. In diesem Fall oszilliert die Punktfolge zwischen den beiden neuen Attraktoren X_{S1} und X_{S2} hin und her. Wächst nun P bis $P = 1 + \sqrt{6}$ an, so passiert für die beiden Schnittpunkte X_{S1} und X_{S2} dasselbe wie für den einen Schnittpunkt X_S an der Stelle $P = 3$. Eine erneute Periodenverdopplung setzt ein. Für wachsende Werte von P treten nacheinander immer weitere Instabilitäten auf, bis schließlich bei $P > P_\infty = 3.56995...$ irreguläres, chaotisches Verhalten auftritt, das aber immer wieder von sogenannten periodischen Fenstern unterbrochen wird. Die Abstände zwischen aufeinander folgenden kritischen Werten P_k nehmen wie eine geometrische Folge ab. Die Verzweigungskaskade der logistischen Abbildung ist in Figur 2.35 abgebildet.

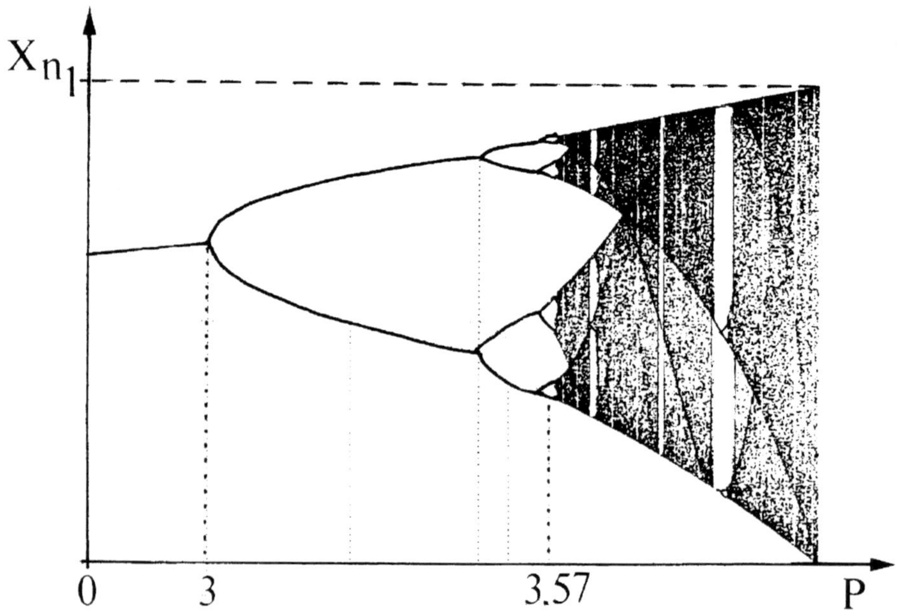

2.35

Stabile Zustände werden demnach von chaotischen Zuständen abgelöst und umgekehrt. Bei der logistischen Gleichung ist dafür die Rückkopplung durch den quadratischen Term verantwortlich, die kleine

Veränderungen durch die Iteration anwachsen lässt. Ähnliche Verhältnisse liegen aber auch bei komplizierteren, nichtlinearen dynamischen Vorgängen vor, wenn kleinste Änderungen in den Parametern zum Chaos führen. Dabei spielen universelle Eigenschaften eine Rolle.

Viele nichtlineare, dynamische Systeme, die durch mindestens zwei verschiedene Frequenzen charakterisiert sind, zeigen quasiperiodisches Langzeitverhalten. Stehen die beiden Frequenzen in einem rationalen Verhältnis zueinander, so kommt es zu einer periodischen Überlagerung beider Schwingungen, ist das Verhältnis jedoch irrational, so kann es nie zu einer Resonanz zwischen beiden kommen und man nennt das Verhalten des Systems „quasiperiodisch“.

Wenn es sich bei den beiden Frequenzen um eine Eigenfrequenz und um eine Störfrequenz handelt, dann können sich das resonante Verhalten und auch das quasiperiodische verändern und sich beispielsweise durch Rückkopplung wie eine Kinderschaukel aufschaukeln, die man im richtigen Takt anstößt. Dadurch kann das gesamte System instabil werden und sich chaotisch verhalten. Dieser Effekt tritt bei rationalen Frequenzverhältnissen umso eher zu Tage, je kleiner die Zahlen in Zähler und Nenner des Bruches aus den beiden Frequenzen sind. In einem solchen Fall tritt sozusagen eine sich stetig verstärkende, erzwungene Resonanz zwischen Stör- und Eigenfrequenz auf.

Das Verhältnis ist immer umso resonanter, je näher es am Wert 1 : 1 liegt. Daher darf man umgekehrt erwarten, dass ein irrationales Verhältnis der Frequenzen für eine geringere Störanfälligkeit sorgen wird. Da der Modulus Φ die irrationalste aller Zahlen darstellt, dürfte der Goldene Schnitt auch im Übergang von geordnetem zu ungeordnetem Verhalten verborgen sein. Quasiperiodische Bewegungen mit dem Verhältnis Φ weisen tatsächlich die größtmögliche Stabilität gegenüber störenden Einflüssen auf. JOHN GREENE hat das mit den Mitteln der experimentellen Mathematik gezeigt. Das Resultat spielt heute eine gewisse Rolle bei der Stabilität von umlaufenden Teilchen in Teilchenbeschleunigern und in Plasmen.

Aber selbst bei den schon lange untersuchten Bewegungen der Planeten des Sonnensystems existiert das Problem des Übergangs von einer periodischen zu einer chaotischen Bewegung. Sollte es sich nicht nur um ein mathematisches Problem handeln, so wäre es durchaus möglich, dass sich in unserem Sonnensystem eine Störung bis zum Übergang in ein chaotisches Verhalten aufschaukeln und dadurch dessen Stabilität gefährden könnte.

Seit Isaak Newtons Entdeckung der Gravitationskraft ist bekannt, dass sich das mechanische Problem der Bewegung von zwei Körpern unter dem Einfluss der Schwerkraft, wie der Sonne und eines ihrer Planeten, exakt lösen lässt. Schwieriger wird es dagegen, wenn es weitere Planeten gibt, welche die Bewegung des betrachteten Planeten stören können. HENRI POINCARÉ hat sich in diesem Zusammenhang die Frage gestellt, was passiert, wenn ein zweiter Planet seinen störenden Einfluss auf die Bahn eines Planeten ausübt.

Gäbe es nur einen einzigen Planeten in unserem Sonnensystem, so würde seine Bahn eine Ellipse sein. Bei zwei Begleitern der Sonne kommt zu der Gravitationskraft zwischen Sonne und Planeten die Wechselwirkung zwischen den beiden Trabanten der Sonne hinzu. Es wäre nun denkbar, dass diese Störung auf die Dauer kumulativ wirkt und irgendwann einmal die Bewegung des Planeten so chaotisch wird, dass er aus dem Sonnensystem hinauskatapultiert wird. POINCARÉ konnte das Problem zwar auch nicht allgemeingültig lösen, doch gelang es ihm immerhin, Aussagen über das Langzeitverhalten von solchen Bahnen zu machen, die mit der Störung in Resonanz stehen. Das trifft etwa für die Bahnen der beiden Nachbarplaneten Jupiter und Saturn zu, die in zwei beziehungsweise fünf Erdjahren das Zentralgestirn umrunden. Hier liegt das Verhältnis der Umlaufzeiten nahe bei 2 : 5.

Wenn es den störenden Planeten nicht gäbe, dann wären alle Bahnkurven eines betrachteten Planeten Ellipsen mit der Sonne in einem Brennpunkt. Bezüglich ihrer Energie wären diese gleichberechtigt, sofern sie eine gleich große Halbachse und die gleiche Exzentrizität besitzen. Diese Gleichberechtigung der Bahnen, ungeachtet ihrer Orientierung im Raum, wird in dem Moment aufgehoben, in dem die Störung einsetzt. Es gibt jetzt nämlich zwei Klassen von Bahnen, bei denen der Planet einerseits großen Abstand von der Störung hält, andererseits dieser nahe kommt. Bei den Extremalbahnen mit großem Abstand liegt eine stabile, bei jenen mit geringem Abstand jedoch eine instabile Resonanz vor.

Die letztere ist ein Zentrum chaotischer Bewegung. Beginnt eine Bahn in dessen Nähe, so erleidet sie ein langfristig nicht vorherzusagendes Schicksal, das auch nicht ausschließt, dass der Planet das Sonnensystem verlässt. Diese Aufspaltung in stabile und in instabile Bewegungstypen findet schon bei beliebig schwacher Störung für alle Bahnen statt, die mit der Bahn des Planeten in einem rationalen Verhältnis stehen. Ist das Verhältnis allerdings irrational, so begegnet der Planet der Störung in so wechselvoller Weise, dass eine Unterscheidung nach günstigen und weniger günstigen Fällen nicht möglich ist. Dadurch wird die Bewegung des Planeten grundsätzlich resistent gegen die Störung. Selbst wenn sie eine gewisse Stärke annimmt, ändert der Planet seine Bahn nicht wesentlich.

In ähnlicher Weise wie bei der Phyllotaxis, wo die Natur entweder besonders rationale oder die irrationalsten Verhältnisse überhaupt bevorzugt, gilt dieser Zusammenhang auch für die Planetenbahnen. Die besonders rationalen Verhältnisse charakterisieren stabile und instabile Resonanzen, die irrationalen hingegen quasiperiodische Bewegungen.

Um dieses Verhalten zu verstehen, wollen wir das System näher untersuchen, das aus den beiden größten Planeten Jupiter und Saturn und der Sonne besteht. Der Einfachheit halber soll die Bewegung in einer Ebene stattfinden. Dann wird der Zustand des Systems durch je zwei Orts- und zwei Impulskoordinaten pro Planet beschrieben. Geometrisch gesprochen lässt er sich durch einen Punkt in einem achtdimensionalen Raum charakterisieren. Da ein solcher Raum unsere Vorstellungskraft übersteigt, beschränken wir uns auf zwei Koordinaten. Wir betrachten zu diesem Zweck nur die Winkel zwischen der Position jedes Planeten und einer willkürlich gewählten Nullrichtung,

beispielsweise der Verbindungslinie Störplanet–Sonne. Beide Koordinaten können Werte zwischen 0° und 360° annehmen; demnach wäre der „Zustandsraum“ ein Quadrat, dessen Seiten mit einer Skala von 0° bis 360° versehen sind. Für jede Position der beiden Planeten erhält man einen Punkt im Quadrat.
Nun ist aber 360° dasselbe wie 0°, so dass gegenüberliegende Seiten des Quadrats identisch sind. Für eine Darstellung kann man sie deshalb zusammenfügen und erhält dann einen dreidimensionalen Körper, den man „Torus“ nennt. Für ein System ohne Wechselwirkung zwischen den beiden Planeten ergibt sich auf dem Torus eine Kurve, eine sogenannte „Trajektorie“. Da fünf Jupiterjahre zwei Saturnjahren entsprechen, windet sich die Trajektorie für einen Zeitraum von fünf Jahren zweimal in Längs- und fünfmal in Querrichtung um den Torus. Dann ist sie wieder an ihrem Ausgangspunkt angekommen. Daher handelt es sich um eine periodischen Bahn.

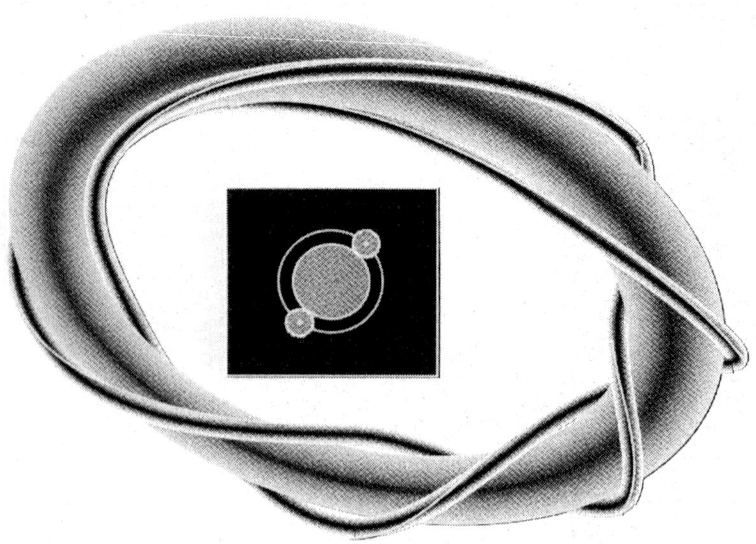

2.36

Berücksichtigt man nun die Massenanziehung zwischen Jupiter und Saturn, dann bleiben einige der möglichen periodischen Bahnen bestehen und zusätzlich entstehen quasiperiodische Bahnen. Auch sie liegen (Figur 2.36) wiederum auf kleinen Tori, die sich um den großen Torus herumwinden. Auf solchen quasiperiodischen Bahnen schwankt das Verhältnis der Umlaufzeiten geringfügig um den Wert 2 : 5. Das System Jupiter – Saturn gleicht damit einer schwingenden Saite, deren Bewegung aus der zweiten und der fünften Oberschwingung und deren Vielfachen zusammengesetzt ist. Auch eine quasiperiodische Bewegung kann man noch als Überlagerung unendlich vieler Schwingungen auffassen; nur sind die Frequenzen nicht mehr wie im periodischen Fall Vielfache einer Grundfrequenz, sondern es sind mehrere, inkommensurable Grundfrequenzen vertreten. Quasiperiodische Bahnen sind insofern stabil, als sie innerhalb bestimmter Grenzen stabil bleiben. Es wäre nun allerdings denkbar, dass sich die durch die Anziehung der Planeten bedingten Bahnstörungen gegenseitig aufsummieren und die Bahnveränderungen weiter vergrößern. Da es zwischen den Planeten keine Reibung gibt, gleicht ja nichts diese Störungen wieder aus.

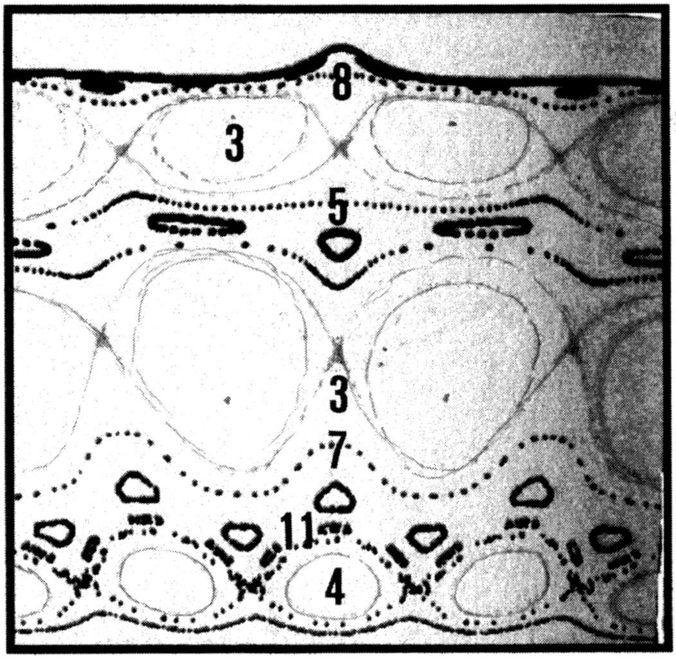

2.37

In Abhängigkeit von der Größe der beiden Planetenmassen unterscheiden sich die möglichen Bahnen des Systems in unserem quadratischen Zustandsbild. Rationale Verhältnisse der Umlaufzeiten spiegeln sich in „Inselketten“ wider, während sich irrationale Bahnen als Linien zeigen. Im Zentrum der Inseln liegen die stabilen, resonanten Bahnen. Bei einer Dreierkette handelt es sich um eine Bahn, die nach drei Periheldurchgängen den Winkel 360° zurückgelegt hat. Sie eilt also dem Störplaneten von Perihel zu Perihel um 120° voraus. Das Verhältnis der beiden Umlaufzeiten hat daher den Wert 2 : 3. Dasselbe Frequenzverhältnis hat sonst nur noch die Bahn, die zu den drei Punkten in der Mitte der Inseln gehört. Entsprechendes gilt auch für andere Anzahlen von Inseln. Während die Zentren der Inseln Orte der Stabilität beschreiben, sind die Punkte zwischen den Inseln Zentren des Chaos. Zwischen benachbarten Inselketten liegen Linien, die den irrationalen Verhältnissen der Umlaufzeiten und quasiperiodischen Bahnen entsprechen.
Die Bahn, die einem Anfangspunkt nahe bei einem Inselzentrum entspricht, produziert eine Punktfolge, welche periodisch auf eine elliptische Figur um das Zentrum zurückkehrt. Ein Anfangspunkt zwischen den Inseln hingegen führt zu Folgepunkten, die langfristig gleichmäßig über ein Band verteilt sind, welches die Inseln umschlingt. Sehr kleine Veränderungen in den Anfangsbedingungen bestimmen somit darüber, wo eine Bewegung enden wird. Bei kleinen Störungen gibt es zunächst zahlreiche, schmale Inselketten und dazwischen liegende Linien. Wächst aber der Einfluss der Störung, so verschwinden zuerst jene Inseln, die rationalen Verhältnissen mit mittelgroßen Zahlen in Zählern und Nennern entsprechen. Nur kleine rationale Verhältnisse und die irrationalsten überhaupt bleiben übrig. Die rationalsten wachsen an Ausdehnung auf Kosten der weniger stabilen an und am Ende bleiben nur sie und jene Bahnen übrig, die mit ihrem Frequenzverhältnis den Wert Φ schon recht genau annähern. In Figur 2.37 kann man beispielsweise quasiperiodische Bahnen sehen, die von Inseln mit Frequenzverhältnissen 3 : 7, 4 : 11 oder 3 : 8 als Näherungen für den Modulus Φ begleitet werden. Für noch größere Störungen zerfallen auch diese nicht ganz so irrationalen Bahnen und das Chaos breitet sich aus.

In anderen physikalischen Systemen mit ähnlicher dynamischer Komplexität kann das Chaos auch auf andere Weise anwachsen. So haben Untersuchungen von P. RICHTER und H. - J. SCHOLZ beim Doppelpendel ergeben, dass dort das Chaos annähernd gleichmäßig anwächst und schließlich eine Situation entsteht, in der gerade noch eine trennende quasiperiodische Bewegung zwischen zwei großen Chaosbändern existiert. Auch für dieses Beispiel ist in Figur 2.38 die durch den Modulus Φ definierte Bahn von Inseln mit den Fibonacci-Zahlen umgeben. Man erkennt hier deutlich, dass die Anzahlen der Inseln auf beiden Seiten der quasiperiodischen Bewegung jeweils zu den beiden Teilmengen der Fibonacci-Zahlen gehören, also 2 und 5 beziehungsweise 3 und 8.

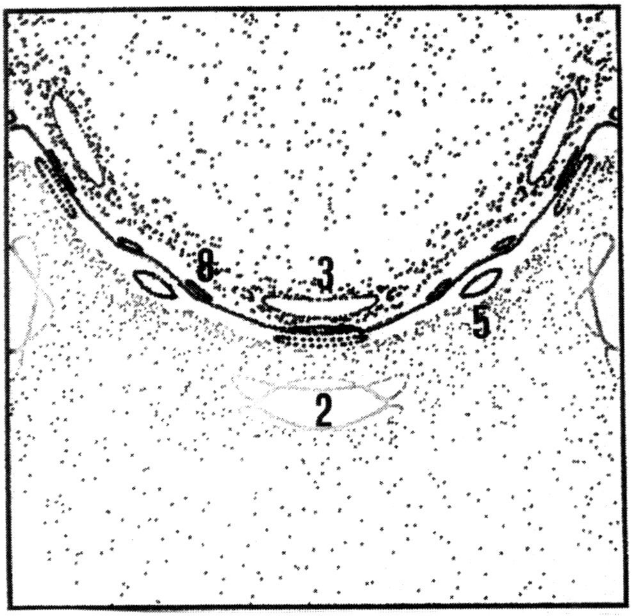

2.38

Beim Übergang von quasiperiodischen Bewegungen ins Chaos spielt der Modulus Φ des Goldenen Schnitts eine wesentliche Rolle als universelle Skalierungseigenschaft. STAVANS ET AL. haben das genauer am Übergang zur Turbulenz bei Konvektionsströmen untersucht, die durch eine Temperaturdifferenz erzeugt werden. Dabei zeigte sich, dass die quasiperiodischen Konvektionsströme durch Überlagerung von Grundfrequenzen beschrieben werden können, die einerseits Potenzen von Φ und andererseits Linearkombinationen von Φ mit Fibonacci-Zahlen sind.

In Figur 2.39 ist ein Wasserstrahl abgebildet, dessen Strömung durch Schallwellen beeinflusst werden kann. Je nach deren Frequenz beobachtet man unterschiedliche Effekte. Im ersten Teilbild ist die Folge der Tropfen aperiodisch, während sich in den drei übrigen Kohorten von 1, 3 und 8 Tropfen gebildet haben. Die Anzahl der Tropfen entspricht den unterschiedlichen Inseln in den Figuren 2.37 und 2.38. Sie beschreiben den Weg von der Ordnung über das deterministische Chaos zum unbestimmten Chaos.

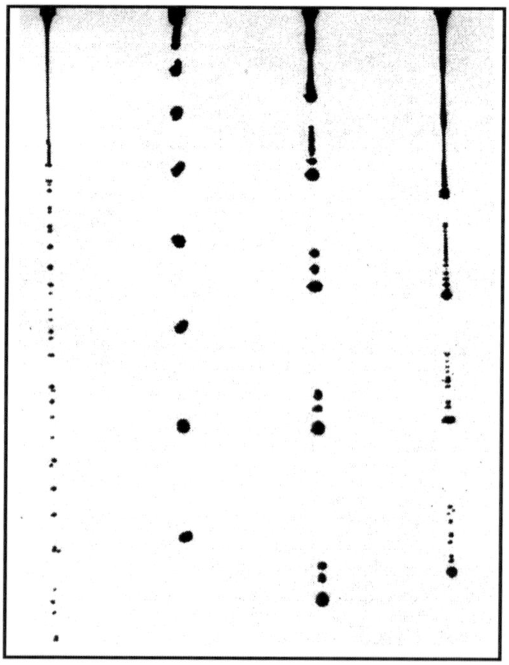

2.39

Ähnlich universell ist auch die Skalierungseigenschaft des Modulus σ als Lösung der Gleichung

$$\sigma^2 - 2 \times \sigma - 1 = 0,$$

wenngleich sein Vorliegen zu einem anderen Skalierungsgesetz führt. Auf Grund der Verwandtschaft aller Kathetenschnitte lässt sich vermuten, dass dieser Zusammenhang allgemein gültig ist für alle Schnitte der Ordnung **n**.

TEIL III. VOM GÖTTERBILD ZUM MODULATOR

3.1 Die Entdeckung der Heiligen Zahlen

Ich habe zu Beginn dieser Abhandlung behauptet, dass die Entdeckung der Heiligen Zahlen wesentlich älter sei als alle geometrischen und algebraischen Untersuchungen des Goldenen Schnitts. Das hängt mit dem sakralen Charakter der Zahlen zusammen, die den Menschen in der Frühzeit der Zivilisation von den Göttern „geschenkt" worden waren.
Da die Folge der Heiligen Zahlen vom menschlichen Körper abgeleitet wurde, wo sie Ausdruck eines allgemeinen Wachstumsgesetzes sind, stellen sie im Rahmen einer gewissen Ungenauigkeit eine Näherung für den irrationalen Modulus Φ des Goldenen Schnitts dar. Obgleich es sehr unwahrscheinlich ist, dass diese mathematischen Zusammenhänge den damaligen Menschen in irgendeiner Weise bewusst waren, stellte die Entdeckung der Heiligen Zahlen eine für die kulturelle Entwicklung der Menschheit grundlegende Tatsache dar. Es sollte allerdings noch Jahrtausende dauern, bevor sich das rationale Denken der Menschen so weit entwickelt hatte, dass einzelne Philosophen in Griechenland damit begannen, die mathematische Struktur des Goldenen Schnitts und seiner Proportionen um seiner selbst willen zu untersuchen.
Wegen der Bedeutung dieser Zusammenhänge für die zivilisatorische Entwicklung der Menschheit soll der gedankliche Weg nachgezeichnet werden, an dessen Ende das steht, was Inhalt der beiden ersten Abschnitte des Buches ist. Der Goldene Schnitt spielte nämlich schon eine wesentliche Rolle für die menschliche Kultur, als noch niemand mathematische oder naturwissenschaftliche Studien betrieb.

Schon früh hatten die Menschen der Jungsteinzeit eine ganz bestimmte Art des Bauens entwickelt. Überall im Einflussbereich der ersten Gesellschaften aus Ackerbauern, die am Unterlauf der Donau entstanden, setzten sich gegen Ende des 6. Jahrtausends rechtwinklige Gebäude gegenüber den bis dahin errichteten Rundbauten durch. Offensichtlich hatte das mit der Erfindung des rechteckigen Ziegelsteins

zu tun, den man in identischer Weise in beliebig großer Zahl produzieren konnte, sowie mit der Vervollkommnung der Zimmermannstechnik. Bei der Verwendung identischer Ziegel stießen die Menschen zwangsläufig auf das Zählen mit ganzen Zahlen, das neben dem Erkennen geometrischer Formen und Symmetrien den Anfang aller Mathematik bildet. Damit war der Grundstein für eine folgenreiche Verwandlung des menschlichen Denkens gelegt. Bald schon wurden die Abmessungen der Gebäude im Einflussgebiet der Ackerbauern nicht mehr durch eine beliebige Anzahl von Ziegeln festgelegt, sondern man verwendete, zumindest für alle sakralen Bauwerke, nur noch ganz bestimmte Zahlenwerte. Diesen ausgewählten Zahlen wurde als Ausdruck einer göttlichen Ordnung eine höhere Bedeutung als den übrigen beigemessen. Mehr als sechstausend Jahre lang behielten die geistigen Erben der frühen Baumeister im Umkreis des Mittelmeers diese Zahlenfolge der Heiligen Zahlen bei, wenn sie Tempel oder später Kirchen planten.
Der Grund hierfür lässt sich in dem menschlichen Versuch erkennen, die Tempel für die Götter so zu bauen, dass sie als deren körperliche Ebenbilder erkennbar waren. Offenbar haben die ersten Priester, die den Anstoß für solche Bauwerke gaben, keinen Augenblick gezögert, sich die Körper der Götter als die von sehr großen Menschen vorzustellen. Da sich die Menschheit zu jener Zeit in vielfacher Hinsicht noch nicht sehr weit von der magischen Vorstellungswelt eines Kleinkindes entfernt hatte, dürfen wir wohl mit Recht vermuten, dass man zu Beginn so vorging, wie das auch ein Säugling zu tun pflegt: Das Kind betrachtet zunächst seine Hände und Finger, dann spielt es mit ihnen und danach beginnt es, seine Umwelt immer weiter ausholend zu *begreifen*. Dabei lernt es nach einiger Zeit auch eine Vorstellung von der Quantität eines Objektes zu entwickeln, wenn es Abmessungen mit der Größe seiner Handfläche oder seiner Fingerbreite vergleicht. Die Quantifizierung einer Länge stand so am Beginn allen rationalen Denkens.

Nach meinen Untersuchungen (HAUSMANN 2000b) brachte der Bau von Grabanlagen, die den Himmelsgott als Wiedergabe der „Säule“ zum Himmelspol und durch die Kuppel des Himmelsgewölbes abbildeten, die

Zahlenwelt der Heiligen Zahlen gegen Mitte des 5. Jahrtausends hervor. An diesen Bauwerken und an den im 4. Jahrtausend auf der Insel Malta errichteten Tempeln für die Erdgöttin lässt sich erstmals die Proportionierung mit Heiligen Zahlen nachweisen. Es handelt sich dabei um die ältesten Heiligtümer der Menschheit, die aus Stein errichtet wurden und die sich bis heute erhalten haben. Deren Baumeister verwendeten die Heiligen Zahlen, weil sie die Proportionen der menschlichen Gestalt wiedergeben.

Ein *Götterbild nach menschlichem Vorbild* oder die jüngere, umgekehrte Reihenfolge vom *Menschen als Ebenbild der Gottheit* markieren in beiden Lesarten das Eintreten der Menschheit in eine von Menschen gestaltete Kultur. Sie kennzeichnen den Augenblick, in dem der Mensch aus jenem archaischen Zustand heraustritt, der noch nicht den Menschen als Maß der Dinge sieht. Wie ein Wunder mutet es an, dass sich diese geistige Revolution offenbar in ganz kurzer Zeit dort vollzog, wo sich zuvor die physischen Fähigkeiten durch die bäuerliche Gestaltung der Natur grundlegend erweitert hatten.
Das Wissen um eine zahlenmäßige Ordnung der Welt gehört damit ebenso zu den grundlegenden Erkenntnissen des menschlichen Geistes wie die Schrift oder die technischen Fähigkeiten der Steinbearbeitung und des bewässerten Landbaus. Die Proportionierung des menschlichen Körpers nach den Regeln des Goldenen Schnitts gab genau genommen den Ausschlag für die Beschäftigung mit der Mathematik überhaupt.

Wahrscheinlich wurde den jungsteinzeitlichen Priestern sehr schnell bewusst, dass man kaum eine menschliche Hand- oder Fingerbreite als Maßeinheit für ein Heiligtum der Götter benutzen konnte. Die Breite einer göttlichen Hand kannte man andererseits auch nicht, und der Weg, stattdessen sehr große Heilige Zahlen und zugleich die kleine Einheit Fingerbreite zu benutzen, war noch durch die sehr begrenzten Fähigkeiten beim Zählen verschlossen. Es war daher nicht unlogisch, als Maßeinheit eine Länge festzulegen, die sich folgendermaßen ergab: Man nahm als „angemessene“ Maßeinheit ein Vielfaches der Fingerbreite. Dieses Vielfache wurde als Zahlenwert ebenfalls wieder durch Heilige Zahlen festgelegt. So wählte man 29 Fingerbreiten als

neue Einheit „Elle“ und plante dann ein Bauwerk mit beispielsweise 4, 7 oder 11 Ellen.
Um einen Kompromiss zu finden zwischen dem, was den Göttern angemessen und dem, was zugleich mit den damaligen technischen Möglichkeiten realisierbar war, setzten die Priester eine Länge von 47 Fingerbreiten bei der Abbildung der Himmelskuppel und deren Säule, sowie eine Maßeinheit von 29 Fingerbreiten für die Bauplanung bei Tempeln der Erdgöttin fest. Die Proportionierung durch Einheiten von 29 beziehungsweise von 47 Fingerbreiten sowie die Verwendung der Heiligen Zahlen als Multiplikator für diese Einheiten lässt sich an allen erhaltenen Megalithbauten Westeuropas nachweisen.

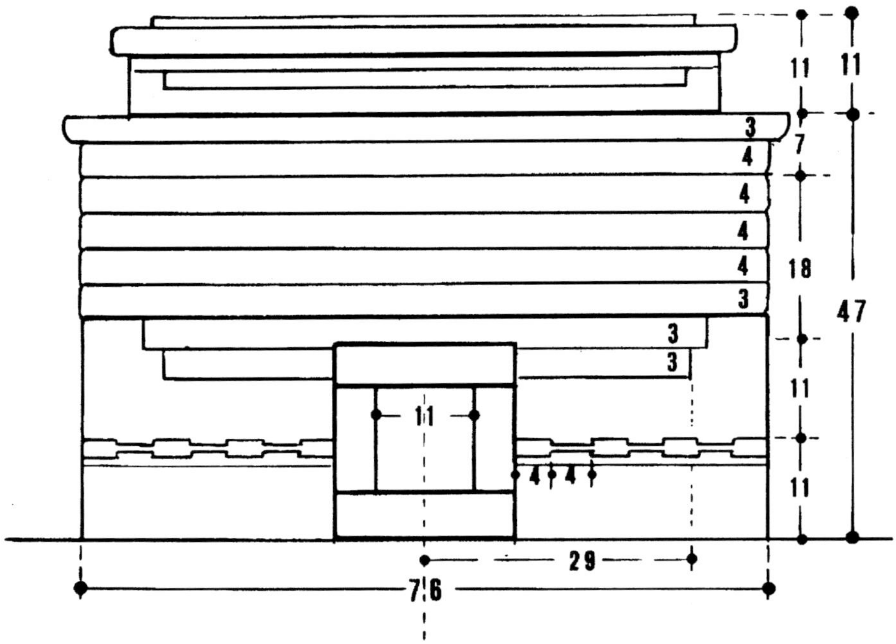

3.1

In einem jungsteinzeitlichen Tempel beim Ort Tarxien auf der Insel Malta fanden Ausgräber einen kleinen Modelltempel aus Kalkstein von etwa 33 cm Höhe und 43 cm Breite (Figur 3.1). Er wurde mit den Heiligen

Zahlen proportioniert, wobei die Maßeinheit eine Handbreite war, die man zuvor viermal halbiert hatte. Das Maß von 1/16 Handbreite war rund 5½ mm lang. Ohne den simsartigen Aufbau stellt die Tempelfassade in Figur 3.1 ein *goldenes* Rechteck von 76 × 47 Einheiten dar.
Aus dem Architekturmodell von Tarxien lässt sich die Abmessung einer Handbreite zu 9,1 cm bestimmen. Damit kann man schnell ausrechnen, dass eine Fingerbreite rund 1,8 cm maß, und dass 29 Fingerbreiten rund 53 cm sowie 47 Fingerbreiten rund 86 cm lang waren. Da die Körperlänge eines Menschen auf Grund seiner Proportionen annähernd 18 Handbreiten beträgt, kann man die Körpergröße der damaligen Menschen zu ungefähr 1,64 Metern angeben.
Verwunderlich ist, dass man sowohl in Malta als auch in der Frühzeit Ägyptens für kleinere Maßeinheiten nicht die Fingerbreite, sondern Bruchteile einer Handbreite als Einheit verwendete. Das war vor allem dann der Fall, wenn es darum ging, Details eines Bauwerkes zu planen. Möglicherweise vermieden die Baumeister damit, dass sich zu große Zahlen ergaben. Die Verwendung eines Modulus 2 zur Erzeugung von sehr kleinen Teilmaßen aus der Maßeinheit Handbreite erweist sich demnach als sehr alt. Dieses Verfahren ist möglicherweise sogar älter als die Benutzung der kleineren Einheit Fingerbreite zusammen mit großen Heiligen Zahlen.

Nach dem Vorbild des Architekturmodells wurde im letzten Drittel des 4. Jahrtausends der Megalith-Tempel von Tarxien mit großen Steinplatten aus Korallenkalk erbaut (Figur 3.2). Wie alle Bauten dieser Epoche waren die Mauern mit großen, überkragenden Steinplatten gedeckt; die Fassade wurde aus sorgfältig behauenen Steinblöcken zusammengefügt. Die Maßeinheit war eine Elle von 29 Fingerbreiten Länge.
Auf Grund von Datierungen mit dem radioaktiven Kohlenstoffisotop ^{14}C weiß man, dass auf Malta spätestens um –3500 mit dem Bau großer Steintempel begonnen wurde. Mit dem Südtempel in Ggantija, einem Doppelheiligtum auf der Hochfläche der maltesischen Nachbarinsel Gozo, begann gegen –3500 die Ära der Riesentempel. Keines der nachfolgenden Bauwerke erreichte wieder die Abmessungen dieses ersten mit einer Längsachse von 29 Metern und saalgroßen Nischen.

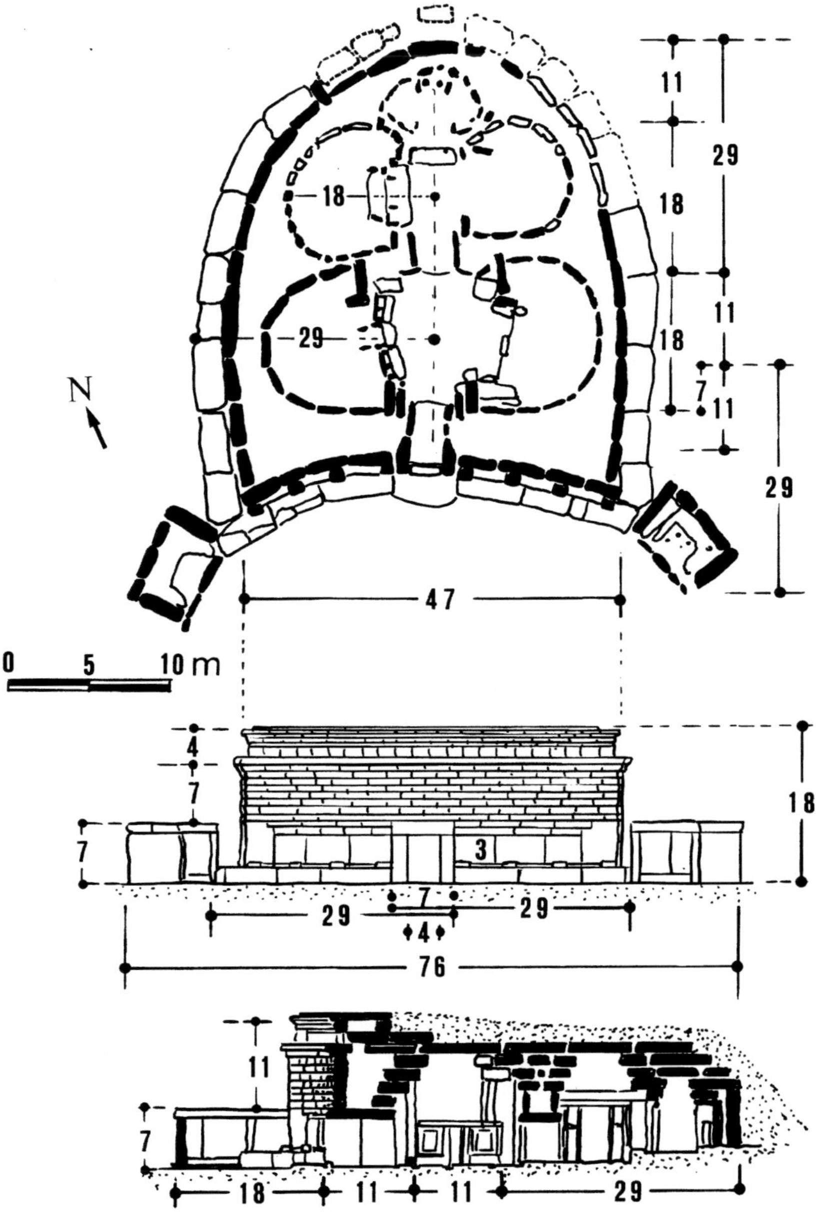
N
11
29
18
18
29
11
18
7
11
29
47
0
5
10 m
4
7
7
18
3
7
29
29
4
76
11
7
18
11
11
29

3.2

Die Grundrisse der Heiligtümer sehen aus, als habe man ein Idol der Erdgöttin rücklings auf den Boden projiziert. Die Tempel geben durch ihre fünf seitlichen Nischen die Gestalt der mittelsteinzeitlichen Erdmutter mit breiten Brüsten und ausladenden Schenkeln als unterirdisches Bauwerk wieder.

Das Bauen mit genormten Ziegeln förderte zwangsläufig das Denken in Zahlen und in geometrischen Formen, wie man das an jedem Kind beobachten kann, das mit genormten Bauklötzen spielt: Einerseits erzwingt der quaderförmige Ziegelstein den rechten Winkel, andererseits gibt er durch die Anzahl der verwendeten Steine für die Längs- und für die Schmalseiten eines rechtwinkligen Gebäudes zugleich ganze Zahlen vor. In den Ländern rings um das Mittelmeer, wo es keine natürlichen Vorkommen von leicht zu bearbeitendem Kalkstein wie in Malta gab, ging man notgedrungen zum Ziegelbau über, als man den Göttern Tempel errichtete.

In Mesopotamien entstanden seit der Mitte des 4. Jahrtausends charakteristische Sakralbauten, deren Wände durch eine wechselnde Folge von Nischen und Pfeilern gegliedert sind. Wie der Autor nachweisen konnte (HAUSMANN 1998a), war es durch die Anzahl der Nischen und Pfeiler möglich, den Ablauf des Jahres mit seiner Folge von Tagen und Monaten gleichsam räumlich sichtbar zu machen. Man besaß zu jener Zeit ja noch keine Uhren und deshalb war es für den Termin der Aussaat des Getreides, sowie für den Kult der Götter und den der Toten äußerst wichtig, irgendeinen Anhaltspunkt dafür zu haben, in welchem Abschnitt des Jahres man sich gerade befand. Wenn ein Priester jeden Tag beim Gebet um eine Nische weiter vorrückte und diese markierte, dann konnte er nach einem vollen Umlauf um das Gebäude wiederum an demselben, richtigen Tag des Jahres wie am Beginn seiner Prozession für den angemessenen Kult der Gottheit sorgen. Schon sehr früh entstand auf diese Weise ein Zusammenhang zwischen der äußeren Gestalt von Bauwerken, die mit Heiligen Zahlen proportioniert wurden, und einer frühzeitlichen Kalenderrechnung.

Aus der ägyptischen Frühzeit sind keine Tempel, sondern nur Grabanlagen der königlichen Familien aus gestampften Lehmziegeln erhalten geblieben. Auch bei ihnen werden die Heiligen Zahlen und die Maßeinheit Elle benutzt und auch sie weisen die charakteristische Nischen- und Pfeilerstruktur zur Sichtbarmachung der Dauer des Jahres auf.

Die Spur der Heiligen Zahlen lässt sich auch nach Kreta hin verfolgen, wo zwar ein anderer Kult entstand, in dem ein Himmelsgott im Zusammenwirken mit einer weiblichen Mondgöttin verehrt wurde, wo aber die Heiligtümer ebenfalls mit derselben Maßeinheit und mit denselben Zahlen geplant wurden.

^{14}C–Datierungen haben ergeben, dass die Länder Westeuropas über das Meer von Sizilien her besiedelt worden sind. Die ältesten Beweise für ein Vordringen von Invasoren aus dem Osten finden sich in Gestalt von megalithischen Gräbern. Sie wurden im 5. Jahrtausend angelegt, als erstmals Expeditionen bis in den Süden Portugals gelangten. Das Monument von Poço de Gateira gehört zu den ältesten Bauwerken und entstand gegen Mitte dieses Jahrtausends. Es besteht aus einem Grabhügel von 6 Metern oder 7×47 Fingerbreiten Radius und öffnet sich nach Osten hin in einem kleinen Gang. Dieser wird aus zwei parallelen, nicht sehr hohen Steinplatten gebildet, die ein großer Steinblock überdeckt; der Gang führt zu einer polygonalen Grabkammer. Die Kammer enthielt Beile aus poliertem Stein, Klingen aus Silex und zwölf kugelförmige Vasen.
Zu Beginn des 4. Jahrtausends tauchten dann in Portugal runde oder ovale Kuppelgrabkammern auf. Ihre veränderte Gestalt deutet darauf hin, dass sich seit der Ankunft der ersten Schiffe aus der Vermischung von einheimischen Jägern und aus den an der Atlantikküste entlang gewanderten Kolonisten eine sesshafte Bevölkerung herausgebildet hatte, die sich eigenständig entwickelte und das im Totenkult auch zum Ausdruck brachte.

Auch in Nordwestfrankreich entstanden gegen Mitte des 5. Jahrtausends die ersten großen Grabhügel. Gemeinsam ist ihnen die monumentale längliche Form von oft gewaltigen Ausmaßen. Eines der ältesten Monumente entstand bei Barnenez im Departement Finistère in der Bretagne in zwei Phasen. Der ältere Teil mit fünf Grabkammern unter einem großen, aufgeschütteten Hügel wurde nach den Altersbestimmungen um –4700, der jüngere mit sechs Kammern gegen –4300 angelegt. Die Verwertung von Steinen zu Beginn des 20. Jahrhunderts bedeutete den Anfang der Zerstörung dieses Monuments, das nur im letzten Augenblick für die Nachwelt erhalten werden konnte. Leider wurden dadurch aber nur noch wenige Relikte der beigesetzten Toten aufgefunden.

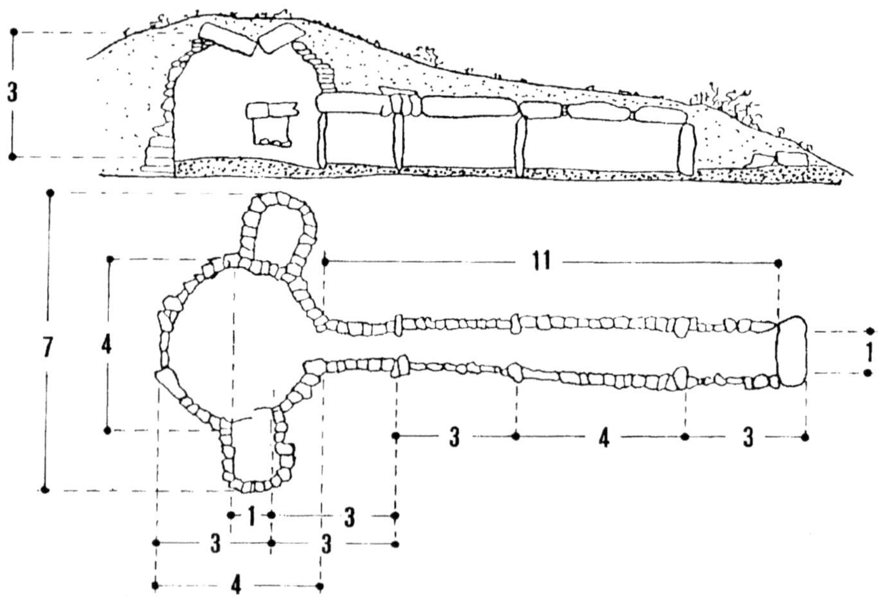

3.3

Die Grabanlagen in Frankreich ähneln sehr stark den Ganggräbern in Portugal, die dort aber meist besser erhalten sind. Ich will den Aufbau solcher Totenkammern deshalb am Beispiel des Ganggrabes von Alcalar an der Algarve kurz beschreiben: Unter einem annähernd kreisförmigen Hügel öffnet sich ein Gang aus senkrecht gestellten Steinplatten nach Osten hin zur aufgehenden Sonne. Im Zentrum der

Aufschüttung liegt die kreisförmige Grabkammer mit zwei seitlichen Nischen. Die Gesamtlänge des Grabes beträgt 12,5 Meter, die Höhe der Grabkammer knapp 2,5 Meter. Der Durchmesser des Grabhügels misst 29 Längeneinheiten zu je 47 Fingerbreiten. Alle Zahlenwerte in Figur 3.3 bedeuten Vielfache der Längeneinheit von 0,85 m.
Der lange, ins Innere des halbkugelförmigen Grabhügels führende Gang dürfte dabei die Himmelssäule wiedergeben, welche nach alter Vorstellung die Himmelskuppel stützte; der Tumulus selbst stellte wohl den Fixsternhimmel dar. Betrachtet man nämlich den Grundriss des steinernen Grabes bei Alcalar von oben, so meint man die Projektion einer sehr vereinfachten menschlichen Gestalt zu erkennen. Diese besitzt einen langgestreckten, säulenförmigen Körper, dessen Füße nur angedeutet sind. Sie trägt mit dem Kammerinneren einen kugelförmigen Kopf, an dem die beiden Ohren durch Nischen wiedergegeben werden. Diese Gestalt ähnelt dadurch jenen Steinsäulen, die als „Menhire" in vielen Gebieten mit Megalithbauten weit verbreitet zu finden sind. Manchmal besitzen diese Steinsäulen ein Gesicht, meist jedoch werden sie ohne ein solches dargestellt.

Ich vermute, dass wir in den Menhiren und in den Ganggräbern eine Abbildung der männlichen Himmelsgottheit vor uns sehen, während die megalithischen Tempelheiligtümer auf Malta und Gozo die Muttergottheit abbildeten. Für diese Annahme spricht folgender Befund: Alle diese frühen Bauwerke wurden nach einer Ordnung errichtet, die in der Verwendung von Heiligen Zahlen ihren Ausdruck fand. Dabei erweisen sich die alle relevanten Baumaße als Vielfache dieser Zahlen, welche sich aus den Proportionen des menschlichen Körpers herleiten. Während aber die Heiligtümer der Erdgöttin auf der Insel Malta als Maßeinheit eine Länge von 29 Fingerbreiten verwendeten, wurden die Abbilder des Säulengottes mit einer längeren Maßeinheit geplant. Sie ergibt sich mit ihren 47 Fingerbreiten durch die nächst größere Zahl aus der Folge der Heiligen Zahlen. Ich möchte nicht ausschließen, dass wir hier bereits einer Entwicklung begegnen, die nicht einfach nur die höhere Gestalt der Männer in eine größere Maßeinheit umsetzte, sondern die auch schon eine Vorrangstellung des Mannes gegenüber der Frau ausdrücken wollte.

Auf den britischen Inseln lassen sich um –3800 die ersten Ackerbau betreibenden Gesellschaften nachweisen. Deren Siedlungen findet man vom Süden Englands bis weit zum Norden der Insel, wo selbst die Orkney-Inseln in der Nordsee besiedelt wurden. Auch in Irland entstanden zu dieser Zeit megalithische Bauwerke. Hier im Norden Europas konnte man zu jener Zeit durchaus noch Ackerbau betreiben, denn es herrschte damals ein Klimaoptimum in Europa, bei dem die Temperaturen im Jahresdurchschnitt um fast 5 °C höher lagen als das zur Zeit der Fall ist.

Charakteristische Bauwerke wurden im Norden Europas oft in Gestalt großer Steinkreise mit Wallgräben errichtet. Die mit Steinkränzen eingefassten Grabenringe können beträchtliche Dimensionen annehmen. Der große Ring von Durrington in England hat beispielsweise einen Durchmesser von fast 500 Metern, der von Brodgar auf den Orkney-Inseln misst immerhin noch 103 Meter, was 123 Einheiten zu 47 Fingerbreiten entspricht.
Die Anlagen dienten vermutlich zur Festlegung des Zeitpunktes der Sommersonnenwende. Durch Anpeilen aus einer gewissen Entfernung konnte man den Ort des Sonnenaufgangs zur Zeit der Sommersonnenwende und damit den Höhepunkt des Sommers bestimmen. Dadurch besaßen die Priester einen annähernd genauen Kalender und kannten den richtigen Termin für die Aussaat des Getreides.
In den nachfolgenden zwei Jahrtausenden wurden diese Kalenderbauten vielfach umgebaut und dienten einer immer genaueren Beobachtung der Gestirne, sowie wahrscheinlich der Vorhersage von Mondfinsternissen. Ein gut bekanntes Beispiel hierfür ist das Monument von Stonehenge in Mittelengland.

3.2 Frühzeitliches Messen

Nicht nur für die Untersuchung von Bauwerken und zur Entscheidung der Frage, ob der Goldenen Schnitt zu Planungszwecken in der Antike bewusst verwendet wurde, ist die Kenntnis der verwendeten Maßeinheiten notwendig. Vielmehr steht das Messen von Längen am Anfang aller Wissenschaft. In der Frühzeit der Menschheit bauten zudem alle benutzten Maßeinheiten auf den Heiligen Zahlen auf.

Am einfachsten lässt sich der Nachweis für die bewusste Verwendung der zum Goldenen Schnitt gehörenden Zahlen an den Tempeln und bei den Standbildern der Antike führen, wo das ein wesentlicher Bestandteil der gesamten kulturellen Leistung war. Während eines sehr langen Zeitraums änderten sich dabei zwar die Maßeinheiten geringfügig, doch wurden die Proportionen stets durch die Zahlen bestimmt, die zum Goldenen Schnitt gehören. Um das zu zeigen ist es nötig, sich mit den frühen Maßsystemen etwas näher zu befassen.

Im Text werden häufig die Begriffe „Maß“ und „Maßeinheit“ verwendet, deren sprachliche Wurzel das Wort messen ist. Bei zeitgenössischen Bauten spielt der Vorgang des Vermessens sowohl bei Baubeginn als auch während der Bauphase eine sehr wesentliche Rolle, da es wichtig ist, die Übertragung des Bauplans in die Realität zu kontrollieren. Das hat einmal mit formalen Aspekten einer Bauaufsicht zu tun, aber auch mit der Tatsache, dass man die berechnete Baustatik aus Stabilitätsgründen einhalten muss. Als Menschen damit begannen, Großbauten statt einfacher Hütten zu errichten, gab es natürlich noch kein formalisiertes Baurecht. Das Problem existierte aber durchaus schon, dass man eine stabile Statik bewirken musste, sollte das Bauwerk nicht in sich zusammenstürzen.

Ein wesentlicher Unterschied zu heute bestand im Altertum bezüglich der Fähigkeiten, eine berechnete Planung messtechnisch vor Ort umzusetzen und zu überprüfen, da die Möglichkeiten extrem genauer

Längenmessungen mit Theodolithen oder gar mit der Hilfe von Lasern noch unbekannt waren. Vieles musste deshalb auf einem durch Erfahrung gewonnenen Wissen der Baumeister basieren. Dieses Wissen gründete auf einer Bauplanung, die im eigentlichen Sinn gar nicht maß, sondern nur abzählte. Das aber geschah allein mit ganz bestimmten Zahlen, die zudem noch besondere Eigenschaften besaßen. Dabei ging man offenbar folgendermaßen vor: Die *richtigen* Zahlen gaben die Längenverhältnisse und die absoluten Baulängen gleichermaßen als ganze Vielfache einer Basislänge vor. Durch Abzählen wurden diese Maße in den Richtungen abgetragen, die man zuvor durch Fluchten festgelegt hatte. Zwar entspricht dieses Übertragen von Maßen aus einer Planung in die Realität auch einem einfachen Messvorgang, doch sorgt die mathematische Struktur der gewählten Proportionierung dafür, dass theoretisch gar keine und in der Realität nur sehr kleine Messfehler auftreten konnten.

Sowohl der Goldene Schnitt als auch der Idealschnitt sind selbstorganisierend. Das heißt, dass aneinander gefügte Teilstücke wiederum Längen ergeben, die zu dem Kanon der durch die richtigen Zahlen vorgegebenen Maße gehören. Sollte also beim Abzählen ein Fehler vorgekommen sein, so machte sich dieser unmittelbar dadurch bemerkbar, dass die einzelnen Abmessungen in der Summe nicht zusammenpassten. Ein Grundriss konnte also nur richtig oder falsch, jedoch kaum ungenau sein. Der Vorgang des Abzählens kontrollierte sich auf diese Weise selbst.
So liefert etwa das Aneinander fügen von Strecken aus 47 und 76 beliebigen Einheiten Länge mit 123 Einheiten wieder ein richtiges Maß. Zusätzlich erzwingt aber auch eine auf einem rechtwinkligen Raster aufbauende Planung mit den *richtigen* Zahlen genaue rechte Winkel. Eventuelle Messfehler bei der Festlegung der Fluchtlinien im Gelände wurden daher unmittelbar deutlich und konnten sofort korrigiert werden.

Die metrische Analyse noch erhaltener antiker Bauwerke zeigt denn auch, dass die Fehler meist geringer als 5 Promille sind oder in Zahlen ausgedrückt nur wenige Zentimeter bei einer Länge von 50 Metern betragen.

Wenn ich diese Behauptung aufstelle, dann stellt sich damit die berechtigte Frage, warum nicht schon seit langem das der antiken Bautechnik zu Grunde liegende Planungssystem erforscht worden ist. Die Ursache dafür ist wahrscheinlich in fehlenden Kenntnissen vom Aufbau der frühzeitlichen Maßsysteme und von der Größe ihrer Maßeinheiten zu suchen. Ohne das Wissen von der Verwendung der *richtigen* Zahlen und von der sich daraus ergebenden Proportionierung fehlt zudem der metrische Zugang zu den Abmessungen der Bauwerke. Diese scheinen ohne diese Kenntnis nämlich mit einer Ungenauigkeit behaftet zu sein, die sie in Wirklichkeit gar nicht besitzen, da die metrische Analyse *richtige* Zahlen liefern *muss* !
Unser mangelhaftes Verständnis hängt teilweise damit zusammen, dass einerseits die Basislängen variierten und diese zusätzlich auch nicht Bestandteil eines auf Naturgesetzen aufbauenden rationalen Maßsystems waren, wie wir es heute mit dem metrischen System besitzen. Wegen dieses Tatbestandes stellt die Untersuchung der Genauigkeit jener Maße, die während der Antike als Längeneinheiten verwendet wurden, noch immer ein strittiges Problem unter Fachleuten dar. Ohne Kenntnis der benutzten Maßeinheit kann man nämlich trefflich über die „wahre Länge“ der antiken Maßeinheiten streiten.

Eine wichtige Voraussetzung für die geschilderte Übertragung von Maßeinheiten ins Gelände und für das Erzielen der großen Maßgenauigkeit, die im Steinbau aus Gründen der Statik erforderlich ist, war die Existenz einheitlicher Maßstäbe. Diese benötigte man auch für die Herstellung genormter Ziegel. Daher stellt sich die Frage, wie Maßsysteme aufgebaut waren, um eine Normung und Reproduzierbarkeit zu gewährleisten.

Ich will das an einem Beispiel erläutern: Misst man bei einem antiken römischen Bauwerk eine Baulänge als Strecke s = 29,40 $\pm$ 0,05 m aus, so kann man behaupten, der Baumeister habe hier eine Länge von 100 ionischen Fuß mit einer Länge von jeweils 29,4 cm realisieren wollen. Genauso wenig wäre die Aussage falsch, es handele sich hier um eine Strecke von 99 römischen Fuß zu 29,6 cm, die mit einem Fehler von 1% ins Gelände übertragen wurde. Man könnte aber auch sagen, die Länge betrage exakt 2×199 Handbreiten zu 7,4 cm. Berücksichtigt man, dass bereits die Angabe s = 29,40 m mit einem Messfehler behaftet ist, so erkennt man schnell die Problematik aller dieser Feststellungen.

Das Problem bei allen drei genannten Aussagen besteht darin, dass zunächst niemand weiß, wie viele Fuß oder Handbreiten die Strecke von 29,40 m überhaupt messen *sollte*. Waren ursprünglich 100 Fuß, 99 Fuß oder 2×199 Handbreiten als Länge beabsichtigt? Da kommt man auch nicht weiter, wenn man Mittelwerte aus vielen Baulängen bildet und versucht, daraus auf die wahre Länge der antiken Maße zu schließen!

Was kann man in diesem Falle besser machen?
Ein gangbarer Ansatz scheint zu sein, zunächst die Zusammenhänge zwischen den einzelnen Maßeinheiten unter folgenden Annahmen zu untersuchen:

1. In den mediterranen Ländern wurden in der Frühzeit verschiedene „Körpermaße" als Maßeinheiten verwendet. Es sind dies Fingerbreiten, Daumenbreiten, Handbreiten, Spannen, Fußmaße, Ellen, Schritte und Klafter.

2. In verschiedenen Regionen besaßen gleichartige Maßeinheiten leicht unterschiedliche Längen, da die Körpergröße der Menschen geringfügigen Schwankungen unterliegt.

3. Zwischen den Maßeinheiten existierten stets ganzzahlige Umrechnungen, wie das beim römischen Maßsystem durch folgende Relation deutlich wird: 1 Klafter = 2 Schritt; 1 Schritt = 5 Fuß; 1 Fuß = 16 Fingerbreiten; 3 Fuß = 2 Ellen.

Die Unsicherheit bei der Bestimmung der wahren Länge von Baumaßen lässt sich im Allgemeinen bereits erheblich vermindern, wenn man herausfindet, welche Maßeinheit überhaupt verwendet wurde. Vergleicht man unter den oben gemachten Annahmen die Grundmaße Klafter, Fuß, Handbreite, Daumenbreite oder Fingerbreite miteinander, so lassen sich aus den erhaltenen Zahlenwerten bereits Aussagen über die verwendete Einheiten machen, die nur noch mit einem geringen Fehler behaftet sind.

Da es sich bei einem Teil der antiken Maßen um Längen handelte, die unmittelbar vom menschlichen Körper abgeleitet wurden, liefert das einen zusätzlichen Zugang zur richtigen Länge der Maße, da es beim normal proportionierten Menschen feste Relationen zwischen der Körperlänge und beispielsweise der Breite des Fingers gibt.

Damit ist aber noch nicht die Frage beantwortet, wie lang die betreffende Strecke wirklich sein sollte. Hier können aber der Goldene Schnitt und der Idealschnitt weiterhelfen, bei deren Verwendung immer nur ganz bestimmte Vielfache der Grundlängen in Gestalt der *richtigen* Zahlen auftreten! Die Proportionsanalyse eines Bauwerkes liefert somit nicht nur eindeutige Aussagen darüber, welche Maßeinheit benutzt wurde, sondern sie zeigt auch die Genauigkeit bei der Übertragung von Längen aus dem Plan ins Gelände auf.

- Die Proportionsanalyse besitzt einen großen Vorteil vor anderen Untersuchungsmethoden, da sie die verwendeten Einheiten zu bestimmen gestattet. Weiterhin erlaubt sie, die Entwicklung der verschiedenen Maßsysteme zu ermitteln. Der sakrale Charakter der Heiligen Zahlen sorgte nämlich für eine lange anhaltende Kontinuität bei deren Verwendung, die dadurch auch kulturelle Veränderungen im Verlauf langer Zeiträume sichtbar macht.

Weiß man beispielsweise aus der Analyse der Proportionen und Maße des Bauwerkes, dass eine Strecke offenkundig 55 Fußeinheiten, eine andere 34 Fußeinheiten und eine dritte 21 Fußeinheiten lang sein sollten, dann kann man die Länge der hier benutzten Basisgröße „Fuß" schon genauer aus den gemessenen Werten bestimmen. Meine Untersuchungen von einigen hundert Baumaßen haben ergeben, dass die Normlänge des römischen Fußmaßes beispielsweise recht genau 29,6 cm betrug. Sie wurde meistens mit einem mittleren Fehler von nur $\pm$ 0,5 % im Bauwerk realisiert.

Allgemein lässt sich sagen, dass die Maßgenauigkeit in allen in diesem Buch behandelten Zeiträumen erstaunlich groß gewesen ist. Die Abweichungen vom Sollwert betrugen in der Antike selten mehr als wenige Promille beim Grundriss, im aufgehenden Mauerwerk und bei dekorativen Bauteilen wie Türen oder Gittern aus Bronze. Das bedeutet dann eine Abweichung von wenigen Millimetern bei einer Länge von zwei Metern.
Weil die Planungswerte in spätantiker Zeit meist nur noch mit Latten und Schnüren ins Gelände übertragen wurden, waren die Baumaße in dieser Zeit etwas ungenauer. Die realisierten Längen weisen in dieser Epoche einen systematischen Fehler von etwa einem halbem Prozent gegenüber den geplanten Längen auf. Weil die Schnüre meist ein wenig durchhingen, gerieten alle Längen offenbar etwas zu kurz. Hingegen betragen die Abweichungen beim griechischen Steinbau oft sogar weniger als ein ½ Promille.
Unabhängig von dieser Genauigkeit variierten die Maßeinheiten jedoch bezüglich ihrer Länge bei einzelnen, zeitgleichen Bauhütten und auch über längere Zeiträume hinweg.

Die Auswahl der römischen Maße gründete auf einer langen Tradition in verschiedenen Ländern des Mittelmeerraums, die von Rom nicht unterbrochen, sondern in das eigene System integriert wurde. In der Spätzeit der römischen Republik wurden die Maßeinheiten als Normmaße in Rom für das gesamte *Imperium Romanum* verbindlich festgelegt. Man bewahrte sie als Standardmaße *(exagiae)* im Tempel der Göttin Juno Moneta auf dem Kapitol in Rom auf. Sie trugen daher oft den Zusatz *monetalis*. Von hier gingen Duplikate an die Legionen im gesamten Reich, wo sie im Fahnenheiligtum der Lager aufbewahrt wurden. Gebrauchsnormale erhielten auch die Untereinheiten der Legionen, wo sie der Standardisierung der Messgeräte der Handwerker dienten. Auf diese Weise existierte zeitweise ein einheitliches Maßsystem im ganzen Reich. Auch aus anderen Kulturen sind Maßreformen mit dem Ziel einer Vereinheitlichung aller Maße bekannt.

Schon Tausende Jahre früher hatten Herrscher in älteren, zentralisierten Staaten wie Ägypten oder Babylonien verbindliche Längen- und

Gewichtseinheiten festgelegt. Dabei benutzte man als Basislängen vorwiegend die Körpermaße Handbreite und Fingerbreite. Je nach der Körpergröße des jeweiligen Handwerkers schwankten diese Maße geringfügig.

Nachdem die Menschheit erst einmal erkannt hatte, dass man mit den Heiligen Zahlen ein Hilfsmittel besaß, mit dem sich jederzeit die Proportionen des menschlichen Körpers reproduzieren ließen, war der erste Teil des Problems bei der Herstellung von Götterbildern gelöst. Nun musste man eine Antwort auf die Frage finden, wie die Größe und Überlegenheit der Götter wiedergegeben werden konnte. Der sakrale Charakter der Zahlen legte es offenbar nahe, sie auch als Faktor für eine angemessene Maßeinheit zu verwenden. Dadurch entstand schließlich das erste Maßsystem der Menschheit.
Die angedeutete Problemlösung besaß allerdings einen Nachteil. Hätte man nämlich beispielsweise 11 Handbreiten als neue Basisgröße genommen, so wäre auch das Götterbild elfmal so groß geworden wie ein Mensch. Ein so großes Götterbild überstieg jedoch die technischen Möglichkeiten, da es nicht als Monolith aus einem einzigen Steinblock zu hauen war. Außerdem war es fast unmöglich, mit einer so großen Maßeinheit Details beim Götterbild zu gestalten.
Das Problem wurde denn auch auf andere Weise gelöst: Als man vor der Aufgabe stand, auch kurze Baulängen oder die Gestalt auf einem Relief mit kleinen Zahlen und mit einer großen Maßeinheit wiederzugeben, entdeckte man auf dem Plateau von Malta die Möglichkeit, die Handbreite durch fortgesetztes Halbieren zu verkleinern, um auf diese Weise eine kleinere Einheit zu erhalten. Nicht sehr viel später ging man dann dazu über, von vornherein die Fingerbreite als kleinere Maßeinheit zu benutzen.
Das wies auch den Lösungsweg, als man zunehmend größere Tempel als Wohnungen für die Götter errichten wollte. Nun stellte sich die Handbreite als eine zu kleine Maßeinheit heraus, da sie große Heilige Zahlen erforderlich gemacht hätte. Dieses Problem wurde gelöst, in dem man Vielfache der Fingerbreite zu neuen Einheiten zusammenfügte. Diese Maßeinheiten erhielten in späterer Zeit die Namen von

Körperteilen mit annähernd gleicher Länge, nämlich Handbreite, Fuß, Doppelfuß, Elle, Schritt oder Klafter.

Mit der Abkürzung 1" für die Fingerbreite ergaben sich so die folgenden neolithischen Maßeinheiten:

1" = 1 Fingerbreite ≈ 1,8 cm
4" = 1 Handbreite ≈ 7,2 cm
11" = 1 Spanne ≈ 19,8 cm
18" = 1 Fuß ≈ 32,4 cm
29" = 1 Elle ≈ 52 cm
47" = 1 Megalith–Schritt ≈ 85 cm

Die Angabe in Zentimetern ergibt sich aus Baumaßen und aus der Annahme, dass die Durchschnittsgröße der mediterranen Menschen vor 6.000 Jahren ungefähr 1,62 m = 5×18 Fingerbreiten betrug. Diese Länge steht im Einklang mit der Körperlänge von ägyptischen Mumien und mit der von prähistorischen Skeletten. Die Längenangaben dieser Maße besaßen eine gewisse Schwankungsbreite, die aber nur wenige Prozent betrug, da auch die Körpergrößen der frühen Baumeister nicht viel stärker variierte.

Wie andere Zahlen scheinen auch die Heiligen Zahlen zunächst abstrakte, magische Gebilde ohne ein anschauliches Äußeres gewesen zu sein. Sie gewannen jedoch nach der Erfindung des genormten, rechtwinkligen Ziegelsteins ein als geometrische Form sichtbares Eigenleben. Ungebrannte Lehmziegel wurden bereits zweitausend Jahre vor der Kultur von Sumer in einem hölzernen Rahmen geformt und sind um –5000 annähernd gleichzeitig auf der Insel Malta und im Norden des Irak nachweisbar. Gegen –3500 wurden auch in Ägypten und auf der Insel Kreta genormte Ziegel aus gebranntem und aus ungebranntem Lehm für Grabbauten verwendet.

Das Bauen mit Ziegeln erlaubte mit einem Male die Umsetzung der Heiligen Zahlen in ein Bauwerk in viel einfacherer Weise, als das zuvor bei der Bearbeitung von Naturstein möglich gewesen war. Die

veränderten Bedingungen in den neuen Siedlungsgebieten bewirkten so zwei Veränderungen: An die Stelle der runden, natürlichen Form des weiblichen Körpers der Erd- und Muttergottheit in den maltesischen Tempeln und der Kreisform bei den meisten Megalithbauten trat der durch die Ziegelsteine erzwungene rechtwinklige Grundriss im Tempelbau von Mesopotamien und Ägypten.
Die Beschäftigung mit dem Abzählen von Ziegeln und mit der durch rechtwinklige Ziegel erzeugten geometrischen Form bewirkte einen kulturellen und zivilisatorischen Schub. Da die Ziegel klein waren im Verhältnis zu den großen Megalithen, sich zudem auch in fast beliebiger Stückzahl herstellen ließen, ergab sich gleichzeitig eine neue Qualität des Bauens durch dessen andere Quantität. Das wiederum erforderte eine Organisation bei der Produktion der Ziegel, beim Bauen selbst und in der Nahrungsproduktion, um aus deren Überschüssen die Bauleute ernähren zu können.

Fast ebenso frühzeitig müssen die neolithischen Priester entdeckt haben, dass sich mit Heiligen Zahlen die Bestimmung des richtigen Termins für die Aussaat des Getreides im Frühling eines jeden Jahres durchführen ließ. Dazu benötigte man Kenntnisse vom Ablauf eines Jahres und ein Instrumentarium für die Zeitmessung. Die Dauer eines Mondumlaufs um die Erde in annähernd 29 Tagen dürfte den Grund dafür geliefert haben, dass die Elle mit 29 Fingerbreiten für lange Zeit zu der am meisten verwendeten Maßeinheit wurde. In der Frühzeit der menschlichen Kultur war die Beschäftigung mit der Astronomie ein wesentlicher Grund für die weitere Entwicklung der Zivilisation.

In den ersten Hochkulturen der Menschheit rings um das Mittelmeer kam es nach der Mitte des 4. Jahrtausends schnell zu regionalen kulturellen Sonderentwicklungen, die sich bald auch durch die Verwendung veränderter Maßeinheiten äußerten.

Seit der Entstehung eines vereinigten Reichs von Unter- und Oberägypten gegen Ende des 4. Jahrtausends sind durch archäologische Funde und durch Bauanalysen im Wesentlichen zwei genormte Längenmaße nachweisbar. Es handelt sich dabei um die

Handbreite mit fünf Fingerbreiten und um die Elle. Aus diesen Basismaßen wurden später größere Einheiten abgeleitet.

Die gebräuchlichste Einheit war bereits vor Beginn des *Alten Reichs* um –3000 die Elle (MEH), die mit 32, 29, 28 oder 24 Fingerbreiten unterschiedlich lang sein konnte. Beim Bau der Pyramiden des *Alten Reichs* von Ägypten verwendete man Ellen mit unterschiedlichen Längen. Auch ein Maß von 16 Fingerbreiten wurde benutzt. Kleinere Maßeinheiten erzeugte man durch fortgesetztes Halbieren der Handbreite.

Die Fingerbreite (DJEBÂ) ergibt sich für die hellenistische Epoche Ägyptens nach aufgefundenen Maßstäben der großen „Ptolemäischen Elle“ mit 29" als Einheit zu 1,84 cm. Eine Handbreite (SCHESEP) beinhaltete im *Alten Reich* 5", in der Spätzeit Ägyptens jedoch meistens nur noch 4". Als größere Längeneinheit benutzten die Ägypter das Holz (KHET), das genau 100 Ellen lang war. Nur noch die Einheit (ITERU) = 1 Flussbreite mit 20.000 Ellen oder rund 10 Kilometern Länge war größer als das Holz.

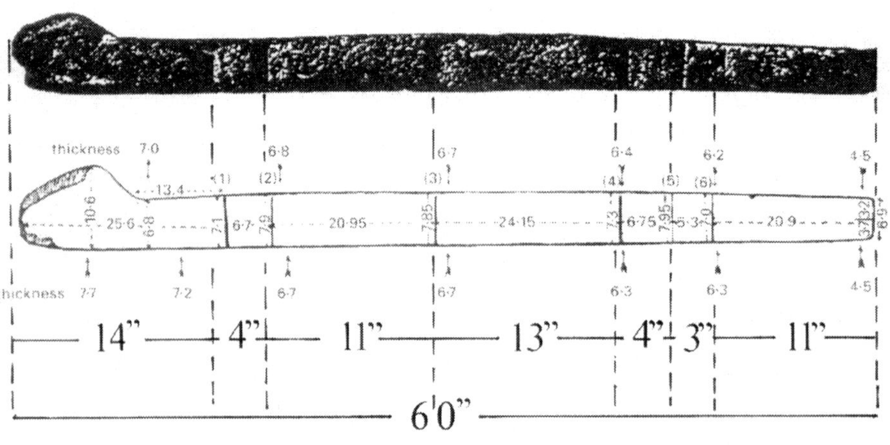

3.4

Auch für Mesopotamien ist durch verschiedene Quellen sicher belegt, wie das babylonische Maßsystem aufgebaut war. Aus mathematischen

Texten in Keilschrift und vor allem aus dem Fund eines Normmaßes aus dem Ort Nippur ergibt sich seine Struktur.
Ende des 19. Jahrhunderts wurde im Tempel 'E' von Nippur bei Ausgrabungen eine 1,1 m lange Stange aus Kupfer gefunden, auf der sechs Markierungen eingraviert sind. Offenkundig handelte es sich bei dem Gegenstand um einen Maßstab. Da das Objekt auf die Zeit um –2800 datiert wurde, müssen wir in ihm den wahrscheinlich ältesten, erhaltenen Maßstab überhaupt sehen, der uns Auskunft über die in Mesopotamien zu jener Zeit verwendeten Maße gibt. Heute befindet er sich im Osmanischen Museum in Istanbul.

Beim Maßstab aus dem Tempel 'E' von Nippur in Figur 3.4 sind die Maßangaben in Zentimetern angegeben, die Gesamtlänge misst 110,35 cm. R. ROTTLÄNDER hat sich um eine Interpretation von einem Teil der sorgfältig vermessenen Markierungen bemüht, wobei er sich auf die Untersuchungen von E. UNGER stützte. Dabei übernahm er auch dessen Ansicht, die Gesamtlänge des Maßstabs betrage 64 Fingerbreiten. Unter dieser Annahme wäre dann zwischen den Markierungen (1) und (4) die Länge einer Elle mit 30" zu finden. Diese Zuordnung liefert allerdings für die übrigen Teilstrecken keine sinnvollen Zahlenwerte in Fingerbreiten. Würde man die aus dieser Elle zu ermittelnde Länge von 1" = 1,72 cm zu Grunde legen, so hätte die Körperlänge der Sumerer bei insgesamt 89" nur 1,53 m betragen. Das steht jedoch nicht im Einklang mit der Durchschnittsgröße der Skelette von etwa 1,62 m. Diese Argumente sprechen deshalb stark gegen die beschriebene Interpretation.

Durch zahlreiche Tontafeln mit archaischen Bildzeichen ist gesichert, dass das sumerische Rechensystem eigene Symbole für die Zahlen 1 (gesch), 10 (u), 60 (gesch-ta), 60×10 = 600 (gesch-u), 60×60 = 3600 (schar) und für 60×60×10 = 36000 (schar-u) besaß. Mathematisch erweist es sich damit als ein Sexagesimalsystem mit der 60 als Grundzahl und der 10 als Hilfsbasis.
Dadurch wird im sumerischen Zahlensystem die Zahl 103 beispielsweise geschrieben als 103 = 1×60 + 4×10 + 3×1.
Es gibt zahlreiche Versuche, die verblüffende Wahl der Zahl 60 als Basis eines Zahlensystems zu erklären. Eine plausible Deutung ist

folgende: Man zählt mit den Fingern und beginnt, ausgehend vom Daumen, mit 1, 2, 3, 4, 5 und zählt dann wieder mit 6, 7, 8, 9 bis zum Ausgangsfinger zurück, so dass der kleine Finger nur einmal gezählt wird. Die 10 wird mit dem Daumen der anderen Hand gezählt. Dann beginnt man wieder in derselben Weise mit der ersten Hand von 11 bis 19 weiter zu zählen, während der Zeigefinger der anderen Hand nun die 20 markiert. Bei der Zahl 59 sind alle Finger belegt und es beginnt eine neue Runde. Dies erklärt die Basis 60, und die Zählung der Zehner mit der zweiten Hand zugleich die Hilfsbasis 10.

Auf Grund der wichtigen Rolle der Zahl 60 im Zahlensystems der Sumerer erscheint mir die Annahme vernünftiger zu sein, dass sich die Gesamtlänge des Maßstabs von Nippur aus 60 Fingerbreiten von je 1,84 cm zusammensetzt. Damit erhält man dann auch für die Körpergröße einen vernünftigen Wert von 89" = 1,63 m. Rechnet man mit dieser Fingerbreite die Abstände zwischen den Markierungen um, so ergeben sich mit großer Genauigkeit die folgenden Werte:

(0) – (1)	14"
(1) – (2)	4"
(2) – (3)	11"
(3) – (4)	13"
(4) – (5)	4"
(5) – (6)	3"
(6) – (7)	11"

Zwischen den Marken (0) – (2) beziehungsweise (4) – (7) findet man nun die Fußlänge von 18"; zwischen (0) – (3) eine Elle mit 29"; zwischen (1) – (4) und (2) – (5) die gewöhnliche Elle mit 28"; zwischen (1) – (5) eine große Elle mit 32". Die kleine Handelselle mit 24" ergibt sich als Abstand (2) – (4). Zusätzlich kann man unmittelbar Längen von ¼ Elle = 7" zwischen (4) – (6) und einer halben gewöhnlichen Elle von 14" zwischen den Marken (0) – (1) und (5) – (7) ablesen, während sich der Wert von 3/2 Ellen = 42" zwischen (0) – (4) und (2) – (7) ergibt. Solche Maße waren bedeutsam für die Herstellung von genormten Ziegeln. Auch die typisch sumerische Maßeinheit 1 EMPANS = 15" = 3

Handbreiten findet sich zwischen (1) – (3) wieder. Neben den genannten Maßeinheiten erlaubt der Maßstab weiterhin das unmittelbare Ablesen der für eine Proportionierung mit Heiligen Zahlen wichtigen Längen 3"; 4"; 7"; 11"; 18" und 29".
Die größte Ungenauigkeit beim Ablesen entsteht dadurch, dass die Markierungen eine Strichbreite von rund 3 mm haben. Da man offenbar zunächst die Gesamtlänge zu 60" festgelegte, bevor die Maßstriche angebracht wurden, hängen die einzelnen Längenmaße davon ab, ob man bis zu den Begrenzungen der Markierungen oder bis zu deren Mitte misst.

- Durch die Anbringung der verschiedenen Markierungen erweist sich der Maßstab aus Nippur als eine Ansammlung aller mesopotamischen Normmaße, die für das Bauwesen wichtig waren. Man kann aus der Art und Weise, in der die Marken angebracht wurden folgern, in welcher Reihenfolge das geschah. Die Fingerbreite war die Basiseinheit für alle anderen Maße.

Als das erste sumerische Reich von semitischen Stämmen erobert wurde, die in Akkad ihr Reichszentrum anlegten, verschwand die archaische sumerische Schreibweise und wurde durch eine Notation in Keilschrift ersetzt. Allerdings wurden das Sexagesimalsystem sowie die meisten Maße übernommen, jedoch durch größere Einheiten erweitert. Um –2000 basierten die mesopotamischen Längenmaße immer noch auf der Fingerbreite.

1" = 1 Fingerbreite (SU-SI)
10" = 1 Fuß (KUS)
15" = 1(EMPANS)
30" = 1 Elle (KUS-U)
45" = 1 Schritt (KUS-GAL)
180" = 6 Ellen = 1 Rohr (QANU)
6×60" = 1 Grenze (GAR)
3.600" = 1 Seil (SU)
6×60×60" = 60 (GAR) =1 Stadion (US)
3.600×180" = 3.600 (QANU) = 1 Meile (DANNA)

Noch heute lebt das sumerische Sexagesimalsystem in unserer Zeiteinheit Sekunde und in der Minute zu 60 Sekunden fort. Wählt man nämlich als Fadenlänge für ein Pendel zwei der später verwendeten, babylonischen Ellen mit 54" = 99,4 cm, so beträgt die Schwingungsdauer von einem Extremalausschlag zum anderen exakt eine Sekunde. 60 Sekunden ergeben als nächst größere Einheit eine Minute und 60×60 = 3.600 Sekunden füllen eine Stunde. Auf der Basis dieser Sekundenlänge lässt sich durch Abzählen der Pendelschwingungen die Tageslänge zu 24 Stunden bestimmen.

Auch die Kreiseinteilung in 360° stammt aus Mesopotamien. Mit der Länge des Radius lässt sich nämlich auf bequeme Weise jeder Kreisumfang in exakt 6 Segmente aufteilen, welche man dann weiter in 60 Teile unterteilte. Der im System der Längeneinheiten auftretende Faktor 6 könnte hierdurch möglicherweise in das Zahlensystem gelangt sein. Allerdings ist nicht auszuschließen, dass auch eine ältere Parallelentwicklung in der Vorstellung von den Zahlen aus dem Zweistromland eine Rolle spielte, in der die Zahl 6 mehrfach vorkommt.

3.3 Das Bild des Menschen

Mit der Kenntnis der verwendeten Maßeinheiten ist es nicht mehr schwer, den Goldenen Schnitt in zahlreichen Objekten der frühen Kulturen aufzufinden. Wie wir gesehen haben, geschah das bis zur Zeit der Pythagoreer nur mit Hilfe der Heiligen Zahlen, die angaben, wie viele Maßeinheiten eine Strecke lang sein sollte. Außer in der Architektur, die aber gesondert behandelt werden soll, lässt sich dies vor allem in Ägypten zeigen.
Mit dem Beginn des *Alten Reichs* um –3000 hatten auch die darstellenden Künste am Nil eine definierte Form gefunden. Zwar ist die Malerei älter als die um –2800 zur Zeit des Pharaos Djosers auftretende

Reliefkunst, sie hat jedoch wegen ihrer Vergänglichkeit nur selten überlebt. In den Grabanlagen von Saqqara westlich von Memphis wirkten zum ersten Mal Kult und Bild zusammen und schafften für die Grabausstattung aller späteren Epochen das Leitbild. Sie dienten der Verewigung des Toten und der Erfüllung der Jenseitserwartungen, die für den König und seine Beamten in der Frühzeit rangmäßig noch sehr verschieden waren. Als Gott unter Göttern ging der König in die Ewigkeit ein; die Wandbilder seines Totentempels verherrlichten ihn im Machtbereich seines Wirkens und Handelns für das Wohl des Landes. Nur wenige dieser Reliefzyklen aus königlichen Tempeln sind in Fragmenten auf uns gekommen, während sich Kultkammern von Beamtengräbern fast vollkommen erhalten haben.

Die Grabkammer war die Stätte des Totenkultes. Die Versorgung im Jenseits wurde aus eigenem Grundbesitz durch eine Totenstiftung gewährleistet, deren Vollstreckung dem Sohn und Erben oblag. Auf magischen Anruf hin erschien der Grabherr an einer Scheintür und seine Anwesenheit vollzog sich im Reliefbild. In aufrechter Haltung überzeugte sich der Verstorbene von der Einhaltung seiner testamentarischen Bestimmungen. Er ließ sich vor den auf einem Tischchen aufgetragenen Speisen nieder; das Reliefbild bewirkte, dass der Tote in den Genuss der Opfer kam. Das Bild der Totenspeisung blieb mit der Kultstelle verbunden, wurde aber in der späteren Entwicklung durch Repräsentanten der Stiftungsgüter mit ihren Opfergaben ergänzt.

Dem Künstler, der die Grabkammer auszuschmücken hatte, stellte sich im *Alten Reich* erstmals die Aufgabe, menschliche Figuren in verschiedenen Handlungen und Bewegungsabläufen zu entwerfen. Dabei wurden die Grundhaltung und die Gliederung in der Fläche konstruiert. Bis heute haben sich in unfertig gebliebenen Gräbern Vorzeichnungen davon erhalten. Gegen Ende des vorigen Jahrhunderts veröffentlichte der deutsche Wissenschaftler C. R. Lepsius eine vielbändige Sammlung von sorgfältig vermessenen Zeichnungen, die auch Bilder aus der ägyptischen Frühzeit enthalten.
In dem Buch „Denkmäler aus Ägypten und Äthiopien“ findet man die in Figur 3.5 wiedergegebene Abbildung eines Grabherrn, die aus einem

nicht fertiggestellten Grab kopiert wurde (Saqqara 17). Das Relief des dargestellten Mannes ist knapp 30 Zentimeter hoch und rund 16 Zentimeter breit. Lepsius schrieb dazu:

„Im Grabe der Pyramide bei Saqqara sind Proben aus alten Stadien der Wandskulptur und Wandmalerei zu finden. Viele Stellen sind erst angefangen, mit dem Meißel umzogen zu werden, andere Stellen sind gar nicht gemeißelt sondern nur ausgemalt. An der Wand dem Eingang gegenüber ist eine Reihe Figuren zum Teil noch mit den ursprünglichen Proportionslinien versehen, von denen immer eine den ganzen Körper von oben nach unten durchschneidet, andere ihn horizontal durchschneiden."

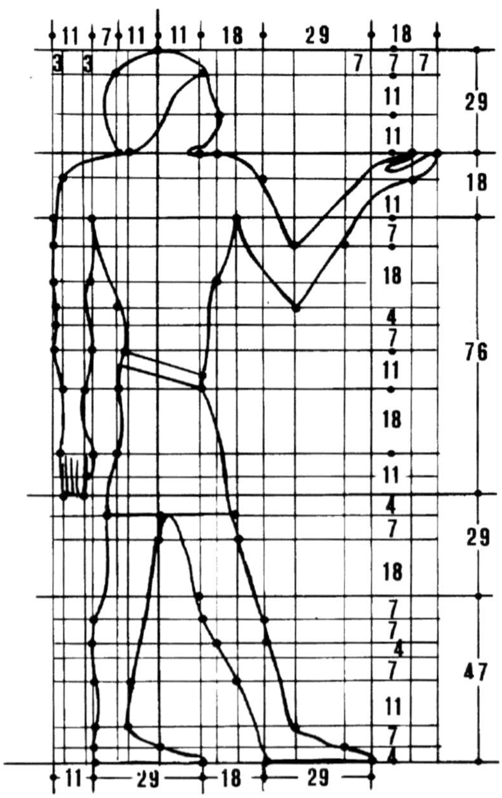

3.5

Schon bald nach der Veröffentlichung gab es zahllose Versuche, das Raster der Konstruktionslinien zu entschlüsseln. Bisher konnte allerdings niemand die Linien befriedigend erklären. Mit der Kenntnis der Heiligen Zahlen ist das jedoch leicht möglich.

Die Gesamtlänge des Mannes in Figur 3.5 ist in 199 Einheiten, die Gesamtbreite dagegen in 11 + 29 + 18 + 29 + 18 = 105 Einheiten unterteilt. Eine Einheit misst deshalb 1,485 Millimeter und ist damit erstaunlich klein. Nach dem, was ich zuvor über Maßeinheiten in Malta und Ägypten ausgeführt habe, dürfen wir annehmen, dass diese Länge von 1,485 mm aus einem üblichen, jedoch größeren Ausgangsmaß hergeleitet werden kann. Wie sich bei dem Modell des Kalksteintempels von Tarxien in Figur 3.1 gezeigt hatte, benutzte bereits der maltesische Künstler eine vierfach unterteilte Handbreite als Maßeinheit, um auch noch Details in seinem Modell wiedergeben zu können. Beim obigen Relief wurde als Maßeinheit offenbar eine sechsfach halbierte Handbreite von ursprünglich 9,5 cm Länge verwendet.
Vermutlich ging der Künstler dabei folgendermaßen vor: Eine Strecke von 11 Handbreiten unter Einschluss des Daumens wurde halbiert, eine der Hälften erneut halbiert und dieser Vorgang insgesamt sechsmal durchgeführt, bis auf der Basis dieser neu gewonnenen Einheit eine Länge von $(11 \times 9{,}5) : 2^6$ cm = 1,63 cm entstand. Sie wurde als 11 Einheiten in das Raster übertragen. Ähnlich verfuhr der Künstler mit den anderen Längen für sein Raster, das dadurch nicht länger quadratisch war. Vielmehr besteht es aus Quadraten und aus Rechtecken, deren Seiten durch Heilige Zahlen gegeben sind.
Das Bild wurde dann unter Verwendung der Heiligen Zahlen in diesem Linienraster konstruiert. Die Schnittpunkte des Rasters liefern die wichtigsten Punkte der abgebildeten Gestalt, deren Proportionen auf diese Weise durch den Modulus Φ des Goldenen Schnitts festgelegt sind. Nachdem so die Maßverhältnisse der Glieder zum Körper bestimmt waren, konnte der Umriss von bewegten Gestalten freihändig entworfen werden.
Im Detail teilen die herabhängenden Fingerspitzen der rechten Hand ebenso wie der Nabel die Länge im Verhältnis $123 : 76 \approx \Phi$. Der Halsansatz trennt das Stück zwischen Achseln und Scheitel mit 29 : 18

≈ Φ, während der Nabel die Rumpflänge und das Knie das Bein im Verhältnis 47 : 29 ≈ Φ unterteilen. Auch die Breite der Standfläche wird durch die beiden Füße gleichermaßen aufgeteilt.

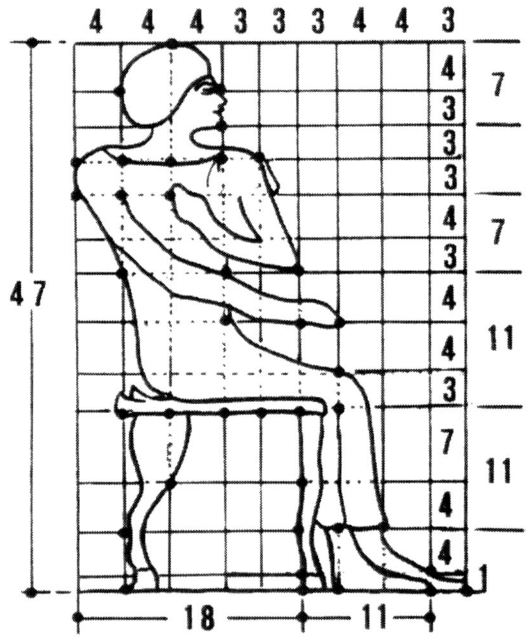

3.6

Figur 3.6 gibt das Kalksteinrelief des am Speisetisch sitzenden Cha-Ban-Sokar aus einer Mastaba in Saqqara wieder. Es befindet sich jetzt im Ägyptischen Museum in Kairo. Seine Abmessungen betragen rund 27 cm × 19 cm. Auch hier erkennt man, dass die Gestalt des Grabherrn in einem entsprechenden Raster konstruiert wurde. Die größere Maßeinheit beträgt diesmal wie am Tempelmodell von Tarxien 1/16 einer Handbreite von 9,02 cm und wurde durch viermaliges Halbieren aus ihr gewonnen. Die Reliefplatte stellt ein *goldenes* Rechteck mit 47 und 29 Einheiten als Seiten dar, das entsprechend unterteilt wurde. Wie man an der Maßeinheit sieht, war in Ägypten zwar die Einheit mit der Handbreite festgelegt, jedoch konnte diese je nach der Körpergröße des Künstlers geringfügig schwanken.

Das *Alte Reich* war eine in sich abgeschlossene Epoche. Die Künste konnten sich von ihrer Frühstufe bis zur Vollendung und zum Niedergang entwickeln. Sie schufen monumentale Bauten, Wandbilder und Statuen für eine sich fortwährend bestätigende Staatsidee. Gestalt nahm diese in unvergänglichen steinernen Zeugen an, die von einer Generation zur nächsten weitergereicht wurden. In der Nachfolge des *Alten Reichs* waren weder staatliche Einheit noch Ordnung ohne Verkündigung und Verewigung durch die Künste denkbar.

Der Kanon der durch die Heiligen Zahlen festgelegten Proportionen hielt sich über fast drei Jahrtausende unverändert, wenngleich die persönlichen Fähigkeiten der Künstler und der jeweilige Zeitgeist für eine gewisse Wandlungsfähigkeit in der Kunst sorgten. Der Wandel in den religiösen Anschauungen fand seinen Niederschlag in den Darstellungen auf den Grabwänden, die sich ebenso veränderten wie das Leben, das sie schilderten. Immer aber war die Weltordnung harmonisch wie der Mensch selbst und in ihren Grundzügen unwandelbar wie das Zusammenleben der Menschen. Diese Ordnung gründet in der Tiefe der Religion und bezieht ihre Dauerhaftigkeit aus der Festlegung des Ordnungsprinzips durch unveränderbare Zahlen.
Alle diese Vorschriften wurden von der Priesterschaft bestimmt. Eine Stele aus der Mitte des 3. Jahrtausends erwähnt, dass bereits während der ersten Dynastien festgelegt wurde, in welcher Gestalt die Götter darzustellen seien. Wir dürfen deshalb sicher sein, dass die Heiligen Zahlen damals schon den Priestern bekannt gewesen sein müssen.

Erst nach der Eroberung Ägyptens durch Alexander den Großen veränderte sich diese, uns Heutigen so statisch erscheinende Welt grundlegend, weil sie ihre bis dahin gültige Ordnung verlor. Die vielen politischen Veränderungen während der verschiedenen Epochen der Geschichte Ägyptens hatten das nicht bewirkt. Die zahlenmäßig festgelegte Göttliche Ordnung hatte selbst tief in das Leben der Gesellschaft einschneidende Umwälzungen überdauert.

3.4 Der Kanon des Polyklet

Die Skulpturen der griechischen Klassik scheinen sich im 5. Jahrhundert mit einem Male völlig von ihren archaischen Vorgängern zu unterscheiden. Schon die Menschen der Antike empfanden sie offenbar als etwas Besonderes und ließen sie während der frühen römischen Kaiserzeit oft kopieren. Hochberühmt und bekannt als Bildhauer war Pheidias, der die Kultbilder in Olympia und auf der Akropolis schuf. Schon lange gibt es diese Statuen jedoch nicht mehr. Wie Pheidias, so hatten auch Myron und Polykleitos (Polyklet) beim Bildhauer Hageladas in Argos gelernt. Während Myron noch im „strengen Stil" arbeitete, zählt Polyklet bereits zur Klassik. Von seinen Skulpturen haben sich als römische Marmorkopien die Statue eines Speerträgers (*Doryphoros*) und die eines Jünglings erhalten, der sich nach dem Wettkampf die Siegerbinde um die Stirn legt (*Diadumenos*). Beide Plastiken wurden gegen –430 in Bronze geschaffen. Nach –423 gewann Polyklet einen Wettbewerb gegen Pheidias und erhielt den Zuschlag für die Ausführung eines großen Gold–Elfenbeinbildes der Göttin Hera in Argos.
Bekannter noch als durch seine Werke aus der letzten Hälfte des 5. Jahrhunderts wurde der Bildhauer durch eine Schrift namens „Kanon", in der er die Regeln beschrieb, nach denen eine Statue zu fertigen sei und in der er die Maßverhältnisse des menschlichen Körpers festlegte. Wie viele andere Schriften der Antike, so ist auch diese Arbeit verloren gegangen. Unabhängig davon ist aber überliefert, dass Polyklet auf dem griechischen Festland die Lehre von Ponderation und Kontrapost verbreitet haben soll. Dabei handelt es sich um die umwälzendste Erfindung der plastischen Darstellung des menschlichen Körpers, die noch bis heute in der Plastik oder Architektur nachwirkt und um –485 in Attika entwickelt worden war. Wurden in der archaischen Zeit Menschen noch als „Kuros" in starrer Haltung dargestellt, wie das die ägyptischen Vorbilder gelehrt hatten, so verteilte der Künstler nun das Gewicht des Körpers ungleichmäßig auf ein belastetes Stand- und ein unbelastetes Spielbein. Diese „Ponderation" zog zwangsweise eine Schrägstellung des Beckens nach sich, die dem Standbild dadurch Dynamik und

Bewegung verlieh. Die Entlastung des Spielbeins wurde wiederholt in einem kontrapostisch vom Gewicht befreiten Arm. Die Gliedmaßen des Körpers bildeten so eine Kreuzstellung.

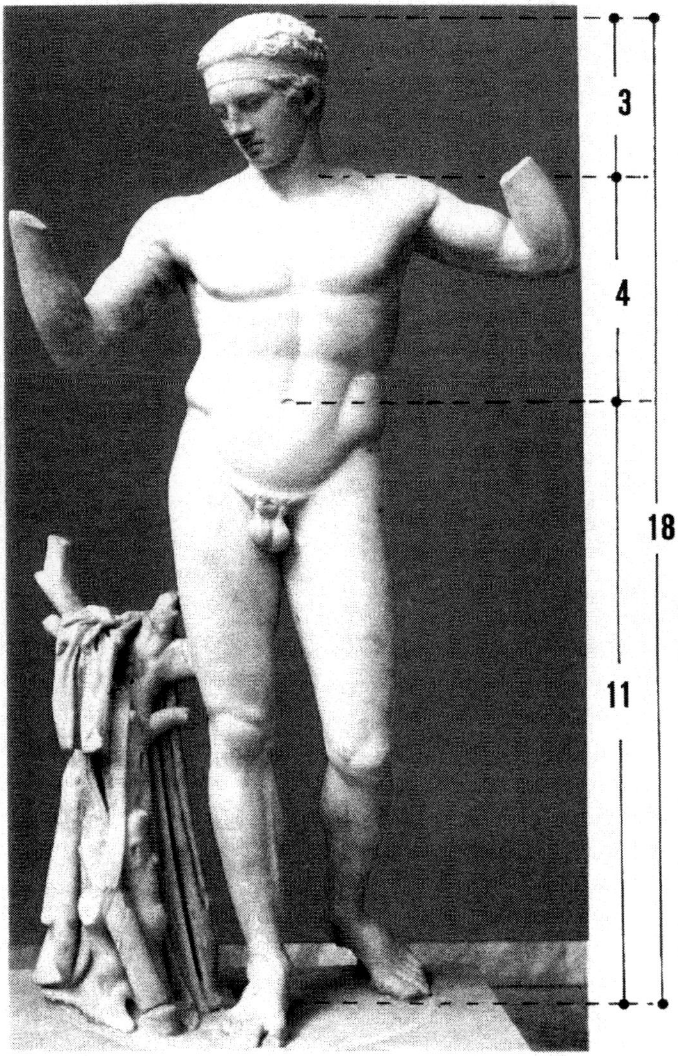

3.7

Nach den Untersuchungen zur Rasterplanung ägyptischer Reliefs dürfte es den Leser nicht wundern, dass auch Polyklet die Proportionen des menschlichen Körpers durch Zahlen festlegte. Schließlich war es ein Anliegen dieser Epoche, einen gültigen Kanon der menschlichen Gestalt festzulegen. Dabei gibt es grundsätzlich zwei Möglichkeiten, die Maßverhältnisse des Menschen zu bestimmen: Entweder kann man die einzelnen Maße als Bruchteile der Gesamtlänge des Körpers ausdrücken oder die Maße als Produkte eines in ihnen enthaltenen Modulus, etwa der Fingerbreite, festlegen. Da es keine schriftliche Überlieferung darüber gibt, welches der beiden Verfahren von Polyklet gewählt wurde, existieren zahlreiche Versuche, seinen Kanon zu rekonstruieren. Die jüngsten Entwürfe von SONNTAGBAUER und LAUENSTEIN basieren auf einer Vermessung der Figur des *Dyrophoros*, die dann als Ergebnis in eine Theorie der harmonikalen Teilung einfließt. Dabei wird ohne schlüssigen Nachweis behauptet, Polyklets Kanon beschreibe eine rationale Teilung, die im Wesentlichen durch die musikalischen Verhältnisse von Oktave, Quinte und Quarte bestimmt sei. Die Existenz eines irrationalen Modulus wird gar nicht erst in Erwägung gezogen. Das ist erstaunlich, wenn man bedenkt, wie groß der Einfluss der ägyptischen Kunst vor Beginn der griechischen Klassik in Hellas war. Betrachtet man eine Abbildung des *Diadumenos* in Figur 3.7, so wird deutlich, dass die Proportionen dieser gegenüber dem Speerträger jüngeren Statue durch Heilige Zahlen bestimmt sind. Sie geben als Vielfache der Handbreite die Proportionierung vor. So teilt der Nabel die Gesamtlänge im Verhältnis 11 : 7 und die Schulter die Länge vom Nabel bis zum Scheitel als 4 : 3. Damit ist allerdings nicht ausgesagt, welche der beiden genannten Möglichkeiten von Polyklet gewählt wurde, da diese Aufteilung für jeden wohlproportionierten Körper gültig ist.
Da Polyklets Kanon üblicherweise an Hand der Statue des *Dyrophoros* rekonstruiert wird, will auch ich diese Skulptur genauer untersuchen. Die H = 2,01 Meter hohe und insgesamt B = 0,76 Meter breite Statue ist in Figur 3.8 als Zeichnung wiedergegeben.

Fragt man sich, über welche neuartigen Erkenntnisse Polyklet verfügt haben könnte, als er mit seinem Kanon etwas Neues schuf, so lässt sich folgende Antwort geben: In Griechenland hatte sich nach den Perserkriegen durch die Wiederaufbauarbeiten an den Tempeln schnell die Kenntnis von den Fibonacci-Zahlen verbreitet, welche die Pythagoreer entdeckt hatten. Wenn man von ihnen Gebrauch machte, so besaß man andere Möglichkeiten, als sie den ägyptischen Künstlern für eine Proportionierung auf einer kleinen Skala zur Verfügung gestanden hatten. Am Neubau des zeitgleichen Parthenon-Tempels in Athen lässt sich eindeutig nachweisen, dass die Architekten rasch zusätzlich zu den Heiligen Zahlen von den Fibonacci-Zahlen Gebrauch machten. Aus diesem Grund scheint mir die Annahme berechtigt zu sein, Polyklet habe die Proportionierung mit den neuen Zahlen auf die Bildhauerei übertragen.

Wir dürfen weiterhin davon ausgehen, dass der Bildhauer die Gesamtlänge und die Gesamtbreite der Skulptur durch ein Vielfaches eines Grundmaßes festlegte. Die Maßeinheit sollte dabei ein in Griechenland übliches Körpermaß und Länge und Breite durch Fibonacci-Zahlen als Faktoren bestimmt sein. Diese Vorgaben lassen sich erfüllen, wenn man das Körpermaß 1 „Knöchelbreite" (KONDYLOS) = 2" ≈ 3,6 cm als Basiseinheit zu Grunde legt. Dadurch erhält man für H = 55 und B = 21 Knöchelbreiten und für $H : B = 55 : 21 \approx \Phi^2$. Die Einheit KONDYLOS ist allerdings für die Planung von Details ungeeignet, da dieses Körpermaß dafür zu groß ist. Offenbar war das Polyklet bewusst und er schuf deshalb eine neue, kleinere Einheit, indem er die Knöchelbreite zweimal durch Halbieren unterteilte. Damit wurde die Körperlänge vom Scheitel bis zur Sohle ist in 4×55 Einheiten unterteilt, die Breiten der Statue hingegen in 4×21 Einheiten. Jede Einheit misst ½ DAKTYLOS oder 0,91 Millimeter.
Auf dem quaderförmigen Marmorblock wurde wahrscheinlich zunächst die Längsachse der Statue festgelegt, die den Stein in zwei Hälften von gleicher Breite unterteilte. Zwei parallele Nebenachsen, jeweils im Abstand von 21 Einheiten, definieren die Breite der Schulter bis zum Ansatz der Armmuskulatur sowie die Breite der Waden. Die Proportionierung des Körpers in der Länge erfolgte derart, dass sich zwischen Schritt und Fußsohle und zwischen Nabel und Scheitel gleich lange Stücke von je 89 Einheiten ergaben. Das Geschlechtsteil unterteilt

den verbleibenden Rest in zwei gleiche Teilstücke von 21 Einheiten zwischen Geschlechtsteil und Nabel, beziehungsweise zwischen diesem und der Schrittöffnung. Der Schulteransatz unterteilt die Strecke Nabel-Scheitel und die Kniescheibe die Schrittöffnung mit 55 : 34 ≈ Φ im Modulus des Goldenen Schnitts.

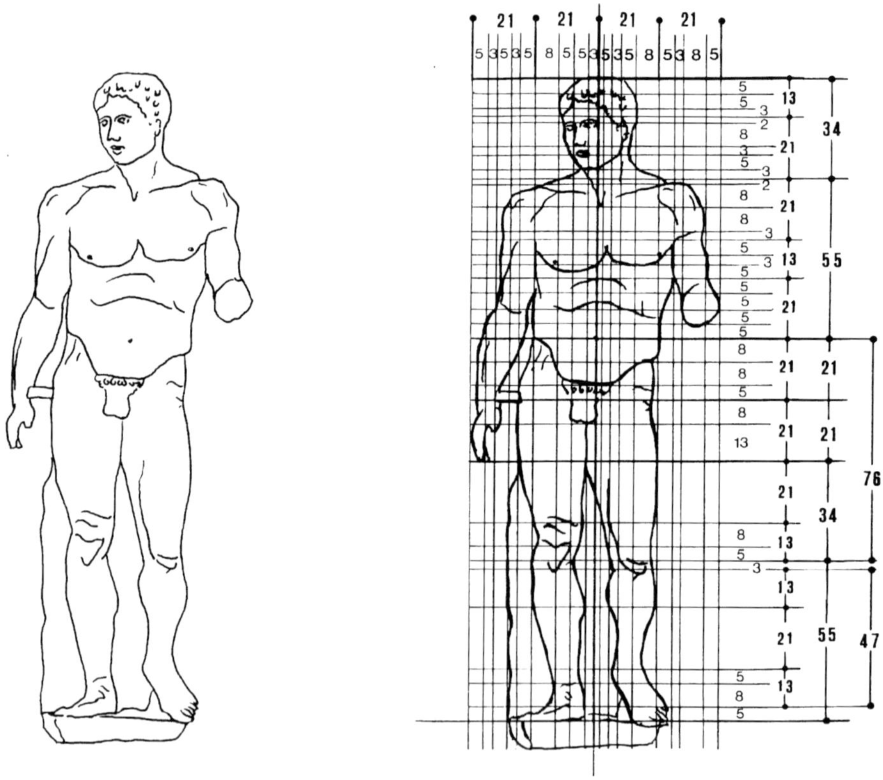

3.8

Der Marmorblock wurde nach Festlegung der Achsen weiter in Streifen von 3; 5; 8 beziehungsweise 13 Einheiten unterteilt. Dadurch entsteht auf der Vorderfläche ein nichtäquidistantes Raster aus Quadraten und Rechtecken, deren Seiten durch Fibonacci-Zahlen gegeben sind. Wahrscheinlich ging der Künstler so vor, dass er dieses Raster auf seinem Marmorblock auf der Vorder- und Rückseite auftrug und danach für die Seitenansicht ein entsprechendes Raster anbrachte. Durch den Schnitt der beiden Raster wird im dreidimensionalen Raum die Gesamtheit der Punkte definiert, welche die Proportionen der Skulptur und die bedeutsamen Details auf deren Oberfläche bestimmten.

Im Gegensatz zum normal proportionierten Körper teilt der Nabel bei Polyklets Statue die Körperlänge nun nicht länger mit dem Modulus Φ, sondern im Verhältnis $131 : 89 \approx 1{,}47 < \Phi$. Dadurch wird der Unterkörper verkürzt und der Oberkörper in die Länge gezogen. Die Statue des Athleten und viele Skulpturen aus der Zeit der griechischen Klassik hinterlassen beim Betrachter denn auch einen leicht gedrungenen Eindruck. Genau genommen liefern nämlich nur die kleinen Heiligen Zahlen mit der Handbreite zu jeweils 5" als Maßeinheit das geeignete Instrument zur Festlegung der menschlichen Proportionen.

Die Abbildung des Menschen nach einem durch Heilige und durch Fibonacci-Zahlen definierten Raster schuf ein von der Realität abweichendes Idealbild des menschlichen Körpers, das für zahlreiche Standbilder der griechischen Klassik charakteristisch ist. Anders jedoch als in der langen Geschichte Ägyptens sorgte der Individualismus der Griechen dafür, dass schon bald die künstlerische Freiheit an die Stelle eines festen Regelwerkes trat. In dem Maße, wie die Welt der Religion und des Mythos durch die Philosophen in Frage gestellt wurde, verlor auch die Kunst ihren verbindlichen sakralen Charakter. Der Kanon des Polyklet dürfte deshalb schon bald seine Verbindlichkeit zu Gunsten einer Wiedergabe der tatsächlichen Verhältnisse beim menschlichen Körper eingebüßt haben. Für dessen Proportionen ist nämlich der Nabel als Ausgangspunkt des Wachstums wahrer Mittelpunkt. Die Statue des *Diadumenos* in Figur 3.7 scheint jedenfalls schon nicht mehr nach demselben Kanon proportioniert worden zu sein wie die des Speerträgers.

3.5 Der Mensch im Quadrat

Bevor die Mittelmeerwelt christlich wurde, galt der Mensch als das Maß aller Dinge. Der griechische Sophist PROTAGORAS begann sein Buch von der Wahrheit mit dem berühmten Satz:

„Aller Dinge Maß ist der Mensch; sofern sie existieren, dafür, dass sie sind, und sofern sie nicht sind, dafür, dass sie nicht sind."

Obwohl der Philosoph damit vermutlich nur ausdrücken wollte, dass es keine Möglichkeit zur Erkenntnis objektiver Wahrheit gebe, wurde er in späterer Zeit unter dem Einfluss des Christentums vielfach gerade umgekehrt verstanden: Der „Mensch an sich" verkörpere als höchstes Wesen der Schöpfung das Maß kosmischer Ordnung, da er das Ebenbild Gottes sei.
Auf den Vorbildcharakter der menschlichen Figur für die Architektur hat auch der römische Baumeister VITRUV (Buch III,1.1) hingewiesen.

„Denn kein Tempel kann ohne Symmetrie und Proportion eine vernünftige Formgebung haben, wenn seine Glieder nicht in einem bestimmten Verhältnis zu einander stehen, wie die Glieder eines wohlgeformten Menschen."

Auf diese Aussage VITRUVS beriefen sich fast alle mittelalterlichen und auch manche späteren Maßvorstellungen. So sah die Renaissance in den menschlichen Maßverhältnissen die rationale Grundlage für Schönheit überhaupt und die Vorbedingung für alles künstlerische Schaffen. VITRUV führt in Buch III, 1.3 näher aus, was er unter der Symmetrie und Proportion des menschlichen Körpers versteht.

„Ferner ist natürlicherweise der Mittelpunkt des Körpers der Nabel. Liegt nämlich ein Mensch mit gespreizten Armen und Beinen auf dem Rücken und setzt man die Zirkelspitze an der Stelle des Nabels ein und schlägt einen Kreis, dann werden von dem Kreis die Fingerspitzen beider Hände

und die Zehenspitzen berührt. Ebenso wie sich am Körper ein Kreis ergibt, wird sich auch die Figur des Quadrats an ihm finden. Wenn man nämlich von den Fußsohlen bis zum Scheitel Maß nimmt und wendet dieses Maß auf die ausgestreckten Hände an, so wird sich die gleiche Breite und Höhe ergeben, wie bei Flächen, die nach dem Winkelmaß quadratisch angelegt sind.“

Für die Denker der Renaissance war dieses Bild der Schlüssel zum Verständnis der als vorbildlich bewunderten Antike. Die berühmteste Zeichnung nach der Beschreibung VITRUVS schuf Leonardo da Vinci für seinen Freund LUCA PACIOLO als Illustration für dessen Buch *De divina proportione.*

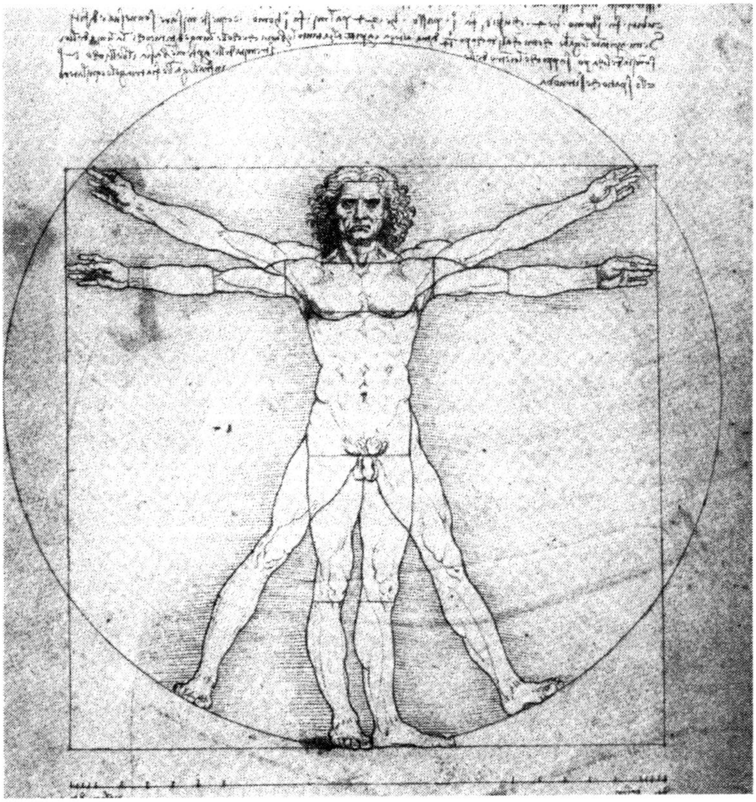

3.9

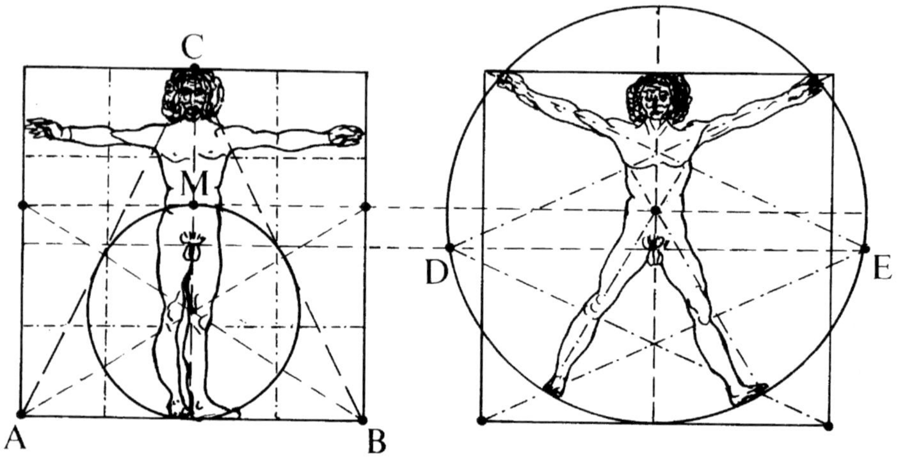

3.10

Es lohnt sich, Leonardos Zeichnung etwas genauer zu analysieren. Betrachtet man nämlich den Mann im Quadrat und den im Kreis von einander getrennt, so erkennt man, dass der Maler seine Figur sorgfältig konstruiert hat.

Wie man am *homo quadratus* im linken Teilbild von Figur 3.10 sieht, machte der Künstler offenkundig von der Konstruktion gemäß Figur 1.7 Gebrauch, um den Nabel des Mannes als Mittelpunkt M für den Kreis festzulegen. Dieser ergibt sich, wenn man den Inkreis im Dreieck ABC mit der Achse der Figur zum Schnitt bringt. Somit teilt der Nabel die Körperlänge exakt im Verhältnis $\Phi : 1$. Die rationale Teilung des Quadrats durch Vierteln der Seiten legt die Armbeugen und die Kniekehlen fest. Mittelpunkt des Quadrats ist das Geschlechtsteil des Mannes.

Beim gestreckten Körper im Kreis werden Quadrat und Kreis gleichzeitig benutzt, um die Richtungen der Gliedmaßen vorzugeben. Verbindet man nämlich die Ecken des Quadrats mit den Schnittpunkten D und E, in denen die Halbierungslinie des Quadrats den Kreis trifft, so legen diese die Armrichtungen und die Fußpunkte fest. Damit verhalten sich auch Quadratseite und Kreisradius wie $\Phi : 1$.

In der Vorstellung VITRUVS existieren beim menschlichen Körper demnach zwei Mittelpunkte. Zentrum des als göttliches Symbol empfundenen Kreises ist der menschliche Nabel, der zugleich Ausgangspunkt für die Entstehung eines Menschen ist. Das Geschlecht des Mannes bildet im Gegensatz dazu das zweite Zentrum als Mittelpunkt des rationalen Symbols Quadrat. Auch bei Polyklets Speerträger teilte das Geschlechtsteil die Körperlänge in zwei gleiche Stücke.
Da LEONARDOS Zeichnung die Worte VITRUVS exakt abbildet, dürfen wir folgern, dass VITRUV mit seiner Bemerkung über die Maßverhältnisse des Menschen im Kreis tatsächlich die Proportion des Goldenen Schnitts und keinen andere gemeint hat. Er dürfte allerdings damit auch auf die Doppelrolle des Augustus als Gott und Kaiser angespielt haben, die durch Kreis und Quadrat zum Ausdruck gebracht werden sollte.

Im Jahr 1415 wurde eine karolingische Abschrift von VITRUVS Werk über die Architektur von Gian Francesco Bracciolini in der Stiftsbibliothek des Klosters Sankt Gallen entdeckt. Als 1486 eine gedruckte lateinische Neuausgabe des Werkes erschien, wurde es schnell zu einem der meistgelesenen Bücher der Renaissance. Allerdings entging den Baumeistern, die nun mit geradezu naturwissenschaftlicher Präzision die organische Gestalt des Menschen zu erfassen suchten, dass VITRUV mehr berichtet hatte, als in seinem Bild vom Menschen im Quadrat zum Ausdruck kommt. Alles, was er an mathematischen Aussagen über die Ästhetik machte, wurde übersehen.

VITRUVS Bücher bewirkten, anders als bei den Malern, zahlreiche Fehlinterpretationen bei den führenden Architekten der Zeit, da deren Interpreten die Vorstellung verbreiteten, Roms Architektur sei nur eine übersteigerte Fortsetzung der griechischen Kunst gewesen, deren wesentliches Merkmal die dorische, ionische und korinthische Säulenordnung darstellte. In VITRUVS Schriften steht nämlich scheinbar nichts von den mathematisch fassbaren Vorstellungen, die bereits die Grundlage der Bauplanung in Mesopotamien, Ägypten und Griechenland gewesen waren. Man muss allerdings auch wissen, wonach zu suchen ist, wenn man fündig werden will.

Die Ansicht, die Architektur habe die göttliche Ordnung widerzuspiegeln, ist Jahrtausende älter als VITRUVS Werk und sie blieb darüber hinaus auch noch bis zur Renaissance das maßgebliche Kriterium bei der Errichtung sakraler Bauwerke.
VITRUV schreibt dazu in Buch I,1.1:

„Des Architekten Wissen... erwächst aus Handwerk und geistiger Arbeit (ratiocinatio) *... Wie nämlich auf allen Gebieten, so gibt es ganz besonders auch in der Baukunst zwei Aspekte: was* (materiell) *dargestellt wird und was es* (ideell) *bedeuten soll. Dargestellt wird das beabsichtigte Bauwerk, von dem die Rede ist. Dessen Bedeutung jedoch beruht auf der Sichtbarmachung der* (ihm zu Grunde liegenden) *Vorstellungen mit Hilfe wissenschaftlicher Konzepte. Daher muss der Architekt ... in der Geometrie ausgebildet sein, die geschichtlichen Hintergründe kennen, die Dispute der Philosophen mit Verständnis gehört haben, etwas von Musik verstehen, nicht unbewandert in der Heilkunde sein, juristische Entscheidungen kennen, sowie Kenntnisse in der Sternkunde und vom gesetzmäßigen Ablauf der Gestirne haben.“*

Ein Architekt war in der Antike demnach mehr als ein bloßer Baumeister, da er bei öffentlichen Bauten die Aufgabe hatte, die sich im religiösen Kult widerspiegelnden Inhalte, und damit die Kultur selbst, sichtbar zu machen. Diese Ordnung der Götter in der Welt wurde nach lange tradierter Vorstellung in Gestalt geometrischer Formen und durch die Beziehungen zwischen gewissen Zahlen erkennbar.

In den *De Architectura Libri Decem* erörtert VITRUV unter anderem auch, warum ein Baumeister ein mathematisches Grundlagenwissen besitzen müsse: Gemäß einer damals offenbar allgemein akzeptierten Vorstellung musste ein Bauplan auf der Basis einer geometrischen und zugleich arithmetischen Konzeption erstellt werden. Nur auf diese Weise konnte der Architekt Symmetrie und Ordnung für das ganze Bauwerk bewirken. Um ein solches Ergebnis zu erreichen, mussten alle Bauteile in einem einheitlichen Verhältnis (*modulus*) zueinander stehen und hatten die Maßverhältnisse (*proportiones*) des menschlichen Körpers wiederzugeben.

Unmittelbar verwertbare mathematische Einzelheiten verrät uns VITRUV leider nicht. Bis vor wenigen Jahren konnte deshalb nur darüber spekuliert werden, auf welches mathematische Konzept sich seine Äußerungen denn eigentlich bezogen.

Im zweiten Kapitel des ersten Buches äußert sich VITRUV zu den ästhetischen Grundbegriffen der Baukunst.

„1. Die Baukunst besteht aus Ordinatio, die griechisch Taxis genannt wird, Dispositio, die die Griechen Diathesis nennen, Eurythmia, Symmetria, Decor und Distributio, die griechisch Oikonomia genannt wird.
2. Ordinatio ist das richtige Gleichmaß der Bauglieder und die Verbindung der Proportionen der Einzelteile mit der des Gesamtbauwerks zur Symmetrie. Ordinatio wird aus der Quantitas, die griechisch Posotes heißt, hergestellt. Quantitas aber ist die Ableitung eines Modulus aus dem Bauwerk selbst und das harmonische Zusammenpassen der Einzelteile und des Gesamtbauwerks.
Dispositio ist die passende Zusammenstellung der Dinge und die durch deren Zusammenwirken erreichte Bauqualität. Die Formen der Dispositio, welche die Griechen „Ideen“ nennen, sind folgende: Ichnographia, Orthographia, Scaenographia.
Ichnographia ist der unter Verwendung von Zirkel und Lineal erzeugte maßstabsgetreue Grundriss, aus dem die Umrisse der Gebäudeteile auf dem Baugelände entnommen werden.
Orthographia aber ist das aufrechte Bild der Vorderansicht in Gestalt einer maßstabsgetreuen Wiedergabe der Proportionen des Bauwerks.
Scaenographia ferner ist die perspektivische Darstellung der Fassade und der zurücktretenden Seiten und die Zurückführung sämtlicher Linien auf einen Kreismittelpunkt.
3. Eurythmia ist das anmutige Aussehen und der durch das gemeinsame Maß der Bauteile bewirkte Anblick. Sie wird dadurch erzielt, dass die Teile des Bauwerks harmonisch zusammenpassen in bezug auf das Verhältnis von Höhe zu Breite und Breite zu Länge, und alle zusammen der ihnen zukommenden Symmetrie entsprechen.

4. Symmetria ferner ist das harmonische Zusammenwirken aller Bauglieder und der Einklang, der für das gesamte Bauwerk dadurch entsteht, dass die Einzelteile und das Ganze ein gemeinsames Maß besitzen. Wie beim menschlichen Körper aus Elle, Fuß, Handbreite, Fingerbreite und den übrigen Körperteilen durch die Eigenschaft des gemeinsamen Maßes das anmutige Aussehen erwächst, so ist das auch bei wohlgestalteten Bauwerken. Und vornehmlich bei sakralen Bauten wird entweder aus dem Durchmesser der Säulen oder dem Triglyphon ... und ebenso bei den übrigen Bauwerken aus einem Bauteil die Grundlänge für die Berechnung der übrigen Maße gewonnen.
5. Decor ist das fehlerfreie Aussehen eines Bauwerks, das aus anerkannten Teilen stilgerecht geformt ist.
6. Distributio aber ist die angemessene Verwendung des Baumaterials und eine ebensolche Aufteilung des Baugeländes, sowie der sparsame Verbrauch der Finanzmittel.“

Diese Definitionen VITRUVS bedürfen einiger Erläuterungen. Unter *Ordinatio* verstand er mehr als nur Anordnung. Vielmehr liegt in diesem Begriff der Schlüssel für das Erkennen des mathematischen Vorgehens bei der Berechnung der Proportionen. *Ordinatio* soll Symmetrie erzeugen. Im Originaltext benutzt VITRUV an dieser Stelle gleichberechtigt die Wörter *commoditas* und *symmetria* nebeneinander. Beide bedeuten dasselbe, nämlich die Eigenschaft zweier Größen, ein gemeinsames Maß zu besitzen. Teilt man beide Größen durch dieses gemeinsame Maß, so bleibt kein Rest übrig. Das heißt aber nichts anderes, als dass das Verhältnis beider Größen durch einen Bruch aus zwei ganzen Zahlen gegeben ist. Haben viele verschiedene Größen ein gemeinsames Maß, so lassen sie sich alle als ganzzahlige Vielfache einer kleinsten Teillänge darstellen.

Man könnte zunächst annehmen, dass alle ganzen Zahlen für die Erzeugung der größeren Teilstücke erlaubt seien. Das ist aber nicht der Fall, denn VITRUV nennt als zusätzliche Einschränkung eine weitere Forderung: Über das gemeinsame Maß hinaus müssen alle Einzelteile und ebenfalls das Ganze auch eine gemeinsame Proportion besitzen. Sie wird durch einen einheitlichen Modulus wiedergegeben. Das heißt mit anderen Worten: Die Verhältnisse aufeinander folgender Teilgrößen müssen einen konstanten Wert, nämlich eben den des Modulus haben. Erst dieser bewirkt das harmonische Zusammenpassen der verwendeten Teilgrößen.

Die *Dispositio* unterliegt der Forderung, den Bauplan mit Zirkel und Lineal anzufertigen. In einfacher Weise müssen auf der Baustelle die Maßangaben aus dem Plan ins Gelände übertragen werden können. Es lässt sich an dieser Stelle bereits vermuten, dass das nur möglich war, wenn die Maßangaben in Gestalt von ganzen Zahlen vorlagen, welche die Baulängen als Vielfache einer Einheitslänge angaben.

Die Eurhythmie ist nicht nur ein anmutiges Aussehen im Allgemeinen, sondern unterliegt ebenfalls einer Einschränkung durch die Forderung nach Symmetrie. Auch hier muss es einen gemeinsamen Modulus geben, der aber nicht zwangsläufig identisch zu sein hat mit dem zuerst beschriebenen.
Wir dürfen allerdings vermuten, dass der Vergleich mit der Eurhythmie des menschlichen Körpers von VITRUV mit Absicht gewählt worden ist, um dadurch mit der Göttlichen Proportion einen ganz bestimmten Modulus auszuzeichnen.

Fasst man die Aussagen VITRUVS zusammen, so lässt sich sagen:

- Ästhetik nach hellenistisch-römischem Verständnis ist mathematische Ästhetik und aus diesem Grunde objektiv formulierbar. Das zugehörige mathematische Konzept für die Berechnung der Symmetrie ist als geometrische Konstruktion realisierbar, jedoch lassen sich diese Verhältnisse zugleich durch ganze Zahlen ausdrücken. Diese Zahlen sind aber nicht beliebig wählbar, sondern müssen im Verhältnis eines konstanten Modulus zueinander stehen. Weiterhin muss sich die verwendete Mathematik als Spiegelbild der göttlichen Ordnung in der Ästhetik der Natur wiederfinden. Insbesondere muss die menschliche Gestalt mit ihren Proportionen einen Schlüssel zum Verständnis eben dieser Maßverhältnisse liefern.

Neben diesen allgemein formulierten Aussagen enthält VITRUVS Werk im Buch I, 1.4 noch eine weitere Information, welche die Mathematik der Bauplanung betrifft. Dort steht nämlich folgender Satz:

„Die Geometrie liefert der Architektur mehrere Hilfen: und zwar vermittelt sie zuerst nach dem Gebrauch des Lineals den Gebrauch des Zirkels, wodurch sie ganz besonders das Aufzeichnen von Gebäuden auf dem Zeichenbrett und das Auftragen rechter Winkel, waagerechter Flächen und gerader Linien erleichtert. .... Durch die Arithmetik aber werden die Gesamtkosten der Gebäude berechnet, die Maßverhältnisse festgelegt und die schwierigen Fragen bei der Bestimmung des gemeinsamen Maßes für geometrisch vorgegebene Verhältnisse und Konstruktionsmethoden gelöst."

Das Wissen der Antike um die Heiligen Zahlen, mit denen das durch den Goldenen Schnitt geometrisch festgelegte Verhältnis Φ angenähert werden konnte, findet sich demnach nicht explizit in VITRUVS Werk. Wie aber zahlreiche Bauwerke aus dem ausgehenden Mittelalter zeigen, war es in dieser Zeit noch vorhanden. Erst nachdem der italienische Baumeister LEON BATTISTA ALBERTI seine „Zehn Bücher über die Baukunst" veröffentlicht hatte, in denen nichts über die Zahlenfolgen stand, beschränkte sich fortan die Beschäftigung mit dem Goldenen Schnitt allein auf dessen geometrische Konstruktion. Damit ging dessen sakraler Charakter verloren und das Verhältnis Φ verkam zu einer nur mehr mathematischen Konstruktion, mit deren Hilfe sich der menschliche Körper in der Malerei gestalten ließ. Allein bei JOHANNES KEPLER lebte das Wissen um die göttlichen Zahlen fort.

Nach dem Gesagten ist es nicht verwunderlich, dass sich ALBRECHT DÜRER bezüglich des Goldenen Schnitts in seiner „Unterweisung" im Zusammenhang mit der Proportionierung des menschlichen Körpers nur mit einer auf dem regulären Fünfeck basierenden Konstruktion befasst. Allerdings zeigt der Abschnitt über die Malerei der Renaissance deutlich, dass die berühmtesten Maler dieser Epoche sämtlich den Goldenen Schnitt beim Aufbau ihrer Bilder benutzt haben.

3.6 Der Modulator von Le Corbusier

Es dauerte bis zum 20. Jahrhundert, bevor mit LE CORBUSIER wieder ein Architekt versuchte, der Architektur eine am Maß des menschlichen Körpers orientierte mathematische Ordnung zu geben. Sein Ausgangspunkt ist die Teilbarkeit des von einem Doppelquadrat umschlossenen menschlichen Körpers durch den Goldenen Schnitt. LE CORBUSIER schreibt dazu:

„Ein Mensch mit erhobenem Arm liefert in den Hauptpunkten der Raumverdrängung – Fuß, Solarplexus, Kopf, Fingerspitze des erhobenen Arms – drei Intervalle, die eine Reihe von Goldenen Schnitten ergeben. ... Die Mathematik andererseits bietet sowohl die einfachste wie die stärkste Variationsmöglichkeit des Wertes: die Einheit, das Doppelte, die beiden Goldenen Schnitte.“

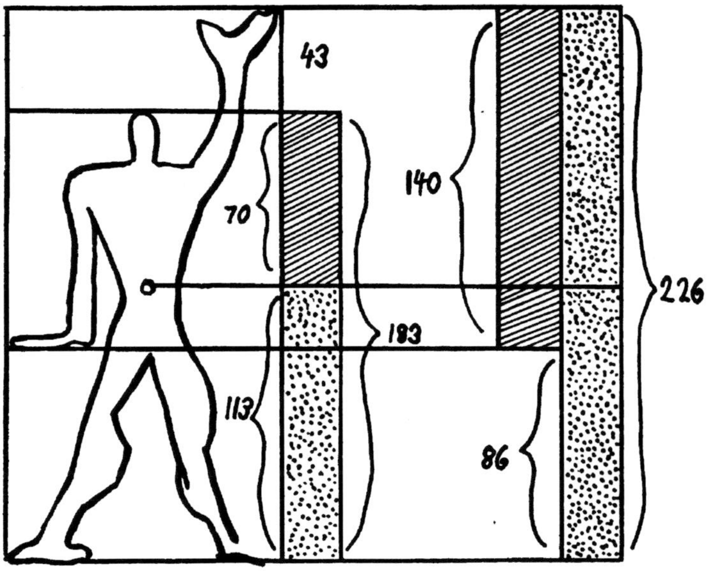

3.11

Ursprünglich ging LE CORBUSIER von einer Durchschnittsgröße des Europäers von 1,75 m aus, nahm dann jedoch 6 englische Fuß = 1,83 m als Grundlänge. Daraus ergibt sich für die menschliche Gestalt mit erhobenem Arm eine Höhe von 2,26 m. Nach der Division durch Φ folgt daraus mit 2,26 m; 140 m; 0,86 m; ... die „blaue Reihe" für den „Modulor" LE CORBUSIERS, während sich aus der Nabelhöhe von 1,13 m die „rote Reihe" mit 1,13 m; 0,70 m; 0,43 m; ... ergibt, deren Längen halb so groß wie die entsprechenden Terme der blauen Reihe sind.

Da das Meter kein Körpermaß ist, sind diese Teillängen zwar über den Modulus Φ verknüpft, doch erhält man weder Heilige Zahlen noch Fibonacci-Zahlen. Dennoch lassen sich alle Teillängen auch hier aus nur zwei Stücken zusammensetzen.

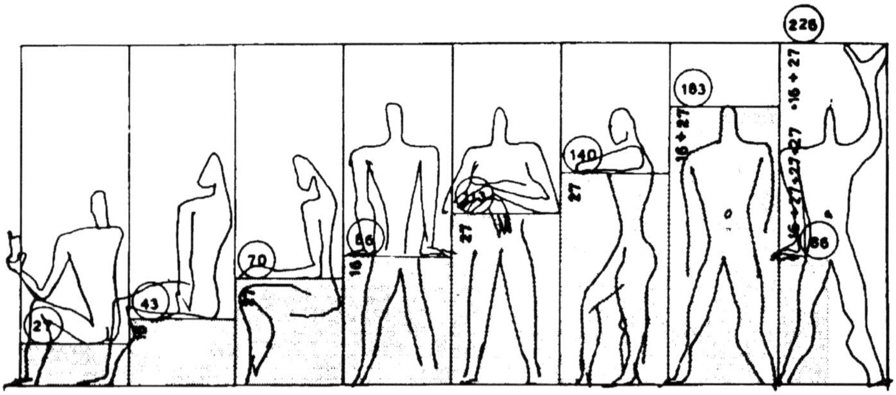

3.12

Nach den Vorstellungen LE CORBUSIERS sollten diese Maße nicht nur die Proportionen eines Gebäudes regeln, sondern auch Normgrundlage für industrielle Serienfertigungen, etwa von Einbauküchen, sein. Konsequent nach dem Modulor hat LE CORBUSIER zwischen 1947 und 1952 in Marseille die Wohnanlage „Unité d'Habitation" für 1.600 Bewohner und 26 Gemeinschaftseinrichtungen erbauen lassen, in der alle Maße, angefangen vom Grundriss über die Fassaden bis hin zu den Einrichtungen, den Längen der beiden Reihen des Modulors entnommen waren.

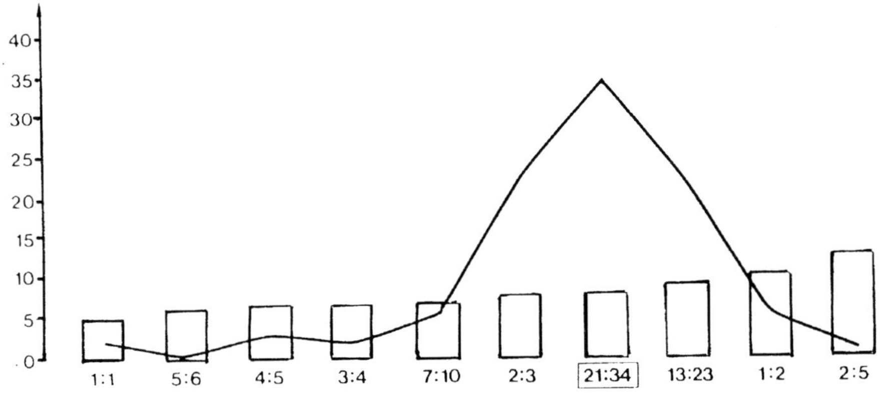

3.13

Durch die Botanik wurde im 19. Jahrhundert der Goldene Schnitt auf dem Umweg über die Fibonacci-Zahlen neu entdeckt, doch wurde lange Zeit darüber gestritten, ob die aufgefundenen rationalen Zahlenverhältnisse eine Annäherung an den Modulus Φ darstellten oder ob es sich um harmonikale Verhältnisse handelte. Erst die mathematischen Untersuchungen zur Selbstorganisation von dynamischen Wachstumsprozessen im Rahmen der Chaos-Theorie konnten diesen Streit endgültig entscheiden.

Schon mehr als 100 Jahre früher hatte allerdings THEODOR FECHNER, ein Mitbegründer der experimentellen Psychologie, in wiederholten Experimenten festgestellt, was ich selbst mit Studenten nachgeprüft habe: Legt man einem unvoreingenommenen Publikum verschieden proportionierte Rechtecke mit der Frage nach dem wohlgefälligsten zur Auswahl vor, so entscheidet sich stets die große Mehrzahl der Testpersonen für das Rechteck, welches mit seinem Seitenverhältnis den Goldenen Schnitt am besten annähert. Offenbar erkennt unser Unterbewusstsein die Regeln als besonders ästhetisch, nach denen unser Körper aufgebaut ist. Man darf unterstellen, dass darin auch der Grund für die Verwendung des Goldenen Schnitts in der Kunst zu suchen ist.

TEIL IV. KUNST UND GOLDENER SCHNITT

4.1 Goldener Schmuck

Zu den ältesten mir bekannten Objekten, bei denen sich die Verwendung des Goldenen Schnitts mit Sicherheit nachweisen lässt, gehören einige Fundstücke aus Mykene, die *goldene* Objekte im doppelten Sinn sind. Gewöhnlich werden sie in die Mitte des 2. Jahrtausends vor unserem Kalenderbeginn datiert. Vermutlich sind sie allerdings noch zweitausend Jahre älter und stammen möglicherweise aus der untergegangenen „Kultur von Atlantis" im Süden von Sizilien (HAUSMANN 2000b). Mykene war neben Tyrins einst eine befestigte Burganlage der griechischen Achäer auf der Peloponnes, die nach der Eroberung Griechenlands von dort aus die Landschaft der Argolis beherrschten. Heinrich Schliemann begann hier 1874 mit Ausgrabungen, die von Griechen und Engländern fortgeführt wurden. Man entdeckte dabei eine Reihe von Fürstengräbern mit reichen Grabbeigaben.
Man könnte zunächst annehmen, diese Grabbeigaben stammten aus der Zeit, in der die Gräber angelegt wurden. Ich habe allerdings die Vermutung geäußert, dass die Ringplatten aus den Schachtgräbern von Mykene keine mykenischen Produkte sind, sondern dass es sich dabei wie auch bei vielen anderen goldenen Gegenständen aus diesen Gräbern um ältere, atlantische Objekte handelt, die in minoischen Tempeln als Reliquien aufbewahrt worden waren. Sie wurden vermutlich von achäischen Kriegern als Beutestücke in Kreta geraubt und später ihren Anführern in Mykene ins Grab gelegt. Heute befinden sich die beschriebenen Objekte im Nationalmuseum in Athen.

Im vierten Schachtgrab von Mykene auf dem Peloponnes fanden die Ausgräber unter anderen Gegenständen auch eine gravierte, goldene Ringplatte von 3,2 cm Länge und 2 cm Breite, auf der eine Jagdszene dargestellt ist. In einem zweirädrigen Wagen stehen zwei Männer, von denen einer den Wagen lenkt, der andere den Pfeil seines gespannten

Bogens auf einen Hirsch gerichtet hat. Das Gefährt wird von einem Paar Pferde gezogen, die in vollem Galopp dahinfliegen. Untersucht man den Ring genauer, so stellt sich heraus, dass dessen ovale Platte als geometrische Figur eine *goldene* Ellipse ist.

4.1

Die Länge der ovalen Platte entspricht mit ihren 3,2 cm genau 29 Einheiten, die Breite von 2 cm jedoch 18 Einheiten, welche jede 1/16 Fingerbreite messen. Demnach hat der Schöpfer des Kunstwerks vermutlich für die große Halbachse eine „Elle“ von 29 Fingerbreiten, für die kleine einen „Fuß“ von 18 Fingerbreiten fünfmal hintereinander halbiert. Eine solche Elle hatte eine Länge von 51,2 cm, ein Fuß hingegen maß 31,8 cm. Damit ergibt sich rechnerisch für die Fingerbreite ein Wert von 1,77 cm. Die geringe Größe dieser Fingerbreite ist ein weiterer Hinweis auf das hohe Alter der Ringplatte. Die Benutzung von Maßeinheiten, die durch das Halbieren von größeren Körpermaßen gewonnen wurden sowie die Verwendung von Heiligen Zahlen, lassen sich in der ersten Hälfte des 4. Jahrtausends in Malta an Architekturmodellen (Figur 3.1) und etwas später in Ägypten an Wandbildern (Figuren 3.5 und 3.6) nachweisen, scheinen aber nach meinen Untersuchungen in Kreta und auch in Mykene unbekannt gewesen zu sein. Gleiches gilt auch für die Fähigkeit eine *goldene* Ellipse zu konstruieren.

Da diese *goldene* Ellipse in perfekter Weise konstruiert wurde, muss man folgern, dass der Künstler schon eine geometrische Konstruktion für eine *goldene* Ellipse gekannt hat. Wahrscheinlich konstruierte er seine Ellipse auf einer Goldplatte. Zu diesem Zweck legte er wie in Figur 1.20 ein rechtwinkliges Koordinatensystem fest, auf dem er sodann die beiden Halbachsen *OR* und *OP* der Ellipse nach jeder Seite hin abtrug. Um den einen Endpunkt der kleinen Halbachsen P schlug er danach mit einem Zirkel einen Kreis mit der großen Halbachse als Radius, der die Längsachse in den zwei Brennpunkten F der Ellipse schnitt. In diesen Brennpunkten brachte er nun zwei Stifte an, um die eine Schnur mit der Länge 2 *OR* = 1/16 Elle gelegt wurde. Er spannte sie und fuhr mit einem Markierungsstift im Inneren der straffen Schnur entlang. Dadurch erhielt er unmittelbar eine perfekte *goldene* Ellipse.

4.2

Die andere ovale Ringplatte aus dem vierten Schachtgrab von Mykene ist um wenige Millimeter größer als die zuerst besprochene. Auf dem Siegelstempel kämpfen vier nackte Männer miteinander. Das ist zwar nichts Besonderes, jedoch tragen diese Kämpfer nicht nur jene charakteristischen Bänder an den Oberschenkeln, die auch die Krieger aus Felsmalereien des 5. Jahrtausends in der spanischen Levante schmücken, sondern auch spezielle Dolchfutterale; auf den Köpfen erkennt man zudem die von der achäischen Haartracht stark abweichenden typischen, zopfähnlichen Frisuren der „atlantischen" Männer. Die elliptische Platte besitzt Abmessungen von 3,5 cm mal 2,15 cm, doch ist sie ebenfalls als *goldene* Ellipse konstruiert worden. Offenbar wurden in diesem Fall eine größere Elle mit 29 beziehungsweise ein Fuß mit 18 Daumenbreiten durch Halbieren unterteilt. Eine solche Daumenbreite maß demnach 1,93 cm.

4.3

Auf einer kleinen, rechteckigen Platte wird der Kampf eines Mannes mit einem Löwen sehr realistisch dargestellt. Die Platte mit Abmessungen von 2 cm Länge und 1,5 cm Breite wurde mit Seiten von 18 und 2×7 Einheiten zu 1/16 Fingerbreiten ausgeführt. Dieses Format mit einem Seitenverhältnis von $\Phi^2 : 2$ ist das arithmetische Mittel aus einem

Quadrat und einem *goldenen* Rechteck mit einer Schmalseite von gleicher Länge wie die Quadratseite; es wird uns auch bei anderen Objekten wieder begegnen.

Die beiden ovalen sowie der kunstvolle, rechteckige Siegelstempel mit dem Löwenkampf dürften aus der Mitte des 4. Jahrtausends stammen. Allerdings ist es unwahrscheinlich, dass damals schon die mathematischen Eigenschaften des Goldenen Schnitts bekannt waren. Vielmehr wurden für alle Kultobjekte jene Heiligen Zahlen der Götter verwendet, die das geometrische Verhältnis Φ annähern, und die auch in der zeitgleichen Architektur nachweisbar sind.

Auch noch Jahrtausende später haben karolingische Goldschmiede in der Palastschule von Aachen den Goldenen Schnitt zur Proportionierung ihrer Kunstwerke benutzt. Die antike Steinschneidekunst bearbeitete Edelsteine und weichere Schmucksteine, später auch Bergkristall und Glaspasten. Der Kristallschnitt erfolgte dabei auf der Rückseite beiderseits flacher Platten oder nur einseitig flach geschliffener Mugel. In karolingischer Zeit wurden in der Hofschule Karls des Großen mit der wiederbelebten antiken Technik schöne Motivsteine gefertigt, bei denen Kreuzigungsszenen ein häufig gezeigtes Motiv waren. Diese Thematik hatte ihren Ursprung in Byzanz. Mit dem Ende der Karolingerzeit setzte ein schneller Verfall der Kristallschneidetechnik ein.

Figur 4.4 zeigt als Beispiel einen geschnittenen Bergkristall mit Abmessungen von 5,5 cm $\times$ 6,5 cm, der sich heute im Münzkabinett der Bibliothèque Nationale in Paris befindet. Die Darstellung gleicht dem *Diptychon Harras* aus dem Schnüttgen Museum in Köln. Dort ist die gleiche Kreuzigungsszene als Elfenbeinschnitzerei zu sehen.
In der Mitte hängt der jugendliche Christus am Kreuz, darüber steht die Inschrift IHS NAZAREN(us) REX IV(deorum). Über dem Kreuz trauern die Personifikationen von Sonne und Mond; unter den Kreuzarmen stehen Maria und Johannes, Longinus und Stephaton. Die sorgfältig gearbeitete Darstellung mit Details kleiner als 1 mm erscheint besonders ausgewogen. Den Grund dafür liefert wieder einmal der Goldene Schnitt, wie sich bei einer Analyse des Kunstwerks zeigt.

4.4

Die Figurengruppe ist in ein Rechteck mit dem Seitenverhältnis $\Phi^2 : 2$ eingepasst; damit lässt sich dessen Fläche aus zwei Quadraten $[1*1]$ und zwei *goldenen* Rechtecken $[1*\Phi]$ zusammensetzen. Um die passenden Maße zu erhalten, wurde eine Strecke AB mit 2½" = 61,5 mm Ausgangslänge durch den Goldenen Schnitt unterteilt. Die zugehörigen, kleineren Teilstücke wurden dabei wahrscheinlich mit einem Goldenen-Schnitt-Zirkel gewonnen und auf den Bergkristall übertragen. Dabei handelt es sich um einen Reduktionszirkel, der aus zwei gleichlangen Schenkeln besteht. Diese sind durch ein Scharnier aneinander befestigt, das die beiden spreizbaren Schenkel im Verhältnis Φ teilt.

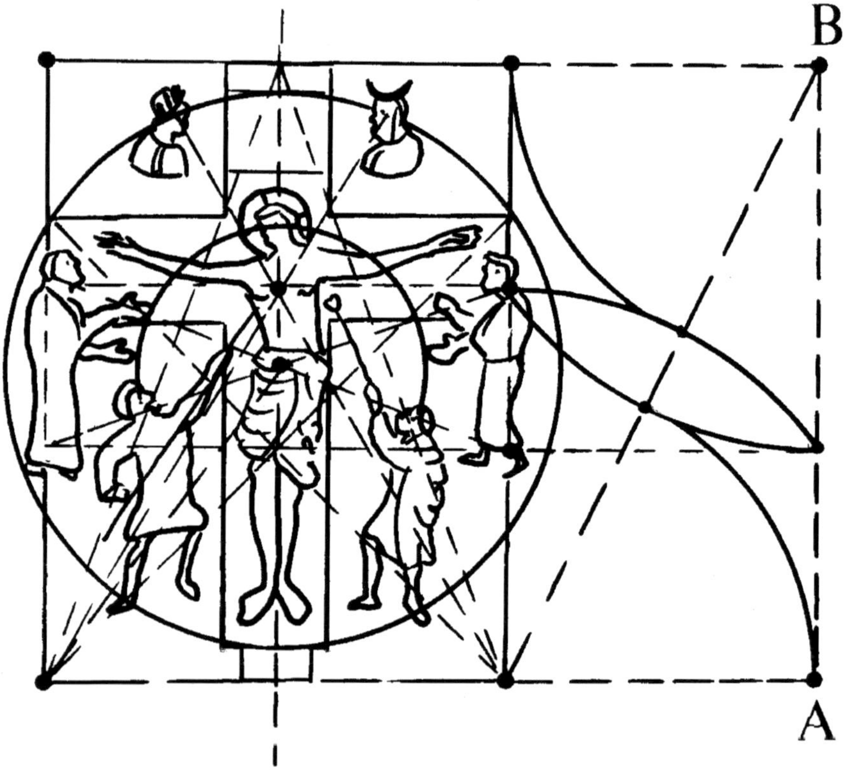

4.5

In der Mitte des Rechtecks liegt der Nabel der Kreuzfigur, der zugleich Mittelpunkt ist für zwei Kreise, welche die Positionen der Figuren festlegen. Fluchtlinien vom Zentrum zu den Ecken und von dort zu anderen, durch den Goldenen Schnitt ausgezeichneten, Punkten des Rechtecks bestimmen die Breite des Kreuzbalkens und andere Details. Es erübrigt sich eigentlich zu sagen, dass alle Längen und Radien aus dem Kanon des Kathetenschnitts stammen.

4.6

Zu den größten Schätzen des Aachener Domes gehört das berühmte „Lotharkreuz“ aus dem Hochmittelalter. Es handelt sich um ein sogenanntes Gemmenkreuz. Mit Edelsteinen verzierte Kreuze fertigte die frühe Christenheit als kaiserliche Siegeszeichen an, um an den Sieg des Kaisers Konstantin über seinen Widersacher Maxentius im Jahr 312 an der Milvischen Brücke in Rom zu erinnern. Konstantin hatte diesen Triumph der Legende nach mit dem Zeichen des Kreuzes errungen.

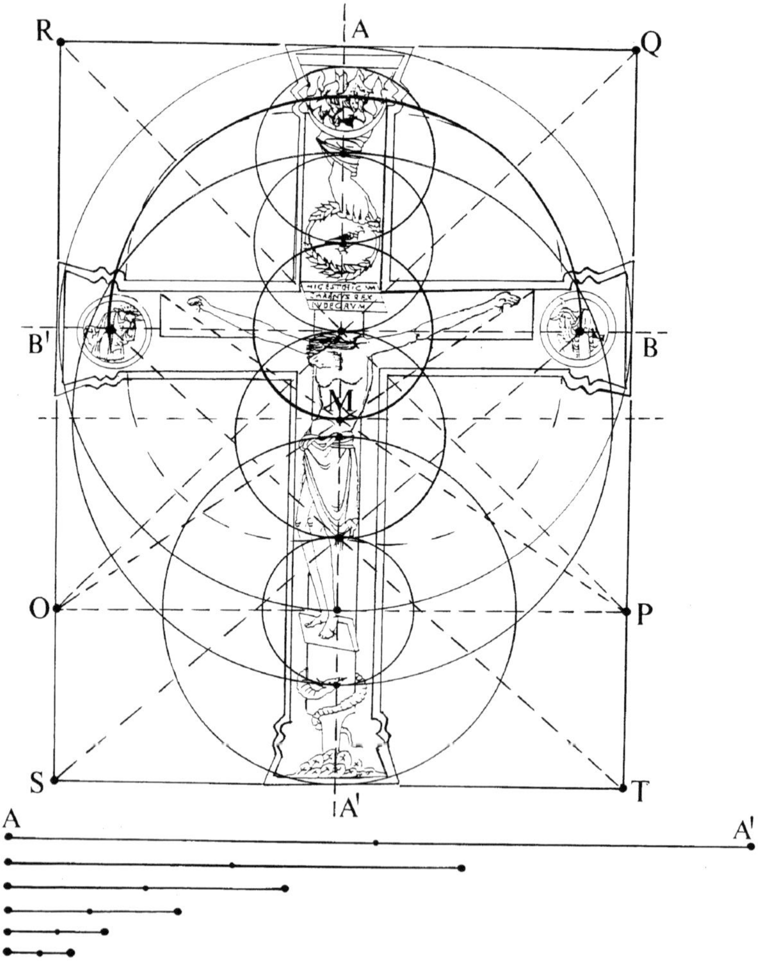

4.7

Das Lotharkreuz wurde dem zukünftigen Kaiser bei seiner Krönung in Aachen vorangetragen, wenn man ihn zum Altar der Krönungskirche geleitete. Während die Vorderseite mit 143 Halbedelsteinen und Perlen

verziert ist, besteht die Rückseite aus vergoldetem Silberblech, in das der gekreuzigte Christus eingraviert wurde. Auf einem T-förmigen Kreuz ist Christus als Toter dargestellt. Das Haupt ist auf die Brust gesunken. Die Leidensgestalt hängt an den ausgestreckten Armen; die Knie sind leicht eingeknickt, der Körper wird nicht mehr durch eigene Kraft gehalten. Den Fuß des Kreuzes umschlingt die Schlange als Symbol des Bösen. Auf den Kreuzarmen sind trauernde Personifikationen von Sonne und Mond dargestellt.
Auf der mit Edelsteinen verzierten Kaiserseite ist die Quadratmitte durch eine Kamee mit dem Bildnis des Kaisers Augustus geschmückt, da sich die ersten deutschen Kaiser des Mittelalters als irdische Stellvertreter Christi sahen.

Kunstexperten haben immer wieder auf die geradezu klassischen Proportionen des Gemmenkreuzes im Vergleich zu anderen, ähnlichen Objekten hingewiesen. Tatsächlich wurde das genau 50 cm hohe Lotharkreuz mit dem Goldenen Schnitt gestaltet, indem der Goldschmied diese Länge wie beim vorherigen Beispiel mit einem Reduktionszirkel geometrisch unterteilte.

Die Längsseite eines Rechtecks QRST mit 3×3×3 = 27 Fingerbreiten als Langseite (Figur 4.7) wurde mit dem Seitenverhältnis $\Phi^2 : 2$ auch hier nach dem Goldenen Schnitt geometrisch so unterteilt, dass die Linien *AA'* und BB' zwei Quadrate und zwei *goldene* Rechtecke bilden. Alle Teilstrecken der Darstellung gehören zu dem entsprechenden Wertekanon. Wie bei der besprochenen Kreuzigungsgruppe entstehen auch hier die Details durch Fluchtlinien zwischen geometrisch ausgezeichneten Punkten. Darüber hinaus wird deutlich, dass der Nabel des Gekreuzigten identisch ist mit der Mitte M des Rechtecks. Die umfangreiche Symbolik der Darstellung äußert sich in gleichen Abständen. So wird die Trinität Gottes nicht nur durch die Länge von 3×3×3 Fingerbreiten, sondern zusätzlich noch der Vater durch die Hand, der Heilige Geist durch die Taube und der Sohn durch den Kopf Christi in gleichem Abstand wiedergegeben; Gott und die satanische Schlange sind symmetrisch um den Mittelpunkt M angeordnet. Sonne, Mond und

Himmlisches Feuer sind gleich weit von der Mitte des Quadrats OPQR entfernt, wo sich das Haupt des Gekreuzigten befindet.

Die Art der Darstellung auf der Rückseite des Lotharkreuzes sowie die gleichartige Proportionierung bei der Kreuzigungsgruppe und bei diesem Objekt sprechen dafür, dass auch das Lotharkreuz ein Werk der Hofschule von Aachen sein dürfte und die Rückwendung der Kunst zu antiken Vorbildern wiederspiegelt.

4.2 Karolingische Bronzetüren

In der karolingischen Palastkapelle Karls des Großen, dem Kernbau des Doms in Aachen, haben sich vier Bronzetüren aus dem 8. Jahrhundert erhalten. Dabei handelt es sich um die ältesten Bronzegüsse der Spätantike, an denen sich die Methode der Proportionierung studieren lässt. Die Bronzetür zur sogenannten Hubertuskapelle weist sogar noch den originalen karolingischen Einbauzustand auf und eignet sich deshalb besonders gut zur Untersuchung der karolingischen Baugeschichte (HAUSMANN 2000a).

Von den heute noch erhaltenen drei kleinen Bronzetüren des Münsters besitzen zwei annähernd identische Maße (*Karlstür* und *Hubertustür*), während eine von ihnen (*Annentür*) um etwa 15 Zentimeter höher ist als die beiden anderen. Die Differenz deutet auf eine ursprünglich unterschiedliche Verwendung der Objekte hin. Dieser Tatbestand wird noch deutlicher, wenn man sich bewusst wird, dass auch die Aufteilung der Türfelder verschieden ist, vergleicht man sie mit der Haupteingangstür zum Dom. Im Gegensatz zum wesentlich größeren Hauptportal der Kirche, das wie das gesamte Bauwerk mit dem Idealschnitt geplant wurde, stammen die kleinen Türen wahrscheinlich aus einem Kirchenbau, der um 775 in Ingelheim am Rhein mit dem Goldenen Schnitt als Planungsgrundlage errichtet wurde.

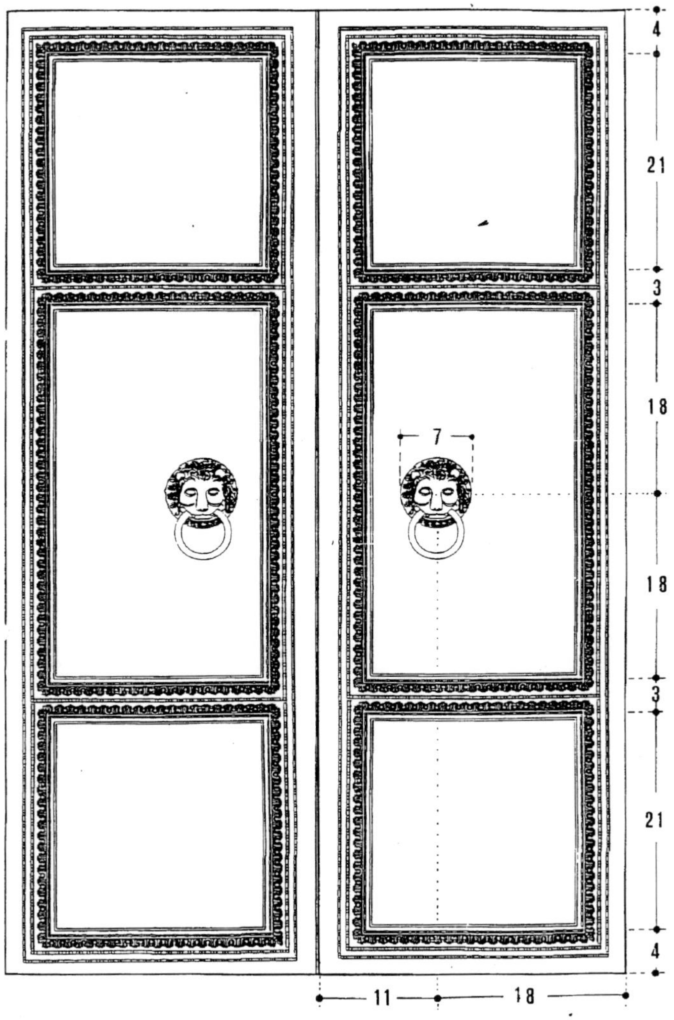

4.8

Sucht man bei den kleinen Türen wie beim übrigen Bauwerk nach den Proportionen des Idealschnitts, so erweist sich das als vergebliches Bemühen. Weder Höhe noch Breite, noch andere Größen der Türrahmung zeigen dessen Modulus σ. Ermittelt man hingegen das Verhältnis aus Höhe und Gesamtbreite bei den niedrigeren Türen, so ergibt sich mit 2,23 m : 1,4 m ≈ 1,6 ein Verhältnis, das sehr nahe bei dem Wert Φ des Goldenen Schnitts liegt, jedoch im Wertekanon des Idealschnitts nicht vorkommt. Verfolgt man diese Spur weiter, so zeigt sich schnell, dass die kleinen Bronzetüren tatsächlich mit den Zahlen des Goldenen Schnitts geplant wurden. Sie können deshalb nicht für die Kirche in Aachen gegossen worden sein, da ihre Maße falsche Proportionen aufweisen; vielmehr muss es sich bei ihnen wohl um Objekte mit einem anderen Ursprung handeln.

Beide Flügel der *Karlstür* sind in zwei quadratische Felder oben und unten sowie in eine mittlere, längsrechteckige Füllung aufgeteilt, in der sich jeweils ein Löwenkopf befindet, der mit Bronzestiften auf die Tür aufgenietet wurde. Die Durchmesser der Skulpturen betragen 7“. Dieses Maß entspringt keinem Zufall, sondern ist Teil einer Gesamtplanung der Tür auf der Basis der römischen Längeneinheit 1 Unze = 1“. Diese Maßeinheit, sie ist ein zwölftel Fuß lang, benutzte der Bronzegießer als Grundlage der Planung für die Dimensionierung der Türen. Das ergibt sich unmittelbar aus der Lokalisierung der Löwenköpfe, welche die Breite der Türflügel im Verhältnis von 0,437 m : 0,267 m = 18“ : 11“ ≈ Φ unterteilen. Ermittelt man aus diesen Angaben die Länge der verwendeten Unze, so erhält man rechnerisch dafür eine Länge von 2,43 cm. Dieser Angabe entspricht eine Fußlänge von 29,15 cm, die damit rund ½ cm kürzer als der römische Normfuß ist. Dafür kann es zwei Gründe geben: Entweder hatte das verwendete Fußmaß von vornherein eine geringere Länge als der römische Normfuß, jedoch wurde das kürzere Maß mit großer Sorgfalt und Genauigkeit übertragen, oder das verwendete Fußmaß besaß zwar die richtige Länge, doch ergaben sich bei der Unterteilung in Unzen geringfügig verkürzte Längen. Nach meinen Erfahrungen mit der Untersuchung antiker Objekte liegen die Übertragungsfehler im Bereich von 0,1 Prozent. Das ist viel weniger als im vorliegenden Fall. Da bei allen drei Türen das zugehörige Fußmaß um etwa 1,5 Prozent kleiner als der römische Normfuß ist, spricht das eher für eine Herkunft der Handwerker aus dem Kulturkreis des langobardischen Herzogtums Benevent in Mittelitalien, wo schon seit jeher der etwas kleinere ionische Fuß als Maß in Gebrauch war. Diese Maßeinheit brachten die Bronzegießer wahrscheinlich als Maßeinheit mit nach Aachen. Möglich erscheint auch eine Verbindung zum Stammkloster der Benediktiner in Monte Cassino zu sein, durch dessen Vermittlung die Bronzegießer an den fränkischen Königshof gekommen sein könnten.

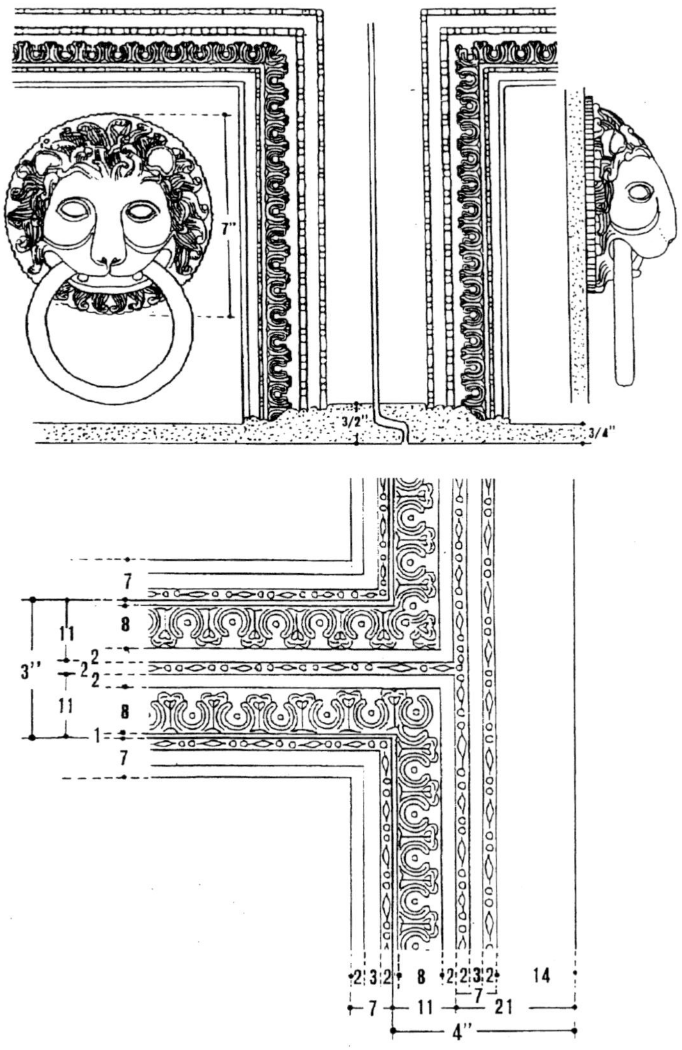

4.9

Für die Aufteilung der Tür im Großen wurden die Unze als Einheit zusammen mit den *richtigen* Zahlen benutzt. Es zeigt sich dabei, dass die (7/8)“ breiten Profile aus zwei Rundstäben und einem Perlstab an den Rahmeninnenseiten zu den Füllungen gerechnet wurden und jeweils Teil der Breiten und Höhen von 21“ bzw. 2×18“ sind. Die Querrahmen messen damit nur 3“, die Außenrahmen aber 4“.
Damit lassen sich nun die Türhöhe in 92“ und die Flügelbreiten in 29“ umrechnen. Beide Längen zeigen uns zunächst noch nicht unmittelbar, dass ihre Zahlenwerte aus dem Zahlenkanon der mediterranen Baukunst stammen. Das wird erst klar, wenn man sich die Profile der Rahmen genauer anschaut. Nun zeigt sich nämlich in Figur 4.5, dass nicht die Unze die eigentliche Maßeinheit war, sondern dass diese dreimal durch Halbieren unterteilt wurde. Damit wurde dann die Länge von (1/8)“ zur benutzten Maßeinheit für die Details des Rahmens. Die Profilrahmen der Türen sind sorgfältig geformt worden. Sie wurden offenbar mit einem Stempel auf die Gussform übertragen. Weil die Abstände der Palmwedel regelmäßig gestaltet waren, gelang es für den Bronzegießer auf relativ einfache Weise, saubere Gehrungen zu erhalten.
Zwei Friese aus sorgfältig gebildeten Palmwedel-Ornamenten schließen bei den Querrahmen einen Perlstab ein und werden beiderseits von gleichartigen Perlstäben begrenzt. Der insgesamt (38/8)“ breite Rahmen wird in Bereiche von (7/8)“ – (11/8)“ – (2/8)“ – (11/8)“ – (7/8)“ aufgeteilt. An den Begrenzungen der Längs- und Querseiten wird das Palmwedelfries so gerahmt, dass ein Perlstab innen und zwei außen liegen. Dadurch ergibt sich eine Aufteilung in Streifen von (7/8)“ – (11/8)“ – (21/8)“ = (39/8)“ Breite. Die hier vorkommenden Vielfachen der Einheit (1/8)" gehören allesamt zu den Zahlen des Goldenen Schnitts.

Die Gesamthöhe der Flügel berechnet sich mit den Rahmenmaßen zu 4“ + 21“ + 3“ + 18“ + 18“ + 3“ + 21“ + 4“ = 92“ und die Gesamtbreite zu 4“ + 21“ + 4“ = 29“.

Die gleichzeitige Verwendung von Fibonacci-Zahlen wie 1; 2; 8; 21 und von Heiligen Zahlen wie 4; 7; 11; 18; 29 ist charakteristisch für die gesamte römische Architektur seit der Herrschaft des Kaisers Augustus.

Daher kann man aus deren Gebrauch nicht auf das Alter der Türen schließen. Figur 4.9 zeigt auch einen der Löwenköpfe der *Karlstür* im Detail. Man erkennt deutlich an der Gestaltung der Mähne, dass sie aus der Spätantike stammen müssen. Beide Türflügel sind so ausgebildet, dass ein Flügel den anderen ein Stück weit überlappt. Die Rahmendicke beträgt (3/2)“, die Dicke der Füllungen ist dagegen mit (3/4)“ nur halb so stark.

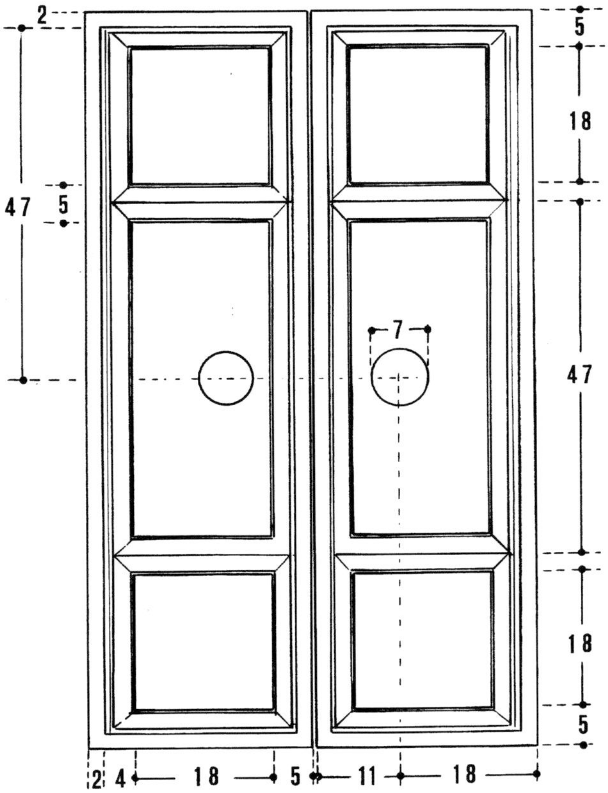

4.10

Die sogenannte *Annentür* ist mit 98“ etwa 15 cm höher als die *Karlstür*, obwohl sie die gleiche Breite besitzt. Wenden wir uns den Proportionen dieser Bronzetür zu, so scheint sich auf den ersten Blick gegenüber der anderen Tür nicht viel verändert zu haben. Beim genaueren Hinsehen erkennt man jedoch, dass die beiden mittleren, längsrechteckigen

Füllungen gestreckter sind als in den übrigen Fällen. Die quadratischen Felder haben zudem Innenmaße von 18“ mal 18“ und auch die Rahmenbreiten variieren geringfügig.

Auch bei dieser Tür war die Unze die Maßeinheit, jedoch unterscheiden sich die Rahmen und Füllungen leicht von denen der beiden anderen Türen. Die Querrahmen haben nämlich eine Breite von 5“, wobei der obere und untere Rahmen auf 3“ Breite Profile aufweisen, während 2“ als glatter Rand ausgebildet sind. Die Längsrahmen haben außen 6“ Breite, während sie an der Innenseite mit 5“ etwas schmaler sind, so dass sich zusammen 11“ ergeben. Beide Türflügel sind durch insgesamt 29“ breit, doch misst man zwischen den unverzierten glatten Seitenrahmen mit 2×27“ = 54“ = 3^; die Gesamthöhe beträgt 98“. Da man sicher sein kann, dass der Bronzegießer die *richtigen* Zahlen verwenden wollte, muss man sie auch in den Längenmaßen wiederfinden können. Offenkundig sollte das Verhältnis von Länge zu Gesamtbreite den Modulus Φ wiedergeben. Bei 2×29“ = 58“ Gesamtbreite für beide Flügel erfordert das eine Länge von 2×47“ = 94“, da 47 : 29 ≈ Φ ist. Eine Länge von 94“ ergibt sich nun gerade als Abstand des oberen und des unteren Profilrandes an den Türen. Sie setzt sich folgendermaßen zusammen: 3“ + 18“ + 5“ + 21“ + 21“ + 5“ + 18“ + 3“ = 2×47“. Diese 94“ waren auf der Außenseite der Tür zwischen der Oberkante der Schwelle und dem oberen Türanschlag sichtbar.

Offenbar ist diese Überlegung richtig. Das wird daran deutlich, dass man auch für den Abstand zwischen den beiden Mitten der Querrahmen gerade 2½“ + 42“ + 2½“ = 47“ misst. Da auch der Abstand zwischen der Mitte des Löwenkopfes und dem oberen Rahmen 47“ beträgt, gilt auch für das Verhältnis aus dieser Länge und aus der Türbreite 47“ : 29“ ≈ Φ. Zugleich teilen die Löwenköpfe die Breite der Türflügel wegen 18“ : 11“ ≈ Φ mit dem Modulus des Goldenen Schnitts. Stärker noch als die beiden kleineren Bronzetüren ist die *Annentür* ein Musterbeispiel für eine Tür in spätantiker, römischer Tradition. Aus den Abmessungen der *Annentür* ergibt sich wie bei den anderen Türen die Länge des verwendeten Fußmaßes zu 29,15 cm.

4.3 Ideale Bronzegitter

Das Planungssystem des Goldenen Schnitts in der Architektur wurde zu Beginn des 4. Jahrhunderts um den Idealschnitt erweitert. Wie schon zuvor mit den Zahlen des Goldenen Schnitts, so legte man jetzt die Maßlängen mit den Idealzahlen und den Maßeinheiten Fuß und Elle fest. Die Proportionen veränderten sich durch den größeren Modulus und die Bauwerke erhielten eine schlankere und gestrecktere Gestalt als beim Goldenen Schnitt. Besonders auffällig ist dabei, dass die errichteten Zentralbauten nun nicht länger auf der Figur des regelmäßigen Zehnecks oder des Kreises, sondern auf der des Oktogons aufbauten. Zehneck und Achteck sind ja gleichsam die charakteristischen regelmäßigen Vielecke zum Goldenen Schnitt beziehungsweise zum Idealschnitt.

Der wesentliche Grund für diesen Wandel dürfte in der Bedeutung der Zahl 8 als Symbol der Wiedergeburt liegen. Religiöse Gemeinschaften wie die Anhänger des Mithras-Kultes oder die Christen glaubten fest an eine Reinkarnation nach dem Tode und gaben diesem Glauben dadurch Ausdruck, dass sie ihre Mausoleen oder Baptisterien mit einem achteckigen Grundriss versahen.

Zunächst plante man diese oktogonalen Zentralbauten noch überwiegend mit den Heiligen Zahlen, wie sich leicht an den Mausoleen der Kaiser Diokletian und des Maxentius, sowie am Grundriss der Kirche San Vitale in Ravenna nachweisen lässt. Vermutlich irgendwann im frühen 8. Jahrhundert entdeckte man jedoch wieder, dass der Idealschnitt am Quadrat besser für die Konstruktion des Achtecks geeignet ist. Hinzu kam, dass die Idealzahlen zur gleichen Zeit eine neue symbolische Interpretation erhielten, die mit der biblischen Schilderung der Apokalypse durch den Evangelisten Johannes zusammenhängt. In der *„Geheimen Offenbarung des Johannes“* werden visionär das Ende der irdischen Welt und der Beginn des Gottesreiches geschildert. Kaum zu zählen sind dort jene Wesen und Begriffe, die

siebenfach oder zwölffach vorkommen. Die uralten Zahlensymbole des siebentägigen Mondbildes, unserer Woche, oder des zwölfmonatigen Sonnenjahres erfuhren durch Johannes damit eine neue, endzeitliche Interpretation.
Die beiden Zahlen 7 und 12 existierten im Gegensatz zu den älteren Zahlenfolgen mit dem Modulus Φ in der Menge der Idealzahlen. Jene neuen Zahlen boten sich deshalb geradezu an, als man um die Mitte des 8. Jahrhunderts begann, sich intensiver als zuvor mit dem Ende der Welt und der Wiederkehr Gottes zu beschäftigen.

In diesem Zusammenhang muss auch der Bau der oktogonalen Palastkirche in Aachen gedeutet werden, will man verstehen, warum das Bauwerk gerade diese und keine andere Gestalt erhielt.

Führt man die geometrische Konstruktion der stetigen Teilung am gleichschenkligen, rechtwinkligen Dreieck aus, so erhält man den Idealschnitt. Er ist mathematisch eng verwandt mit dem Goldenen Schnitt. Zu ihm gehört die Folge der Idealzahlen

$$1; 2; 5; 12; 29; 70; 169; 408; \ldots$$

sowie deren halbierte Summenfolge

$$1; 3; 7; 17; 41; 99; 239; 577; \ldots$$

Die Quotienten aufeinander folgender Zahlen, also etwa 408 :169 oder 577 : 239, nähern immer genauer den irrationalen Modulus $\sigma = \sqrt{2} + 1 \approx 2{,}4142 \ldots$ an. Die Zahlenfolgen werden dadurch erzeugt, dass man das Doppelte der letzten Zahl zur vorletzten addiert, um ein weiteres Glied der Folge zu erhalten. Dabei beginnt man mit den beiden Startzahlen 1 und 2 beziehungsweise mit 1 und 3.
Da das Verhältnis von Diagonale und Seite beim Quadrat stets $\sqrt{2} : 1$ beträgt, liegt es nahe, dass sich ein Quadrat besonders gut für den Idealschnitt eignet, wenn man den Modulus σ durch das Verhältnis von (Seitenlänge + Diagonale) : Seitenlänge wiedergibt.

Die Maßeinheit der karolingischen Bauwerke von Aachen war eine Länge L = 51,5' = 15,24 m. Sie diente als Kathete eines rechtwinkligen, gleichschenkligen Dreiecks, aus der man wie in Figur 4.11 durch geometrische Unterteilung mit dem Modulus σ die anderen Maße ableitete. Dieses Vorgehen stellt damit einen echten Kathetenschnitt dar.

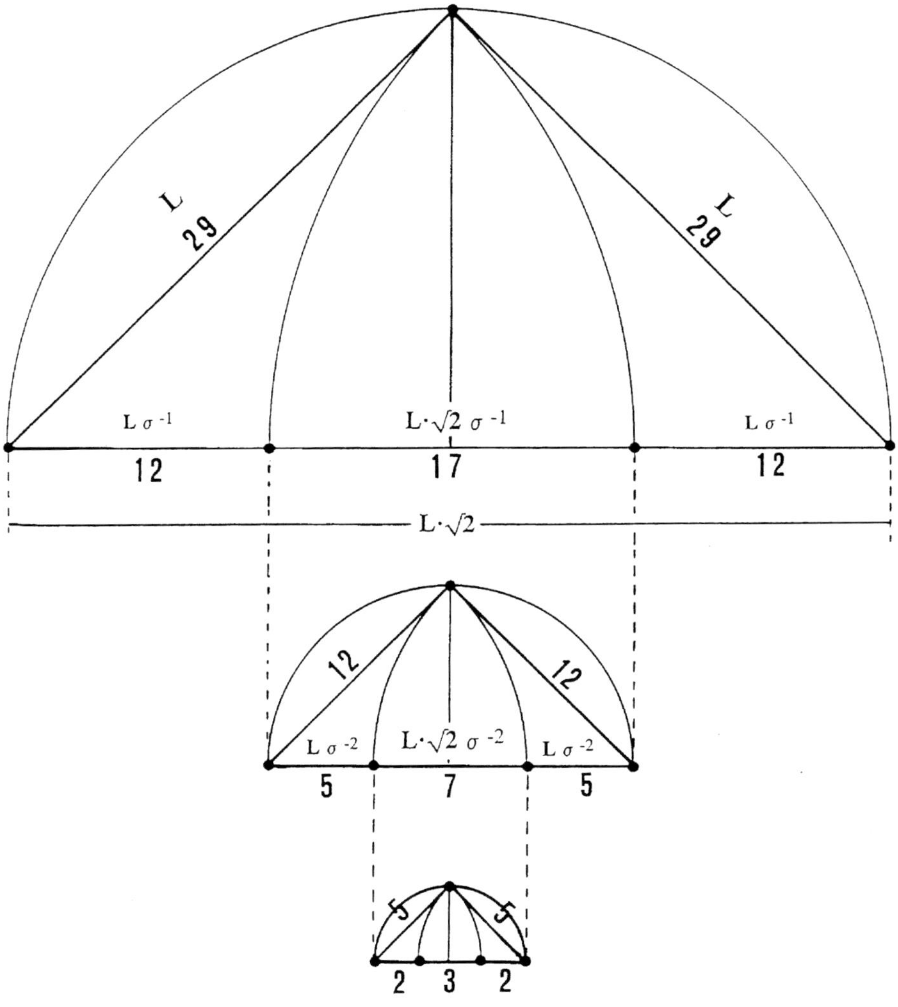

4.11

Das Verhältnis des Idealschnitts ergibt sich, wenn man eine Strecke, deren Länge sich aus der Diagonalen plus der Seite eines Quadrats zusammensetzt, durch die Länge der Quadratseite teilt. Bezeichnet man die Quadratseite mit L, dann erhält man für den Modulus σ des Idealschnitts somit folgenden Wert:

$$(L\sqrt{2} + L) : L = \sqrt{2} + 1 = 2{,}41421356... = \sigma.$$

Exakt denselben Wert besitzen aber auch die folgenden Proportionen:

$$(\mathbf{2} \times L\sqrt{2} + 3L) : (\mathbf{1} \times L\sqrt{2} + 1L) = \sigma$$
$$(\mathbf{5} \times L\sqrt{2} + 7L) : (\mathbf{2} \times L\sqrt{2} + 3L) = \sigma$$
$$(\mathbf{12} \times L\sqrt{2} + 17L) : (\mathbf{5} \times L\sqrt{2} + 7L) = \sigma$$
$$(\mathbf{29} \times L\sqrt{2} + 41L) : (\mathbf{12} \times L\sqrt{2} + 17L) = \sigma$$
$$(\mathbf{70} \times L\sqrt{2} + 99L) : (\mathbf{29} \times L\sqrt{2} + 41L) = \sigma$$

......

Aus dieser Zusammenstellung ergibt sich, dass man als Summen aus einer ganz bestimmten Anzahl von Diagonalen und Quadratseiten immer größere Längen erzeugen kann, die zueinander im Verhältnis des Modulus σ stehen. Aber auch kleinere Strecken lassen sich als Differenzen von Diagonalen und Seiten mit demselben Modulus σ bilden:

$$(1 \times L\sqrt{2} + 1L) : 1L = \sigma$$
$$1L : (\mathbf{1} \times L\sqrt{2} - 1L) = \sigma$$
$$(\mathbf{1} \times L\sqrt{2} - 1L) : (3L - \mathbf{2} \times L\sqrt{2}\, L) = \sigma$$
$$(3L - \mathbf{2} \times L\sqrt{2}) : (\mathbf{5} \times L\sqrt{2} - 7) = \sigma$$
$$(\mathbf{5} \times L\sqrt{2}\, L - 7L) : (17L - \mathbf{12} \times L\sqrt{2}) = \sigma$$
$$(17L - \mathbf{12} \times L\sqrt{2}) : (\mathbf{29} \times L\sqrt{2} - 41L) = \sigma$$
$$(\mathbf{29} \times L\sqrt{2} - 41L) : (99L - \mathbf{70} \times L\sqrt{2}) = \sigma$$

......

Bemerkenswert ist, dass es nur Idealzahlen sind, die als Vielfache von Diagonalen und Seitenlängen zur Wiedergabe von σ benötigt werden. Innerhalb jeder dieser Folge von geometrisch erzeugten Längen geben die Quotienten aufeinander folgender Strecken den Modulus σ exakt wieder, während die Quotienten aus Idealzahlen das wiederum nur näherungsweise können. So gilt zum Beispiel 408 : 169 = 2,41420 $\approx \sigma$ und 577 : 239 = 2,41422 $\approx \sigma$. Die Verwendung der geometrischen Konstruktion für den Idealschnitt liefert eine Erklärung für die besonders große Genauigkeit, mit der in Aachen der Modulus σ realisiert wurde.

Die mathematischen Beziehungen zwischen den Summen und den Differenzen aus Diagonalen und Quadratseiten kann man auf verschiedene Weise geometrisch ausdrücken, sofern man es nicht vorzieht, die Zahlenwerte als sehr genaue Näherung für den Modulus σ des Idealschnitts zu benutzen.

Ich will diesen Sachverhalt an Hand der Figur 4.11 deutlich machen: Sie zeigt ein gleichschenkliges, rechtwinkliges Dreieck, dessen lange Seite, die Hypotenuse, dadurch unterteilt wird, dass man von ihren beiden Endpunkten jeweils eine der kürzeren, untereinander gleich langen Katheten L abzieht. Dann verhält sich die Hypotenuse $L\sqrt{2}$ zu ihrem mittleren Teilstück wie

$$L\sqrt{2} : [L\sqrt{2} - 2(L\sqrt{2} - L)] = \sqrt{2} : (2 - \sqrt{2}) = \sigma.$$

Mit Idealzahlen kann man das Verhältnis besser deutlich machen. Wählt man etwa die Hypotenuse als eine Länge von 41 beliebig langen Einheiten, dann wird sie bei dem Vorgehen in Figur 4.11 näherungsweise in Teilstücke von 12∗17∗12 Einheiten Länge unterteilt, während die beiden Katheten 29 Einheiten lang sind. Wiederholt man dasselbe Verfahren nun mit der Teillänge von 17 Einheiten als Hypotenuse, so erhält man in guter Näherung die zusätzlichen Teilstücke mit den kleineren Längen aus 5∗7∗12 Einheiten. Sie stammen wieder aus der Folge der Idealzahlen. Eine nochmalige

Durchführung der Teilung mit einer Hypotenuse von jetzt 7 Einheiten liefert die zusätzlichen Längen von 2 und 3 Einheiten. Damit besitzt man schon alle Idealzahlen, die kleiner sind als 41. An deren Quotientenfolge erkennt man sofort, dass die Teilstücke den Modulus σ sehr gut annähern.

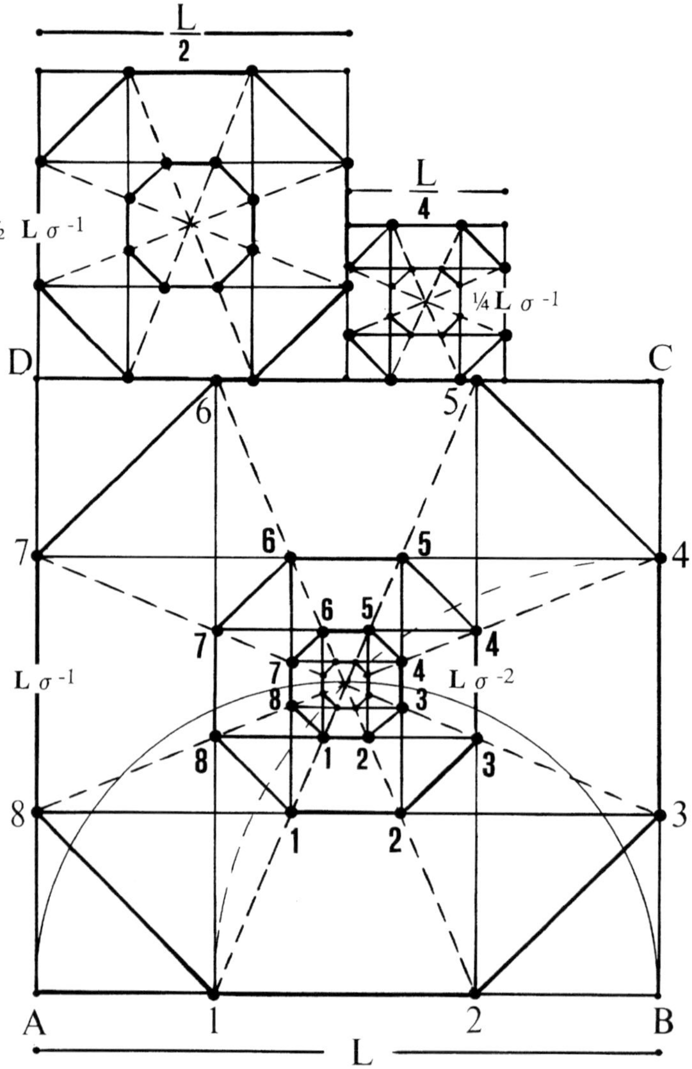

4.12

Statt am gleichschenkligen, rechtwinkligen Dreieck kann man den Idealschnitt, wie in Figur 4.12 geschehen, auch am Quadrat ABCD mit der Seite L realisieren. Schlägt man um dessen vier Ecken Kreisbögen mit der halben Diagonalen als Radius, so werden die Quadratseiten mit dem Modulus σ unterteilt. Verbindet man die acht Schnittpunkte der Viertelkreise (Punkte 1 bis 8) mit den Seiten, so erhält man ein regelmäßiges Achteck mit der Seitenlänge $L \times \sigma^{-1}$, dessen Seiten und Winkel jeweils gleich groß sind. Die Verbindungen gegenüberliegender Oktogonecken, wie 1 mit 6 oder 2 mit 5, erzeugen ein neues Achteck im Inneren, dessen Seiten wieder um den Faktor σ verkleinert, also $L \times \sigma^{-2}$ lang sind. Ein fortgesetztes Unterteilen nach diesem Verfahren liefert also als Oktogonseiten die folgende Maßfolge:

$$L;\ L \times \sigma^{-1};\ L \times \sigma^{-2};\ L \times \sigma^{-3};\ L \times \sigma^{-4};\ L \times \sigma^{-5}\ \ldots$$

Verkleinert man die Quadratseite, wie das im oberen Teil der Figur 4.12 zu sehen ist, zuvor noch geometrisch mit dem Modulus 2 durch fortgesetztes Halbieren und führt danach erst den Idealschnitt in der Weise durch wie ich es gerade beschrieben habe, dann liefert das Vorgehen zusätzliche Maße mit den Längen

$$\tfrac{1}{2} L;\ \tfrac{1}{2} L \times \sigma^{-1};\ \tfrac{1}{2} L \times \sigma^{-2};\ \tfrac{1}{2} L \times \sigma^{-3};\ \tfrac{1}{2} L \times \sigma^{-4};\ \tfrac{1}{2} L \times \sigma^{-5} \ldots$$

oder

$$\tfrac{1}{4} L;\ \tfrac{1}{4} L \times \sigma^{-1};\ \tfrac{1}{4} L \times \sigma^{-2};\ \tfrac{1}{4} L \times \sigma^{-3};\ \tfrac{1}{4} L \times \sigma^{-4};\ \tfrac{1}{4} L \times \sigma^{-5}\ \ldots$$

Diesen Kanon von Maßlängen kann man noch einmal verdoppeln, wenn man auch jene Strecken benutzt, die sich aus der geometrischen Unterteilung der Diagonalen $L\sqrt{2}$ nach dem Idealschnitt ergeben. Man erhält dann zusätzlich weitere Folgen wie:

$$L\sqrt{2};\ L\sqrt{2} \times \sigma^{-1};\ L\sqrt{2} \times \sigma^{-2};\ L\sqrt{2} \times \sigma^{-3};\ \ldots$$

Alle diese unterschiedlich langen Strecken sind über das gemeinsame Maß L und den Idealschnitt miteinander verknüpft. Die Geometrie des

Idealschnitts mit dessen Maßkanon auf der Grundlage der Länge L = 15,24 m wurde beim Bau der Aachener Kaiserpfalz für die Proportionierung benutzt.

- Man erkennt an diesen Ausführungen, dass der Idealschnitt ein genauso universelles Verfahren wie der Goldenen Schnitt ist. Auch mit dem Idealschnitt kann man aus einer beliebigen Ausgangslänge unendlich viele größere und kleinere Teilstrecken erzeugen, die im festen Verhältnis des Modulus σ zueinander stehen.

Im Obergeschoss der Pfalzkirche werden die großen Arkaden durch acht Bronzegitter zum Inneren des Oktogons hin abgeschlossen (HAUSMANN 1998b). Ein Ergebnis der metrischen Analyse der Bronzeschranken ist die Feststellung, dass alle acht Gitter, im Gegensatz zu den kleinen Bronzetüren, von Beginn an für die Aachener Kirche geplant und die Formen für den Guss nach deren Maßerfordernissen hergestellt wurden.
Die acht Bronzeschranken grenzen den oberen Umgang der Kirche zum Inneren des Oktogons ab. Dort stehen sie zwischen den großen Arkaden mit ihren doppelten Säulenstellungen. In Figur 4.13 ist die Beziehung zwischen Gitter und Bauwerk exemplarisch für das Süd-West-Gitter im Dom dargestellt. Die Höhe der Arkade beträgt $\frac{1}{2} L\sqrt{2}$, während die Breite $\frac{1}{2} L\sqrt{2} \times \sigma^{-1}$ misst. Durch das Verhältnis von Höhe : Breite = σ machen diese Arkaden sichtbar, dass der Idealschnitt bei der Planung benutzt wurde. Auch die Abmessungen der Gitter wurden aus dem Kanon der oben aufgeführten Maße abgeleitet. Die Gitterhöhe misst nämlich $\frac{1}{2} L \times \sigma^{-2}$, sofern man den Abstand vom Boden mit berücksichtigt. Dieser beträgt $1/4\ L \times \sigma^{-5}$. Die Breite von $\frac{1}{2} L\sqrt{2} \times \sigma^{-1}$ wird beiderseits durch einen seitlichen Leerraum von $1/16\ L \times \sigma^{-3}$ zwischen der Arkadenwand und dem Gitter vermindert. Damit verbleiben für die eigentliche Gitterbreite 14,62' = 4,33 m und für die Gitterhöhe 4,26' = 1,26 m. Dieses Maß erhält man auch, wenn man ein Quadrat mit der Arkadenbreite nach dem Idealschnitt unterteilt. Dabei ergeben sich nämlich für die Gitterbreite drei Teilstücke mit den Längen $(\frac{1}{2} L \times \sigma^{-2}) *$

($\frac{1}{2}$ L$\sqrt{2}$ × σ^{-2}) ∗ ($\frac{1}{2}$ L × σ^{-2}), von denen eins der kürzeren Stücke auch als Höhe der Gitter gewählt wurde. Es besitzt deshalb dieselbe Abmessung wie die Brücke, auf der die oberen Säulen aufgestellt sind.

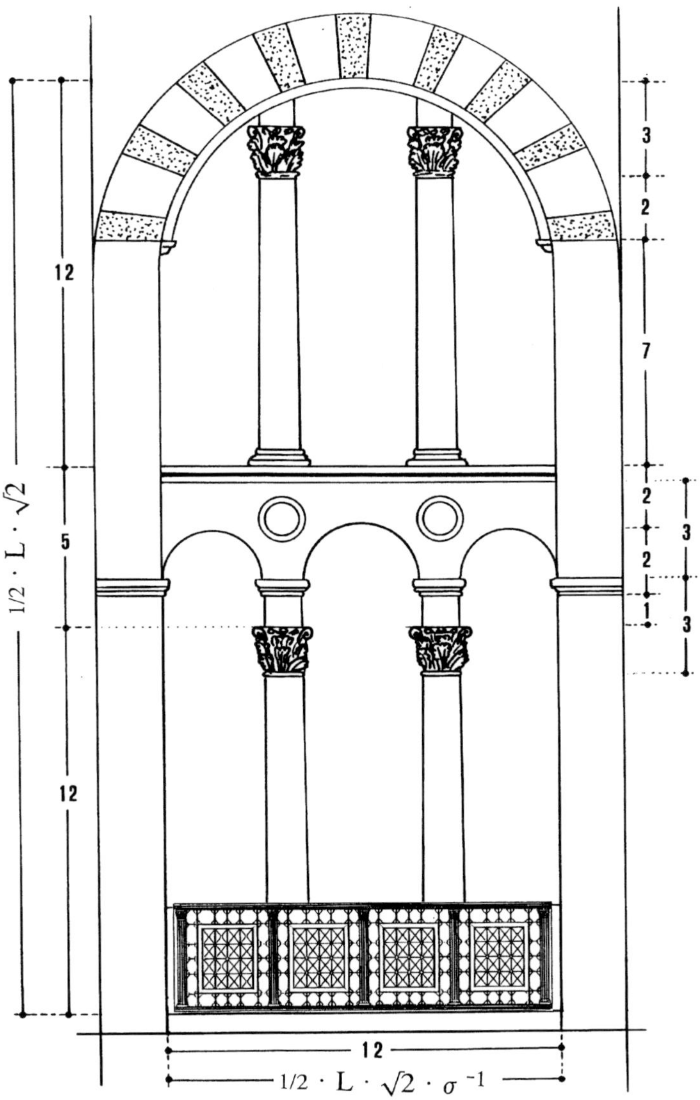

4.13

Diese Vorgaben mussten von den Bronzegießern bei der Planung der Bronzeschranken berücksichtigt werden. In der Zeichnung sind die relevanten Baulängen durch Idealzahlen ausgedrückt worden, um dem Leser die geometrischen Proportionen auch als Zahlenbrüche deutlich zu machen. Jede Einheit in Figur 4.13 entspricht dabei einer Länge von $2L \times \sigma^{-5} = 37{,}2$ cm. Je sechs der Aachener Bronzegitter sind paarweise gleich, während sich das Westgitter vom Ostgitter unterscheidet.

4.14

Die jüngsten Gitter stehen heute im Nordwesten und im Südosten des Oktogons. Sie bestehen aus vier Feldern zwischen seitlichen Pilastern. Wie Figur 4.14 an einem dieser vier Felder deutlich macht, verziert ein

Fries aus plastisch hervortretenden Akanthusstauden den Architrav über den Pilastern, der als Brüstungslehne dient. Das Ornament geht genau wie die korinthischen Kapitelle der Pilaster offenkundig auf ein Vorbild aus der augusteischen Epoche zurück. Unten schließen die beiden Gitter mit einer durchlaufenden Leiste ab. Rechtwinklig angeordnete Verstrebungen strukturieren die Felder so, dass im Inneren die kreuzförmige Gestalt ***X*** eines großen griechischen Buchstabens „Chi" mit leicht abgeknickten Schenkeln entsteht. Die übrig bleibenden Flächen sind mit filigranen Quadraten und Dreiecken gefüllt, die wie bei den anderen Gittern das Kreuz-Zeichen in der Variante des Ankerkreuzes zeigen. Benachbarte Dreiecke verbinden sich dabei über die Pilaster hinweg zu neuen quadratischen Strukturen.

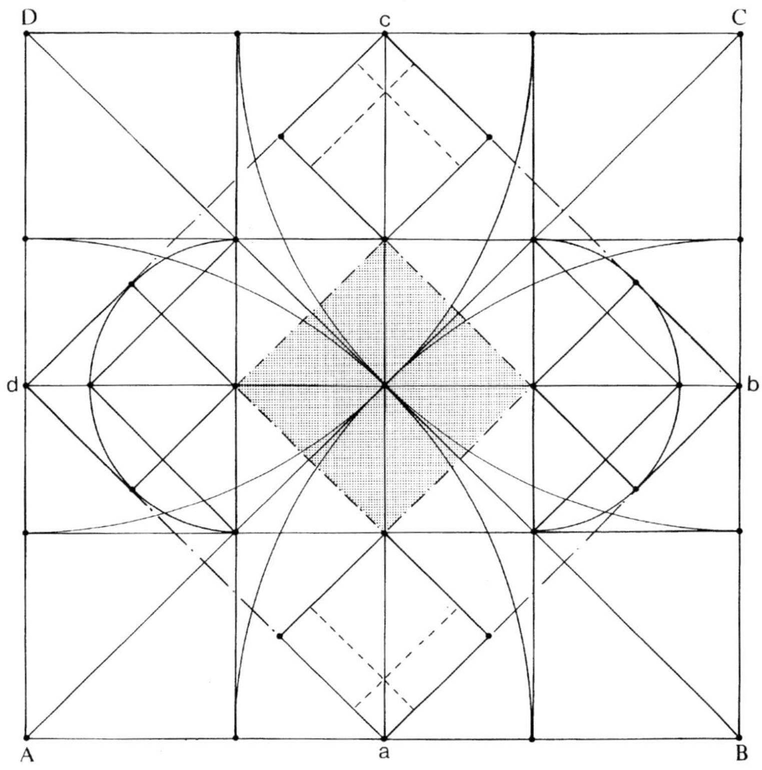

4.15

Die geometrische Konstruktion gerade dieser Gitter ist besonders interessant, weil sie deutlich macht, dass der geometrische Idealschnitt tatsächlich die Planungsgrundlage der Bronzebrüstungen ist. Man sollte sich die Teilung eines Quadrates in Figur 4.15 genauer ansehen, um das einzusehen. Schlägt man um die vier Ecken eines Quadrats ABCD Viertelkreise mit einer halben Diagonale als Radius, so werden die Seiten mit dem Modulus σ unterteilt. Dabei entstehen vier kleinere Quadrate, vier Rechtecke und ein größeres zentrales Quadrat.

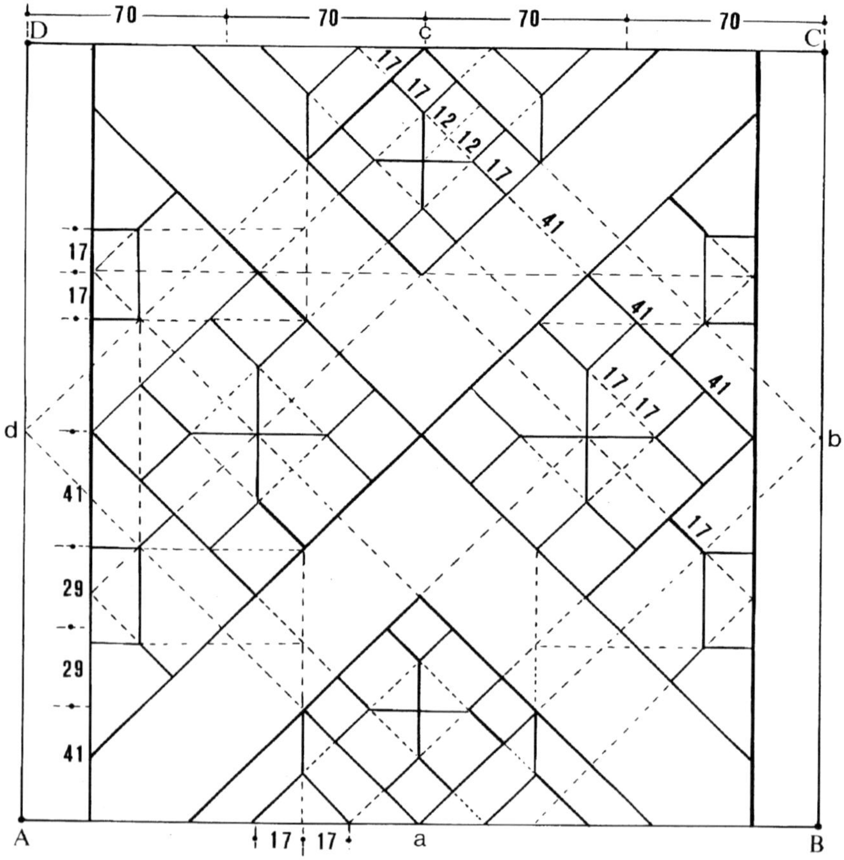

4.16

Verbindet man die Mitten der Quadratseiten, so erhält man ein kleineres Quadrat abcd, dessen Seite nun ½ × √2 misst. Es lässt sich ebenso unterteilen wie das größere Quadrat. Durch den Idealschnitt sind beide „rotierten“ Quadrate geometrisch mit einander verknüpft.
Zunächst hatte der Bronzegießer wegen der richtigen Idealzahlen mit einem Quadrat der Seitenlänge 4×70 Einheiten begonnen, dann aber wohl festgestellt, dass das Gitter damit zu lang und zu hoch geworden wäre. Wie Figur 4.17 zeigt, teilte er oben an den Quadratseiten jeweils 29 Einheiten für den Architrav und die Pilaster ab, um die Gitter besser an die vorgegebenen Maße der Arkaden anzupassen. Dadurch wurde das Quadrat jedoch zu einem in der Breite verkleinerten Rechteck. Bei allen Gittern misst die verwendete Maßeinheit $1 \text{ E} = 1/64 \text{ L} \times \sigma^{-5} = 4{,}1$ cm. Durch die Breite der Arkaden und durch den seitlichen Abstand zum Mauerwerk sind die Sollwerte für die Rahmenbreite mit 1040 E = 4,272 m und die Gitterhöhe mit 302 E = 1,240 m vorgegeben.

Das zentrale innere Teilungsquadrat aus Figur 4.15 wurde nun von der Mitte nach beiden Seiten soweit nach außen verschoben, bis die beiden Figuren seitlich an den Pilastern anstießen. Auf diese Weise bildet sich im Feldinneren die Gestalt des großen ***X***. Alle Teillängen gehörten aber weiterhin zu den erlaubten Maßstücken des Idealschnitts.
Noch waren aber nicht alle Probleme gelöst, da die unverändert gebliebene Feldhöhe weiterhin zu groß war. Um Raum für eine Basisleiste zu schaffen, musste das rotierte innere Quadrat noch um die Breite der Basisleiste längs der Diagonalen gestaucht werden. Zusätzlich musste der Planer berücksichtigen, dass die Bronzestäbe des Gitters keine geometrischen Linien waren, sondern eine endliche Dicke besaßen. Alle diese Überlegungen wurden in Figur 4.17 beachtet und führten notwendigerweise zu einer am realen Objekt ebenfalls beobachtbaren geringfügigen Stauchung der rechten Winkel, die ohne die Maßvorgaben von Gitterbreite und Gitterlänge nicht nötig gewesen wäre. Für die Gesamtbreite ergeben sich somit

$$2 \times 3 \text{ E} + 5 \times 29 \text{ E} + 4 \times 222 \text{ E} = 1039 \text{ E}$$

und für die Höhe

$$2 \times 5 \text{ E} + 2 \times 41 \text{ E} + 99 \text{ E} + 2 \times 41 \text{ E} + 29 \text{ E} = 302 \text{ E}.$$

Beide Sollwerte stimmen äußerst genau mit den tatsächlichen Maßen der Objekte überein.

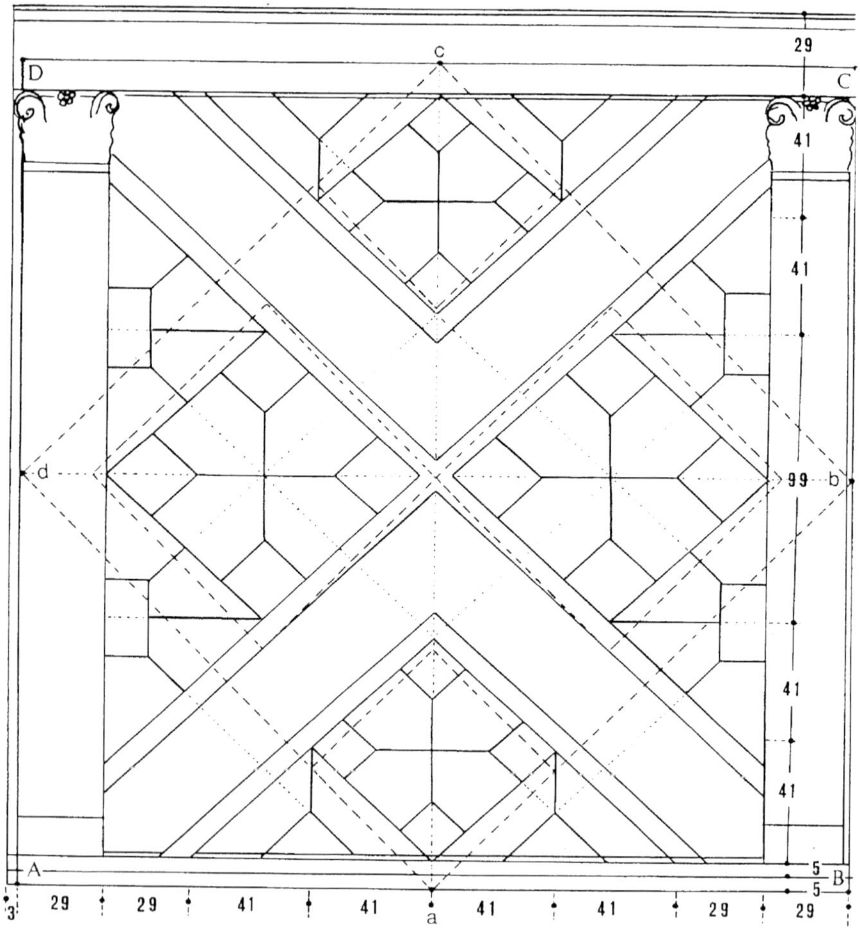

4.17

Wie schon bei den anderen Gittern, so wurden die Strukturen der unterteilten Quadrate auch hier dazu benutzt, die Flächen außerhalb des ***X*** mit Ankerkreuzen auszufüllen. Die „Arme" des ***X*** wurden ihrerseits mit jenen christlichen Symbolen gegliedert, die sich aus dem ***I***, dem griechischen Buchstaben Jota, sowie aus den gekreuzten Armen des ***X*** als Anfangsbuchstaben von ΙΗΣΟΥΣ ΧΡΙΣΤΟΣ als Namen des Erlösers zusammensetzen.

- Die Bronzeschranken im Aachener Dom gehören zu den seltenen, originalen Objekten, an denen sich die Verwendung des Idealschnitts in der Spätantike studieren lässt. Wie jene Gegenstände, die mit dem Goldenen Schnitt proportioniert wurden, zeigen auch sie mathematische Eigenschaften, die sich für eine sehr genaue Rasterplanung verwenden lassen. Auch diese Objekte strahlen eine große ästhetische Vollkommenheit aus.

4.4 Eine goldene Schrift

In der Endzeit der römischen Republik wurde in Rom eine neue Schrift auf der Grundlage des Goldenen Schnitts entwickelt, die den Namen CAPITALIS QUADRATA erhielt. Sie fand nur in einem knapp 200 Jahre dauernden Zeitraum unter den Kaisern Augustus bis Marc Aurel Anwendung. Sie zu benutzen war ein ausschließliches Privileg des römischen Senats und der römischen Kaiser. Diese neue Schriftform ergab ein Schriftbild von vollendeter Klarheit und Ausgewogenheit der Proportionen, die für alles charakteristisch ist, was auf der Grundlage des Goldenen Schnitts konstruiert wird. Die augusteische Monumentalschrift ist so vollendet, dass eine Verbesserung der Schriftform in späterer Zeit nicht mehr möglich war.

Unter Augustus wurde die CAPITALIS QUADRATA als Kunstschrift für die kaiserlichen Weiheschriften an den öffentlichen Gebäuden des Imperiums entwickelt. Um sie zu konstruieren, beginnt man mit einem Quadrat von 1 Elle Seitenlänge. Die Länge 1^ enthält 18 Fingerbreiten, von der man jede in 8 gleich lange Teilstücke durch fortgesetztes Halbieren unterteilt. Damit erhält man pro Quadratseite 144 Teilstücke von je (1/8)" Länge, die auf der Quadratfläche ein 144∗144 - Raster aufspannen, in dem die Buchstaben nun gestaltet werden können. Die Wahl der Elle statt des Fußes hatte offenbar den Grund, dass 144 eine gerade Fibonacci-Zahl ist, die zum Goldenen Schnitt gehört.

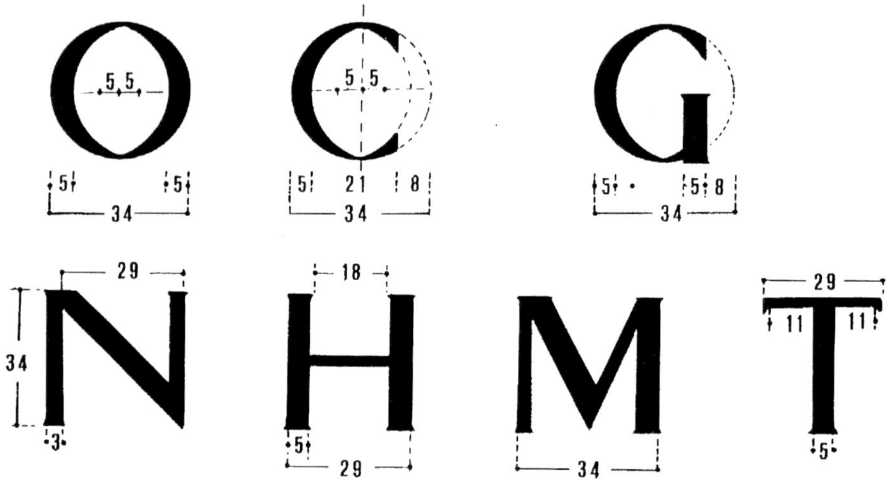

4.18

Alle großen lateinischen Buchstaben haben bei dieser Schriftart dieselbe Höhe von 144 Einheiten, doch werden die Auf- und Abstriche (Hasten) unterschiedlich breit gewählt. Das erfolgt jedoch immer in der Weise, dass deren Maße wiederum Zahlenwerte aus der Folge der Fibonacci- und der Heiligen Zahlen erhalten. Breite Hasten werden dabei 21, schmale 8 Einheiten dick gemacht. Die Buchstaben N und T bekommen beispielsweise eine Breite von 123, das M und das O eine von 144 Einheiten. Manche Lettern wie das L sind nur (½)^ breit, weshalb der seitliche Balken des Buchstabens wegen der Hastenbreite von 21 Einheiten dann 72 – 21 = 51 Einheiten lang wird.

Nach diesem System entstand unter Augustus eine vollendete Schrifttype, deren Ausgewogenheit auf der Verwendung der *richtigen* Zahlen beruht. Die Steinmetze konnten die Buchstaben einer Inschrift nach diesem Konstruktionsprinzip überall im Imperium in gleicher Perfektion herstellen. Natürlich war es auch möglich, kleinere, aber ähnliche Schriftbilder zu erzielen, wenn man nur diese Proportionen benutzte.

Es besteht allerdings keine Notwendigkeit, ein Quadrat gerade in 144 Einheiten zu unterteilen. Auch jede andere Fibonacci-Zahl kann verwendet werden, doch sollte sie aus Gründen der Zweckmäßigkeit geradzahlig sein. Für einige Buchstaben habe ich das in Figur 4.18 dargestellt, wobei die Quadratseite in diesem Fall 34 beliebige Einheiten breit gemacht wurde. Die Proportionen sind dieselben wie bei der großen CAPITALIS QUADRATA, da zum Beispiel 144 : 123 $\approx$ 34 : 29 ist. Auch die Mittelpunkte und die Radien für Buchstaben mit Rundungen werden durch Fibonacci-Zahlen festgelegt.

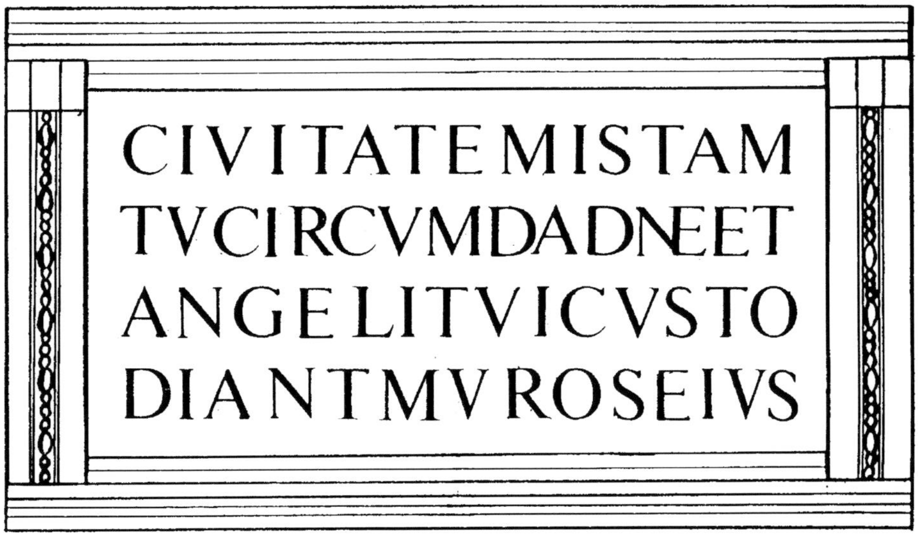

4.19

Um 790 übernahm der fränkische Hof in Aachen mit der augusteischen Kunst als künstlerischem Vorbild auch die römische Schrifttype CAPITALIS QUADRATA. Ihre Verwendung in Aachen, jenem „Neuen Rom" der Karolinger, macht klar, dass diese Beschriftungsform als Ausdruck eines imperialen Bewusstseins in der Nachfolge eben dieses Augustus zu sehen ist. Einen Nachweis für das Kopieren der römischen Schrifttype in Aachen liefert eine Weiheschrift für die Aachener Pfalz, die sich heute am Westwerk der karolingischen Benediktinerabtei Corvey an der Weser befindet (HAUSMANN 2000a).

Auf der Tafel ist ein Epigramm in Form eines zweiteiligen Sinnspruches eingemeißelt. Es besteht als Distichon aus einem Pentameter und einem Hexameter. Das antike Versmaß des Textes zeigt wiederum ein Zurückgreifen auf Vorbilder der augusteischen Antike in jenen Jahren der „Karolingischen Renaissance“ an. Gleichzeitig stellt der Text ein Chronogramm dar. Das bedeutet, dass einige der lateinischen Lettern des Weihespruchs ein wichtiges Datum anzeigen sollen. Diese Zeitangabe wird aus jenen römischen Buchstaben M; D; C; L; X; V und I gebildet, die zugleich als römische Ziffern einen Zahlenwert besitzen. Im vorliegenden Fall handelt es sich offenbar um das Jahr der Fertigstellung der Palastanlage von Aachen, das als Chronogramm wiedergegeben wird.
Wie man bei der Inschrift an heute noch vorhandenen Löchern in den eingemeißelten Buchstaben erkennen kann, gab es ursprünglich Metallbuchstaben, welche die Inschrift besser sichtbar machten. Die Lettern waren mit Stiften an der Steinplatte befestigt und zumindest einige von ihnen waren vergoldet.
Der Weihespruch auf der Tafel lautet in deutscher Sprache:

»SEI GEGENWÄRTIG IN DIESER DEINER STADT, O HERR,
UND LASS DEINE ENGEL IHRE MAUERN BEWACHEN«

In lateinischen Wörtern schreibt sich das folgendermaßen:

CIVITATE**M** ISTA**M**	CIVI MI M	= 2.108
TV **CIRCVMD**A **D**NE	V CI CVMD D	= 2.211
ET ANGE**LI** T**VI** **CV**STO	LI VI CV	= 162
DIANT **MV**ROS E**IV**S	DI MV IV	= 1.512

Die Summe der Buchstaben mit Zahlenwerten auf der rechten Seite beträgt 5.993 und ergibt die Jahreszahl in der Zählweise seit der

Erschaffung der Welt. Zieht man davon jene 5.199 Jahre ab, die nach den Berechnungen des Kirchenvaters Hieronymus zwischen der Erschaffung der Welt und dem Erscheinen des Messias vergangen waren, so kommt man zum Jahre 794 unserer Jahreszählung, die mit Christi Geburt beginnt.

Bei genauerer Betrachtung erkennt der Leser, dass die Weiheinschrift im wichtigsten Wort eine Ligatur enthält. Das Wort DOMINE ist nämlich zu D NE verkürzt. Das verwundert zunächst, wird aber verständlich wenn man bedenkt, dass es sich hier um ein Chronogramm handelt, dessen Jahreszahl mit dem ausgeschriebenen M und I um den Wert 1.001 zu groß geworden wäre.

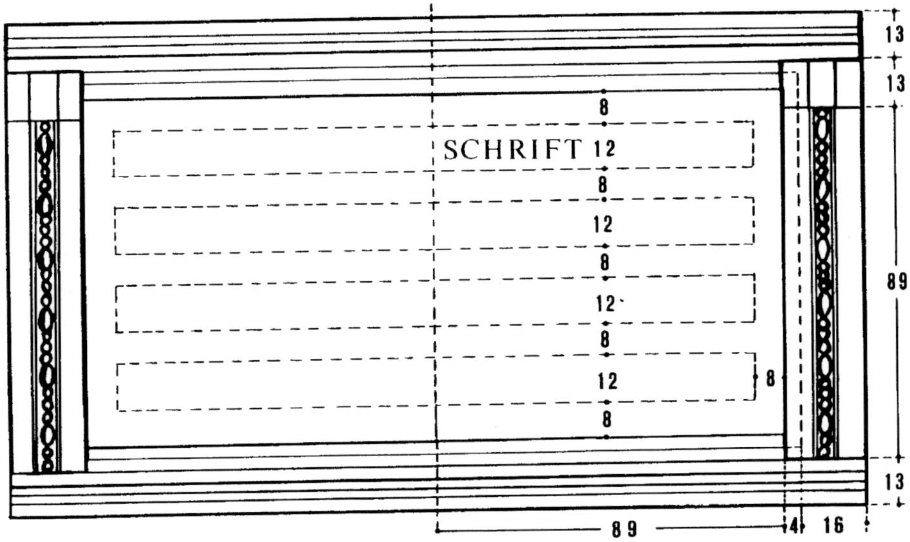

4.20

Eine Vermessung der Steintafel von Corvey liefert für deren Länge 2,02 m und für die Breite 1,18 m, wenn man den Rahmen mitrechnet. Da dieser rund 18 cm Breite besitzt, ergibt sich für den sichtbaren Teil der Platte eine Dimensionierung von 1,65 m × 0,82 m. Die Inschriftenplatte selbst ist mit 1,73 m Länge und 0,90 m Breite natürlich größer, weil sie etwa 4 cm weit in einer 5 cm breiten, im Rahmen umlaufenden

quadratischen Nut gehalten wird, ähnlich der Holzverbindung bei einer Füllungstür. Die Platte selber ist $\approx$ 4,5 cm dick.
Wie Figur 4.20 zeigt, sind die Buchstaben des Textes in vier Zeilen mit je 2×7 Lettern als Text von 81" Breite angeordnet. Die Maßzahlen in der Zeichnung geben die Längen in der Einheit ½" an. Man erkennt an ihnen, dass die Aufteilung der Schriftfläche und die des Rahmenwerks die Fibonacci-Zahlen des Goldenen Schnitts benutzt und mit ihnen die tatsächlichen Abmessungen der Tafel genau wiedergegeben werden.
Die einzelnen Buchstabenformen sind 2" tief senkrecht zur Beschriftungsfläche mit waagerechtem Grund eingearbeitet. Damit unterscheiden sie sich von den meisten augusteischen Inschriften, bei denen die Buchstaben keilförmig aus dem Stein gemeißelt wurden. In der so gestalteten Buchstabenbettung finden sich je nach Buchstabenform zwei (I) bis fünf (M) Bohrlöcher, die einmal Metallstifte fassten, die teilweise noch heute in den Bohrlöchern stecken. Die Lettern auf der Tafel von Corvey sind (¼)^ = 6" hoch. Unterteilt man ein Quadrat mit dieser Seitenlänge in 144 Teile, so wird jedes 6" : 144 = (1/24)" lang. Das ergibt dann für die breiten Hasten (21/24)" = (7/8)", für die schmalen (8/24)" = (¼)". Auch für die anderen Buchstabenteile erhält man bequem abzumessende Strecken. Da die Abstände der Zeilen 4" betragen und die Platte an allen Seiten 2" weit in die Nut hineinreicht, ergibt sich eine Höhe des sichtbaren Teils der Tafel von 44" und eine Gesamthöhe von 48" = 3'. Da das Innenmaß der Platte offenbar 89" betragen sollte, blieb für die Rahmenbreite ein Maß von 10" übrig.
Ein Vergleich der Maße zeigt übrigens, dass die Steinmetze beim Schneiden immer in gleicher Weise vorgingen: Nach dem Anreißen der Maße sägten sie auf der Innenseite der Markierung, so dass die Werkstücke stets um die Schnittbreite von (¼)" kürzer wurden. Dadurch gab es immer genügend Spiel beim Zusammenfügen der Einzelteile. Durch dieses Vorgehen beträgt das tatsächliche Innenmaß der Schrifttafel 89" + 2×(¼)" = 89,5" = 1,655 m in der Länge und 44,5" = 0,825 cm in der Breite; die Rahmenbreite misst 10" – (¼')' = 0,180 m. Das Verhältnis von Gesamtlänge zu Gesamthöhe beträgt 109" : 64" = $\frac{1}{2} \times \sqrt{2} \times \sigma$.

Seit der Renaissance benutzten Buchdrucker den Goldenen Schnitt bei der Herstellung eines Satzspiegels im Buchdruck. Dazu bemerkt R. ENGEL-HARDT:

„Die einzig richtige und zugleich schönste Stellung des Druckspiegels ist die, die mit Hilfe des Goldenen Schnitts gewonnen wird. Eine solche Stellung der Druckseiten wirkt, wie aus der schematischen Darstellung eines aufgeschlagenen Buchs (Figur 4.21) *hervorgeht, außerordentlich schön."*

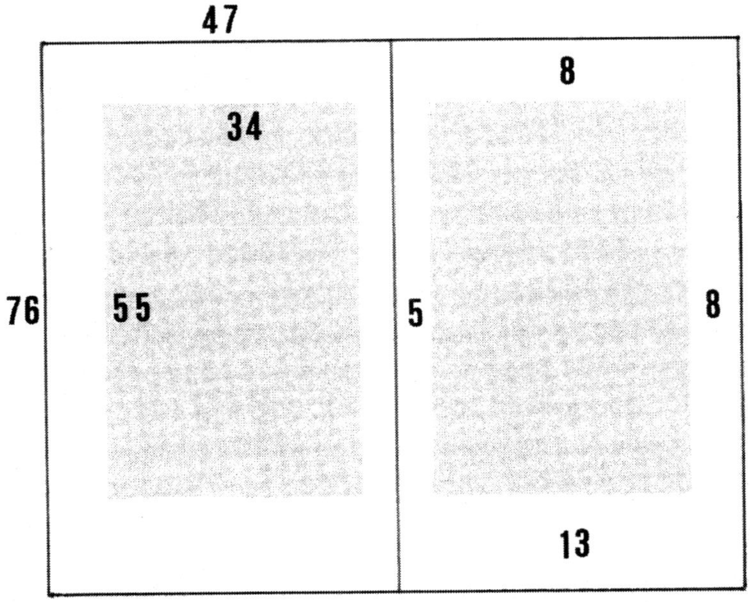

4.21

Eigentlich ist diese Aussage nicht verwunderlich, bedenkt man, dass das aufgeschlagene Buch so für das Verhältnis von Gesamtbreite zu Höhe den Wert $2\times47 : 76 \approx 2 : \Phi$ aufweist. Das aber ist genau das harmonische Mittel HM für die beiden Werte 1 und Φ.

Obgleich heutzutage im Wesentlichen ökonomische Erwägungen beim Setzen eines Textes eine Rolle spielen, lernen die Auszubildenden im Buchdruckergewerbe immer noch, dass der Goldene Schnitt stets schön wirke, wenngleich er nicht unbedingt zweckmäßig sei. Zum Inhalt des Buches passend habe ich für das Seitenformat natürlich den Goldenen Schnitt gewählt. Es sollte dem Leser nicht zu schwer fallen, das herauszufinden. Als Hilfe sei dabei auf den Abschnitt über die Malerei verwiesen.

Aus praktischen Gründen wird Papier meist im DIN A – Format formatiert. Dessen Modulus beruht allerdings auf einem Modulus $\sqrt{2}$, der kein gemeinsames Maß mit dem Modulus Φ besitzt.
Das DIN A – Format ist so definiert, dass das Format DIN A0 ein Rechteck mit dem Seitenverhältnis $a_0 : b_0 = \sqrt{2} : 1$ sein soll, welches zugleich eine Fläche $a_0 \times b_0 = 1\ m^2$ hat. Durch Halbieren der größeren Seite werden daraus immer kleiner werdende Formate abgeleitet. Aus den genannten Gründen muss gelten

$$a_0 = \sqrt{2} \times b_0 \text{ und } a_0 \times b_0 = b_0^{\ 2} \times \sqrt{2} = 1$$

$$\Rightarrow b_0 = \sqrt{(\sqrt{2})} = 0{,}8409...\ m \quad \text{und} \quad a_0 = \sqrt{2} \times b_0 = 1{,}1892...\ m.$$

Halbiert man die größere Seite a_0, so entstehen daraus zwei Formate A1 mit den Seiten $a_1 = b_0 = 0{,}8409...$ m und $b_1 = ½\ a_0 = 0{,}5946...$ m. Deren Flächen sind halb so groß wie die Fläche von A0 und $a_1 : b_1 = \sqrt{2}$. Dadurch existiert für das Verhältnis der Flächen A1 : A0 der Modulus 2 und für das der Seiten ein Modulus $\sqrt{2}$.
Wiederholt man diesen Vorgang immer erneut, so ergibt sich eine Folge von Formaten, deren Flächen jeweils halb so groß sind wie die Fläche, aus der sie hervorgingen. Dennoch bewahren sie stets ein Seitenverhältnis von $\sqrt{2} : 1$. Alle Unterformate sind somit einander ähnlich.

Das DIN A – Format hängt offenbar mit dem Idealschnitt zusammen, da die Rechteckfläche $[\sqrt{2} * 1]$ das harmonische Mittel HM aus einer Quadratfläche $[1 * 1]$ und aus einem *idealen* Rechteck $[1 * \sigma]$ darstellt. Daran erkennt man, dass irrationale Moduli offenbar besondere

Eigenschaften für eine Rasterplanung mit konstanten Proportionen besitzen.

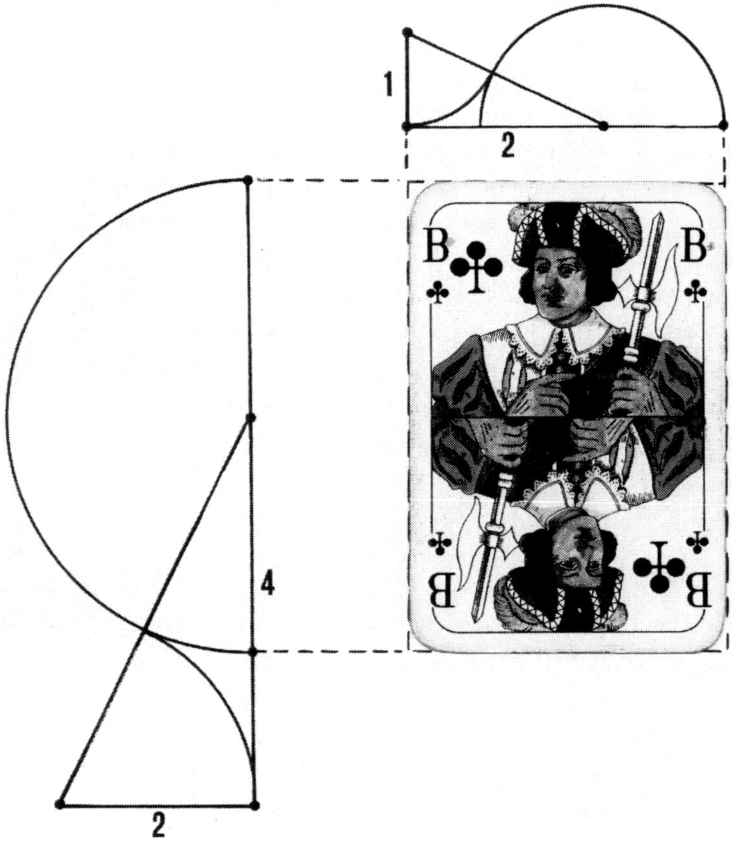

4.22

Ein Papierformat nach dem Goldenen Schnitt hat wahrscheinlich schon jeder Leser in Gestalt einer Spielkarte in Händen gehalten. Spielkarten verbreiteten sich in Europa im Gefolge der Kreuzzüge gegen Ende des 13. Jahrhunderts. Das gewöhnliche Skat-Spiel entstand in der Renaissance. Deshalb verwundert es nicht, dass die Formate nach dem Goldenen Schnitt proportioniert wurden. Erstaunlich ist eher, dass die Spielkarten der westlichen Welt nicht nur mit ihren mittelalterlichen

Bildkarten sondern auch durch ihr Format eine Tradition bewahren, die ansonsten weitgehend in Vergessenheit geraten ist.

Wie man im Architekturteil nachlesen kann, ist eine Spielkarte ein getreues Abbild eines Militärlagers aus der römischen Kaiserzeit.
Um das passende Format zu erzeugen, verkleinert man für die Langseite L der Karte eine Handbreite (*palma*) mit 4" auf geometrische Weise mit dem Faktor Φ. Die erhaltene Strecke wird dann verdoppelt, so dass L = (2× 4") : Φ = 91,4 mm lang wird. Für die Breitseite nimmt man eine um den Faktor Φ vergrößerte Strecke von 2". Das ergibt B = 2" × Φ = 59,9 mm. Damit erhält man für L : B = 4 : $\Phi^2 \approx$ 1,528. Ausgangspunkt der Konstruktion ist beide Male ein rechtwinkliges Dreieck, wobei im einen Fall die große Kathete G gerade 2" und im anderen 4" lang ist.

4.5 Der Goldene Schnitt und die Literatur

A. BEUTELSPACHER äußert in seinem Buch zum Goldenen Schnitt (Kap. 10.3) Verwunderung darüber, dass Dichter dessen Maßverhältnis zur Gestaltung ihrer Werke herangezogen haben sollten. Zweifel sind sicher angebracht, wenn bei Untersuchungen für das Verhältnis Φ ein sehr großzügig bemessener Wert akzeptiert wird, da der Goldene Schnitt entweder genau stimmt oder aber gar nicht. Dennoch sprechen durchaus Gründe dafür, dass besonders in der augusteischen und in der karolingischen Renaissance sogar literarische Erzeugnisse die richtigen Proportionen aufweisen sollten.

Das älteste literarische Werk auf der Basis des Goldenen Schnitts soll nach einer Studie von G. DUCKWORTH das zu Ehren des julischen Kaiserhauses für Augustus verfasste Epos *Äneis* sein. Diese Untersuchung wurde vor allem deshalb von der Fachwelt sehr kritisch aufgenommen, weil bei ihrem Erscheinen noch nicht bekannt war, dass die Verwendung der Fibonacci- und der Heiligen Zahlen in der

Mittelmeerwelt wesentlich älter ist, als bis dahin angenommen wurde. In seiner detaillierten Studie weist DUCKWORTH darauf hin, dass sich in der Äneis häufig Halbverse finden, die meistens mit einer wenig sorgfältigen Überarbeitung des Textes durch Vergil erklärt werden. Lässt man sie allerdings entsprechend ihrer tatsächlichen Länge in die Berechnung eingehen, so ergibt sich eine wesentlich größere Genauigkeit in der Anpassung der Verszahlen an den Modulus Φ.

Als Beispiel aus der Karolingerzeit hat K. LANGOSCH den Laurentiushymnus des Mönchs Notker Balbulus untersucht und festgestellt, dass in den ersten 144 Silben Laurentius angerufen und sein Martyrium gepriesen wird, während der Heilige in den letzten 89 Silben um Fürbitte gebeten wird. Da die großen Fibonacci-Zahlen auch bei der Proportionierung der Karolingerbauten in Lorsch, Ingelheim und Aachen benutzt wurden, erstaunt es nicht, dass sie ebenfalls bei der Komposition eines spätantiken Hymnus auftauchen.

4.6 Anharmonische Töne

In ähnlicher Weise wie bei der Abhandlung über das Auftreten von Quotienten der Fibonacci-Zahlen in der Botanik ist es strittig, ob der Goldene Schnitt in der Musik eine Rolle gespielt hat. Er könnte das dabei auf zwei unterschiedliche Weisen tun: Einmal können die Frequenzen von zwei Tönen eine *goldenes* Verhältnis haben, zum anderen die Komposition eines Musikstückes aus Teilen bestehen, deren Längen sich wie der Modulus Φ zu einander verhalten.
Folgende Zweiklänge, deren Frequenzen Zahlenverhältnisse aus kleinen Fibonacci- und Heiligen Zahlen wiedergegeben, gelten als harmonisch im strengen Sinn:

1 : 2 Oktave (*Diapason*)
1 : 3 Duodezime

1 : 4	Doppeloktave
2 : 3	Quinte (*Diapente*)
3 : 4	Quarte (*Diatessaron*)
3 : 5	Große Sexte
4 : 5	Große Terz
5 : 8	Kleine Sexte

Da bis zur Zahl 6 alle ganzen Zahlen in den Folgen mit dem Modulus Φ vorkommen, lässt sich keine Aussage gewinnen, die eine Entscheidung zulässt, ob diese Frequenzverhältnisse etwas mit dem Goldenen Schnitt zu tun haben. Im Gegenteil scheint der irrationale Wert von Φ geradezu einen harmonischen Klang für eine derartiges Frequenzverhältnis auszuschließen.

Für eine solche Aussage sprechen denn auch Untersuchungen von H. SCHMIDT über Eigenschaften und akustische Realisierungen von Fibonacci-Folgen. Dabei ging es um das Problem, Sprachsignale zu erzeugen, die wie die menschliche Sprache nicht streng, sondern nur beinahe periodisch sind. Eine „fastperiodische“ Binärfolge stellt die Fibonacci-Folge dar, wenn man sie im dualen Zahlensystem gemäß der Regel für die Erzeugung von Fibonacci-Zahlen aus den Startzahlen 0 und 1 ausdrückt. Dabei ist jede Zahl die Summe der beiden vorhergehenden Zahlen.

(1) 0
(1) 1
(2) 1 0
(3) 1 0 1
(5) **1 0 1 1 0**
(8) **1 0 1 1 0** 1 0 1
(13) **1 0 1 1 0 1 0 1 1 0** 1 1 0
(21) **1 0 1 1 0** 1 0 1 **1 0 1 1 0 1 0 1 1 0** 1 0 1
.....

Hier wiederholen sich zum Teil längere Teilsequenzen wie **1 0 1 1 0**, ohne dass aber die Folge selbst periodisch würde. Erzeugt man mit dieser Folge ein Signal, indem man für jede Null eine kurze Signaldauer T_0 und für jede Eins eine längere Signaldauer $2T_0$ wählt, die jeweils durch eine Pause der Dauer T_0 unterbrochen sind, und analysiert die Frequenzen des Signals, so besitzt das Signal ein ausgeprägtes Linienspektrum, obwohl es unperiodisch ist. Die Grundfrequenz des Spektrums liegt bei $f_0 = (T_0)^{-1}$, während alle anderen Frequenzen bei Werten von $f_0 \times \Phi^{-n}$ liegen, also völlig disharmonisch sind. Die Amplituden dieser Spektrallinien stehen untereinander wiederum in Verhältnissen, welche die Zahl Φ enthalten.

Der Klang ist sehr charakteristisch und wird als ausgesprochen unangenehm empfunden. Auch einem musikalisch geschulten Ohr ist es nicht möglich, dem Klang eine eindeutige Grundfrequenz zuzuordnen. Durch Variation der Zeitdauer T_0 wird das Spektrum gestaucht oder gedehnt. Dadurch kann man zwar einfache Melodien spielen, doch ist es unmöglich, Intervalle exakt zu bestimmen.

Die Untersuchungen von H. SCHMIDT zeigen also in eindeutiger Weise, dass der Goldene Schnitt keine harmonischen Zweiklänge liefert.

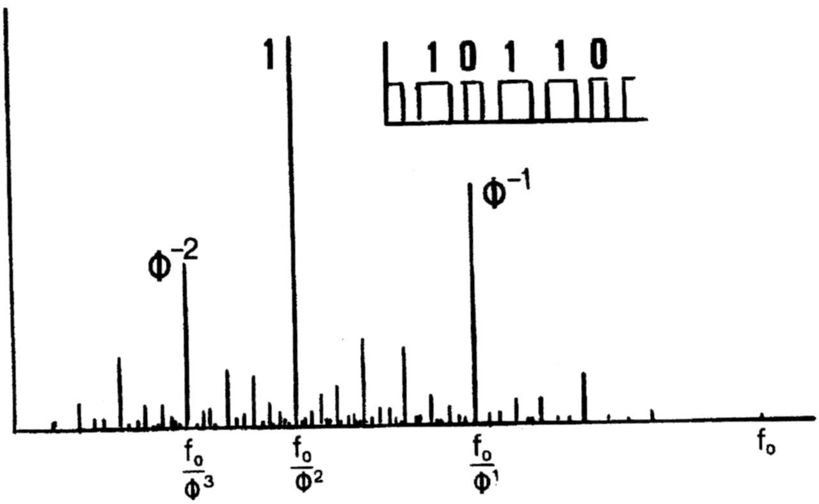

4.23

Während der Renaissance und auch noch in späterer Zeit haben einige Komponisten mit ziemlicher Sicherheit den Goldenen Schnitt für den kompositorischen Aufbau eines Werkes benutzt, obgleich das keinen Effekt auf die Harmonie der Werke hat.

So weist M. VARDELL SANDRESKY nach, dass der Hauptmeister der mehrstimmigen Vokalmusik des 15. Jahrhunderts, Guillaume Dufay, für die Weihe des nach dem Goldenen Schnitt proportionierten Doms von Florenz im Jahr 1436 eine Festmotette *„Nuper rosarum flores“* komponierte. Vielfach nimmt er beim Aufbau des Stückes Bezug auf die Architektur und spielt in der Anzahl der den einzelnen Stimmen zugeteilten Tönen auf die Fibonacci-Zahlen der Kuppelmaße an.

G. NEUWIRTH legte dar, dass Johann Josef Fux, Komponist und Musiktheoretiker sowie kaiserlicher Hofkapellmeister unter Kaiser Joseph I. in Wien, den Goldenen Schnitt unter Verwendung der Fibonacci-Zahlen einsetzte. Er schrieb ein bedeutendes Kontrapunkt-Lehrbuch *„Gradus ad Parnassum“* und es verwundert nicht, dass dort der Goldene Schnitt Erwähnung findet. Besonders eindeutig lässt sich die Verwendung von Φ am Beispiel des *Te Deum* K 270 von Fux nachweisen.

Noch einmal zwei Jahrhunderte später setzte Béla Bartók in zahlreichen Werken den Goldenen Schnitt als Gestaltungsprinzip ein, wie das E. LENDVAI nachgewiesen hat. Besonders deutlich wird das am Beispiel der viersätzigen *Sonate für zwei Klaviere und Schlagzeug*. Sie dauert genau 6.432 Achtelnoten, der zweite, langsame Satz beginnt nach 6.432 : Φ = 3.975 Achtelnoten. Auch andere markante Teile des Werkes werden durch die Verhältnisse des Goldenen Schnitts unterteilt.

4.7 Raffaels Stern und die Malerei

Im Wesentlichen sind es vier klassische Epochen, in denen der Goldene Schnitt eine herausragende Rolle gespielt hat. Alle zeichnen sich durch das Hervorbringen außergewöhnlicher Kunstwerke aus. Schon der griechische Philosoph und Historiker Plutarch (50 – 125) schrieb über die mit den richtigen Zahlen proportionierten perikleïschen Bauten auf der Athener Akropolis:

„In kurzer Zeit wurden sie geschaffen für ewige Zeit. Ihre Schönheit gab ihnen sogleich die Würde des Alters, ihre lebendige Kraft schenkt ihnen bis auf den heutigen Tag den Reiz der Neuheit und Frische. So liegt ein Hauch immerwährender Jugend über diesen Werken, die Zeit geht vorüber, ohne ihnen etwas anzuhaben.“

Damit drückte Plutarch aus, was nachfolgende Generationen mit klassischer Schönheit bezeichnet haben. Heute wird ein Zurückgreifen auf die Formensprache der griechisch-römischen Klassik meist als „Renaissance“ bezeichnet, einen Begriff, der vom italienischen Wort *rinascimento* = Wiedergeburt abgeleitet ist. So spricht man etwa von der augusteïschen oder der karolingischen Renaissance, weil die Normen der Klassik unter Augustus und Karl dem Großen erneut zur Grundlage aller künstlerischen Betätigung avancierten. Mit demselben Wort wir auch eine etwa zwei Generationen dauernde Epoche benannt, die um die Wende vom 15. zum 16. Jahrhundert die europäische Kunst nachhaltig beeinflusste. Genau betrachtet handelt es sich dabei um jene geistige Revolution, welche das Mittelalter beendete und die Moderne einleitete, obwohl diese Entwicklung zunächst nur auf wenige Städte in Oberitalien und in Deutschland beschränkt war.

Durch die Kreuzzüge waren vor allem die oberitalienischen Städte zu Erben des arabischen Handels im Mittelmeer und dadurch sehr reich geworden. Parallel zum Niedergang der kaiserlichen Macht nach dem Untergang der Staufer bildeten sich im 14. Jahrhundert unter der

Führung von Genua, Mailand, Florenz und Venedig mächtige Stadtrepubliken, die zu Beginn des 15. Jahrhunderts teilweise unter die Herrschaft von Adelsgeschlechtern gerieten. Zusammen mit den Päpsten in Rom gelang es den Sforza in Mailand, den Medici in Florenz und den Este in Ferrara sich von der Vorherrschaft des deutschen Kaisertums über Italien zu lösen. Da auch das byzantinische Reich mit der Eroberung Konstantinopels 1453 unterging, verwundert es nicht, dass die italienischen Fürsten das Erbe des antiken Roms antreten wollten. Um ihre Herrschaft zu untermauern und ihre Rolle als Nachfolger der römischen Cäsaren sichtbar zu machen, erteilten sie Aufträge für öffentliche Bauten, wie es sie seit der römischen Kaiserzeit nicht mehr gegeben hatte. Zugleich sammelten sie die bedeutendsten Künstler der Zeit an ihren Höfen. Der ideologische Rückgriff auf die Antike bewirkte so auch eine erneute Beschäftigung mit deren Bauplanung und auch mit dem Goldenen Schnitt.

1414 wurden die zehn Bücher des VITRUV über Architektur wiederentdeckt, 1440 in Florenz eine Platonische Akademie gegründet und 1452 verfasste der Architekt LEON BATTISTA ALBERTI seine Schrift „De re aedificatoria". Rationale Prinzipien und theoretische Aspekte der Baukunst traten zunehmend in den Vordergrund und das neu erworbene Wissen von der Antike konnte mit der Erfindung des Buchdrucks mit beweglichen Lettern durch Studenten und Buchdrucker schnell verbreitet werden. Die Interpretation der Bücher des VITRUV führte für zwar die Baukunst von der Antike fort, jedoch bestimmte für kurze Zeit der Goldene Schnitt das Schaffen der bedeutendsten Maler ihrer Zeit, nämlich von ALBRECHT DÜRER, Leonardo da Vinci und Raffael.

Von vielen Gemälden der Hochrenaissance haben Protagonisten des Goldenen Schnitts behauptet, sie seien nach dessen Gesetzmäßigkeiten proportioniert worden. Allerdings handelt es sich dabei immer um Feststellungen, die lange nach dem Ableben der Maler getroffen wurden. Die Künstler selbst hatten nie angedeutet, ihr Werk benutze diese Konstruktion zur Proportionierung. A. BEUTELSPACHER zeigt beispielsweise in seinem Buch eine Reihe von Bildern, von denen behauptet wird, bei ihnen sei der Goldene Schnitt verwendet worden. In den meisten Fällen scheinen jedoch Zweifel angebracht zu sein, ob die Proportionierung in der dort geschilderten Weise erfolgte.

4.24

Ich will mich zu Beginn meiner Untersuchungen über den Goldenen Schnitt in der Malerei mit einem Fresko Raffaels in der *Stanza della Segnatura* in den Privaträumen des Vatikans befassen, bei dem der Künstler in seinem Werk teils offen, teils aber auch nur angedeutet zum Ausdruck bringt, dass er sein Bild (Figur 4.24) mit dem Goldenen Schnitt komponiert hat. Mit den dabei gewonnenen Kenntnissen werde ich danach noch einige weitere Bilder analysieren. Die versteckten Hinweise Raffaels werden für den Betrachter allerdings erst verständlich, wenn man sie auch richtig zu erkennen vermag.

Es handelt sich bei dem Kunstwerk um ein Fresko, das unter dem Namen „Schule von Athen“ meist besser bekannt ist. Zwar hat es zur Komposition des Bildes schon zahlreiche Untersuchungen gegeben, doch konnte bisher keine wirklich überzeugend zeigen, in welcher Weise Raffael den Goldenen Schnitt benutzt haben sollte. Zuletzt hat LAUENSTEIN versucht zu beweisen, dass der Künstler neupythagoreïsche Vorstellungen zum Ausdruck bringen wollte, die im Zusammenhang mit der Proportionierung des altgriechischen Athena-Tempels von Paestum zu sehen seien. Bei dem Autor finden sich auch ausführliche Literaturangaben zu diesem Thema.

Raffaelo Santi wurde 1483 in Urbino geboren, wo er von seinem Vater das Handwerk eines Malers erlernte. Ein neuer Abschnitt begann in seinem Leben, als ihn der Renaissancepapst Julius II. im Jahr 1508 nach Rom an den päpstlichen Hof berief. Zur Ausstattung neuer, seinem Lebensstil entsprechender Gemächer hatte der Papst Künstler aus ganz Italien zusammengerufen, mit deren Arbeit er aber nicht einverstanden war. Nach ihrer Entlassung übertrug er Raffael die Fortsetzung des Unternehmens. Die Ausstattung der Repräsentationsräume des Papstes stellte den Künstler vor völlig neue Aufgaben. 1508 – 11 beschäftigte ihn die Ausmalung der *Stanza della Segnatura*. An den vier Wänden sollte das Thema einer Darstellung der vier Bereiche der Theologie, der Philosophie, des Rechts und der Poesie vorgeführt werden. Jedem Thema war eine Wand zugeordnet, die durch die herabgezogenen Mauerecken halbkreisförmige Fresken vorgab, die an der Basis fast acht Meter Breite besitzen. Das Gesamtkonzept dieses Raums trägt neuplatonisch-humanistische Züge. Der Philosophie entspricht das Bild „Die Schule von Athen“. In einer an römische Thermenanlagen aus der späten Kaiserzeit erinnernden Hallenarchitektur sind die sieben freien Künste versammelt, dargestellt durch illustre Vertreter der *Artes liberales*. Während der obere Teil des Bildes der Architektur überlassen ist, wird die untere Bildhälfte von insgesamt 58 berühmten Männern aus dem antiken Geistesleben bevölkert. Sie stehen dabei auf verschiedenen Ebenen und sind in unterschiedlichen Gruppen einander zugeordnet. Unter ihnen sind auch Pythagoras und Euklid zu finden, die den Schlüssel zum Verständnis des Bildes liefern.

4.25

Vor der Treppe, die ins Innere der Halle führt, kniet unten links Pythagoras vor einer Tafel, auf der die wesentlichen Symbole der pythagoreïschen Lehre dargestellt sind. Wie LAUENSTEIN schlüssig nachwies, hat Raffael das antike Vorbild allerdings in zwei Punkten abgewandelt. Auf der Tafel (Figur 4.25) ist zwar die „Tetraktys" der Pythagoreer aus den übereinander geschriebenen Ziffern I – II – III – IIII, die zusammen die magische Zahl X ergeben, richtig dargestellt, jedoch zeigt die Beschriftung des Harmonieschlüssels die Ziffern VI –VII – IX – XII an Stelle der korrekten Folge VI – VIII – IX – XII. Wie wir sehen werden, hat das einen besonderen Grund. Zusätzlich schreibt Raffael „ΕΠΟΓΛΟΩΝ"als griechische Bezeichnung für den großen Ganzton, statt richtigerweise „ΕΠΟΓΔΟΩΝ".
Als Antagonist zu Pythagoras wird auf der rechten Bildseite EUKLID mit einer auf dem Boden liegenden Tafel dargestellt (Figur 4.26). Sie zeigt zwei ineinander verschachtelte Dreiecke, in die zusätzlich eine

geometrische Figur eingezeichnet worden ist, die dem großen Buchstaben **N** ähnelt. Diese Konstruktion beweist die Verwendung der Geometrie des Goldenen Schnitts in der Bildkomposition. Bevor ich das jedoch näher erläutere, will ich zeigen, dass schon der gesamte Raum mit dem Modulus Φ und den richtigen Zahlen proportioniert worden war, bevor Raffael damit begann, seine Fresken zu malen. Der Künstler hatte daher Vorgaben der Architektur zu beachten, die den Goldenen Schnitt für die Proportionierung gleichsam vorgaben.

4.26

Die Gesamtbreite des Raumes beträgt 10,65 m, seine Breite 8,48 m und die Höhe ist genauso groß wie die Breite. Rund um den Raum läuft eine Täfelung um, die bis in eine Höhe von 2,02 m reicht. Das Innenmaß des Freskos beträgt nach der Vermessung von REDIG DE CAMPO 8,14 m. Wie eine metrische Analyse zeigt, handelt es sich hierbei um Maße mit *richtigen* Zahlen. Offenbar wurden die Räume auf der Basis von einem Achtel des imperialen, römischen Normfußes mit 29,6 cm Länge geplant. Diese Maßeinheit von 3,7 cm besteht daher aus zwei Fingerbreiten *(digiti)* oder einer halben Handbreite *(palma)*. Sie entspricht damit der griechischen Einheit KONDYLOS oder Knöchelbreite. Mit dieser Umrechnung ergeben sich für die Rohbaumaße der Grundfläche sowie zweier Seitenflächen Abmessungen von $2 \times 144 \times 233$ Einheiten. Das Verhältnis von Länge zu Breite beträgt daher 2 : Φ und stellt damit das harmonische Mittel HM des Goldenen Schnitts dar. Das passt gut in diese Zeit, da die Architekturtheoretiker der Renaissance VITRUV so interpretiert hatten, als habe er für seine Aussagen zur Proportionierung von Bauwerken im Wesentlichen das harmonische und das arithmetische Mittel gemeint. Beide Mittelwerte werden uns bei der Tafel des Pythagoras und als Format von Bildern erneut begegnen.

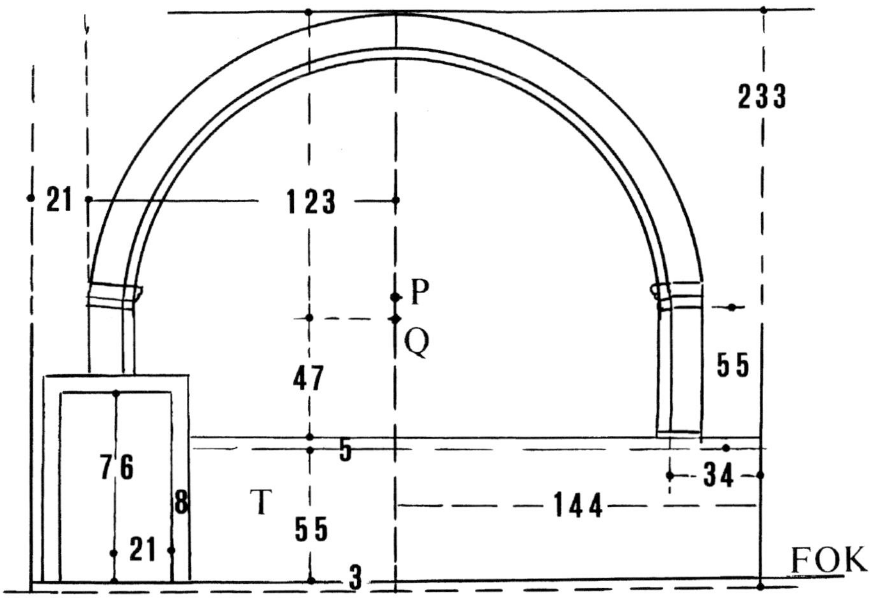

4.27

Figur 4.27 macht deutlich, dass die gesamte Proportionierung der Stanzen auf der Basis der genannten Maßeinheit erfolgte, und dass Raffael folglich sein Bild in den vorgegebenen Rahmen einpassen musste. Er tat das, indem er für dessen Innenmaß 220 = 4×55 Einheiten oder 8,14 m wählte. Für den halbkreisförmigen Bogen über seinem Fresko mit dem Mittelpunkt Q ergibt sich so ein innerer Radius von 110 = 2×55 Einheiten. Der bis zur Decke reichende Bildabschluss misst 170 = 13 + 2×55 + 47 Einheiten. Dadurch teilt der Punkt Q die Bildhöhe im Verhältnis 123 : 47 ≈ Φ^2. Rechnet man den äußeren Bogenabschluss zum Bild hinzu, so beträgt dessen Gesamtbreite 2×123 Einheiten. Mit diesen Randbedingungen wurde die Komposition des Kunstwerks in Breite und Höhe festgelegt.

4.28

Der Fluchtpunkt P für die Hallenarchitektur in Figur 4.28 wurde so bewählt, dass er die Bildhöhe im Verhältnis 89 : 55 ≈ Φ unterteilt. Wie man an den Maßangaben sieht, verwandte Raffael die gesamte Folge der mit dem Goldenen Schnitt verbundenen Zahlen.

Diese Feststellungen können kaum auf einem Zufall beruhen. Um aber seinen Zeitgenossen zusätzlich noch einen deutlichen Fingerzeig zu geben, hat Raffael noch auf die Tafel des Euklid (Figur 4.26) gemalt, in welcher Weise er den Goldenen Schnitt als geometrische Konstruktion in seinem Bild benutzt hat. Diese Zeichnung zweier Dreiecke und des „N“, sollen zusammen mit einem Zirkel deutlich machen, dass man die Unterteilung einer Strecke im Verhältnis des Goldenen Schnitts als geometrische Konstruktion nur mit Lineal und Zirkel durchführen kann. Genau das hat der Künstler getan.

4.29

Da die Dreiecke der Tafel perspektivisch verzerrt erscheinen, haben sie Anlass zu allerlei merkwürdigen Interpretationen des Dargestellten gegeben. Nimmt man an, Raffael gebe hier einen Fingerzeig, so bedingt das auch für das „N“ eine Funktion im Rahmen der Konstruktion. Figur 4.30 zeigt uns, in welcher Weise das geschah.

Es geht offenbar darum, die Strecke AB mit dem Modulus Φ zu unterteilen. Das erfolgt mit Hilfe der Konstruktion am rechtwinkligen

Dreieck ABC mit dem Kathetenverhältnis 1 : 2, wobei man die Strecken AE und EB erhält. Ein Kreisbogen um B mit EB als Radius erzeugt die Punkte B' und E'; Kreisbögen mit AB um B und B' liefern die Punkte H und H'. Verbindet man die Punkte C' mit H bzw. H', so entstehen die beiden ineinander geschachtelten, gleichschenkligen Dreiecke C'H'C' und C'HC'. Deren Höhe $BH' = HB' = AB$ wird durch den Punkt B im Verhältnis Φ geteilt. Die Verbindungslinien EA' und AE' schneiden die Schenkel der Dreiecke jeweils in zwei Punkten. Verbindet man diese Schnittpunkte miteinander, so erhält man schließlich noch das „N" der Tafel.

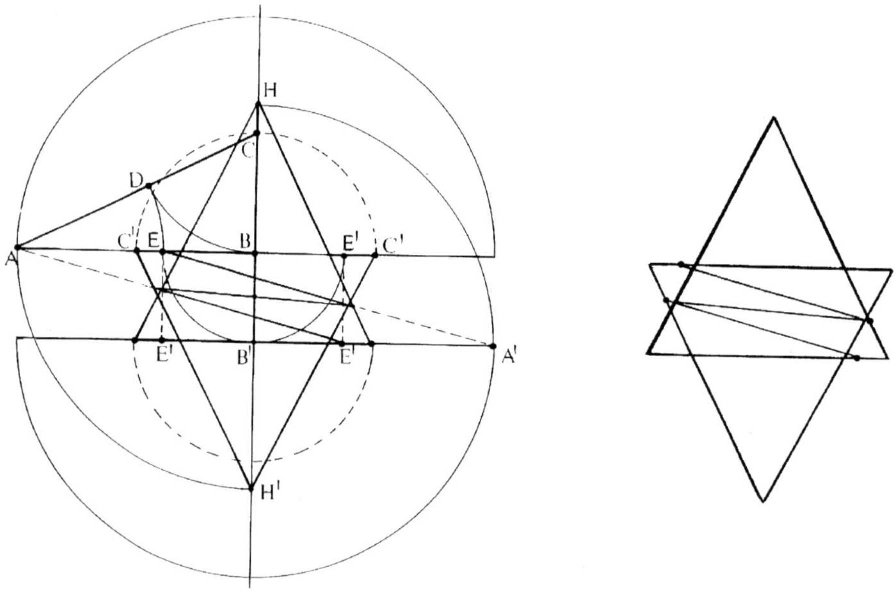

4.30

Die beiden Dreiecke und das „N" bilden zusammen die Sternfigur auf der Tafel des Euklid, deren Höhe eine Strecke mit der Proportionierung $\Phi * 1 * \Phi$ ist. Die Längen der Basen der zwei Dreiecke sind genauso groß wie deren Höhen. Anzumerken bleibt an dieser Stelle, dass das „N" für die Konstruktion des Sterns nicht notwendig ist, sondern vermutlich darauf hinweisen soll, dass die Proportionen des Goldenen Schnitts zugleich Fluchtpunkte für die Komposition des Bildes darstellen.

4.31

Mit Hilfe einer solchen Sternfigur hat Raffael den zentralen Bereich seines Freskos (Figur 4.31) gestaltet. Die Höhe des Sterns beträgt 76 Einheiten. Sie wurde in Teilstücke von 29∗18∗29 Einheiten Länge unterteilt. Die beiden Spitzen H und H' lagen dabei im Fluchtpunkt P und im Scheitel des großen Gewölbes. Die Krümmungsradien für die einzelnen, halbkreisförmigen Gewölbe wurden so gewählt, dass die Kreise seitlich ein gleichschenkliges Dreieck mit einer Basis von 4×21 Einheiten berühren. Die eigentliche Sternfigur befindet sich in einem *goldenen* Rechteck mit dem Format 76∗47 Einheiten.

Damit auch ja kein Zweifel zurückbleibt, welche hintergründige Idee im Bild verborgen ist, zeigt Raffael dem Betrachter noch die Konsonanzentafel des Pythagoras, allerdings nicht ohne sie zu verändern. Sofern Raffael eine Vorlage besessen haben sollte, hätte diese die Zahlenfolge VI –VIII – IX – XII zeigen müssen (Figur 1.3). Nach EUKLID stellt sie das System der wichtigsten Konsonanzen des diatonischen Tonsystems dar. 12 : 6 ist dabei die Oktave, während 9 das arithmetische und 8 das harmonische Mittel der beiden, die Oktave bildenden Zahlen 12 und 6 sind. Mit den Verhältnissen 12 : 8 beziehungsweise 9 : 6 erhält man zwei Quinten, mit 12 : 9 bzw. 8 : 6 zwei Quarten und schließlich mit 9 : 8 den großen Ganzton. Wegen dieser harmonikalen Beziehungen wurde diese Zahlenfolge von den Pythagoreern angeblich „Große Tetraktys" genannt.

Raffael schreibt nun statt der VIII eine VII. Was könnte er dem Betrachter damit sagen wollen? Auch hier ist ein Hinweis auf den Goldenen Schnitt versteckt, allerdings auf dessen zahlenmäßige Struktur. Addiert man nämlich 6 + 7 = 13 und 9 + 12 = 21, so erhält man zwei benachbarte Zahlen der Fibonacci-Folge, aus der sich alle weiteren ableiten lassen. Damit liefert der Maler dem kundigen Betrachter einen weiteren Hinweis in Gestalt der Personengruppen. So stehen in der mittleren Halle links 9 und rechts 11 Personen, die links außen von einer Gruppe aus 8, rechts außen jedoch von einer aus 6 Personen eingerahmt werden. Insgesamt sind das 34. Mit der originalen Zahlenfolge von EUKLID hätte Raffael hingegen als Quersumme der Tetraktys den Wert 35 erhalten.

Auf der unteren Ebene befinden sich links 12 und rechts 9 Gelehrte, während sich in der Mitte der Treppe selbst 3 Männer aufhalten. Je nach Sichtweise lassen sich diese drei einzeln den anderen Gruppen zuordnen. Die Gesamtzahl aller Personen beträgt 2×29. Durch ein Zusammenfassen der einzelnen Personenzahlen zu Gruppen ergeben sich folgende Fibonacci-Zahlen:

8; **13** = 12 + 1; **21** = 1 + 8 + 12 = 9 + 12; **34** = 8 + 9 + 11 + 6;
55 = 34 + 12 + 9.

Wahlweise lassen sich jedoch auch Heilige Zahlen erkennen:

11; **18** = 1 + 11 + 6; **29** = 12 + 8 + 9 = 3 + 9 + 6 + 11; **47** = 34 + 12 + 1.

Dieser Hinweis auf die Zahlen des Goldenen Schnitts ist überdeutlich, doch zeigen uns die Verhältnisse der Personenzahlen zusätzlich auch noch die musikalischen Konsonanzen der Pythagoreer an. So erhält man mit 12 : 3 die Doppeloktave, mit 9 : 3 die Duodezime; mit 6 : 3 und 12 : 6 die Oktave; mit 9 : 6 und 12 : 8 die Quinte; mit 12 : 9 die Quarte und mit 9 : 8 den Ganzton. Das sind alle jene Zweiklänge, die nach der Vorstellung der Pythagoreer als harmonisch galten. Der Künstler hat demnach offenbar sorgfältig die Anordnung seiner Personen in Gruppen überlegt, um alle diese mathematischen Beziehungen sichtbar machen zu können.

- Mit dem Fresko „Die Schule von Athen“ können wir ein Kunstwerk betrachten, das zu den wenigen Beispiele gehört, in denen ein Künstler ausreichend viele Hinweise dafür gibt, dass er den Goldenen Schnitt nicht nur in Gestalt einer geometrischen Konstruktion, sondern auch durch Verhältnisse von Fibonacci-Zahlen zu realisieren wusste.

Ohne dass man es auf den ersten Blick erkennt, wurden aber auch die Mehrzahl der Kupferstiche der Renaissance und darüber hinaus die meisten Tafelbilder der Maler Leonardo da Vinci, DÜRER und Raffael mit Hilfe von Sternfiguren und somit nach dem Goldenen Schnitt

proportioniert. Am einfachsten lässt sich das an Hand der Bildformate feststellen, die sich dadurch ergeben.
Sie gehorchen einer Gesetzmäßigkeit, die sich aus dem Goldenen Schnitt ableitet. So weist eine zufällige Auswahl von rund achtzig Kupferstichen, die an der Wende vom 15. zum 16. Jahrhundert entstanden und heute zur Sammlung der Eremitage in Sankt Petersburg gehören (PAUL ANDRÉ), folgende Verteilung der Formate auf:

Länge : Breite	$\Phi^3 : \Phi^2 \approx 1{,}62$	2%	Raffaels Sternfigur
Länge : Breite	$2\Phi^2 : (\Phi^2 + 1) \approx 1{,}45$	18%	Doppelrechteck quer
Länge : Breite	$(\Phi^2 + 1) : \Phi^2 \approx 1{,}38$	20%	*Goldenes* Rechteck längs
Länge : Breite	$\Phi^4 : 2\Phi^2 \approx 1{,}31$	11%	Arithmetisches Mittel
Länge : Breite	$2\Phi^2 : \Phi^3 \approx 1{,}24$	3%	Harmonisches Mittel
Länge : Breite	Sonstige Formate	46%	

Die unterschiedlichen Abmessungen der Formate ergeben sich aus Höhe und Breite der jeweils verwendeten Sternfiguren. Die Figuren 4.32 und 4.33 machen das deutlich.

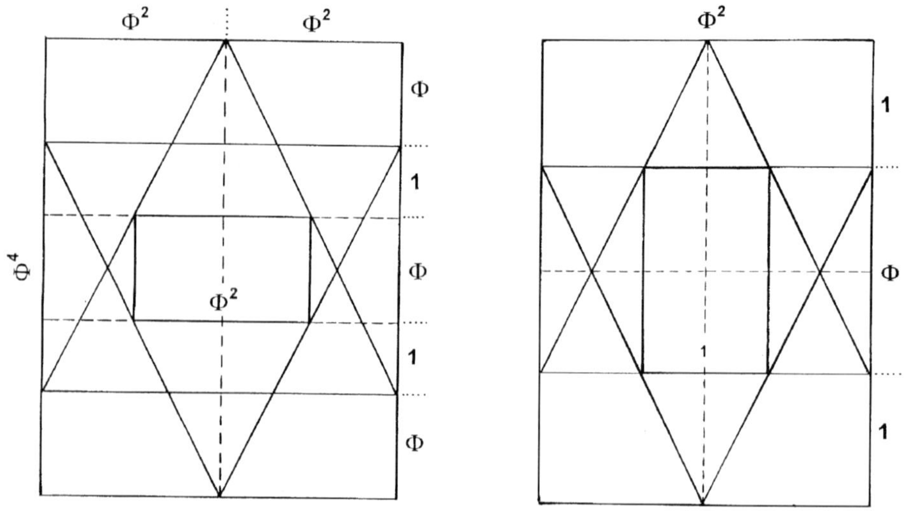

4.32

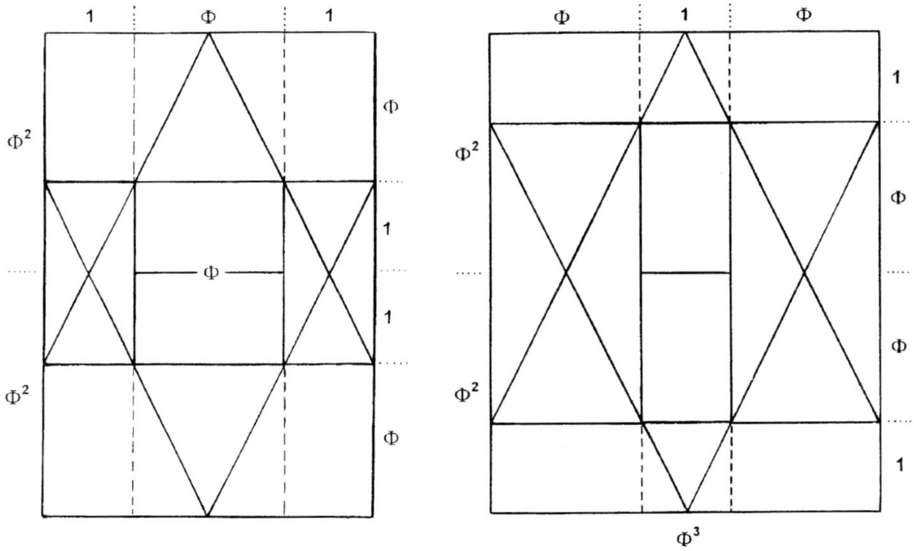

4.33

Alle diese Sternfiguren lassen sich auf einfache Weise mit Zirkel und Lineal aus ein oder aus zwei sich einander berührenden *goldenen* Rechtecken $[\Phi * 1]$ erzeugen, indem man deren Langseiten und Breitseiten entsprechend verlängert. Dadurch ergibt sich beispielsweise in Figur 4.33 links beim Format $2\Phi^2 : (\Phi^2 + 1) \approx$ 1,45 ein Rechteck für die Sternfigur mit Seitenlängen von $\Phi * 1 * 1 * \Phi$ und $1 * \Phi * 1$ für das Verhältnis von Länge zu Breite. Ähnliche Überlegungen gelten für die anderen Sternfiguren, die der Übersichtlichkeit halber in den Abbildungen auf gleiche Höhe normiert wurden.

Vergleicht man Raffaels Sternfigur aus der „Schule von Athen" mit den gezeigten Konstruktionen, so ergibt sich gemäß Figur 4.34 folgender Zusammenhang: Ausgangspunkt ist in diesem Fall ein Quadrat mit der Seitenlänge Φ^3. Die Sternfigur selbst füllt dabei ein *goldenes* Rechteck $[\Phi^3 * \Phi^2]$ aus, das symmetrisch in das Quadrat eingefügt ist.

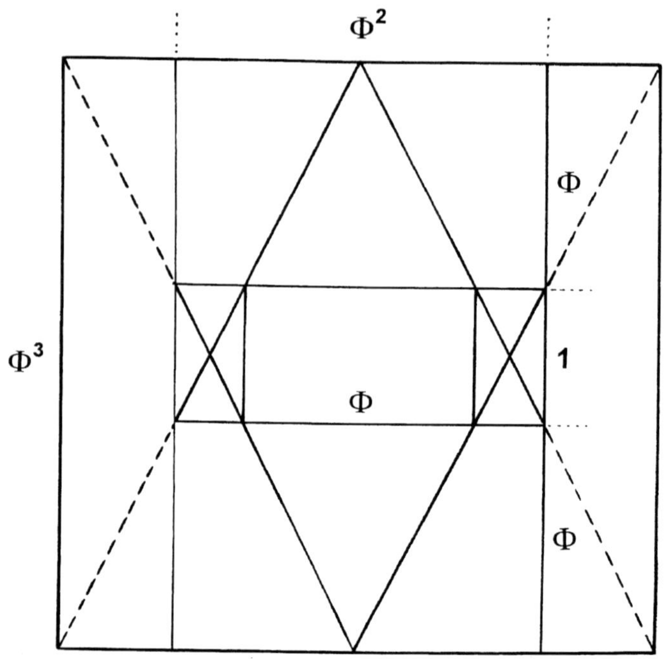

4.34

Der Vorteil der Sternfiguren ist offenkundig, lassen sich an ihnen doch die um den Faktor Φ verkleinerten oder vergrößerten Teilstrecken unmittelbar ablesen. Die Künstler wiesen ihnen darüber hinaus aber auch noch eine andere Funktion zu.

Ich will das an Hand eines Kupferstichs von Martin Schongauer aus der Freien Reichsstadt Kolmar untersuchen, der um 1480 gestochen wurde. Er zeigt eine Kreuzigungsszene. Die Abmessungen der Zeichnung betragen 195 x 149 mm, womit ein Format $\Phi^2 : 2 = 1{,}31$ vorliegt. Nach Figur 4.32 ergibt sich daraus für die Längsseite des zentralen, *goldenen* Rechtecks eine Abmessung von 149 : 2 mm = 7,45 cm. Das ist mit großer Genauigkeit die Länge einer römischen Handbreite (*palma*).
Deutlich zu erkennen ist, dass die Längsseite mit $\Phi*1*\Phi*1*\Phi$ in fünf Teilstücke, die Breitseite hingegen in zwei Teile mit der Länge Φ^2 unterteilt wurde. Kleinere Teilstücke wurden durch Verkleinern mit dem

Faktor Φ erzeugt und gliedern das gesamte Bild durch ein Raster. Sie legen die Positionen der einzelnen Personen der Gruppe fest.

4.35

Der Nabel des Gekreuzigten unterteilt den Körper am Kreuz im Verhältnis Φ. Auch die Abmessungen des Kreuzbalkens und der Heiligenscheine entstammen dem Maßkanon. Die Eckpunkte der Sternfigur im Rechteck legen zusammen mit den Ecken des Rechtecks die Fluchtpunkte für die Aufteilung des Bildes fest, das sich somit als Konstruktion nach dem Goldenen Schnitt erweist.

4.36

Schongauers Kupferstiche waren auch in Oberitalien bekannt, wo sie als Vorlage dienten. Daher verwundert es nicht, dass die dort etwa zwanzig Jahre später entstandenen Stiche ebenfalls durch Sternfiguren gestaltet wurden. Als Beispiel hierfür diene der Kupferstich „Apoll und Daphne" des Venezianers Agostino dei Musi in Figur 4.36, der im Jahr 1515 in Rom entstand. Typisch für die Renaissance in Italien ist das antike Motiv der Darstellung.
Die Abmessungen von 235 x 170 mm gehören zum Format $(\Phi^2 + 1) : \Phi^2 \approx 1{,}38$. Gemäß Figur 4.32 wurde die Komposition durch eine Sternfigur mit $1 * \Phi * 1 = \Phi^2 + 1$ als Höhe, beziehungsweise $½ * \Phi * ½ = \Phi^2$ als Breite erzeugt. Ausgangsmaß war eine Unze mit 24,8 mm Länge, die für die Längsseite des aufrecht stehenden, zentralen *goldenen* Rechtecks um den Faktor Φ^3 und für die Breitseite um Φ^2 verlängert wurde. Die Verwendung von Körpermaßen als Einheiten, welche zur Entstehungszeit üblich waren, gibt einen wichtigen Hinweis auf die tatsächliche Verwendung des Goldenen Schnitts durch den jeweiligen Künstler. Auch bei diesem Beispiel sind die wichtigsten Punkte der Figuren, wie Nabel oder Geschlechtsteil sowie die Dynamik der Körper durch Fluchtlinien bestimmt, die sich aus der Sternfigur ergeben.

In Deutschland war ALBRECHT DÜRER der bedeutendste Renaissance-Maler. Seine erste Italienreise führte den jungen Künstler 1494 auch nach Venedig, wo er Jacopo de` Barbari kennen lernte, der ihn zu Proportionsstudien anregte. Offenbar hörte DÜRER dabei auch vom Goldenen Schnitt, wie seine Kupferstiche und auch das bekannte Münchener *Selbstbildnis im Pelzrock* aus dem Jahr 1500 beweisen.

Mit dem Format 67,4 x 47,2 cm = 1,427 passt das Format des Bildes allerdings nicht in die Reihe der aufgeführten Sternfiguren. Die Erklärung dafür findet sich in folgendem Tatbestand: Der Maler proportionierte in diesem Fall auf andere Weise, so wie das rechts in Figur 4.37 wiedergegeben ist. Geht man wieder davon aus, dass DÜRER ein zu jener Zeit übliches Längenmaß als Einheit benutzte, wird der Zusammenhang klar: Die Längsseite misst offenbar $3\Phi^2 + \Phi^3$ Einheiten, die Breitseite $2\Phi^3$ Einheiten.

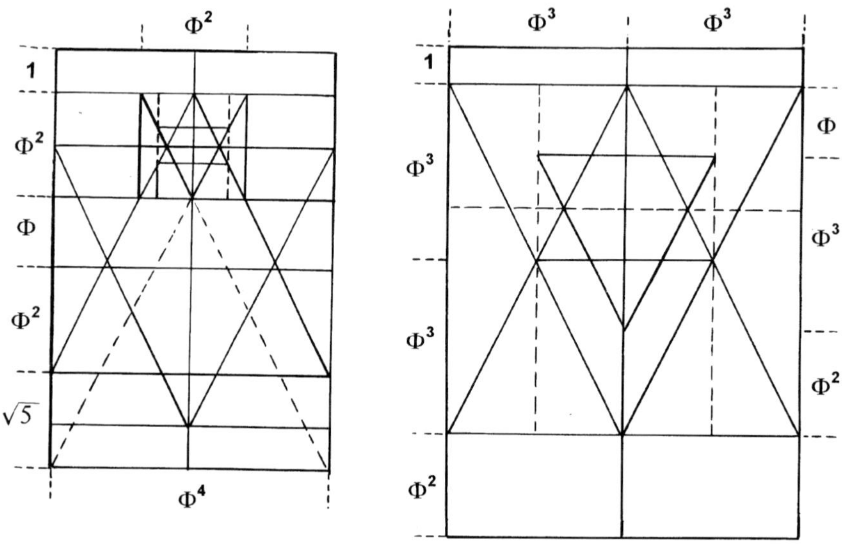

4.37

Dividiert man diese Werte durch Φ^2, so erhält man $\Phi + 3$, beziehungsweise 2Φ. Daraus ergibt sich als Maßeinheit der Konstruktion eine Länge von 14,6 cm, was genau zwei Handbreiten (*palmae*) zu jeweils 1° = 7,3 cm entspricht.

Unterteilt man ein rechtwinkliges Dreieck mit Katheten von 1° beziehungsweise 2° nach dem Goldenen Schnitt, so erhält man die um den Faktor Φ verkleinerten oder vergrößerten Maße. Mit ihnen wurde die Länge des Bildes zu $(\Phi + 3) \times 1° = 67{,}4$ cm, die Breite zu $2\Phi = 47{,}2$ cm festgelegt und die Fläche dann mit zugehörigen Maßen gemäß dem gezeigten Raster aufgeteilt. In dem Quadrat mit der Seite $2\Phi^3$ wurden danach zwei Dreiecke mit der Quadratseite als Höhe und als Basis eingezeichnet. In dem aufrechtstehenden konstruierte der Künstler sodann eine zweite Sternfigur mit einer Dreieckshöhe von Φ^3 für die Proportionierung des Gesichtes. Die beiden Symmetrieachsen des *goldenen* Sechser-Sterns verlaufen durch die Längsachse der Nase und zwischen den beiden Lippen, während eine der Basen genau durch die beiden Pupillen der Augen geht.

4.38

Figur 4.38 zeigt das nicht vollständig abgebildete Tafelbild mit dem Konstruktionsraster und den beiden Sternfiguren. Man erkennt deutlich, wie das Selbstbildnis in den wesentlichen Details mit Hilfe des Goldenen Schnitts proportioniert wurde. Fluchtlinien für die Konturen des Bildes werden durch das Raster vorgegeben und erklären auf einfache Weise auch den offenbar zu lang geratenen Zeigefinger der rechten Hand des Malers.

Von Leonardo da Vinci wissen wir bereits, dass er die Illustrationen für LUCA PACIOLI in dessen Buch von der Göttlichen Proportion schuf. Wir dürfen daher mit Recht annehmen, dass er nicht nur mit dem Goldenen Schnitt vertraut war, sondern diesen auch für die Gestaltung seiner Bilder heranzog. Sein berühmtestes Gemälde ist die *Mona Lisa*, das der Künstler um 1504 malte.

Auf einer Holztafel mit den Abmessungen 77,5 cm × 52,8 cm ist die zweite Frau des Florentiner Bürgers Giocondo abgebildet. Sie sitzt auf einer Loggia, den Arm auf die Lehne eines seitlich gestellten Sessels gestützt. Hinter einer nur sparsam angedeuteten Brüstung eröffnet sich eine weite, bizarre Landschaft. Diese besteht aus der bräunlichgrünen Silhouette der Vorgebirge, die im Hintergrund in den blaugrünen Dunst der Hochgebirgszone übergeht. Die in sich geschlossene Bewegung des Körpers der Gioconda erweckt den Eindruck einer in sich ruhenden Persönlichkeit. Das kühle, distanzierte Lächeln im weichen Gesicht scheint dem Betrachter zu folgen und lässt ihn verunsichert zurück.
Über wenige andere Kunstwerke ist so viel geschrieben worden und zugleich sind so wenige dieser Überlegungen im Werk selbst nachprüfbar. Will man in einem solchen Bild nach dem Goldenen Schnitt suchen, so erscheint auf den ersten Blick unmöglich zu sein. Das war allerdings bei DÜRERS Selbstbildnis nicht viel anders. Überträgt man jedoch die dortigen Untersuchungen auf die *Mona Lisa*, so werden die Zusammenhänge auch in diesem Beispiel schnell deutlich. Eine Berechnung des Bildformats liefert 1 : 1,47 und passt damit ebenfalls nicht in den Rahmen der schon diskutierten Formate hinein. Der linke Teil der Figur 4.37 lehrt aber, dass sich genau dieses Verhältnis ergibt, wenn man für die Breite Φ^4 und für die Länge $2\Phi^2 + 3\Phi$ verwendet.

4.39

Zusätzlich hat Leonardo noch eine weitere Sternfigur für das Gesicht der *Mona Lisa* verwendet. Klarheit verschafft uns hierüber das Antlitz der Gioconda, das Figur 4.40 zeigt.

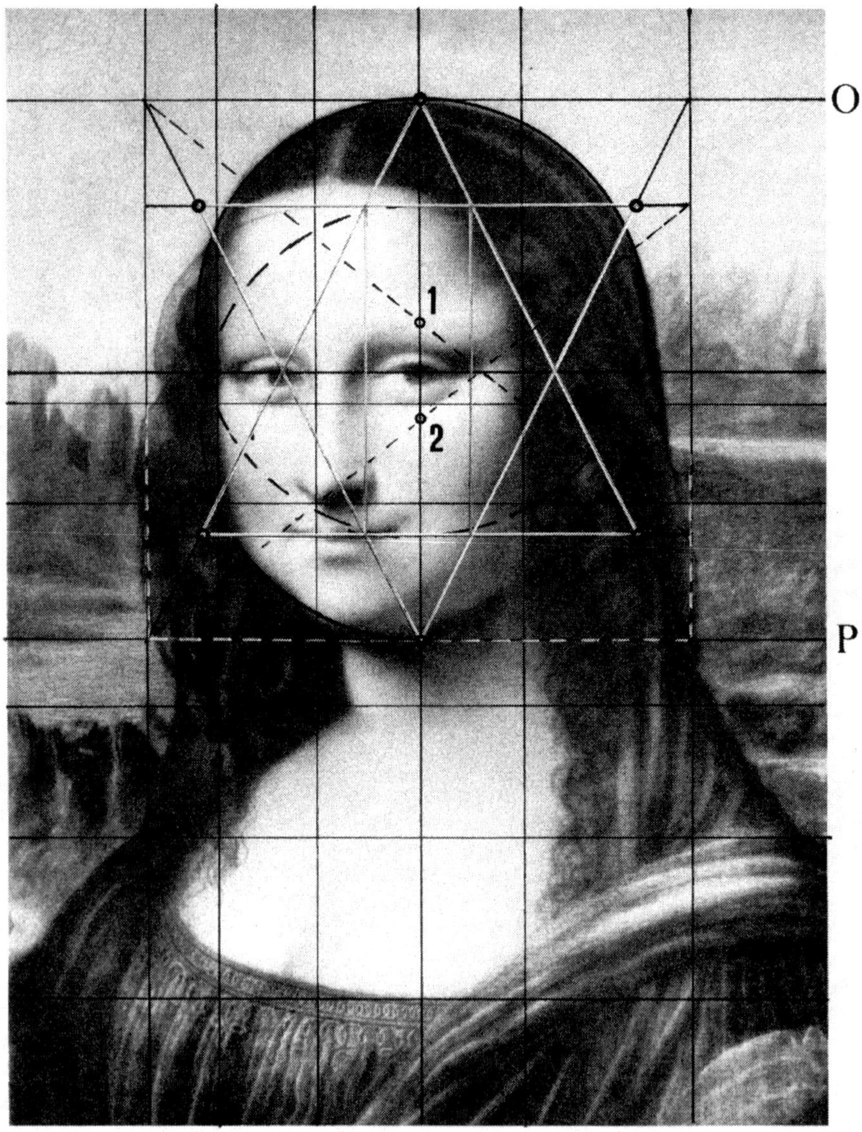

4.40

Die Maßeinheit dieser Konstruktion ergibt sich aus dem Format zu 32,6 cm, das heißt als Länge eines pheidonischen Fußes. Sie findet sich als $\frac{1}{2} * \Phi^{-1} * \frac{1}{2} = \Phi \times 32{,}6$ cm = 52,8 cm in der Bildbreite wieder.

Offenbar wurden die Konturen des Antlitzes mit Hilfe einer Sternfigur konstruiert, die in einem Quadrat mit der Seitenlänge $OP = \Phi^{-1} \times 32{,}6$ cm = 20,15 cm aus zwei Dreiecken entsteht. Man erhält dieselbe Figur auch, wenn man von zwei aufeinander gestellten, *goldenen* Rechtecken ausgeht, die eine Längsseite von $\frac{1}{2}\, OP \times \Phi^{-1}$ besitzen. Die Sternfigur entsteht in diesem Fall aus zwei Dreiecken mit Höhen und Basen von ½ Fuß = 16,3 cm. Sie proportioniert das Gesicht durch ein Rechteck mit der Breite ½ Fuß = 16,3 cm und der Höhe 20,15 cm.

Das Format dieses Rechtecks gibt die Proportion des harmonischen Mittels des Goldenen Schnitts mit $2\Phi^2 : \Phi^3 = 2 : \Phi$ wieder.
Beide Symmetrieachsen dieses Sterns schneiden sich in der Pupille des rechten Auges. Der Umriss des Schädels ist ebenfalls konstruiert worden. Die Kreismittelpunkte 1 und 2 in Figur 4.40 ergeben sich dabei als Schnittpunkte der Mittelachse der Sternfigur mit den Diagonalen von Rechtecken mit den Maßen 16,3 cm × 20,15 cm.

Betrachtet man noch einmal Figur 4.39, so erkennt man zwei Fluchtpunkte P, welche die Dynamik des Bildes vorgeben. Ihre Verbindungslinie unterteilt die Bildhöhe genau im Verhältnis $1 : \Phi$. Von hier gehen jene Sichtlinien aus, denen die Konturen der Mona Lisa folgen. Sie bewirken, dass der Blick des Betrachters zum Gesicht mit der wichtigen Augenlinie hingezogen wird. Da es zwei Fluchtpunkte gibt, wandert der Blick beim Weitergehen vom einen Konturenstrahl zwangsläufig zum anderen mit. La Gioconda scheint den Beobachter dadurch anzuschauen!

Als letztes Beispiel soll in Figur 4.41 ein Tafelbild von Raffael die engen, künstlerischen Verbindungen zwischen den Malern der Renaissance verdeutlichen. Es handelt sich dabei um das Tafelbild *Donna Velata* aus dem Jahr 1516. Das Gemälde voller Harmonie entstand nach der

Fertigstellung der Ausmalung der Stanzen im Vatikan und hat das Format 85 cm × 65 cm. Wie bei den anderen Gemälden lässt sich auch in diesem Fall die Maßeinheit ermitteln. Es ergibt sich als Einheit ein Fußmaß von 32,5 cm, das als halbe Bildbreite zu erkennen ist.

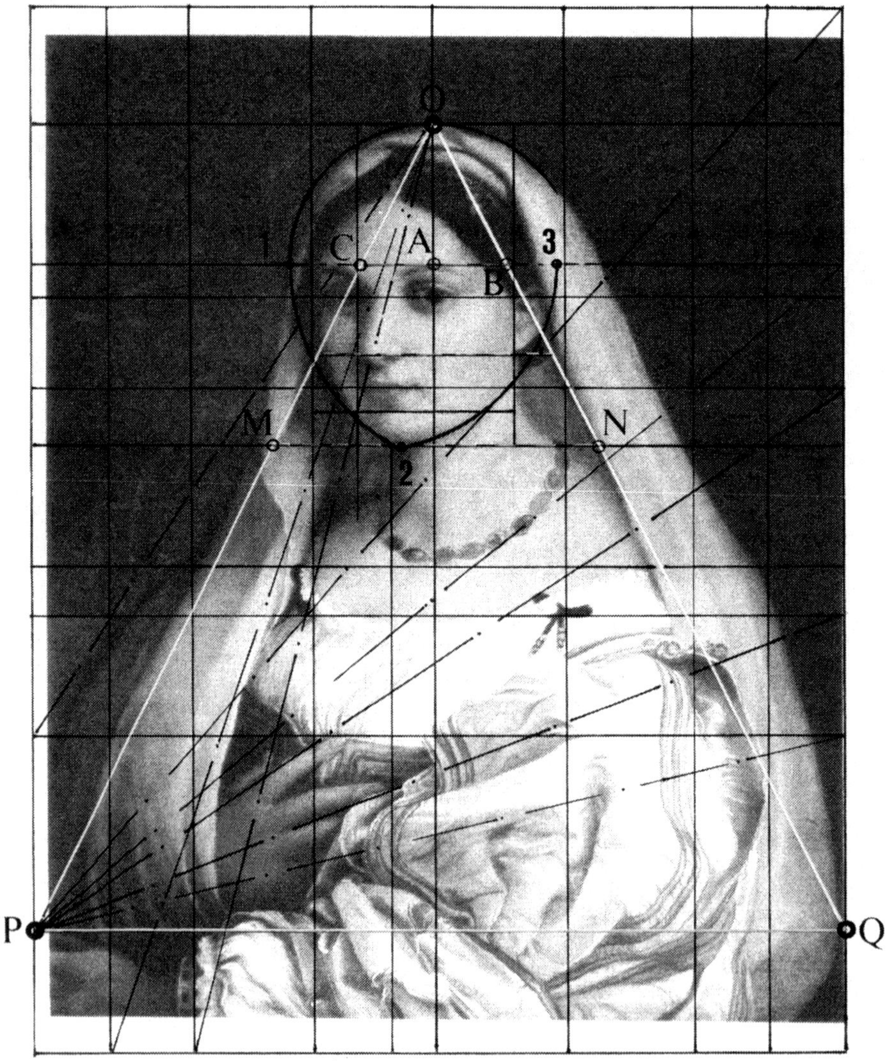

4.41

Anders als bei Leonardos *Mona Lisa* existieren hier nicht zwei Fluchtpunkte auf einer Rasterlinie. An deren Stelle nehmen die Punkte O und P an zwei Ecken eines Dreiecks diese Funktion wahr. Die Höhe des Dreiecks ist gleich der Bildbreite und misst daher zwei Fuß. Mit dem Faktor Φ unterteilte Stücke der Maßeinheit gliedern das Tafelbild wiederum durch ein Raster. Als weiterer Unterschied ist festzustellen, dass es bei der *Frau mit Schleier* offenbar keine Sternfigur gibt. Dennoch wurden auch in diesem Bild die Umrisse und wichtigsten Proportionen des Gesichts konstruiert. Dabei benutzte der Künstler eine geometrische Konstruktion wie in Figur 4.42, bei der er mit Hilfe des Goldenen Schnitts eine Strecke im Verhältnis von dessen harmonischem Mittel unterteilen konnte.

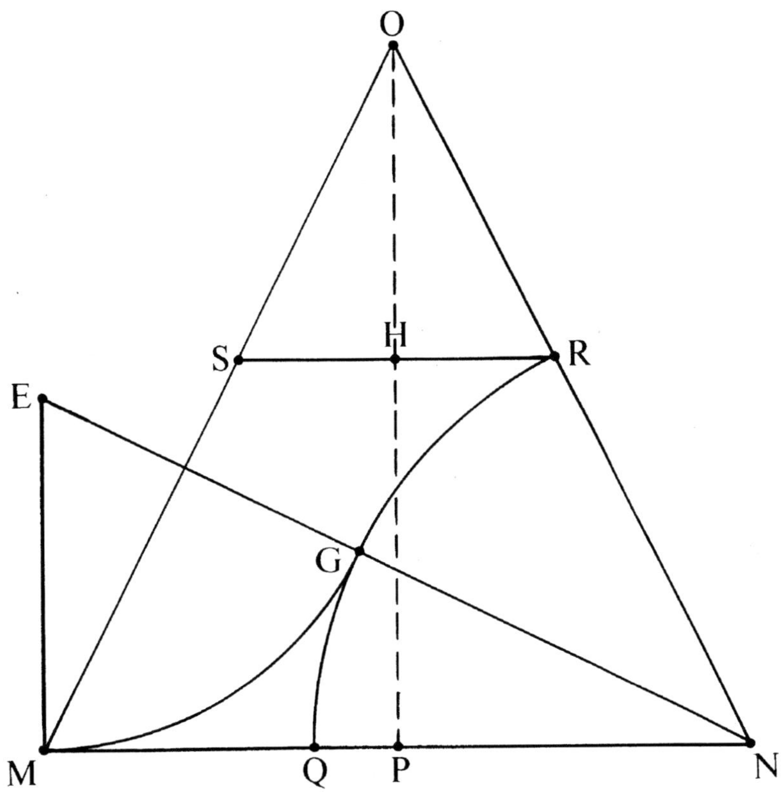

4.42

In Figur 4.42 sind die Strecken MN = *OP* = 2 und EN = N*O* = $\sqrt{5}$, da EM = 1 ist. Teilt man nun MN nach dem Goldenen Schnitt und trägt die Länge NQ = $2\times\Phi^{-1}$ von N aus auf N*O* bis R ab, so muss die Strecke *O*R = EM sein. Es gilt nämlich $\sqrt{5} - (2\times\Phi^{-1}) = 1$. Das Verhältnis NR / *O*R offenbart sich damit zu $2\times\Phi^{-1} : 1 = \sqrt{5} - 1$ als harmonisches Mittel aus den Zahlen 1 und Φ. Die Strecke RS teilt *OP* im Punkt H, der damit die Länge *OP* ebenso unterteilt. Die Punkte S,H,R entsprechen den Punkten C,A,B in Figur 4.41, wo sie als Kreismittelpunkte für die Hilfskreise zur Festlegung der Konturen des Gesichtes dienen.

Da das Tafelbild *Donna Velata* später als die *Schule von Athen* entstand, könnte man annehmen, Raffael sei zu der Erkenntnis gelangt, dass das menschliche Gesicht am besten mit Hilfe des harmonischen Mittels des Goldenen Schnitts zu proportionieren sei.

Diese wenigen Beispiele sollen an dieser Stelle als Nachweis dafür genügen, dass die großen Maler der Renaissance ihre als vollkommene Werke angesehenen Bilder offenbar auf der Basis einer Proportionierung mit Hilfe der geometrischen Konstruktionen des Goldenen Schnitts schufen. Den Leser des Buches sollte das eigentlich nicht länger verwundern. Wenn er neugierig ist, dürfte es ein Vergnügen sein, andere Werke jener Epoche auf den Goldenen Schnitt hin zu untersuchen.

TEIL V. BAUEN MIT RICHTIGEN ZAHLEN

5.1 Der Priester Imhotep

Chronologisch gesehen handelt es sich bei der Baukunst um die menschliche Beschäftigung, in der das universale Ordnungssystem des Goldenen Schnitts zuerst und zudem für lange Zeit zur Anwendung kam. Das soll hier als Grund genügen, um der Architektur einen eigenen Abschnitt zu widmen. Aus Platzgründen muss auch dieses Kapitel notwendigerweise auf ausgewählte Bauwerke beschränkt bleiben.

Zum besseren Verständnis des Textes sollen zunächst einige der verwendeten Fachausdrücke erklärt werden.

Glossar

Abakus: Quadratischer Steinblock zwischen Säulenkapitell und Architrav.
Adyton: Allerheiligstes des Tempels, zu dem nur der Priester Zutritt hatte.
Akropolis: Befestigte Oberstadt einer Siedlung - In Athen der Tempelbezirk.
Akroter: Bauzier auf den Ecken des Daches und dem Giebel.
Anten: Vorgezogene Stirnwände des inneren Tempels.
Amphitheater: Ovales Theaterrund für Tier- oder Gladiatorenkämpfe.
Apsis: Halbkreisförmige Nische, die sich auf ein Hauptschiff öffnet.
Architrav: Waagerechter Steinbalken als Sturz auf Stützen.
Arkade: Reihe von Bogenstellungen, die einen Portikus bildet.
Aufweg: Ansteigender Steindamm vom Taltempel am Nil zum Totentempel an der Pyramide.
Aula regia: Thron- oder Audienzsaal.
Baptisterium: Ursprünglich ein Taufbecken, dann eine Taufkirche mit polygonalem Grundriss.
Basilika: Öffentliche Gerichts- oder Markthalle.

Basis: Ausladender Fuß einer Säule oder eines Pfeilers.
Cardo: Eine der beiden Hauptachsen des Legionslagers - In Nord-Süd-Richtung verlaufende Hauptstraße der antiken Stadt.
Cavea: Halbrunder, muschelförmiger Zuschauerraum des Theaters.
Cella: Fensterloser Raum im Tempel, in dem das Bild der Gottheit steht.
Decumanus: Eine der beiden Hauptachsen des Legionslagers; Hauptstraße der antiken Stadt in Ost-West-Richtung.
Diazoma: Halbkreisförmiger Umgang für die Zuschauer zwischen den Sitzreihen des Theaters.
Eurythmie: Harmonisches Zusammenspiel der Proportionen.
Euthynterie: Fundament des Tempels unter *Krepis* und *Stylobat*.
Geison: Gesims.
Glyptothek: Skulpturensammlung.
In antis: Zwischen den *Anten* stehende Säulen.
Insula: Straßenblock im rechtwinkligen Straßenraster.
Interkolumnium: Abstand zwischen den Säulenachsen.
Kanneluren: Senkrechte Kehlen oder Längsrillen an Säulen.
Kanon: Regelsystem, das die Proportionen von Bauwerken und Statuen festlegte.
Kapitell: Ausladendes Kopfstück einer Säule oder eines Pilasters.
Katarakt: Stromschnellen des Nils, die für Schiffe unüberwindlich waren.
Kerkides: Keilförmige Segmente der *Cavea*.
Krepis: Mehrstufiger Unterbau unterhalb des *Stylobats*.
Kurvatur: Geringe, zur Mitte hin ansteigende Krümmung von Säulen und Mauern.
Lisene: Wandpfeiler, die durch Blendbögen verbunden sind.
Mastaba: Bankgrab in Ägypten.
Mausoleum: Prachtvolles Grabmal für hochgestellte Persönlichkeiten.
Metope: Meist mit Reliefs geschmückte Bauzier zwischen den *Triglyphen*.
Monolith: Bauelement aus einem einzigen großen Block gehauen.
Naos: Tempelraum mit dem Standbild der Gottheit.
Opaion: Kreisrunde Deckenöffnung im Gewölbe.
Opistodom: Der dem Pronaos entsprechende Teil hinter der Cella - Sakristei.
Orchestra: Griechische Theaterbühne vor dem Rund der Zuschauer.

Pantheon: Heiligtum für die Gesamtheit der Götter.
Peripteros: Tempel mit ringsum verlaufendem Säulenumgang.
Peristasis: Säulenkranz eines *Peripteros.*
Pharao: „Das Große Haus" bedeutende Bezeichnung des ägyptischen Königs.
Pilaster: Leicht vorspringender Wandpfeiler zur Gliederung der Mauern.
Portikus: Säulenhalle vor der Front eines Gebäudes.
Pronaos: Zum Hof offener Vorraum des Tempels.
Propyläen: Mit Kolonnaden geschmückter monumentaler Torbau eines Heiligtums.
Pyramide: Über quadratischem Grundriss errichtetes Monument für die Seele des Königs mit dreieckigen Seitenflächen.
Relief: Innerhalb der Umrisslinien in den oder aus dem Stein geschnittene Zeichnung, bei der das Bild stehen bleibt.
Sekos: Ummauerter Hof um einen heiligen Baum.
Skene: Spielbühne im Theater.
Stele: Aufrechte Steinplatte mit Inschriften.
Stylobat: Steinerner Unterbau der Säulenstellung.
Temenos: Abgegrenzter, heiliger Bezirk um einen Tempel.
Triglyphe: Dekorelement des dorische Tempels, bestehend aus drei durch Stege getrennten senkrechten Schlitzen.
Tumulus: Grabhügel mit kreisförmigem Grundriss.

Schon lange Zeit bevor der Goldene Schnitt durch die Schule der Pythagoreer als geometrisch darstellbare Proportion genauer untersucht wurde, errichteten die alten Hochkulturen rund um das Mittelmeer ihre Bauwerke auf einer Planungsgrundlage, die nur ganz bestimmte Zahlen für die Abmessungen der Mauern zuließ. Es waren jene Heiligen Zahlen, die sich aus der Proportionierung des menschlichen Körpers nach dem Goldenen Schnitt ableiten, und die nach der Vorstellung der damaligen Menschen von den Göttern stammten. Im Rahmen dieses Buches habe ich keinen Unterschied gemacht zwischen einer geometrischen Realisierung des Modulus Φ und seiner annähernden Abbildung durch Zahlen. Daher sind alle diese Bauwerke Objekte, die man *golden*e Bauten nennen könnte.

Wie ich in einer umfangreichen Untersuchung gezeigt habe (HAUSMANN 1998), wurden die Heiligen Zahlen fast sechstausend Jahre lang verwendet, bevor sie in der Renaissance durch neue Vorstellungen abgelöst wurden. Einige Beispiele aus der Anfangsphase der Architektur habe ich bereits bei den megalithischen Bauten im Zusammenhang mit den Heiligen Zahlen vorgestellt. Es würde allerdings jeden Rahmen sprengen, wollte man alle Bauwerke diskutieren, in denen sich die göttliche Proportion widerspiegelt. Statt dessen sollen nur wenige Beispiele vorgestellt werden, die entweder besonders ästhetisch sind oder die grundsätzlich neuartige Anwendungen sichtbar machen.

Erwähnt man Ägypten, so denken viele Menschen zunächst an die Pyramiden, die mit ihrer vollkommenen geometrischen Form und durch ihre Größe bereits die griechischen Reisenden vor mehr als zwei Jahrtausenden so beeindruckten, dass sie davon als einem Weltwunder sprachen. Es ist wahrhaft überwältigend, wenn sie im Licht der untergehenden Sonne aus der Wüste aufzutauchen scheinen und ihre riesenhaften schwarzen Schatten auf den Sand werfen. Als ich die Pyramiden von Gizeh zum ersten Mal sah, überkam mich das Gefühl, nie wieder habe der Mensch in seinen architektonischen Schöpfungen eine solche Monumentalität und Ästhetik durch die vollkommene Vereinigung von Architektur und Form erreicht. Über welche wissenschaftlichen Kenntnisse und technischen Fähigkeiten mussten die Ägypter vor fast fünftausend Jahren bereits verfügt haben!
Zahllose Forscher haben versucht, eine Antwort auf diese Frage zu finden und sie kamen dabei zu den unterschiedlichsten Schlussfolgerungen: So sollten die Bauwerke nach Ansicht mancher Gelehrter das Ergebnis außerirdischer Inspiration sein, andere wieder behaupteten, die Baumeister der Pyramiden hätten nur die Absicht gehabt, ihr mathematisches Wissen den nachfolgenden Generationen weiterzugeben. Ja, es existiert sogar die Behauptung, in diesen Bauwerken sei die zukünftige Entwicklung der Menschheit in Stein abgebildet worden. Meistens beschränkten die Forscher ihre Untersuchungen allerdings nur auf die Pyramide des Cheops. Sie scheint am vollkommensten zu sein, berücksichtigt man nur ihre äußere Gestalt.

Die Antwort auf die oben gestellte Frage scheint mir von einfacherer Natur und dennoch zugleich verblüffend zu sein: Es war im Wesentlichen die Kenntnis einiger mathematischer Eigenschaften des Goldenen Schnitts sowie das Verständnis der Regeln der Heiligen Zahlen, die es mit einem Male ermöglichten, solche Bauwerke zu errichten und durch deren Gestalt zugleich neue Erkenntnisse über den Ablauf der Natur auszudrücken. Dabei ließ sich auch die Rolle, die der Herrscher im religiösen Kult spielte, als Maßverhältnisse eines Bauwerks aus Stein sichtbar machen.

Ungefähr 400 Jahre nach der Reichseinigung von Ober- und Unterägypten wurde mit dem Bau von Pyramiden begonnen. In etwas mehr als einem Jahrhundert errichteten die Ägypter mindestens sieben große Bauwerke. Diese architektonischen Leistungen sind beachtlich, bedenkt man, dass in der Cheopspyramide angeblich rund zwei Millionen Steine verarbeitet wurden. Ein Teil dieser tonnenschweren Blöcke wurde an Ort und Stelle gebrochen, aber viele wurden auch von weit her herantransportiert.

Die „Pyramidenzeit“ war eine frühe Phase der ägyptischen Geschichte und sie dauerte keineswegs lange. Zwar baute man noch ein weiteres Jahrtausend lang Pyramiden, doch wurden sie immer kleiner und von schlechterer Bauqualität. Luftgetrocknete Ziegel traten an die Stelle gut bearbeiteter Kalksteinblöcke und nur gestaltlose Haufen grauer, zerbröckelter Ziegelmasse blieben von diesen erhalten.

Jede Pyramide stand im Zentrum eines riesigen Komplexes von etlichen Hektar Größe. Am Rande der Ackerbauzone, an der Hochwassermarke des Nils, befand sich ein Taltempel mit einem Landesteg für größere Boote. Über einen Kanal war er auch bei Niedrigwasser mit dem Fluss verbunden. Ein hoher ummauerter Aufweg führte vom Taltempel hinauf zum Plateau der libyschen Wüste. Zur Anlage gehörte zusätzlich ein Totentempel an der Ostseite der Pyramide. Eine hohe Temenos- oder Einfriedungsmauer umgab den Pyramidenbereich und verwehrte allen Menschen, außer den rituell gereinigten Priestern und Beamten, den Zugang.

Die III. Dynastie leitete das ein, was man das *Alte Reich* von Ägypten nennt, dessen Macht von etwa –2880 bis –2310 währte. Vom 1. Katarakt des Nils bis zum Mittelmeer gab es nun eine Nation, obgleich die Pharaonen fortfuhren, sich König von Oberägypten und Unterägypten zu nennen. Die staatlichen Institutionen waren auf der Basis einer Monarchie göttlichen Rechts aufgebaut, deren gottgleicher Repräsentant der König war. Die Religion war in groben Zügen etabliert, die Techniken unter Einschluss der Schrift, der Kunst und der Architektur hatten ihre endgültige Form gefunden und der Siedlungsraum war festgelegt.

Das älteste erhaltene, ganz in Stein ausgeführte Gebäude, das uns die ägyptische Zivilisation hinterlassen hat, ist die Stufenpyramide des Pharaos Djoser. Mit dessen Herrschaft lässt der Geschichtsschreiber Manetho die III. Dynastie beginnen. Das Monument erhebt sich am Rande der Wüste bei Saqqara, etwas südlich von den großen Pyramiden von Gizeh. Als ihr Baumeister gilt Imhotep, der Architekt, Priester, Magier und höchste Beamte des Königs Djoser. Das Werk verschaffte seinem Schöpfer ein so hohes Ansehen, dass er später gottgleich verehrt wurde. Die Griechen identifizierten ihn sogar mit Asklepios, dem Gott der Heilkunde und verehrten ihn unter dem Namen Imuthes.

Die eigentliche Stufenpyramide mit ihren sechs Etagen, die das umliegende Tal überragen, ist nur ein Teil dieser Anlage, die offenbar der Totentempel Djosers war. Die Pyramide scheint auf den ersten Blick das Resultat zahlreicher baulicher Veränderungen zu sein, könnte aber auch genauso gut einen einheitlichen Bauplan besitzen, der in einer festen zeitlichen Abfolge realisiert wurde.

Wie es in den beiden Vorgängerdynastien üblich war, erbaute man zunächst eine einfache *Mastaba*. Unter diesem flachen „Bankgrab“ gibt es ein Netz von unterirdischen in den Fels gehauenen Gängen und Räumen, das von dem massiven Mauerwerk der Pyramide bedeckt wird. An der Nordfront der Pyramide erhebt sich ein Tempel, in dem der tote König verehrt wurde. Im Süden der Anlage liegt ein riesiger rechteckiger

Zeremonienhof, der im Osten und Süden von Kapellen und Nebenkammern flankiert wird.

Was macht nun das Besondere dieses Bauwerkes aus, auf dessen Errichtung schließlich der Ruhm des Imhoteps gründet?

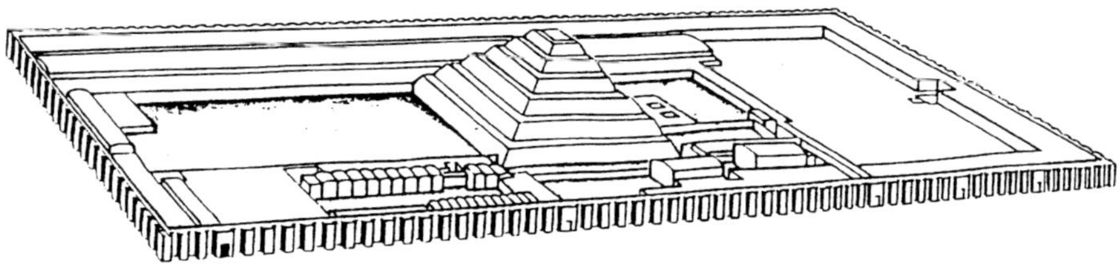

5.1

In Figur 5.1 sieht man eine Rekonstruktion des Bauwerks, wie es nach seiner Fertigstellung ausgesehen haben dürfte. In Figur 5.2 wird dessen Grundriss zusammen mit Maßangaben gezeigt. Alle Baumaße sind als Vielfache der Maßeinheit 1^ = 29" = 0,51 m angegeben.

Die Anlage ist von einer 1,7 Kilometer langen Temenosmauer mit Vor- und Rücksprüngen umgeben. Sie enthält an den beiden Längsseiten je vier, an den Breitseiten dagegen je drei Scheintore. Ein einziges echtes Tor erlaubt an der Ostseite den Zugang zum Inneren der Anlage. Die Temenosmauer gehört ebenso zu dem Gesamtkonzept der Anlage wie die unterirdischen Gänge und Kammern. Der Gesamtkomplex der Stufenpyramide besitzt ein Außenmaß von 1.089^ mal 550^. Um den großen Südhof (S) mit mehreren Altären befinden sich unter anderem kleine Heiligtümer und das Südgrab. Im Osten, Süden und Norden der Stufenpyramide (P) stehen Palastbauten (U), ein Totentempel (T) und weitere Kultbauten (R). Den restlichen Platz nehmen aufgeschüttete Terrassen und ein weites Gräberfeld ein.

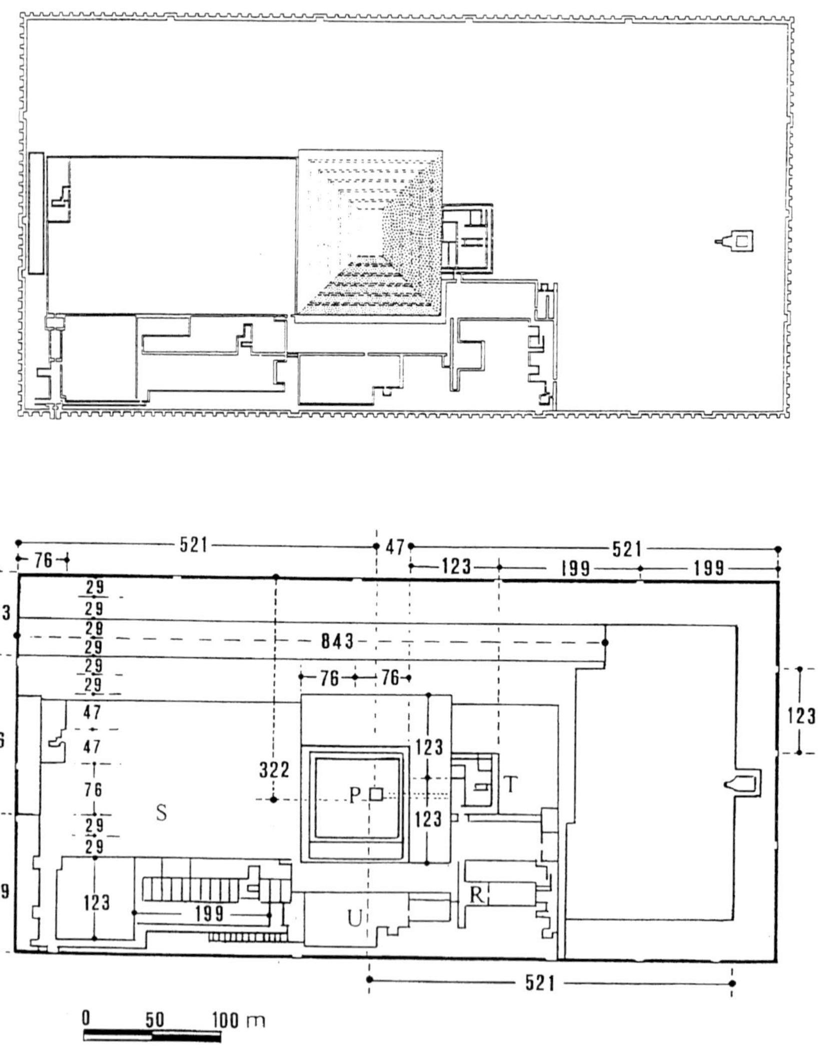

5.2

Die meisten Gebäude von beachtlicher Größe kann man nicht betreten. Man hat es niemals gekonnt, da es sich nur um Attrappen und Scheinbauten handelt. Sie sollten wohl die Paläste nachahmen, die Djoser zu seinen Lebzeiten in seiner Hauptstadt Memphis bewohnt hatte. Fast alle Bauteile imitieren irgendetwas: Die Rohziegel- und

Holzarchitektur der vorhergehenden Epoche wurde nun erstmals in Stein nachgebaut. So sind die Türen der Heiligtümer aus zugerichteten Steinen gefertigt, wobei die meisten Türen halboffen dargestellt werden und Riegel, Angeln, Füllungen, Träger und Rahmen aus schönem, weißem Kalkstein bestehen. Zum ersten Mal verwendete Imhotep die Säule, deren Schaft die getreue Kopie eines Bündels von Papyrusstängeln ist, wie man sie im holzarmen Delta des Nils zum Bauen benutzte. Auch die kannelierte Säule erscheint zum ersten Mal, steht aber noch nicht frei im Raum, sondern ist der Wand vorgesetzt. Die unterirdischen Kammern sind mit Stein-Paneelen verkleidet und teilweise mit Platten aus blauer Fayence dekoriert.

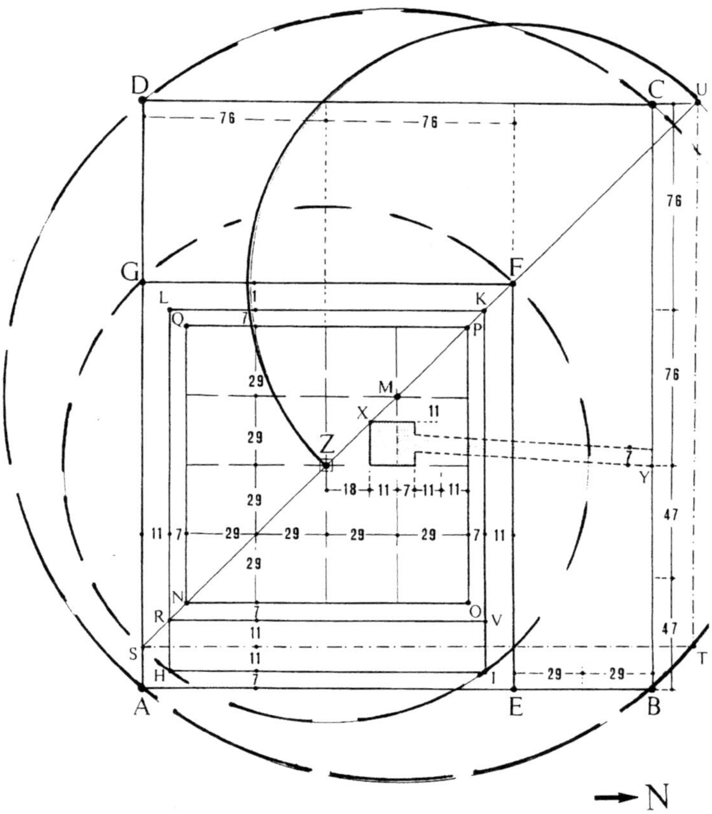

5.3

Wie Figur 5.2 zeigt, sind sämtliche Abmessungen der Anlage durch Heilige Zahlen gegeben. Von 7 bis 843 werden sie als Baumaße verwendet. Das beginnt an der Außenmauer: Ost- und Westseite besitzen je 6×11 Mauervorsprünge, Nord- und Südseite dagegen 3×11. Zusammengezählt ergibt das 18×11 Vorsprünge, die mit dem echten Tor insgesamt 199 Mauervorsprünge liefern, die durch ebenso viele Rücksprünge getrennt sind. Die sorgfältig bearbeiteten Mauersteine haben Abmessungen von 2×11" × 18" × 11". Die Abstände der Scheintore werden ebenfalls durch Heilige Zahlen festgelegt.

Der interessanteste Teil der Anlage ist die Stufenpyramide selbst. Sie besitzt einen fast quadratischen Grundriss von 210^ × 246^. Durch Zerstörungen aus späterer Zeit liegt heute die innere Struktur des Bauwerks offen zu Tage. Die Figuren 5.3 und 5.4 zeigen das Bauwerk in Gestalt eines Grundrisses und an Hand eines Schnitts in Ost-West-Richtung.

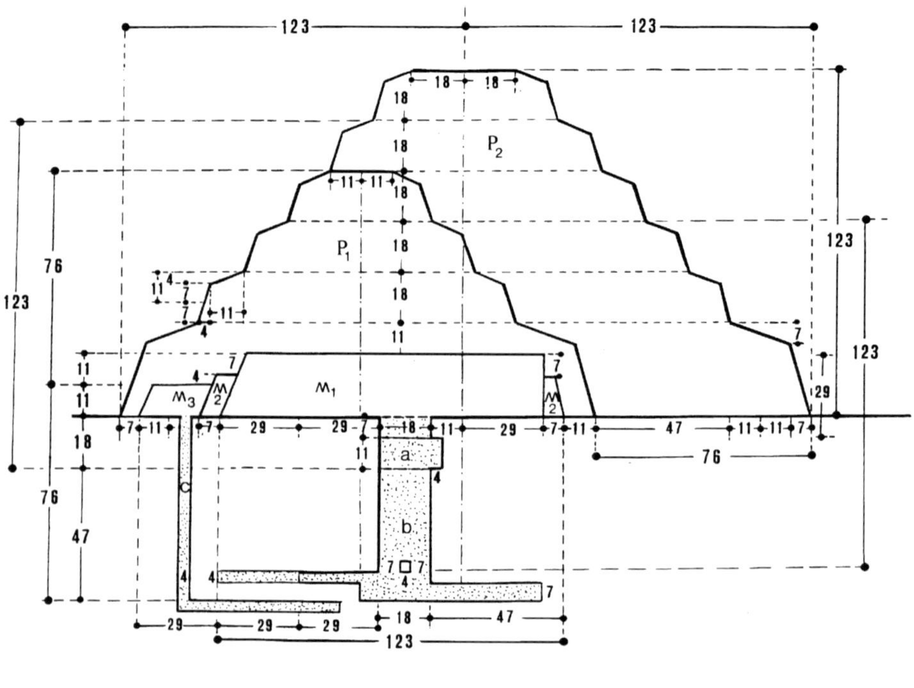

5.4

Ausgangspunkt der Stufenpyramide (ABCD) war eine quadratische Mastaba M_1 (NOPQ) mit 4×29^ als Seitenlänge und einer Höhe von 2×11^. Auf allen vier Seiten wurde M_1 dann um 7^ vergrößert (KLRV). In einem dritten Bauabschnitt (HIKL) wurde danach auf der Ostseite eine Erweiterung von 2×11^ angefügt. Erst jetzt begann man mit dem Bau einer vierstufigen Pyramide P_1 von insgesamt 3×29^ Höhe (AEFG), wobei die unterste Stufe 3×11^, die drei übrigen dagegen 3×18^ einnehmen. Die letzte Baustufe ist dadurch gekennzeichnet, dass im Westen eine Erweiterung des Grundrisses um 76^ auf eine Gesamtlänge von 2×123^, im Norden hingegen um 2×29^ erfolgte, auf dem dann die sechsstufige Pyramide P_2 errichtet wurde. Unter der Mastaba M_1 wurde ein Schacht von 47^ Tiefe in den Felsen geschlagen, dem nach oben hin eine Grabkammer von 18^ Deckenhöhe angefügt wurde. Dadurch ergibt sich für P_1 eine Gesamthöhe H_1 = 2×76^, für P_2 dagegen P_2 = 4×47^. Vom Boden der Grabkammer bis zur Plattform von P_2 misst man 3×47^. Der Schacht zur Grabkammer liegt nicht im Symmetriezentrum des Grundrisses, sondern scheint mit Absicht geringfügig aus der Symmetrieachse nach Norden verschoben worden zu sein, weil so die Grabkammer vor unbefugten Eingriffen besser geschützt war. Da das Bauwerk auf einem mathematischen Plan basierte, konnte man nämlich auf einfache Weise wissen, wo die Grabkammer lag.

Da alle wichtigen Abmessungen des Bauwerks durch Heilige Zahlen festgelegt wurden, ist es nicht verwunderlich, dass man auch überall auf die Proportion des Goldenen Schnitts stößt. Die Frage nach den strukturellen Besonderheiten der Stufenpyramide des Djoser lässt sich folgendermaßen beantworten:

- Der Priester Imhotep hatte offenbar jene mathematische Eigenschaft des Schnitts entdeckt, die sich als konstante Proportion mit dem Modulus Φ bei der Verwendung Heiliger Zahlen äußert. Anders jedoch als die Architekten vor ihm erkannte Imhotep, dass man für alle drei Dimensionen die richtigen Proportionen erhalten konnte, also auch für die Höhe des Bauwerks. Damit war der Weg begehbar geworden, der zu den großen Pyramiden des *Alten Reichs* führen sollte, in denen gleichsam die Höhe als dritte Dimension ins Bewusstsein der Menschen trat. Jetzt erst wurde es möglich, ein Gebäude zu errichten, das den König als dessen Eigentümer äußerlich sichtbar über alle anderen Menschen erhob. Damit war er den Göttern des Himmels gleichgestellt.

Aber auch eine neue astronomische Erkenntnis wird sichtbar. Die Beobachtung der Himmelskörper hatte zwischenzeitlich ergeben, dass sich die Jahreszeiten nach etwa 3×123 Tagen periodisch wiederholten. Ein Drittel dieser Dauer stieg die Schöpfungskraft des Königs während der Nilschwemme zur Spitze der Pyramide hinauf und, wenn der Wasserspiegel sank, auch wieder hinab. 2×123^ misst aus diesem Grund die Länge der Pyramide, 123^ ihre Höhe. Die Zeit der Saat, des Reifens und der Ernte, in der sich das Königsheil über das Land verbreitet, spiegelt sich in der Länge der Pyramide von 2×123^ wider.
Als Oberpriester des Tempels von Heliopolis verfügte Imhotep über erhebliche mathematische Kenntnisse bezüglich der Heiligen Zahlen, die er bei der dreidimensionalen Planung der Stufenpyramide benutzen konnte. Was allerdings vor diesem Zeitpunkt noch nicht existierte, das waren die Organisation und die Logistik, um ein derartig ausgedehntes Bauwerk ohne Vorbild zu realisieren.

5.2 Das siebte Weltwunder

Schon die Griechen haben die Pyramide des Pharaos Cheops als das größte unter den sieben Weltwundern bezeichnet. Welchen Grund gibt es, diese Pyramide aus der Reihe der anderen herauszuheben? Sicher kann die Ursache für dieses Urteil nicht alleine in deren gewaltiger Dimensionierung liegen, denn die nur wenig kleinere Pyramide des Chephren erscheint eher noch größer zu sein, da sie auf einer Anhöhe

über dem Fluss errichtet wurde. Eine Analyse der Cheopspyramide gibt uns jedoch die richtige die Antwort auf die oben gestellte Frage.
Betrachten wir in Figur 5.5 zunächst einen Schnitt durch das Bauwerk in Nord-Südrichtung. Die Seite des Grundquadrats misst 6×76^, die Gesamthöhe vom Boden der in den Fels gegrabenen Kammer (c) bis zur Spitze der Pyramide 3×123^. Ebenso lang ist die Höhe der seitlichen Dreiecksflächen. Als Maß von der Basis des Fundaments bis zur Spitze sind es 322^; zieht man davon die Fundamentdicke von 29^ ab, so ergibt sich die Höhe des eigentlichen Pyramidenkörpers zu 293^. Jede Elle misst hier 28 Fingerbreiten.

Die Symbolik der Jahreslänge mit ihren 3×123 Tagen taucht gleich zweimal auf: Einmal als Gesamthöhe, zum anderen als Höhe der Dreiecksflächen von der Spitze bis zu deren Basis. Das „Ka", die Schöpferkraft des Pharaos, konnte daher während des ganzen Jahres über die Seitenflächen „herabströmen".

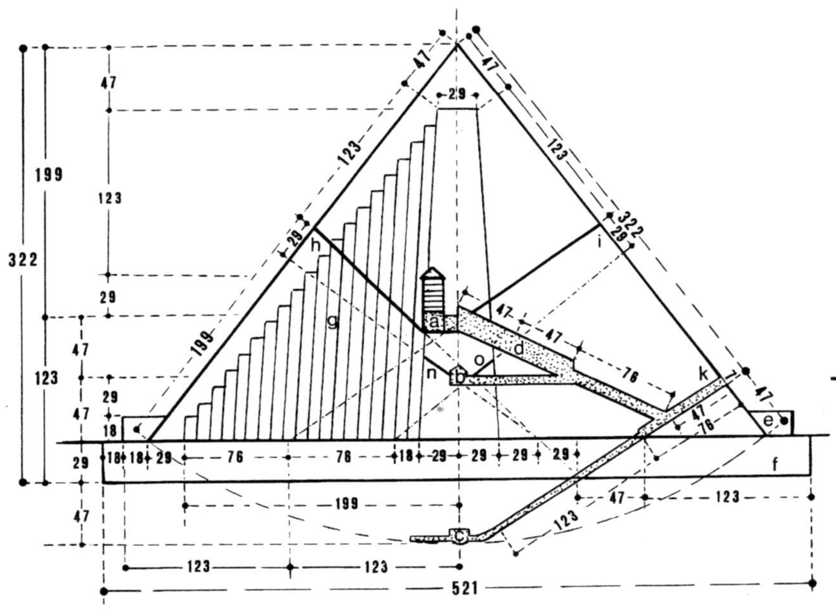

5.5

Die Bauplanung mit Heiligen Zahlen stellt bei der Cheopspyramide nichts Neues dar, auch einen Gang zum nördlichen Himmelspol gab es schon früher. Die Existenz einer zusätzlichen Grabkammer in einer Höhe von 123^ über jener im Fels ist nicht weiter verwunderlich, da es die Größe des Bauwerks zuließ, den Ablauf der 369 Tage des ganzen Jahres als Teilstrecken von insgesamt 3×123^ innerhalb der Gesamthöhe unterzubringen.
Das königliche Ka als Inkarnation des Gottes der Unterwelt konnte durch einen Stollen in die unterirdische Kammer (c) gelangen. Dieser zeigte auf den Pol des Himmels. Aus der Kammer stieg das Ka dann zur Pyramidenspitze auf. Die große Kammer (a) mit dem Sarkophag als Haus für das Ka des Cheops - sie ist etwas aus der Symmetrieachse der Pyramide nach Süden verschoben - besitzt ebenfalls einen Gang zum Himmelspol. Durch ihn konnte das königliche Ka als Verkörperung des Sonnengottes nach dem Tod des Pharaos stets seinen Weg zu den zirkumpolaren Sternen finden.

Das Besondere an der Pyramide des Cheops ist die perfekte Form als Ergebnis der Verwendung von Heiligen Zahlen. Wie ich schon im ersten Teil des Buches gezeigt habe, wurde die Pyramide als perfekter Körper mit dem Goldenen Schnitt konstruiert.

Die dreieckige Pyramidenseite besitzt eine Basislänge 2b = 6×76^ und eine Höhe h = 3×123^. Für die Dreiecksfläche ergibt sich daher

$$A = b \times h = 9 \times 76\text{^} \times 123\text{^}$$

und für die Fläche des Quadrats über der Pyramidenhöhe H erhält man unter Zuhilfenahme des pythagoreïschen Lehrsatzes

$$H^2 = h^2 - b^2 = (3 \times 123\text{^})^2 - (3 \times 76\text{^})^2 = 9 \times [(123\text{^})^2 - (76\text{^})^2]$$

Diesen letzten Ausdruck der Gleichung kann man umformen zu

$$H^2 \approx 9 \times [\Phi^2 \times (76\text{^}) - (76\text{^})] \approx 9 \times (76\text{^})^2 \times (\Phi^2 - 1) \approx 9 \times 76\text{^} \times \Phi \times 76\text{^}$$
$$\approx 9 \times 76\text{^} \times 123\text{^}.$$

Dabei wurde ausgenutzt, dass $\Phi^2 - 1 = \Phi$ ist und $123 \approx 76 \times \Phi$ gilt. Beide Flächen sind also praktisch gleich groß.

Weiterhin gilt aber auch 2h : 2b = (6×123^) : (6×76^) = Φ. Daraus ergibt sich folgende Konsequenz: Die Gesamtfläche der vier Dreiecksflächen, des Pyramidenmantels misst $4b \times h = 4b^2 \times \Phi$. Sie verhält sich deshalb zur quadratischen Grundfläche $4b^2$ wie $\Phi : 1$. Ebenso besitzt das Verhältnis von (Grundfläche + Mantelfläche) : (Mantelfläche) den Wert Φ:

$$(4b^2 \times \Phi + 4b^2) : (4b^2 \times \Phi) = 4b^2 \times (\Phi + 1) : (4b^2 \times \Phi)$$
$$= (4b^2 \times \Phi^2) : (4b^2 \times \Phi) = \Phi$$

- Die Cheopspyramide ist damit eine *goldene* Pyramide.

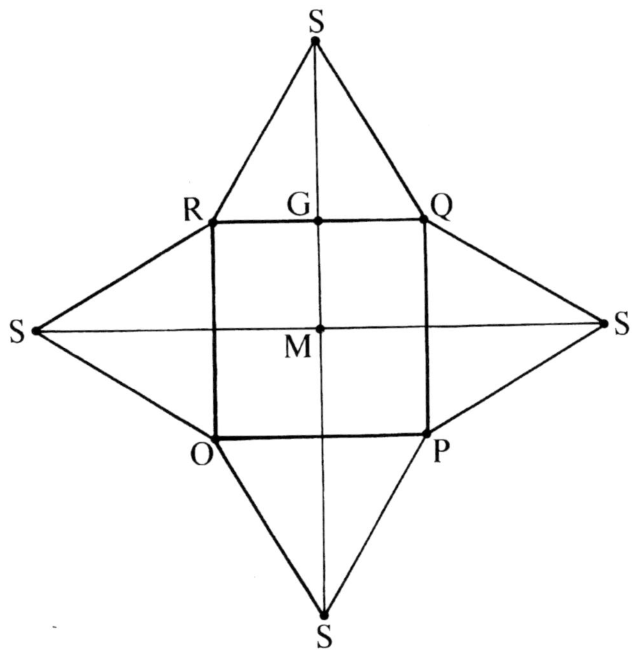

5.6

Klappt man die vier Dreiecksflächen seitlich in die Ebene der quadratischen Grundfläche hinein, so erhält man einen *goldenen* Stern mit vier Spitzen. Bei ihm wird die Strecke SM durch den Punkt G im Verhältnis Φ geteilt.
Diese Tatsache dürfte den Grund dafür liefern, dass gerade dieses Bauwerk die Griechen als besonders ästhetisches und vollkommenes Objekt beeindruckte. Es verwundert daher nicht, dass Pythagoras dieses Bauwerk zum Objekt seiner mathematischen Untersuchungen machte. Die als perfekte geometrische Form empfundene Pyramide des Cheops ist also mit ihren Abmessungen ein geometrisches Gebilde, das vollständig nach den Proportionen des Goldenen Schnitts gestaltet wurde. Allerdings geschah das hier nicht zum ersten Mal, denn bereits die eingestürzte Pyramide von Meidum gehorchte mit einer Basis von 6×47^ den gleichen Gesetzmäßigkeiten, obwohl sie in allen Maßen um den Faktor Φ kleiner war als die des Cheops.

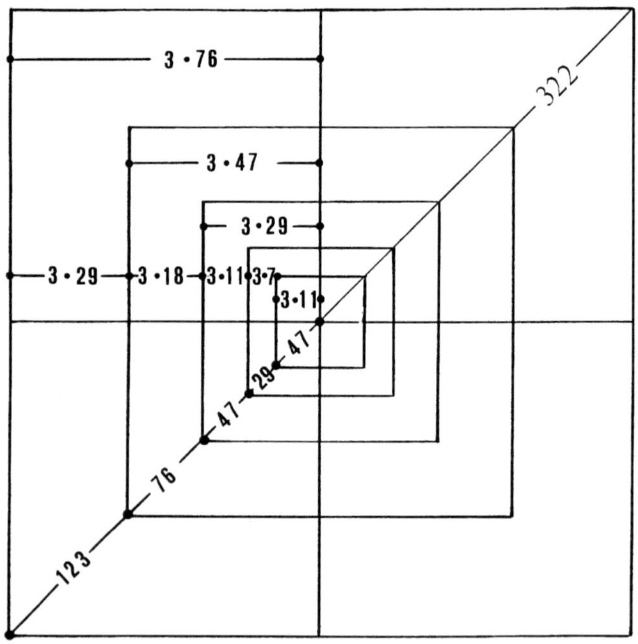

5.7

Viele Menschen haben darüber nachgedacht, wie es vor fast fünftausend Jahren möglich war, das gigantische Bauwerk der Cheopspyramide in solcher Perfektion auszuführen. Die damaligen Baumeister verfügten schließlich nicht über Vermessungsgeräte, mit denen man die Grundfläche und die Neigungswinkel so genau hätte festlegen können, dass sich am Ende in beinahe 150 Meter Höhe alle Kanten der Pyramide auch wirklich in einem Punkt trafen.
Auch dafür liefert der Goldene Schnitt die Erklärung: Das wachsende Bauwerk organisierte sich gleichsam selbst über den Modulus Φ. Es wuchs dabei wie ein natürlicher Organismus aus der Ebene in die dritte Dimension empor. Die Ursache für eine solche Vollkommenheit ergibt sich aus bestimmten mathematischen Eigenschaften der Heiligen Zahlen.
Bei richtiger Wahl der Pyramidenbasis kennt man zugleich die Längen der Diagonalen, so dass sich die exakte quadratische Form der jeweiligen Bauplattform immer wieder kontrollieren lässt. Diesen Zusammenhang möge der Leser an Hand der Figur 5.7 nachvollziehen.
Es gilt folgende Beziehung für alle Heiligen Zahlen L_k:

$$3\,L_k \times \sqrt{2} \approx L_k \times \Phi^3$$

Wählt man also als Quadratseite 3×47^, so misst die Diagonale mit großer Genauigkeit $47^\wedge \times \Phi^3 \approx 199^\wedge$. Bei Kenntnis der Längen von Seite und Diagonale kann man somit stets ein perfektes Quadrat konstruieren.

Schwieriger erscheint zunächst eine Festlegung der jeweiligen Höhe der Plattform zu sein. Betrachtet man in Figur 5.8 das rechtwinklige Dreieck mit einer Hypotenuse von 199^ und einer kleinen Kathete von 123^, so sieht man, dass die Höhe auf der Hypotenuse das ursprüngliche Dreieck in zwei ähnliche Teildreiecke und die Hypotenuse in zwei Teilstrecken teilt. Diese stehen im Verhältnis $123^\wedge : 76^\wedge \approx \Phi$ zueinander und sind damit wieder durch Heilige Zahlen festgelegt. Macht man nun die Kathete von 123^ zur Hypotenuse, so kann man sie durch dasselbe Vorgehen mit dem Modulus Φ weiter unterteilen.

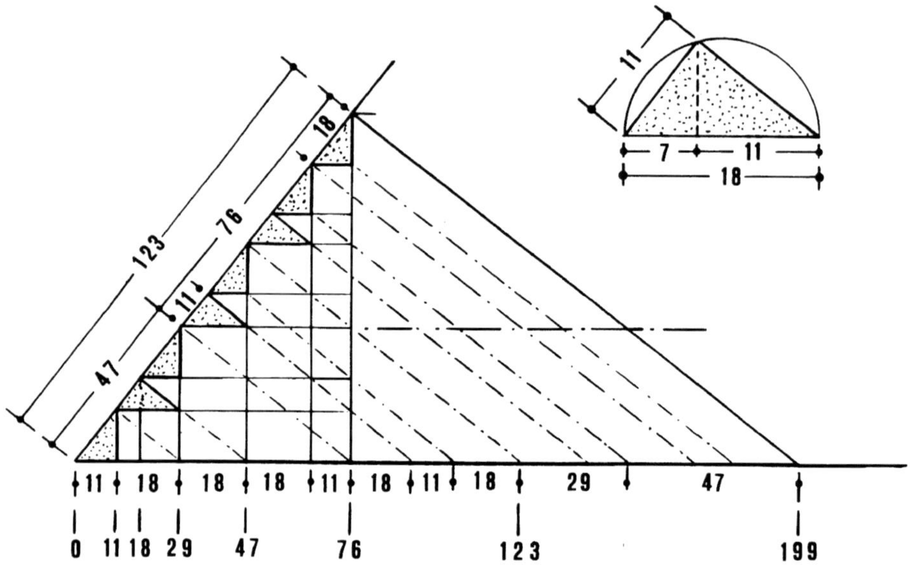

5.8

Wenn man demnach ein geeignetes rechtwinkliges Dreieck als Lehre verwendete, konnte man immer von der Mitte der Bauplattform aus mit Hilfe der Hypotenusenlänge nachprüfen, ob die quadratische Struktur des Bauwerkes stimmte. Auch in der dritten Dimension funktionierte das auf den Seitenflächen mit Hilfe der Hypotenusenlänge oder mit einer der Katheten. Wahrscheinlich benutzten die Bauleute eine Lehre, deren Hypotenuse 18 Handbreiten und deren kleine Kathete 11 Handbreiten lang war. Indem man sie abwechselnd drehte, ergab sich eine Art von Schichtstruktur in den waagerecht verlegten Steinquadern. Für eine Höhe h der Dreiecksfläche von 123 Handbreiten genügte es, die Lehre fünfmal mit der Hypotenuse und dreimal mit der kleinen Kathete als Basis zu verwenden, da 5×18 + 3×11 = 123 ergibt.
Mit einer entsprechenden Lehre konnte man bereits im Steinbruch passend behauene Steine für den Pyramidenmantel fertigen und am Rande der Bauplattform verlegen. Zwischen diesen baute man wohl quaderförmige Blöcke ein, die erst in einer späteren Bauphase in die endgültige Form gebracht wurden. Sie ließen sich bis dahin als

Treppenstufen zwischen den Bahnen aus schon fertig behauenen Steinen benutzen.
Damit ergab sich eine einfache Lösung, um die Steine auf die Bauplattform hinaufzuschaffen. Man weiß inzwischen, dass an den Steinwürfeln auf vier Seiten hölzerne Kufen mit Seilen festgebunden wurden, so dass sie aus dem quadratischen Querschnitt einen kreisförmigen machten. Diese „Steinräder“ ließen sich von relativ wenigen Arbeitern mit Seilen parallel zu den Seitenflächen, geführt durch die Schienen aus fertig behauenen Steinen, auf die Bauplattform hochziehen.

- Neben der perfekten Form, die sich als Ergebnis aus der Proportionierung mit dem Modulus Φ ergab, machten Menschen beim Bau der Pyramiden zum ersten Mal Gebrauch von der Eigenschaft des Goldenen Schnitts zur Selbstorganisation durch Selbstähnlichkeit.

5.3 Griechische Tempel

In der Nachfolge der kretisch-mykenischen Kultur entstand das neue Volk der Hellenen. Es schuf auf dem Boden Griechenlands, auf den ägäischen Inseln und an der Küste Kleinasiens eine Zivilisation, die sich grundlegend von den Hochkulturen Ägyptens und Mesopotamiens unterschied. Dieser Vorgang stand in Verbindung mit der Herausbildung des privaten Eigentums an Grund und Boden und basierte auf der Sklaverei als wichtigstem ökonomischen Abhängigkeitsverhältnis. Die freien Grundeigentümer organisierten sich im Stadtstaat, der Polis. Die Sklaverei bildete die Grundlage für eine Arbeitsteilung zwischen Ackerbau und Handwerk in größerem Maßstab, die es mit ihrer höheren wirtschaftlichen Leistungsfähigkeit den Grundeigentümern erlaubte, sich um die Organisation ihrer Polis und um Kunst und Wissenschaft zu kümmern. Das wiederum führte zu einer vorher unbekannten Vielfalt des

Daseins und zu einer nie da gewesenen Vollkommenheit des individuellen menschlichen Lebens.
Die Folge davon war das Entstehen einer rationalistisch geprägten Weltsicht, die zunehmend alle Bereiche des Lebens hinterfragte. Allmählich erwuchs so ein abstrakt-begriffliches Denken, das die Welt des Mythos und der Gottheiten der Frühzeit immer mehr in den Hintergrund drängte und durch eine einheitliche Wissenschaft von der Natur ersetzte. Das menschliche Individuum wurde in der griechischen Welt nun auch im übertragenen Sinne zum Maß aller Dinge. Die griechischen Stadtstaaten schufen mit der Demokratie ein Instrument für die politische Betätigung des einzelnen Gemeindebürgers, das an dessen Wohlergehen orientiert war.

Die mit der griechischen Kultur verbundenen Fortschritte für den menschlichen Erkenntnisdrang sind allerdings keine Erfindungen aus dem Nichts heraus gewesen, sondern gründen auf den Erfahrungen und Kenntnissen der älteren Hochkulturen. Als gelehrige Schüler reisten interessierte griechische Händler und Philosophen seit dem 7. Jahrhundert vor allem nach Ägypten, um zu erlernen, was dort an Wissen vorhanden war. Wie ein Schwamm das Wasser, so saugten sie zunächst neugierig die Geheimnisse der ägyptischen Priesterschaft auf, um dann durch rationales Überlegen daraus etwas völlig Neues zu schaffen. Durch diese Entwicklung wurde die Kultur der klassischen, griechischen Polis zur Grundlage aller modernen Zivilisationen.
Architektur und Kunst traten ebenfalls in ein neues Stadium ein. Nicht länger war der Übergang zwischen dem im Bildwerk Dargestellten und dessen physischer Realität verwischt. War das ägyptische Relief noch ein magisches Objekt gewesen, das den Verstorbenen vertrat, so zeichnete sich im griechischen Relief und in den Statuen klar die Grenze zwischen Darstellung und Dargestelltem ab. Die Kunst wurde zu einem eigenständigen Reich. Zwar übernahmen die Griechen die Kenntnis der Heiligen Zahlen von den Ägyptern, doch entkleideten sie diese schnell ihrer magischen Bedeutung. Dadurch verlor die Architektur ihre starre Form, die nach einem bestimmtem Schema die Realität beschwor. Die Bauwerke mussten nicht länger eine scheinbare Wirklichkeit wie beim Pyramidenkomplex des Djoser imitieren, sondern konnten frei die

Möglichkeiten nutzen, welche die Mathematik der Zahlen und der zugehörigen Geometrie erlaubten. Die architektonische Symbolik erhielt dadurch einen neuen Sinn.
Wie zuvor schon in Ägypten und in Mesopotamien spiegelten die Zahlen auch in Griechenland eine hinter den Dingen stehende Ordnung der Welt wider. Die Vielzahl der sich mit der Kunst und der Architektur beschäftigenden Individuen erzeugte aber kein einheitliches, von einer Priesterschaft kontrolliertes Regelwerk, sondern schuf mannigfache Einzellösungen.
Der Einfluss der griechischen Kultur war nicht auf den Bereich des modernen Griechenland beschränkt, sondern erfasste den ganzen Bereich des Mittelmeerraums und die angrenzenden Gebiete von der spanischen Küste bis hin zum Schwarzen Meer. Er prägte Europa bis in die Neuzeit.

Die Vorstellung von einer durch die Heiligen Zahlen festgelegten Ordnung der Welt hielt sich über Jahrtausende unverändert in Mesopotamien und in Ägypten, von wo sie die Griechen für die Planung ihrer Tempel etwa im 7. Jahrhundert vor der Zeitrechnung übernahmen. Da die Fähigkeiten der griechischen Baumeister beim Tempelbau bei weitem nicht an die ihrer ägyptischen Vorbilder mit deren Großbauten heranreichten, war es folgerichtig, dass die Griechen als Basislänge ein kürzeres Fußmaß mit einer Länge von 18" statt der ägyptischen Elle mit 28" übernahmen. In späterer Zeit entdeckten die griechischen Baumeister, dass ein Fußmaß von 16" noch besser geeignet war, weil es sich einfacher halbieren ließ und dabei dennoch ganzzahlige Vielfache der Fingerbreite lieferte.

In der Zeit vor der griechischen Klassik schwankte die Länge des Fußes auch im griechischen Kulturraum geringfügig, je nach der Breite der zu Grunde liegenden Fingerbreite. Im Verlauf der Zeit erhielten auch Teilstücke der Elle oder des Fußes mit unterschiedlich vielen Fingerbreiten eigene Bezeichnungen. Von der babylonischen Handelselle mit 24" leiten sich als Oktaven die folgenden griechischen Maße ab:

96" = 1 Klafter (ORGYIA) ≈ 173,8 cm
48" = 1 Doppelelle (DIPECHYS) ≈ 86,9 cm
24" = 1 Handelselle (PECHYS) ≈ 43,4 cm
12" = 1 Spanne (SPITHAME) ≈ 21,7 cm

Weitere Einheiten lassen sich durch fortgesetztes Halbieren auf die Fingerbreite zurückführen. Es sind dies:

16" = 1' = 1 Ionischer Fuß ≈ 29,0 cm
8" = 1 Halbfuß ≈ 14,5 cm
4" = 1 Handbreite (DORON) ≈ 7,2 cm
2" = 1 Knöchelbreite (KONDYLOS) ≈ 3,6 cm
1" = 1 Fingerbreite (DAKTYLOS) ≈ 1,8 cm

Auf dem Peloponnes wurde im 6. Jahrhundert durch König Pheidon eine Maßreform befohlen, bei der er als Basislänge ein Fußmaß mit 1◊ = 18" festsetzte. Es misst ≈ 32,6 cm und wird meist als „Pheidonischer Fuß“ bezeichnet. Ebenso wie die Elle mit 29", eine Spanne mit 11" und eine Handbreite mit 4" gehört dieses Fußmaß in die Reihe der auf den Heiligen Zahlen aufbauenden, frühzeitlichen Maße.

Als größere Längenmaße wurde vor der Zeit der Klassik das Maß „Furchenlänge“ für Längenmessungen benutzt: 1 PLETHRON = 100 Fuß ≈ 32,6 m. Fünf Plethren ergaben zunächst das Maß 1 STADION ≈ 163 m, bevor diese Strecke in Olympia dann auf 600 Fuß oder ≈ 195 m festgelegt wurde.

Einige der Maßeinheiten übernahmen die Griechen offenkundig aus Mesopotamien. Hierzu gehören das Rohr (AKAINA) mit 10 Fuß = 180" ≈ 3,26 m Länge, dessen Name sich vom semitischen Wort QANU herleitet, sowie das Seil mit 60 Fuß, das PLETHRON und auch das große STADION. Auffällig ist hier die Verwendung der Zahlen 6 und 10 bei der Festlegung der Maße.
Im griechisch besiedelten Sizilien wurde in den ersten Kolonien die Parzellengröße für die Siedler mit Heiligen Zahlen abgemessen. Dabei benutzte man Maß eine Strecke von 3×4×18×47" = 10.152v = 185 m.

Aus dieser Strecke leitete sich bei der Maßreform des Augustus im Jahr –23 die Fingerbreite als eine der Basisgrößen des römischen Maßsystems ab, indem man das griechische Parzellenmaß zu genau 10.000 Fingerbreiten festschrieb.

- Die Längenmaße der Griechen basierten zur Zeit der Klassik auf der Basiseinheit Fingerbreite. Größere Einheiten waren Fußmaße mit 16" beziehungsweise 18". Weitere abgeleitete Einheiten wurden aus Babylonien übernommen.

Die ionischen Städte an der kleinasiatischen Küste schlossen sich früh zu einem Städtebund zusammen. Hier entwickelt sich in der Nähe zu Ägypten eine eigene Variante der griechischen Architektur. Schon im 8. Jahrhundert entstanden die ersten großen Tempelbauten auf der vor der Küste liegenden Insel Samos, der Heimat des Pythagoras. In vielen ionischen Städten hatten im 6. Jahrhundert Tyrannen die Macht ergriffen. Wegen der wirtschaftlichen Macht, die diese Stadtstaaten als Handelsstädte besaßen und auf Grund des daraus resultierenden Reichtums, konnten die Tyrannen Aufträge für wesentlich größere Tempel erteilen, als das zu jener Zeit auf dem griechischen Festland möglich war.

In Samos begannen die Architekten Rhoikos und Theodoros um –570 mit dem Bau eines großen Heiligtums mit zwei Säulenumgängen, einem sogenannten Dipteros. Weitere Großtempel nach ägyptischem Vorbild entstanden in Ephesos und in Didyma, wo es ein in ganz Kleinasien berühmtes Orakel des Gottes Apollo gab.
Am Ort eines uralten heiligen Platzes, an einer Quellmulde auf einer Landzunge im Süden der milesischen Halbinsel, hatte man bereits im 8. Jahrhundert eine heilige Quelle und den Lorbeerbaum Apolls mit einem kleinen ummauerten Hof eingefasst. Um –540 folgte ein großer Neubau, der mit seinen Vorbildern in Samos und Ephesos an Größe konkurrierte. Er wurde –494 im ionischen Aufstand gegen die persische Königsmacht zerstört. Schon für den Beginn des 5. Jahrhunderts lässt sich eine erneute Bautätigkeit nachweisen, doch dauerte es noch einige

Jahrzehnte, bis die notdürftig in Stand gesetzten Kulteinrichtungen durch einen Neubau ersetzt werden konnten.

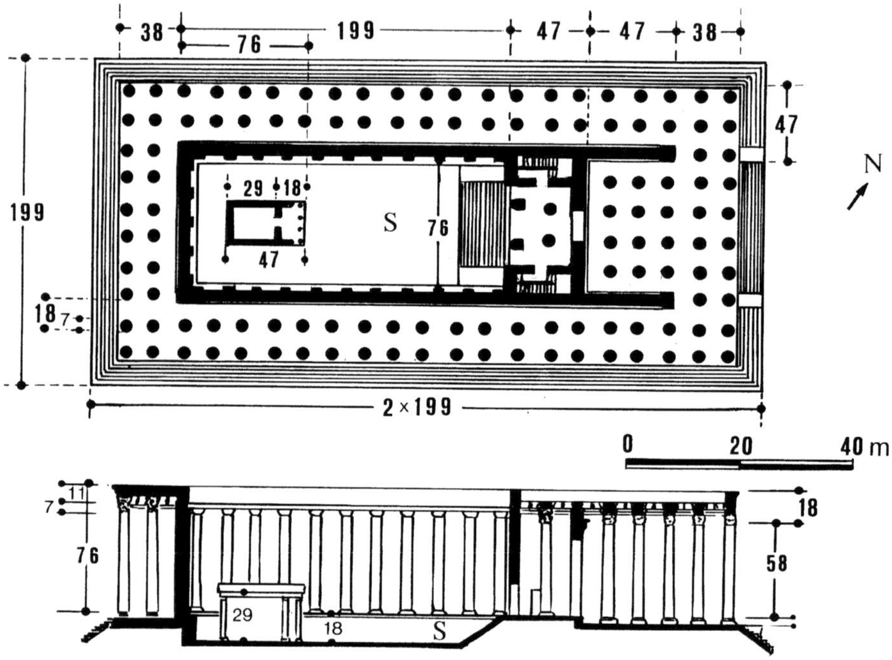

5.9

Im Zentrum des Bauwerks stand ein kleiner Kultbildtempel in dem tiefliegenden, weiten Sekos. Dieser Hof mit seinen von Pilastern gegliederten Wänden stellte die Cella dar, den unter freiem Himmel liegenden Saal Apolls. Zu ihm hatten nur Berufene Zutritt. Vom Sekos führte eine breite Freitreppe zu einem Vorraum mit zwei korinthischen Säulen. Er legte sich als architektonischer Riegel zwischen den Hof und den drei Joche tiefen Vortempel. Hier gab es eine kolossale Erscheinungstür für den Gott, von dessen hoher Schwelle die Priester den Willen des Gottes verkündeten. Allein die fast 14 m hohen Balken des Gewändes wiegen etwa 70 Tonnen und zählen zu den gewaltigsten Baugliedern, die je in antiker Zeit versetzt wurden. Der normale Zugang führte durch unscheinbare Nebentüren und durch einen Tunnel zum

Sekos. Nach außen erscheint der Tempel als ionischer Dipteros mit 21 Säulen an den Längs- und 10 an den Breitseiten. Die Interkolumnien sind außergewöhnlich klein und geben dem Bauwerk dadurch ein körperlich dichtes Gefüge. Das weit ausladende Gebälk fasst als Abschluss über der Peristasis den ganzen Bau zusammen. Man betritt den Vortempel über eine breite Freitreppe von Osten her.

An diesem Beispiel lässt sich das Problem gut untersuchen, das sich für die Baumeister ergab, weil sie eine sogenannte „Konkordanz der Fugen" erzielen und gleichzeitig die *richtigen* Zahlen verwenden wollten. Man war gezwungen, Kreuzfugen vermeiden, um eine bessere Statik zu erzielen und wollte auch die Bedeutung der Oktave als Verhältnis 2 : 1 sichtbar machen. Das konnte man dadurch erreichen, dass die Säulenlänge, die Architravbalken, der Metopenfries und das darüber befindliche Gesims in der Länge jeweils um den Faktor 2 verkleinert wurden. Für die Architekten hieß das, sie mussten den rationalen Modulus 2 mit dem irrationalen Modulus Φ verknüpfen. Figur 5.9 zeigt den Grundriss und einen Längsschnitt des jüngeren Didymaions. Der Kernbau besteht aus einem durch Pilaster gegliederten offenen Hof (S), der die heiligen Symbole und ein Kultbild des Gottes einschloss. Seine Länge beträgt 199'. Diesem Sekos vorgelagert ist ein annähernd quadratischer Pronaos von 2×47', dessen schlanke Säulen mit 2×18 Kanneluren am Fuß mit Korenbildern geschmückt waren. Die 108 Außensäulen mit einer Höhe von 2×29' waren wie der Architrav und das Dach aus Marmor ausgeführt. Der zweischiffige Umgang hat eine Tiefe von 38'. Dadurch misst die Gesamtlänge 3×123' = 369'. Vermutlich wurde dieses Maß gewählt, um nach ägyptischer Art das Erdumlaufjahr mit drei Jahreszeiten von 123 Tagen Dauer im Bauwerk sichtbar zu machen.
Eine breite Freitreppe führte vom tiefer gelegenen Sekos zur Schatzkammer (*Adyton*) hinauf, die sich mit korinthischen Halbsäulen zwischen drei Portalen in einen Quersaal öffnete. Ihn flankierten Treppenhäuser und er besaß zwei riesige korinthische Säulen. Die Schatzkammer war durch das große Erscheinungstor mit dem Pronaos verbunden. Der Tempelvorplatz beherbergte einen kreisförmigen Brandopferaltar und einen Brunnen. Auf einem sechsstufigen Unterbau

(*Krepis*) von 199' Breite und 2×199' Länge ruht der Stylobat als Standfläche für die Säulen, der in ein quadratisches Raster mit 18' × 18' Größe aufgeteilt ist. Die Länge des hierbei verwendeten Fußmaßes beträgt 0,295 m und setzt sich aus 16 Fingerbreiten zusammen.
Da an den Längsseiten 21 Säulen äquidistant aufgestellt sind, beträgt der Abstand zwischen den äußeren Säulen bei zwanzig Abständen zwischen den Säulen (*Interkolumnien*) 20½ × 18' = 369' = 3×123'. Der eigentliche Säulendurchmesser beträgt zwar 7', jede Säule steht jedoch auf einer quadratischen Basis mit 9' Seitenlänge. Dadurch werden die Abstände zwischen den einzelnen Basen genauso groß wie deren Seiten.

Wenn die Baumeister nur den pheidonischen Fuß mit 18 Fingerbreiten als Einheit verwendeten, konnten sie ein Zusammentreffen der Fugen im aufgehenden Mauerwerk immer dadurch erzielen, dass sie für die Bauglieder die Maßfolge 1◊ = 18"; 2◊ = 36"; 4◊ = 72"; 8◊ = 144"; 16◊ = 288"; usw. durch Verdoppeln der Einheit erzeugten. Das kleinste Maßstück war dabei allerdings sehr groß. Um auch bauliche Details mit feinerer Aufteilung wiederzugeben, benutzte man die kleinere Fingerbreite.
Die Fugenkonkordanz für die Säulen und das darauf liegende Mauerwerk des Daches erforderte ein fünfmaliges Halbieren, also eine Verkleinerung um den Faktor 2^5 = 32. Weil das Fußmaß 18" beinhaltete, musste man ein Maß finden, dass durch 18 und 32 teilbar war. Das kleinste gemeinsame Vielfache von diesen beiden Zahlen ist 288 und die Architekten wählten folgerichtig 288" als Abmessung für ein Säulenjoch zwischen den Mitten zweier benachbarter Säulen. Diese Länge konnte man durch fortgesetztes Halbieren in Teilstücke von 144" = 1/2 Joch; 72" = 1/4 Joch; 36" = 1/8 Joch; 18" = 1/16 Joch und 9" = 1/32 Joch verkleinern.
Die benutzte Jochweite mit 288" war genauso lang wie 18 kleinere Einheiten mit 16", da die beiden Produkte 16 × 18" = 18 × 16" = 288" gleich sind. Daher bot es sich geradezu an, einen kürzeren „ionischen Fuß“ mit 16" als neue Maßeinheit und gleichzeitig als Teilmaß der Jochweite einzuführen. 18 solcher ionischen Fußmaße bildeten eine

Jochweite und lieferten damit zugleich eine Heilige Zahl für die Abmessung des Jochs.
Das neue Fußmaß konnte man leicht durch Halbieren in Teilstücke von 8"; 4"; 2" und 1"' weiter unterteilen. Für die Bauplanung im Großen benutzte man Vielfache des ionischen Fußes in Gestalt der Heiligen Zahlen.
Ein zusätzlicher Vorteil ergab sich daraus, dass die neue Längeneinheit die gewünschte Baulänge des Apollo-Tempels von 369' um rund 14 Meter gegenüber der Verwendung des größeren pheidonischen Fußmaß verkürzte.

Eine Länge des Tempels von 3×123' ließ sich durch 21 Säulen mit 20 Interkolumnien unter der Randbedingung verwirklichen, dass die Seite der quadratischen Säulenbasis zu ½ Jochweite = 144" gewählt wurde. Dann ist nämlich 20×288" + 144" = 3×123×16".
Die Länge von 369' berücksichtigte noch nicht, dass auch der Unterbau (*Euthynterie*) des Stylobaten richtige Zahlenwerte benötigte. Die Architekten wählten daher für diese eine Gesamtlänge von 2×199', und eine Breite von 199'. Aus der Vorgabe für die Länge lieferte die Differenz 2×199' – 3×123' = 29' die Abmessung für den Überstand des Unterbaus gegenüber dem Stylobat und den zusätzlichen Abstand zwischen der Stylobatkante und den Säulen auf beiden Breitseiten. Die 29' wurden so aufgeteilt, dass die Krepis an Front- und Rückseite aus 6 Stufen mit je 2 pheidonischen Fuß besteht und die Säulen 1' zurückgesetzt wurden. Damit misst die Krepislänge dann

6×2×18" + 16" + 20½ × 288" + 16" + 6×2×18" = 6.368" = 2×199'.

Eine entsprechende Überlegung für die Breitseite zeigt, dass man die Breitseite mit 10 Säulen und 9 Interkolumnien füllen kann.
Um insgesamt 199' für die Breite zu erzielen, muss die seitliche Krepis mit 1' + 1◊ = 34" pro Stufe auskommen. Die nun überzähligen 8" wurden dem mittleren Joch zugeschlagen, dessen Jochweite damit 2×76" beträgt. Die Gesamtbreite misst damit

6×34" + 16" + 18×144" + 2×76" + 16" + 6×34" = 3.184" = 199'.

Vergleicht man diese Maße mit der Realität, so ergibt sich folgendes Bild: Die gemessene Jochweite beträgt 5,305 m. Daraus berechnet sich die Länge einer Fingerbreite zu 5,305m : 288 = 1,84 cm; ein pheidonischer Fuß wird dadurch 33,2 cm und ein ionischer Fuß 29,5 cm lang. Die Länge des Stylobaten beträgt dann 369' + 2×1' = 109,34 m (109,34 m) und seine Breite 173 ½' = 51,13 m (51,13 m). An den in Klammern stehenden, gemessenen Längen erkennt man, wie extrem groß beim Tempel von Didyma die Übereinstimmung von Plan und Wirklichkeit ist und wie sorgfältig die Steinmetze gearbeitet haben.

- In Didyma wurde versucht, die aus statischen und ästhetischen Gründen erwünschte Struktur der Fugen am aufgehenden Mauerwerk des Dachgebälks und den dadurch bedingten Modulus 2 durch ein quadratisches Grundraster mit einer Jochweite von 288" zu erzielen. Dabei wurden die wichtigen Baumaße jedoch weiterhin durch Heilige Zahlen festgelegt. Die Verwendung eines nur noch 16" langen Fußmaßes erlaubte gleichzeitig *richtige* Zahlen und eine Übereinstimmung der Fugen im Mauerwerk bei gerade noch zu handhabenden Abmessungen. Mit der Fingerbreite als kleinster Maßeinheit und mit dem ionischen Fuß ergab sich die Möglichkeit, durch Halbieren entstehende Teillängen von einem halben bis zu einem sechzehntel Fuß als Strecken mit ganzen Zahlen wiederzugeben. Durch Verdoppeln erzeugte man auch beliebig viele größere Strecken von 1'; 2'; 4'; 8'; ... Länge.

In Selinus, Akragas (Agrigent) und Syrakus auf Sizilien stehen noch heute einige der großen Tempel, die während der Blütezeit der griechischen Stadtstaaten im 5. und 6. Jahrhundert erbaut wurden. Alle drücken die göttliche Ordnung durch Heilige Zahlen aus, erreichen jedoch nicht im Entferntesten die Eleganz festländischer Tempel. Je nach dem Zeitpunkt der Erbauung der Heiligtümer wurden sie in leicht unterschiedlicher Weise geplant. Während der archaischen Periode basierte diese Planung noch auf einer relativ großen Maßeinheit, meist auf einem Fuß von 16 oder 18 Fingerbreiten und man verwendete nur Heilige Zahlen. Als Beispiel hierfür diene Figur 5.10 mit dem Grundriss des Apollotempels von Syrakus, der Mitte des 6. Jahrhunderts erbaut wurde. Der urtümliche Bau verkörpert in seiner Plumpheit noch die Anfänge der Architektur in Sizilien.

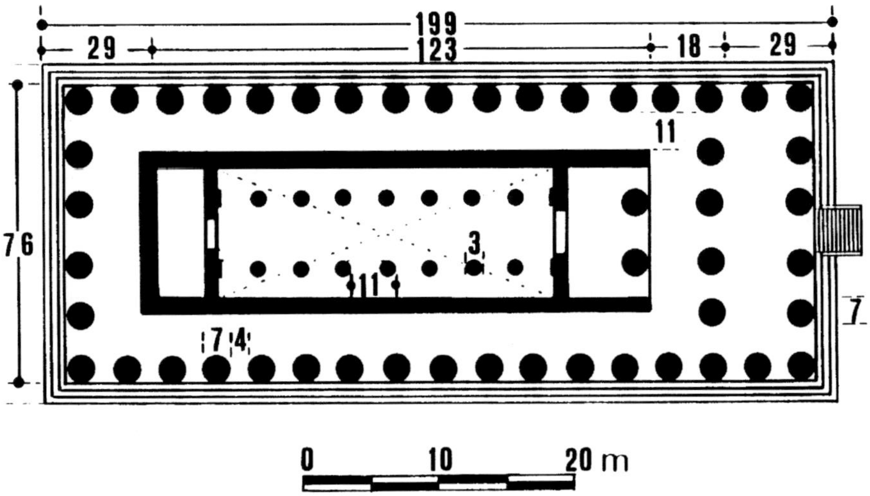

5.10

Die Gesamtlänge der Krepis misst 199' zu je 0,293 m, die Breite des Stylobats 76'. Der eigentliche Tempel hat eine Länge von 123' und der Stylobat deshalb das Format $\Phi^2 : 1$.
Die Säulendurchmesser betragen 7', die Interkolumnien an den Langseiten mit 17 Säulen 4½'. Die beiden Eckjoche sind um ½' auf 4' verkürzt worden. Die drei Krepisstufen haben jeweils Breiten von 1½'. An den Schmalseiten mit 6 Säulen hingegen misst das mittlere Interkolumnium 7', die übrigen sind um ¼' schmaler. Die Frontsäulenreihe war verdoppelt und betonte dadurch den Richtungscharakter des Bauwerks. Die Rückseite des Naos bestand zudem noch aus einem geschlossenen Raum, dem Adyton. Die langgestreckte Cella war durch zwei Reihen einer zweistöckigen dorischen Säulenordnung in drei Schiffe geteilt. Die charakteristische Länge der dorischen Tempel von 100' beim Naos wird als Maß zwischen der Rückwand des Adytons und dem Eingang zur Cella verwirklicht.

Da die Säulenhöhe weniger als vier untere Durchmesser betrug, die Interkolumnien an den Langseiten mit 4' außerdem kleiner als der Durchmesser der Säulen mit 7' waren, wirkt der ganze Tempel sehr schwer und plump. Die Säulen sind als Monolithe aus einem Stück gefertigt und wiegen mehr als 40 Tonnen, auch die Architravbalken bestehen aus einem einzigen Block.

Nachdem der Goldene Schnitt in den Anfängen des griechischen Tempelbaus nur mit Heiligen Zahlen realisiert wurde, tauchen seit Mitte des 5. Jahrhunderts auch Fibonacci-Zahlen auf und machen den Einfluss der pythagoreïschen Schule deutlich.

In den Augen der Menschen unserer Zeit ist die nach den Zerstörungen der Perserkriege im 5. Jahrhundert wieder aufgebaute Akropolis von Athen in architektonischer Hinsicht zum Symbol der antiken griechischen Baukunst geworden. In einer gar nicht lange dauernden Blütezeit entstand im zentralen attischen Heiligtum eine Reihe von Bauwerken voll unverwechselbarer Eigenständigkeit, die auf die nachfolgende Architektur einen nachhaltigen Einfluss ausüben sollten.

Die Bauten der Akropolis wurden auf einem Tafelberg errichtet, der sich etwa 40 Meter über die umgebende Landschaft erhebt. Anlage und Form der Heiligtümer wechselten zwar im Lauf der Geschichte, doch blieben ihre Standorte an die vom Mythos geheiligten Plätze gebunden. Im Perserkrieg wurden –480 alle Bauten zerstört, so dass sich nach dessen siegreichem Ende die Notwendigkeit für eine Neuordnung ergab. Als führender Macht unter den griechischen Städten schien es für Athen selbstverständlich zu sein, dass sich die Stadt, welche die Hauptlast des Krieges getragen hatte, nun auch prestigeträchtig in den neuen Tempeln darstellen sollte.

Der Neubau des Tempels für die Stadtgöttin Athena Parthenos verlagerte das architektonische Schwergewicht auf die Südseite der Akropolis, wo mit dem Schutt der durch die Perser zerstörten Bauten eine große Terrasse aufgeschüttet wurde, auf welcher der große Tempel fortan den Burgfelsen und die Stadt dominierte.

Durch die Lage des Hügels im Gelände bot sich dem Besucher zunächst eigentlich nur die Rückseite der nach Osten ausgerichteten Tempel dar, doch stellte sich dieser Fehler durch das architektonische Konzept bald als ein Vorteil heraus: Da der Eingang zum Temenos im Westen lag, mussten die Besucher an vielen Kunstwerken vorbeiziehen und konnten so deren Schönheit und Glanz wahrnehmen, bevor sie in den Haupttempel von Osten eintraten.

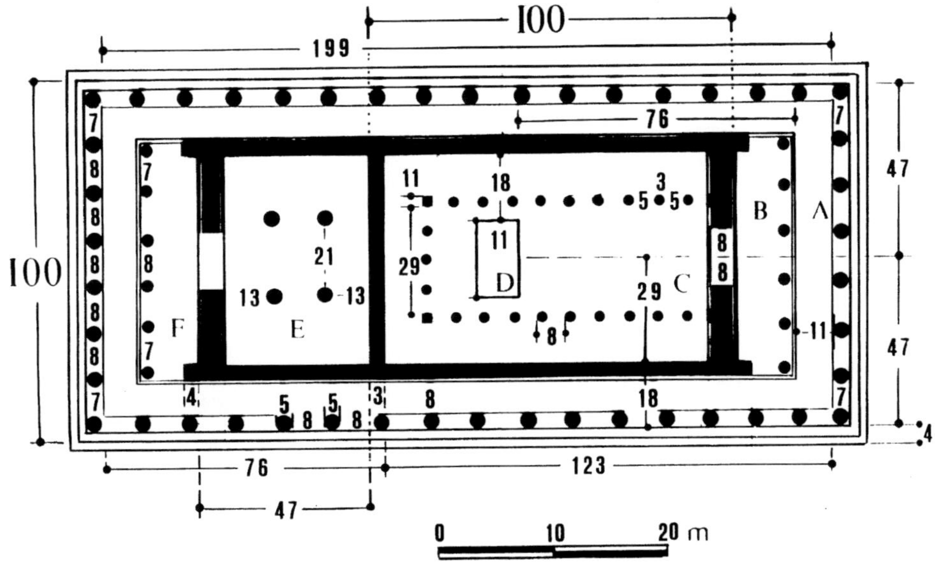

5.11

Die Athener bezeichneten sich mit Stolz als Ionier, um ihre ältere Tradition gegenüber den festländischen Dorern zu betonen. Das hinderte sie jedoch nicht daran, den Parthenon im dorischen Stil als Ringhallentempel zu errichten. Da aber dorische Raumvorstellungen mit ionischen verbunden wurden, kam es zu einer Verschmelzung zweier Ideen. Sie gaben dem Tempel eine Leichtigkeit und Grazie, die einen besonderen Reiz auf den Betrachter ausüben, welchen man bei älteren Bauten in der Form nicht empfindet. Der Haupttempel der Akropolis stellt

so zwar ein dorisches Bauwerk dar, das jedoch etwas von der ionischen Eleganz besitzt, welche die Tempel an der kleinasiatischen Westküste auszeichnet.
Der „Parthenon“ wurde wie sein Vorgänger als Doppeltempel ausgeführt. Nach Westen hin lag der ursprünglich allein Parthenon genannte, fast quadratische Kultraum (E) als Haus der jungfräulichen Athena. Er war durch die Westhalle (F) zugänglich und diente später als Aufbewahrungsort für Weihegeschenke, Kultgeräte und den Schatz des delischen Seebundes, dessen Sitz Athen war. Seine Decke ruhte auf vier Säulen mit ionischen Kapitellen. Nach Osten hin schloss sich der eigentliche Tempel mit dem Gold-Elfenbeinbild der Athena an, das der Bildhauer Pheidias gefertigt hatte. Den Ostraum nannte man Hekatompedon, das heißt „Hundertfüßer“, weil seine Länge 100' betrug. Die Cella (C) wurde durch eine U-förmige Säulenreihe in drei Schiffe gegliedert, die das kolossale Standbild der Göttin (D) umgaben. Wie der Grundriss in Figur 5.11 zeigt, wurde die Cella bewusst mit Hinblick auf das neuartige Kultbild geplant. Diese räumliche Konzeption kommt auch in der gegenüber dem Vorgängerbau stark vergrößerten Breite zum Ausdruck. Das im dorischen Ringhallentempel erreichte Gleichgewicht zwischen Naos und Peristasis wird völlig zu Gunsten des Naos verschoben, dessen Breite auf fünf Jochbreiten vergrößert wird, während der Umgang nur noch die Abmessung eines verkleinerten Eckjoches besitzt.

Beim Parthenon stehen acht Säulen an der Front- und siebzehn an den Längsseiten. Ungewöhnlich weit schieben sich auch die Vor- und die Rückhalle gegen die Peristasis vor. Die seitlich begrenzenden Anten sind auf kurze Wandvorlagen reduziert. Dadurch öffnen sich beide Hallen mit sechs Säulen über die ganze Breite des Tempels und auch seitlich zur Peristasis. So entsteht eine Fronthalle, die große Ähnlichkeit mit den ionischen Tempeln in Kleinasien aufweist.
Die Auflösung der sonst klar gegliederten Raumfolge wird durch den reichen Bildschmuck betont. Die Metopenreliefs schildern die Schlacht bei Marathon, die Zerstörung Trojas, eine Kentauromachie und einen Gigantenkampf. Der Ostgiebel zeigt die Geburt der Stadtgöttin aus dem Haupte des Zeus und der Westgiebel den Streit zwischen Poseidon und

Athena um das attische Land. Auch die Cella besitzt ein Fries, der die Prozession anlässlich der panathenäischen Festspiele darstellt. Der bildnerische Schmuck wird ergänzt durch eine ganze Reihe ästhetisch-optisch bedingter Abweichungen von der Regelmäßigkeit. Schon die Säulen sind enger gestellt als bei anderen berühmten Tempeln der Zeit und zugleich schlanker proportioniert. Die Ecksäulen besitzen einen größeren Durchmesser als die übrigen, alle Horizontalen weisen eine Kurvatur auf, und die Gebälkflächen sind leicht vorgeneigt. Diese Verbindung von Regelmäßigkeit mit Unregelmäßigkeit belebt das Bauwerk und bedingt sicher teilweise den Eindruck von Eleganz, den selbst heute noch die Ruinen aus pentelischem Marmor ausstrahlen.

- Mit dem Bau des Parthenons begann die attische Klassik, die mit ihrer Leichtigkeit bald auf andere Tempelbauten ausstrahlte. Mit dem Niedergang Athens im Peloponnesischen Krieg zwischen –431 und –404 fand diese Blütezeit der Architektur allerdings ein schnelles Ende.

Eine Analyse des Grundrisses und des aufgehenden Mauerwerks enthüllt eigentlich eine recht einfache Planung mit Heiligen Zahlen für den Tempel. Die Maßeinheit ist der pheidonische Fuß von 32,6 cm Länge, der aber für weitere Unterteilungen noch einmal halbiert und geviertelt wurde. Die Länge des Stylobats misst zwischen den Säulen 199'. Diese Strecke wird durch die Westwand der Cella im Verhältnis von Φ in zwei Stücke von 76' und 123' unterteilt, während die Breite unter Einschluss der Säulen 2×47' beträgt. Der Stylobat besitzt aus diesem Grund ein Format $\Phi^3 : 2$. Auch die 100 Fuß lange Cella wird in ihrem Inneren durch die Mitte der Basis für das Athena-Standbild in Teilstücke von 2×29' und 2×18' unterteilt, die dadurch wieder im Verhältnis Φ zueinander stehen. Die Außenwände der Cella unterteilen die Breite mit 29' für das Innere und 18' für die Peristasis in derselben Proportion. Die Jochweiten betragen bei der Peristasis 8', während die Eckjoche nur 7' breit sind und die unteren Durchmesser der Säulen 5' betragen; bei den Säulen der Cella sind es dagegen 5' für die Jochweiten und 3' für die Säulendurchmesser.

Bei diesem Bauwerk wurden Heilige und Fibonacci-Zahlen gleichzeitig verwendet und erlaubten dadurch eine Aufteilung der Baulängen, die sowohl eine Fugenkonkordanz als auch eine Proportionierung mit dem Verhältnis Φ ermöglichten.
Ähnlich wie bei der Pyramide des Cheops dürfte das Empfinden von Eleganz und Ausgewogenheit aller Maße auch beim Parthenon auf die perfekte Proportionierung im Verhältnis des Goldenen Schnitts zurückzuführen sein.

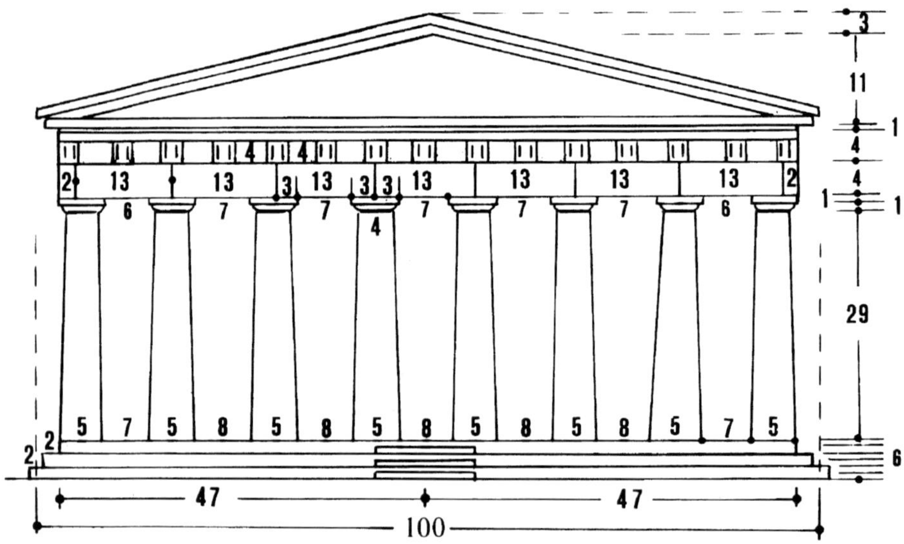

5.12

In Figur 5.12 ist der Aufriss der Westseite zu sehen. Acht Säulen mit 29' Höhe und mit einem Durchmesser von 5' sind so aufgestellt, dass die Eckjoche 7' und die übrigen 8' lang sind. Damit ergibt sich eine Gesamtbreite von 2×47'. Auf den Kapitellen ruht ein quadratischer Abakus von 6' Seitenlänge und 1' Dicke, so dass die Abstände zwischen den Säulen am Rande 6' und ansonsten 7' betragen. Die sieben Architravbalken besitzen eine Länge von je 13', so ergibt sich mit den beiden Eckstücken der Architravbalken von den Längsseiten eine Gesamtbreite am Architrav von 95'.

Für den Metopenfries bedeutet das folgende Aufteilung: Die normalen quadratischen Metopen sind 4' breit, während die Metopen an den Ecken auf (19/4)' verbreitert wurden. Sie werden von 2½' breiten Triglyphen unterbrochen. Die Höhe des Giebels beträgt 11', ebenso misst das Gebälk in der Höhe insgesamt 11'. Damit ergibt sich für die Fassade bis zum First insgesamt eine Höhe von 2×29', wenn man die beiden obersten Stufe mitrechnet.
Die Breite der Fassade beträgt an den Traufen mit 100' ebenso viel wie die Länge der Cella. Eine Länge von 100' war schon in der Odyssee als besonderes Maß beschrieben worden und ist für viele klassische Tempel charakteristisch.
Durch ihre Abmessungen lässt sich die Fassade in ein *goldenes* Rechteck von 2×47' Breite und 2×29' Höhe einpassen.

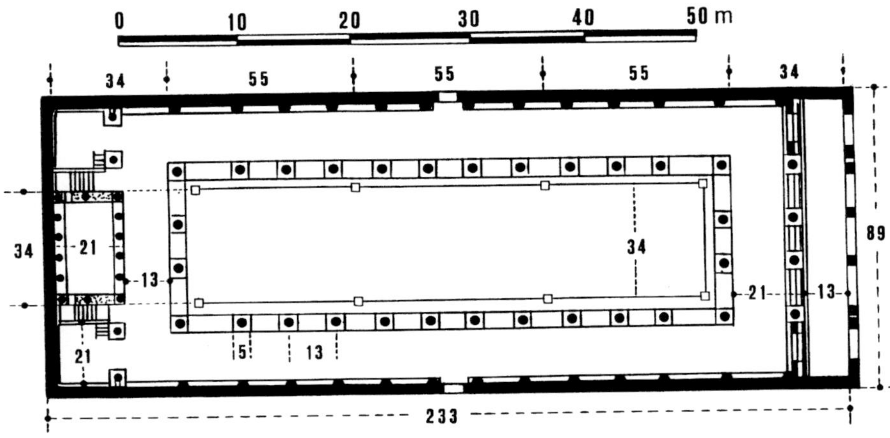

5.13

In Pompeji am Golf von Neapel wurde um –150 als natürlicher Umschlagplatz für den Warenverkehr mit dem Hinterland im Osten der Stadt eine dreischiffige Basilika an der Westseite des städtischen Forums errichtet. Diese Markthalle als Geschäftszentrum wurde unmittelbar am Flusshafen der Stadt erbaut, etwa 70 Jahre vor der Gründung der römischen Kolonie in Pompeji. An diesem Bauwerk lässt sich nachweisen, dass auch in Italien bald nach –200 für die

Bauplanung eines Gebäudes erstmals nur Fibonacci-Zahlen und keine Heiligen Zahlen mehr verwendet wurden. Das beweist uns, dass die Fibonacci-Folge als eigenständige Zahlenfolge spätestens zu dieser Zeit in Italien bekannt gewesen ist. Die Aufteilung der Basilika zeigt außerdem, dass der unbekannte Architekt auch um die Eignung des Goldenen Schnitts für ein Rastersystem wusste. Raster auf der Grundlage von gemischten Zahlenfolgen sind in *Mittleren Reich* von Ägypten und im gesamten griechischen Kulturraum als „System des Hippodamos“ schon mehr als tausend Jahre früher verwendet worden. Römische Legionen haben die Rasterplanung auf der Basis des Goldenen Schnitts seit dem 2. vorchristlichen Jahrhundert in höchstem Maße perfektioniert.

Die Basilika stellte mit 1.500 m^2 überbautem Raum das bei weitem aufwendigste Gebäude am Forum dar. Das Bauwerk diente primär als Handelszentrum, Börse und Auktionshaus der Stadt. Die aufwendig dekorierte Tribüne dürfte die Funktion eines Podiums bei Versteigerungen erfüllt haben. Wie Figur 5.13 deutlich macht, handelt es sich bei der Basilika um ein langgestrecktes Bauwerk. Analysiert man seinen Grundriss genauer, so zeigt sich, dass die Langseite 233', die Querseite jedoch 89' misst. Ihr Verhältnis von 233' : 89' besitzt daher den Wert Φ^2. Die Länge von 233' wurde für die Gliederung des Innenraums aufgeteilt in Teilstücke von 34' ∗ 55' ∗ 55' ∗ 55' ∗ 34'. An der Westseite der Basilika stand auf einem *goldenen* Rechteck ein Podium mit den Abmessungen 34' × 21'. Es besaß an jeder Seite einen Treppenaufgang. Vom Podium blickt man in das von Säulen begrenzte Mittelschiff, von dem man nicht sicher weiß, ob es überdacht war oder nicht. Die Breite dieses Mittelschiffes beträgt 8' + 34' + 8', seine Länge 3×55'. Die Säulen ruhen auf quadratischen Basen von 5' × 5', der Abstand der Basen beträgt 8' und die Jochweite damit 13'. Bei den jeweils letzten beiden Säulen der Längsreihe findet man 21' als Entfernung zwischen den Säulenmitten. Die beiden letzten Säulenbasen sind jeweils um einen halben Fuß verbreitert. Damit ergibt sich für die Gesamtlänge der Säulenreihe

$$3' + 21' + 13' + 13' + 13' + 13' + 13' + 13' + 13' + 13' + 13' + 21' + 3' = 3 \times 55'.$$

Die Breite der Seitenschiffe zwischen den Säulenbasen des Mittelschiffes und den Halbsäulen vor den Längswänden beträgt je 8', die Dicke der Wand 5'. Inklusive der Halbsäulen ist die Wand 5' + 3/2' dick, sodass sich für beide Wände zusammen mit 13' wieder ein richtiges Maß ergibt. Die Höhe der Basilika lässt sich aus den vorhandenen Säulenresten zu 2×21' bestimmen. Das gesamte Bauwerk wurde bis in alle Einzelheiten nur mit den Fibonacci-Zahlen und dem ionischen Fußmaß von 1' = 0,293 m Länge als Einheit geplant.

5.4 Vollkommene Theater

Die Bezeichnung „griechische Klassik“ hat man vorzugsweise dem 5. Jahrhundert zugebilligt. Dennoch war die Bautätigkeit mit der Fertigstellung der Bauwerke auf der Akropolis nicht an ein Ende gekommen. Vorzugsweise wurden nun aber Gebäude errichtet, die man heutzutage eher mit profanen Zwecken assoziiert. Besonders zu erwähnen sind an dieser Stelle Theaterbauten. Bevor das Theater in hellenistisch-römischer Zeit dazu da war, den Polisbürgern die Zeit zu vertreiben, diente es als religiöse Schaubühne.

Die Form des griechischen Theaters entstand aus der Art der Aufführungen. Als Spielfläche diente die Orchestra, der kultische Tanzplatz vor dem Tempel des Gottes Dionysos mit einem Altar in der Mitte. Auf ihr agierte der Chor zunächst mit Gesang und Tanz, in klassischer Zeit auch als Vertreter der Volksmenge. Der bei den Tänzen störende Altar wurde im Lauf der Zeit an den Rand der Orchestra verschoben, bevor er mit dem Tempel ganz vom Spielplatz getrennt wurde. Ein leichtes Holzgerüst, die Skene, grenzte die Orchestra gegen die offene Rückseite ab. Seine Ausstattung deutete den Ort der Handlung in Form einer frühen Kulisse an. Anfangs wurde sie für jedes Spiel erneuert, dann jedoch durch eine dauerhafte Holzkonstruktion mit Bühnenwand und beweglichen Elementen als Kulissen abgelöst. Gegen

Ende des 4. Jahrhunderts entstanden steinerne Bühnengebäude, die den Spielern zur Vorbereitung dienten. Der Zuschauerraum, das Theatron oder die Cavea, umschloss halbkreisförmig die Orchestra. Nachdem mehrmals die Holzbühnen für die Zuschauer zusammengebrochen waren, verlegte man das Theatron möglichst an Berghänge. In einer ausgehobenen Mulde wurden ansteigende Stufenringe angelegt, die eine gleichmäßig gute Sicht von allen Plätzen erlaubten und zugleich für eine gute Akustik sorgten.
Das gegen Ende des 4. Jahrhunderts erbaute Theater von Epidauros hat Pausanias schon in der Antike ob seiner Vollkommenheit gerühmt. Er hielt es für das schönste in Hellas. Die Anlage gehörte zu einem berühmten Heiligtum des Asklepios an der Küste der Argolis. Als sein Baumeister ist uns Polyklet der Jüngere überliefert, der zunächst ein Theatron mit 34 Sitzreihen in den Hang baute. Schon diese Zahl führt uns zum Geheimnis des Bauwerks.

Ich kann mich noch sehr gut an meinen ersten Besuch im Theater von Epidauros erinnern, als ich fasziniert von der Schönheit des Bauwerkes alleine auf der obersten Sitzreihe des leeren Theaters saß und auf die etwa sechzig Meter weit entfernte Orchestra blickte. Es war am Spätnachmittag, die schon im Westen stehende Sonne schien schräg in die Mulde des Zuschauerraums hinein und tauchte alles in gleißendes Licht. Die zierlichen ionischen Säulen der Skene warfen harte Schatten. Als ich benommen von der Schönheit der Landschaft und dem darin eingebetteten Theaterrund ins Leere schaute, betrat ein alter Mann von einer Seite die Bühne. Halb geblendet vom Licht der untergehenden Sonne nahm ich, fast mehr als ihn selber, seinen grotesk verzerrten Schatten wahr, der auf eine der noch erhaltenen Wände des Bühnengebäudes fiel. Ich sah, wie der Alte aus seinen Hosentaschen eine Zigarette und eine Schachtel Streichhölzer fingerte. Und dann traute ich meinen Ohren nicht: Ohne dass ich das Aufleuchten der Flamme wahrgenommen hätte, hörte ich deutlich das Anstreichen des Streichholzkopfes an der Reibfläche der Schachtel. Ich hielt den Atem an, um sicher zu sein, dass ich nicht einer Täuschung erlegen war und konnte nun tatsächlich das Geräusch jeden einzelnen Schrittes deutlich

unterscheiden, während der Mann schlurfend auf der anderen Seite der Skene verschwand.
In einem einzigen Augenblick wurde mir bewusst, wie einst die Zuschauer gleich atemlos den Worten der Schauspieler und den Gesängen des Chores gelauscht haben mussten. Die Spieler trugen damals hochhackige Schuhe und Gesichtsmasken, durch die sie hindurchsprachen, so dass ihre verzerrten Schattenbilder zusätzlich verfremdet waren. Welche Fähigkeiten musste jener antike Baumeister bereits besessen haben, um ein derartiges Kunstwerk mit einer solchen grandiosen Akustik zu erschaffen!

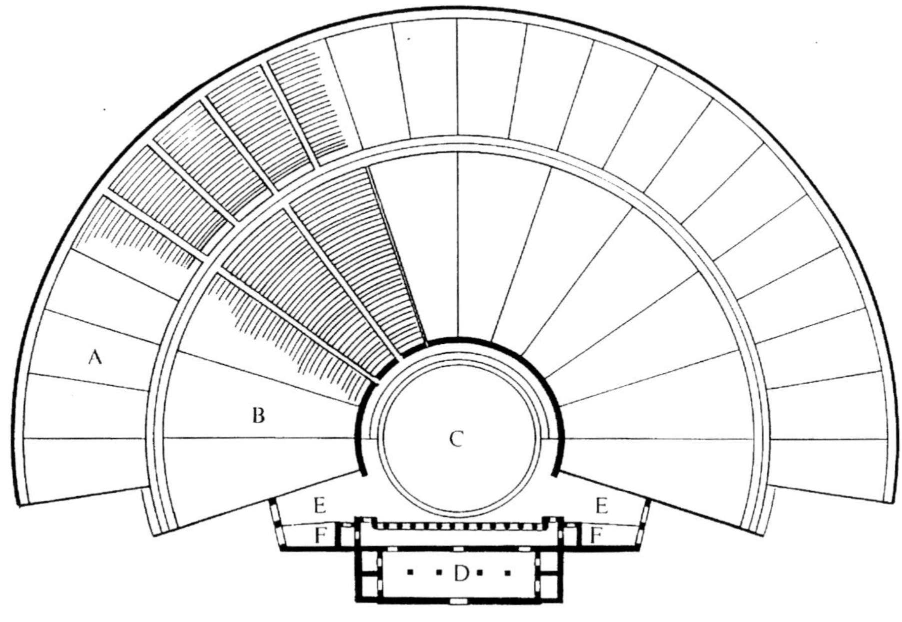

5.14

Figur 5.14 zeigt seine vollkommene Geometrie. Wie ein Korbbogen umschließt die in zwölf Keile (*Kerkides*) unterteilte Cavea (B) die kreisrunde Orchestra (C). Mit je einem Segment greift sie an beiden Seiten über den Halbkreis hinaus. Der Vollkreis besteht demnach aus zwanzig Keilen. In einer späteren Baustufe wurde das Theatron um 21 Reihen (A) erweitert, von denen 20 mit Sitzen ausgestattet wurden. Ein mittlerer und ein oberer Gürtelring (*Diazoma*) erschließen von oben her beide Teile für die Zuschauer. Die hochgelegenen Reihen sind in 2×11 Kerkides aufgeteilt, da durch das Anwachsen des Durchmessers der Reihen und durch die Zunahme an Sitzen am hochgelegenen Hang mehr Zuschauer ihre Plätze einnehmen müssen. Bis zu 14.000 Besucher konnten den Aufführungen beiwohnen.

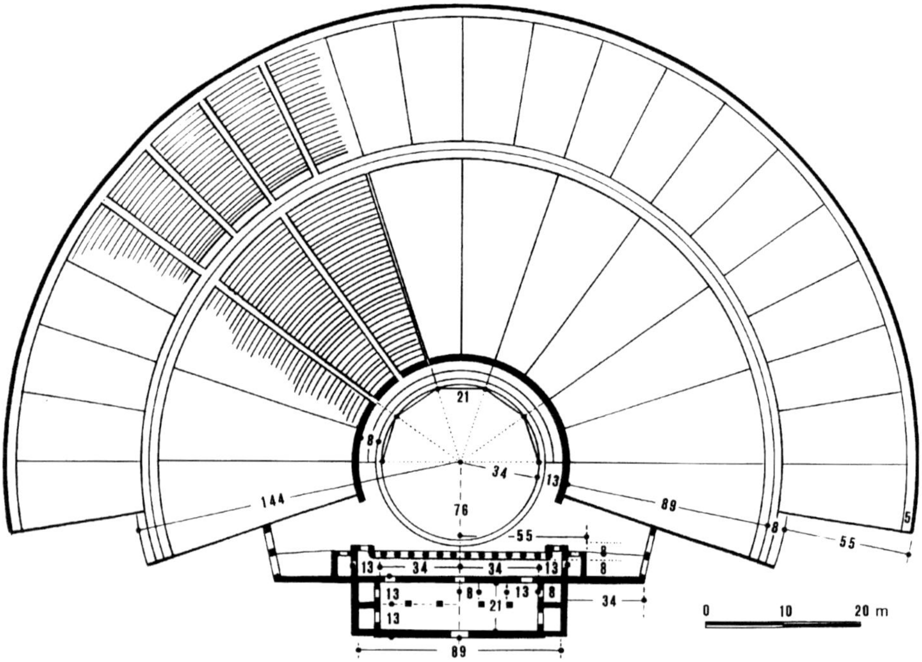

5.15

Hinter der Orchestra (C) schließt ein zweigeschossiges Skenengebäude (D) das Theater ab. Es öffnet sich für die Auftritte der Schauspieler zur Orchestra mit Türen im Erd- und im Obergeschoss. Eine ionische Säulenhalle dient als Proskenion. Auf beiden Seiten konnte der Chor durch feingliedrig gestaltete Doppeltore (E) die Orchestra betreten. Später wurde die das Proskenion überragende Rückwand der Bühne in eine Palastwand mit drei Türen umgebaut, wobei die Skene durch ein Vordach mit Kassettendecke geschützt wurde. Zu dieser Zeit bestiegen

die Schauspieler bereits die Bühne auf dem Dach des Proskenions über symmetrisch angeordnete Rampen (F). Auf diese Weise entwickelte sich eine Art Oberbühne, die auch den weiter entfernt sitzenden Zuschauern einen guten Blick auf das Geschehen bot. Gleichzeitig wurden die Ehrensitze vom Rand der Orchestra in die erste Reihe der Cavea verlegt. In deren Zentrum stand der Sitz für den obersten Priester des Dionysos.
Der in Griechenland gefundene Idealtyp eines Theaters fand im Verlauf von zweitausend Jahren viele Nachfolger. Niemals jedoch wurde die Idealform von Epidauros noch einmal erreicht.

Schon die Anzahl der Sitzreihen im unteren Rang weist mit 34 auf das Konstruktionsprinzip der Anlage hin. Wie die Cheopspyramide und der Parthenontempel, so ist auch die Planung für das Theater von Epidauros Ausdruck einer perfekten Proportionierung nach dem Goldenen Schnitt. Erstmals wurden hier aber nur noch Fibonacci-Zahlen und ein ionischer Fuß mit 16 Fingerbreiten zur Festlegung der Abmessungen benutzt. So gibt es auch insgesamt 34 Sektoren für die Zuschauer.

Überall findet sich die Proportionierung mit dem Modulus Φ wieder. Figur 5.15 zeigt das im unteren Teil: Der Radius bis zur ersten Diazoma beträgt 144'; 89' messen die Zugänge zwischen den Keilen des unteren Ranges, 55' die des oberen Ranges, und 34' groß ist der Radius der Orchestra. Die Breite des Skenegebäudes umfasst 89', während das Proskenion 2×55' misst. Aber auch bei den baulichen Details, selbst bei den Sitzen, sind alle Maße durch Fibonacci-Zahlen festgelegt.

Die Einteilung des Theatrons in 12 Segmente eines regelmäßigen 20-Ecks ergibt sich ebenfalls aus dem Goldenen Schnitt. Die Konstruktion beginnt mit dem Mittelpunkt der Orchestra, um den ein Kreis mit einem Radius von 34' geschlagen wird. Dieser dient als einbeschriebener Kreis in einem Quadrat von 68' Seitenlänge. Parallel zu dessen Südseite ist das Skenegebäude ausgerichtet. Teilt man die Quadratfläche nach dem Goldenen Schnitt in der Weise, wie das in Figur 1.16 beschrieben wird, so messen die Teilstücke der Quadratseiten 13' ∗ 2×21' ∗ 13'. Genau 21' ist aber auch die Seite eines regulären Zehnecks lang, dessen Umkreis einen Radius von 34' besitzt und das dem 68' - Quadrat einbeschrieben ist. Teilt man den Kreisumfang der Orchestra mit einer Schnur von 21' Länge, so erhält man unmittelbar die Eckpunkte eines Zehnecks. Durch Halbieren dieser Sekanten ergeben sich nun sofort auch die Segmente, von denen 12 Stück die Cavea bilden. Ein nochmaliges Halbieren erzeugt die Segmente des oberen Ranges.

Vielleicht findet sogar die perfekte Akustik im Rund der Zuschauer ihre Erklärung in dessen Geometrie. Die Neigung der Ränge gegen die Ebene der Orchestra ist durch einen Winkel von 26,6° festgelegt. Dieser Winkel ergibt sich, wenn man als Lehre ein rechtwinkliges Dreieck benutzt, dessen Katheten im Verhältnis von 1 : 2 zueinander stehen. Ein solches Dreieck ist die Grundlage für die geometrische Teilung mit dem Modulus Φ.
Der Neigungswinkel der oberen Tribüne ist um etwa drei Grad größer. Dadurch steigt die Schnittlinie des Theatrons zum Rande hin steiler an, bietet damit den Zuschauern eine bessere Aussicht und wirkt für die Akustik wie ein Reflektor des Schalls.

Die Römer sind das einzige aus der Geschichte bekannte zivilisierte Volk, das es fertig brachte, aus dem kultischen Menschenopfer ein fröhliches Fest und bevorzugtes Vergnügen für die gesamte Bevölkerung zu machen. Neben allen anderen Zerstreuungen, an denen es wahrlich keinen Mangel litt, erfreute es sich am Gemetzel von Menschen, die nur bewaffnet wurden, um zu töten oder getötet zu werden. Die während der Republik noch eher seltenen Veranstaltungen wuchsen sich zur Leidenschaft aus, als Pompejus und Cäsar auf Stimmenfang gingen, indem sie für das Volk solche aufreizenden Blutbäder veranstalteten. Die Kaiser schließlich förderten absichtlich den blutrünstigen Geschmack der Massen und schufen sich mit der Gladiatur ein weiteres Herrschaftsinstrument. Eine Verurteilung, die den Delinquenten zwang, in der Arena als Gladiator zu kämpfen, bedeutete meist den sicheren Tod. Augustus beschränkte sogar die Durchführung solcher Schauspiele (*munera*) weitgehend auf seine Person, nicht um die Leidenschaft einzudämmen, sondern um das Prestige des Herrschers zu stärken. Unter ihm erhielten die *munera* einen ebenso amtlichen Charakter wie die Schauspiele (*ludi*) im Theater oder Zirkus. Da die blutigen Ereignisse solch große Begeisterung beim Volk erzeugten, ließen die Herrscher dafür besondere Gebäude errichten.

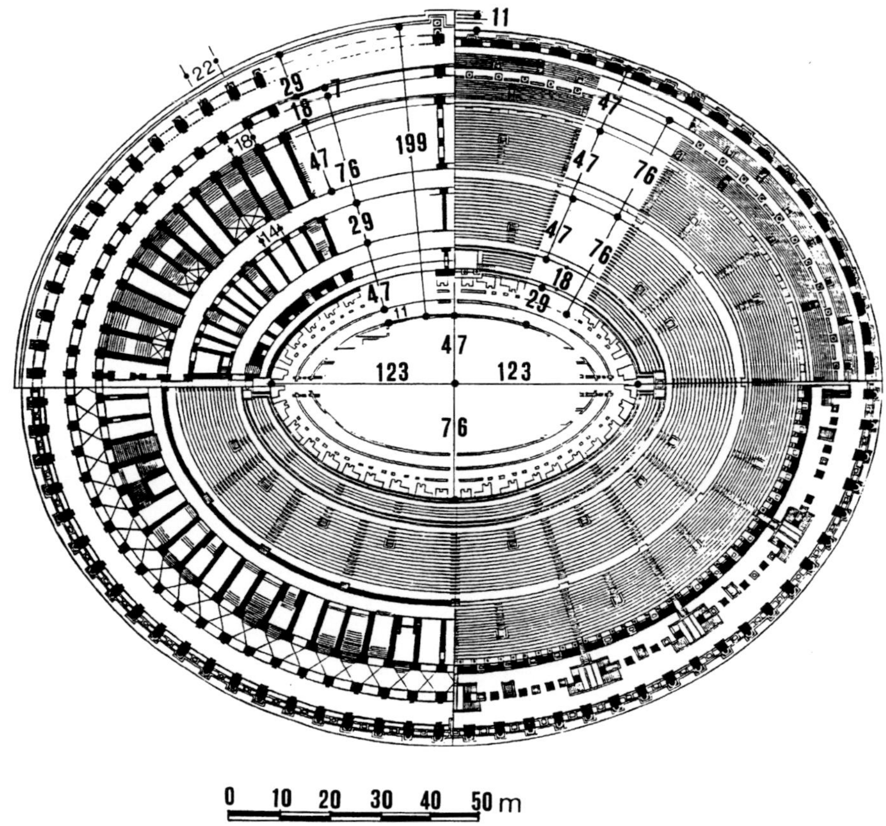

5.16

Eines der ersten Doppel- oder Rundtheater wurde um -80 in Pompeji erbaut. Die ovale Arena diente als baulicher Rahmen für Tier- und Gladiatorenkämpfe, die für die an Blut gewöhnten Veteranen Sullas ein beliebter Zeitvertreib waren. Möglicherweise ist die ovale Form so entstanden, dass man zwei halbrunde Theater, deren Tribünen in der Frühzeit noch aus Holz bestanden, aneinander fügte. Als die *munera* zur ständigen Einrichtung wurden, suchte man dafür ein passendes Gelände, meist außerhalb der Stadtmauern, das man für die vor den Kämpfen stattfindenden Paradeaufzüge (*pompa*) von der Kreisform hin zum elliptischen Oval verlängerte. Damit hatte das Amphitheater seine endgültige Form gefunden. Das erste feste Amphitheater Roms wurde –29 auf dem Marsfeld errichtet und durch die Feuersbrunst des Jahres 64 zerstört. Bald danach entschlossen sich die Kaiser der flavischen Dynastie, es in ähnlicher Form, jedoch vergrößert, wieder erstehen zu lassen. Vespasian begann den Bau, Titus vollendete ihn und Domitian schuf die Ausstattung. Der Bau ist in dauerhaftem Travertin ausgeführt. Das gigantische Bauwerk für Gladiatorenkämpfe erhebt sich über dem ehemaligen Park des „Goldenen Hauses“ von Nero an der Stelle eines künstlichen Sees, der sich vor dem kaiserlichen Palast ausgedehnt hatte. Es ist dank seines Konstruktionsprinzips und wegen seiner vorzüglichen Verkehrsorganisation eines der bedeutendsten und bekanntesten Werke der antiken römischen Architektur.

Zu Beginn meiner Untersuchungen über den Goldenen Schnitt hätte ich nie gedacht, dass der gewaltige Bau des flavischen Amphitheaters, das unter der Bezeichnung „Kolosseum“ besser bekannt ist, etwas mit Heiligen Zahlen zu tun haben könnte. Doch das war ein Irrtum.

Figur 5.16 zeigt den elliptischen Grundriss des größten Amphitheaters im ganzen Reich. Die lange Halbachse der Ellipse misst (322' – 29') = 94,55 m, die kurze Halbachse 2×123' = 79,35 m. Die ebenfalls elliptische Arena besitzt Halbachsen von 123' = 39,7 m bzw. 76' = 24,5 m. Um das Gebäude herum führte ein Weg von 3×18' Breite, an dessen Rand sich schräg gestellte Prismen für die Verankerung von Seilen eines Sonnensegels befanden. An der Außenseite des Obergeschosses waren Konsolen mit entsprechenden Löchern im Gesims angebracht. Dort standen Masten, an denen eine Abteilung der römischen Flotte die Bahnen eines riesigen Zeltdaches (*velum*) auszuspannen hatte, um die Zuschauer in der Cavea gegen zu grelles Sonnenlicht zu schützen. Erstaunlicherweise misst das Fußmaß in diesem Fall 18'' = 0,323 m. Der

Grund dafür könnte sein, dass der Architekt der Anlage mit Kaiser Vespasian aus dem Orient kam, wo noch der pheidonische Fuß verbreitet war.

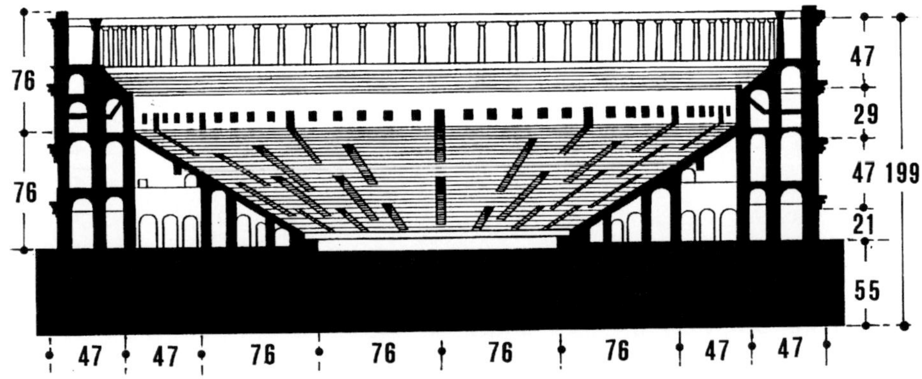

5.17

Figur 5.17 erkennt man an einem Schnitt parallel zur kleinen Halbachse, dass die Gesamthöhe von der Unterkante des gewaltigen Fundaments bis zum Obergeschoss 199', am Mauerwerk außen gemessen jedoch 2×76' beträgt. Die Höhe entspricht damit dem Durchmesser der Arena.

Der geübte Leser erkennt sofort, dass das Oval der Arena eine *goldene* Ellipse darstellt, bei der die beiden Halbachsen im Verhältnis 123' : 76' = Φ zueinander stehen. Damit ist die lineare Exzentrizität *e* der Ellipse durch den Wert 123 × $\sqrt{(\Phi - 1)} \approx \sqrt{(123^2 - 76^2)}$ gegeben. Der Zahlenwert *e* legt die beiden für die Konstruktion der Ellipse wichtigen Brennpunkte F_1 und F_2 als Abstand von der Mitte fest.

Für die Konstruktion wurden zunächst die Halbachsen mit a = 123' und b = 76' auf einem rechtwinkligen Achsenkreuz von der Mitte der Ellipse aus abgetragen. Um einen der Endpunkte der kleinen Halbachse wurde dann ein Kreisbogen mit a als Radius geschlagen, der die beiden Brennpunkte festlegte. Sodann wurde eine Schnur der Länge 2a = 2×123' in den beiden Brennpunkten befestigt und stramm gespannt um die Punkte F_1 und F_2 herumgeführt. Die Spitze des Dreiecks mit den

Seiten a∗2e∗a beschreibt dann die Umrandung der Arena. Um die so entstandene Ellipse herum wurde der weitere Grundriss für die Stützmauern der Cavea festgelegt. Dazu wurden ähnliche Ellipsen mit Heiligen und Fibonacci-Zahlen erzeugt, indem man geeignete Strecken in festen Abständen vom Oval der Arena aus abtrug.

Die ersten drei Stockwerke bestehen aus drei Arkadenreihen mit je 80 Bögen, die ursprünglich mit Statuen ausgestattet waren. Die Arkadenstockwerke unterscheiden sich lediglich nach der dorischen, ionischen oder korinthischen Ordnung der vorgeblendeten Säulen. Das vierte Stockwerk wurde als zusammenhängende Mauer errichtet. Flache Pilaster unterteilen sie in 80 Felder, von denen jedes zweite ein Fenster besitzt. Die Cavea begann 11' über der Arena mit einem flachen Podium, das von einem Bronzegitter geschützt wurde und auf dem sich die Marmorsitze der Privilegierten befanden. Darüber erhoben sich die drei Ränge. Der erste mit zwanzig Reihen war vom Podium und vom zweiten Rang mit sechzehn durch einen breiten Gang getrennt. Den zweiten und den dritten Rang für die Frauen trennte eine 18' hohe Mauer mit Türen und Fenstern voneinander. Auf der darüber liegenden Terrasse standen die Nichtbürger und die Sklaven.
Von den achtzig Arkaden des Umgangs waren die vier an den Verlängerungen der Achsen befindlichen vergrößert, dem Publikum verschlossen und von außen nicht beschildert. Die anderen trugen Nummern von I bis LXXVI (76). Jeder der vom Magistrat oder vom Herrscher geladenen Gäste erhielt eine Marke (*tessera*), die ihm auf Grund ihrer Kennzeichnung die Eingangsarkade, den Sitzblock und die Sitzreihe wies. Zwischen der Cavea und der Außenwand liefen zwei konzentrische Mauern, die im Erdgeschoss eine doppelte Pfeilerhalle, in den Stockwerken jedoch Galerien begrenzten. Sie dienten der Menge als Wandelhalle in den Pausen, stützen das Zuschauerrund und nahmen die Treppen auf.
In Räumen unter der Arena hausten die wilden Tiere und lagen die Aufenthaltsräume der Tierwärter. Die Gladiatoren betraten den Kampfplatz durch eine der Arkaden auf der Breitseite. Am Tage der Eröffnung starben an die 5.000 Tiere in der Arena, und unter Hadrian

brachten sich an einigen Tagen mehrere hundert Gladiatoren um. Mehr als 50.000 Menschen sahen diesem Gemetzel zu.
Das Kolosseum hat trotz des Steinraubs im Mittelalter nichts von seiner Großartigkeit eingebüßt, die fast das viele Blut vergessen lässt, das einst den Sandboden der Arena getränkt hat.

5.5 Ein Abbild der Welt

Die Römer integrierten als Erben des Hellenismus das griechische Maßsystem mit all den Erweiterungen, die im Reich Alexanders des Großen von den Ägyptern und den Babyloniern übernommen worden waren und im Bauwesen Einzug gehalten hatten. Dadurch wurde das römische Einheitensystem sehr kompliziert. Der Baumeister VITRUV merkt an, dass es zu seiner Zeit zwei Maßsysteme gab, die einerseits auf der Breite des Daumens und andererseits auf der Fingerbreite aufgebaut waren. Die Unterteilung des Fußes in 16 Fingerbreiten verwendeten vorzugsweise die Handwerker. Sie wurde deshalb als technische Teilung, die Einteilung des Fußes in zwölf Unzen dagegen als italische Teilung bezeichnet.

Um das Jahr –23 befahl Augustus im Rahmen der Neuordnung des römischen Reichs eine Maßreform. Ziel der Reform war die Schaffung eines einheitlichen Maßsystems, das zudem die musikalischen Harmonievorstellungen der Pythagoreer widerspiegeln sollte. Im gesamten Imperium wurden dadurch einheitliche Maße verbindlich, deren Urmaße man in Rom im Tempel der Göttin *Juno moneta* als Standard aufbewahrte. Sie wurden durch die Legionen verbreitet und lösten die bis dahin gebräuchlichen Längenmaße ab, die entweder auf der Fingerbreite (DIGITUS = 1") oder der Daumenbreite (POLLEX = 1“) als Einheit basierten und kleineren Schwankungen unterlagen.

Die Parzellenlänge der griechischen Kolonien in Sizilien wurde zu 10.000 Fingerbreiten festgelegt und die Länge der Fingerbreite dadurch auf 1" = 1,85 cm festgesetzt. Als Ausgangslänge für die kleineren Einheiten benutzte man eine große ägyptische Königselle von 32" Länge sowie eine babylonische Handelselle mit 24". Eine Unterteilung im Verhältnis der pythagoreïschen Konsonanzen liefert dann auf der Basis der Fingerbreite (DIGITUS = 1") folgende neuen Einheiten des sogenannten Technischen Maßsystems:

Königselle mit 32" (Oktave) ⇒ PES mit 16" = 1'.
Königselle mit 32" (Quarte) ⇒ CUBITUS mit 24" = 1^.
CUBITUS mit 24" (Quarte) ⇒ PES DRUSIANUS mit 18" = 1◊.
CUBITUS mit 24" (Quinte) ⇒ PES mit 16" = 1'.
PES DRUSIANUS mit 18" (Tonus) ⇒ PES mit 16" = 1'.

Mit der Daumenbreite (POLLEX = 1“) als Basiseinheit erhält man das Italische System:

Handelselle mit 24“ (Oktave) ⇒ PES mit 12“ = 1’.
Handelselle mit 24“ (Quarte) ⇒ CUBITUS mit 18“ = 1^.
CUBITUS mit 18“ (Quarte) ⇒ PES DRUSIANUS mit 13½“.
CUBITUS mit 18“ (Quinte) ⇒ PES mit 12“.
PES DRUSIANUS mit 13½“(Tonus) ⇒ PES mit 12“.

Das italische Maßsystem bildet die Grundlage für die unziale Teilung einer Einheit in zwölf Teilstücke. Im römischen Maßsystem konnte jede beliebige Einheit selbst wieder als Ausgangsmaß (AS) benutzt werden, das dann in 12 gleiche Teile (UNCIAE) geteilt wurde. Ein solches As war die Länge von 1 Fuß, seine Unze die Daumenbreite (POLLEX). Die einzelnen Teilstücke besaßen zum Teil eigene Namen:

12/12 ' = 1' PES; 11/12 ' = DEUNX; 10/12 ' = DEXTANS; 9/12 ' = DODRANS;
8/12 ' = BES; 7/12 ' = SEPTUNX; 6/12 ' = SEMIS; 5/12 ' = QUINCUNX;
4/12 ' = TRIENS; 3/12 ' = QUADRANS; 2/12 ' = SEXTANS; 1/12 ' = UNCIA 1“.

Wenn die Unze noch einmal unzial geteilt wurde, erhielt man noch kleinere Einheiten:

12/12 “ = 1“ UNCIA; 6/12 “ = SEMUNCIA; 4/12 “ = DUO SELA;
3/12 “ = SICILICUS; 2/12 “ = SELA; 1/12 “ = DIMIDIA SELA.

Als größere, abgeleitete Einheiten wurden festgesetzt:

5' = 1* = PASSUS; 10' = 1# = 1 PERTICA oder DECEMPEDA.
10.000" = 1 STADIUM; 10.000' = 16 STADIA = DUO MILIA PASSUM.
1.000* = MILLE PASSUS = 8 STADIA = 1 Meile.

Um die größeren Maßeinheiten Decempeda und Passus in die kleineren Einheiten Fuß und Handbreite umzurechnen und dennoch *richtige Zahlen* zu erhalten, benutzte man besondere Eigenschaften der Zahlenfolgen.

1* = 4' + 1'	1# = 11' – 1'		1# ≈ 47°
2* = 7' + 3'	2# = 18' – 2'		2# ≈ 76°
3* = 11' + 4'	3# = 29' + 1'	4# ≈ 2 x 21'	3# ≈ 123°
5 = 18' + 7'	5# = 47' + 3'	7# ≈ 2 x 34'	5# ≈ 199°
8* = 29' + 11'	8# = 76' + 4'	11# ≈ 2 x 55'	8# ≈ 322°
13* = 47' + 18'	13# = 123' +7'	18# ≈ 2 x 89'	13# ≈ 521°
21* = 76' + 29'	21# = 199' + 11'	29# ≈ 2 x 144'	21# ≈ 843°
....	....	....	....

Folgende Umrechnungen bestanden zwischen den Einheiten:

12 Daumenbreiten = 12“ = 1' Fuß (PES) = 29,6 cm
6 Daumenbreiten = 6“ = 1 Halbfuß (SEMIS) = 14,8 cm
3 Daumenbreiten = 3“ = 1° Handbreite (PALMA) = 7,4 cm
1 Daumenbreite = 1“ (POLLEX) = 2,47 cm

120“ = 10' = 1 Rute (PERTICA) = 2,96 m
60“ = 1* = 1 Klafter (PASSUS) = 1,48 m
30“ = 1 Schritt (GRADUS) = 0,74 m
15“ = 1 PALMIPES = 0,37 m

Für Umrechnungen aus dem Maß Fingerbreite gilt in analoger Weise:

24" = 1^ = 1 Elle (CUBITUS) = 44,4 cm

18" = 1 Dodrans (PES DRUSIANUS) = 33,3 cm

12" = 1^{ooo} = 1 Spanne (PALMUS) = 22,2 cm

6" = 1^{oo} = 1 QUADRANS = 11,1 cm

16" = 1' = 1 Fuß (PES) = 29,6 cm

4" = 1° = 1 Handbreite (PALMA) = 7,4 cm

1" = 1 Fingerbreite (DIGITUS) = 1,85 cm

¼ " = 1 Sichelbreite (SICILICUM) = =0,46 mm

Die beide Maßsysteme verbindende Einheit ist der Fuß. Der Name Dodrans leitet sich her von *de quadrans*, d.h. es fehlt ein Viertel. Daher misst 1 Dodrans = (3/4)^ = 0,333 m und ist mit dem PES DRUSIANUS identisch. Die Länge des Quadrans (lat. *quattuor* = 4) ist (¼)^ = 0,111 m. Innerhalb der beiden Systeme ergeben sich nur ganzzahlige Umrechnungsfaktoren, wohingegen die Umrechnung von Maßen aus einem der beiden Systeme in das andere das nicht notwendigerweise tut, da 3“ = 4" sind. So gilt beispielsweise

3“(POLLICES) = 1° (PALMA);

4° (PALMAE) = 1'(PES);

20° (PALMAE) = 1*(PASSUS);

1^(CUBITUS) = 2^{ooo} (PALMI) = 4^{oo} (QUADRANTES) = 6° (PALMAE) = 18“(POLLICES) = 24"(DIGITI).

- Das System der römischen Längeneinheiten zeigt eine außerordentliche Komplexität, da es unterschiedliche Maßsysteme aus dem gesamten Mittelmeerraum integrierte. Basisgrößen waren der Fuß mit 16" oder 12“, sowie die Fingerbreite und die Daumenbreite. Größere, abgeleitete Längenmaße wie der Klafter wurden überwiegend von den römischen Legionen verwendet. Die Vielzahl der Maße spiegelt auch die Entwicklung von Technik und Handwerk in der Spätzeit des römischen Imperiums wider.

Mit Hadrian herrschte ein gebildeter und kunstsachverständiger Kaiser, der sich auch auf die Architektur verstand und selbst Pläne für großartige Bauten entwickelte. Seine Herrschaftszeit von 117 - 138 war eine Periode des Friedens. Neben den vielen Bauwerken seiner Villa in Tibur (Tivoli) östlich von Rom schuf Hadrian in der Stadt selbst mit dem „Pantheon" den bedeutendsten Kuppelbau der Antike. Er steht auf dem Marsfeld an jener Stelle, wo Agrippa einen dem Kaiserhaus der Julier geweihten Tempel errichten ließ, den Augustus aber aus politischen Gründen nicht wollte. Daher wurde er –27 als Pantheon allen Göttern geweiht. Bereits unter Domitian waren Reparaturmaßnahmen notwendig; aus demselben Grund beschloss Hadrian wohl auch, den baufälligen Breittempel durch einen Neubau zu ersetzen.

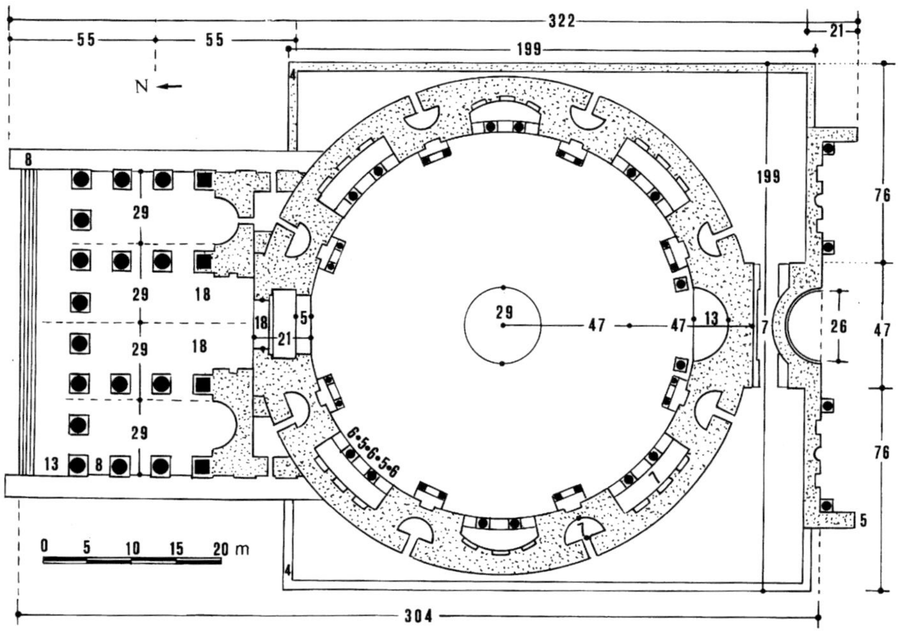

5.18

Beim Pantheon stand der Tempel mit 199' Breite und 322' Länge ursprünglich als optischer Abschluss am Ende einer mit Säulen gefassten Platzanlage. Seine Grundfläche stellt ein *goldenes* Rechteck dar. Der Neubau des Tempels für alle Götter war allerdings keine Rekonstruktion des Vorgängerbauwerks, sondern als Zentralbau mit einer vorgeblendeten Giebelfassade etwas ganz Neues, obwohl die Stifterinschrift unterhalb des mächtigen Frontgiebels übersetzt lautet:

GESCHAFFEN VON AGRIPPA WÄHREND SEINES DRITTEN KONSULATS

Offenbar wollte Hadrian durch die Berufung auf die ursprüngliche Absicht Agrippas einen sakralen Bezugspunkt für das römische Kaisertum schaffen.
Ungeachtet zahlreicher Veränderungen und einiger Umgestaltungen im Inneren, die während des Barocks durchgeführt wurden, stellt das Pantheon eins der am besten erhaltenen Bauwerke der Antike dar.

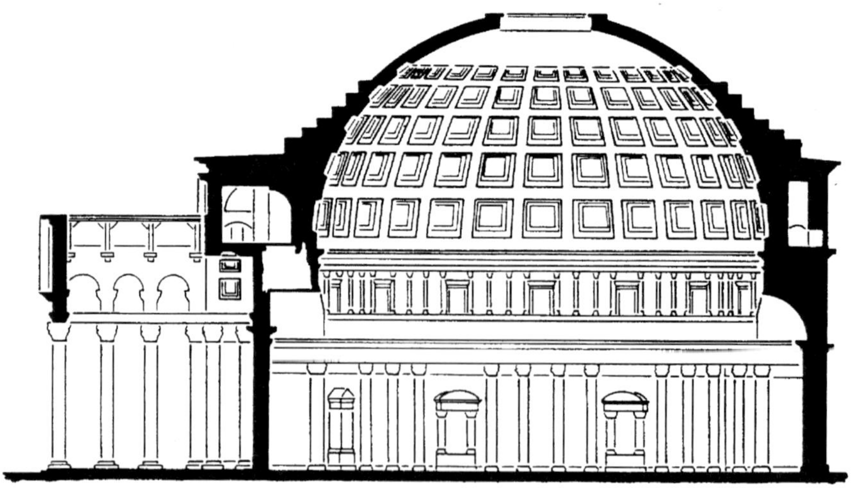

5.19

Der exakt in Nord-Süd-Richtung orientierte Tempel besteht aus zwei Teilen: Einer Vorhalle mit rechteckigem und einer Rotunde mit kreisförmigem Grundriss. Die Vorhalle mit acht monolithischen Säulen aus grauem ägyptischem Granit in der Front bildet den Eingang. Durch die dreischiffige und drei Joch tiefe Halle führt das Mittelschiff in den Tempel, während die beiden seitlichen Schiffe in halbrunden Nischen auslaufen, in denen einst Statuen von Augustus und Agrippa standen. Die Seitenschiffe des Pronaos waren mit Flachdecken, das Mittelschiff mit einer Tonne gedeckt; der Dachstuhl und die Decken trugen Verkleidungen aus vergoldeter Bronze.

Zwischen Rotunde und Halle vermittelt ein rechteckiger Querbau. Wie der Längsschnitt in Figur 5.19 zeigt, überragt er den Portikusgiebel, fasst Treppenhäuser in den Zwickeln und verbindet optisch den Vorbau mit dem zylindrischen Baukörper. Zwei Gesimsbänder laufen um das Bauwerk herum und machen diese Höhengliederung auch äußerlich sichtbar.

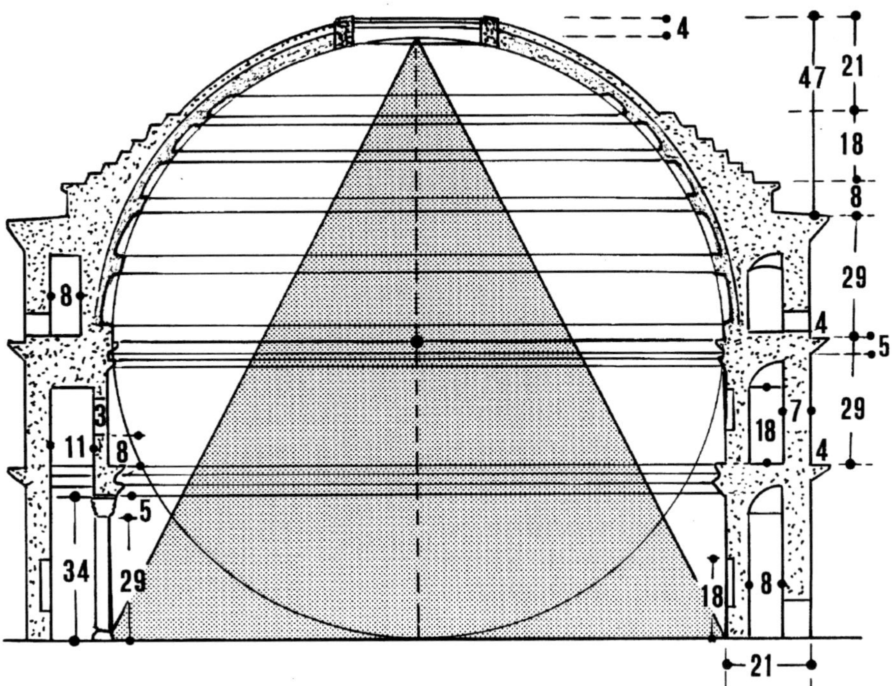

5.20

Am Außenbau markiert der obere Konsolenkranz den Ansatz der Kuppel. Diese stellt eine technische Meisterleistung dar. Sie wurde ganz aus Gussmörtel gefertigt, während der Ring des Opaions gemauert ist. Um den Querschub aufzufangen, wurden die Wände der Rotunde weit über den Kuppelansatz hochgemauert. Auch die Wandstruktur ist wesentlich komplizierter gebaut, als man auf den ersten Blick meinen könnte. Das gesamte Gewicht der gewaltigen Kuppel ruht auf der 21' dicken Wand des Zylinders. Allerdings ist diese nicht massiv, sondern besteht aus zwei Schalen, zwischen denen es blinde, unzugängliche Räume, Umgänge und Treppen gibt. Diese Zweischaligkeit hatte eine doppelte Aufgabe: Sie erhöhte die mechanische Festigkeit der Mauer und sorgte darüber hinaus dafür, dass der Gussmörtel zwischen den begrenzenden Ziegelwänden aushärten konnte, ohne dass es zu Spannungsrissen kam.

Der Innenraum hat einen kreisrunden Querschnitt bei einem Durchmesser von 4×47' außen und 146' innen, da die Wandstärke 21' beträgt. Bis in eine Höhe von 55' + 18' = 73' steigen zylindrische Wände auf, die eine Kreiskuppel von 146' = 43,30 m tragen. Im Scheitel der Kuppel lässt ein Sonnenauge (*Opaion*) Licht ins Innere des Raumes fallen. Blickt man in die Höhe der Kuppel, so scheint dort tatsächlich eine riesige Sonne zu stehen.
Der kreisförmige Fußboden besitzt einen Marmorbelag, in dem dunkle Kreise mit hellen Quadraten wechseln. Steht man am Eingang des Pantheons, so scheint das Muster den Betrachter gleichsam ins Innere hineinzuziehen. Die Kuppel ist auf der Innenseite mit fünf stufenweise kleiner werdenden, exzentrisch vertieften Kassettenreihen verziert. Die insgesamt 5×28 Kassetten sind radial angeordnet und trugen jeweils einen vergoldeten Bronzestern in der Mitte. Die Zone bis zum Ansatz der Kuppel in halber Höhe ist durch eine zweigeschossige Säulenordnung aus afrikanischem und kleinasiatischem Marmor gegliedert. Sie verstellt teilweise die acht Nischen, die halbrund oder rechteckig die zylindrische Wand auflockern. Zwischen die Nischen sind Dreieck- oder Segmentgiebel über Säulenstellungen gesetzt. Das Tonnengewölbe der Eingangsnische und die Halbkuppel der Exedra am südlichen Ende des Tempels schneiden im Gegensatz zu den anderen

in die Zone des Tambours ein. Die Exedra, in der einst die Statue des Sonnengottes Sol aufgestellt war, wird noch dadurch akzentuiert, dass sie nicht von Säulen, sondern durch Eckpilaster begrenzt wird. Zwei freiverkröpfte riesige Marmorsäulen betonen vor der Exedra die Hauptachse der Tempelanlage. Ein geheimnisvoller Effekt wird im Inneren dadurch erzielt, dass die Nischen indirekt durch Fenster über den Interkolumnien beleuchtet werden.
Am Grundriss entdeckt man ohne weiteres wieder jene Mischung der richtigen Zahlen, die uns inzwischen ausreichend bekannt ist und nicht mehr verwundert. Was aber war der Grund dafür, dass Hadrian seinem bedeutendsten sakralen Bauwerk in Rom die bis dahin nicht gebräuchliche Form eines zentralsymmetrischen Baukörpers gab?

Schon in der Antike wurde die Kuppel des Pantheons wegen der goldenen Sterne für eine Nachbildung des Himmels gehalten, in der das Opaion die Sonne war. Der Historiker Cassius Dio berichtet, dass Hadrian im Pantheon beliebte, im Angesicht der Götter Gerechtigkeit walten zu lassen. Hier also sprach der Kaiser Recht und erließ Gesetze. Daraus lässt sich folgern, dass sich die Funktion dieses Tempels deutlich von der anderer Heiligtümer unterschied. Der Kaiser war jetzt selbst gottgleich geworden. Auf dem Kopf trug er den die Sonne symbolisierenden Strahlenkranz, in der Hand hielt er den Globus als Zeichen dafür, dass er über den ganzen Erdkreis (*orbis terrarum*) herrsche. Er, der allmächtige Kaiser, saß als Inkarnation des *Sol invictus* unter der göttlichen Sonne und hielt Gericht. Der Kaiser war zum Mittelpunkt eines Herrscherkults geworden. Alle diese Vorstellungen sollte das Pantheon materiell sichtbar machen.
In der großen Südexedra war die Statue des Sol aufgestellt, in den übrigen sechs Nischen standen Skulpturen der Mondgöttin Luna und derjenigen Götter, die mit den mit bloßem Auge sichtbaren Planeten verbunden waren: Die des Jupiters, des Saturns, des Mars, der Venus und des Merkurs. An jedem Tag wurde nacheinander einem dieser Himmelsgötter geopfert und dadurch der Lauf der siebentägigen Woche festgeschrieben. Noch heute erinnern die Namen der Wochentage in vielen europäischen Sprachen daran: Sunday und Monday; martedí, mercoledí, jovedí, venerdí oder Saturday seien hier beispielhaft genannt.

Das Bild vom außerirdischen Universum mit der Bewegung der Gestirne wiederholt sich im Aufbau der Kuppel. Um die Sonne im Scheitel sind kreisförmig fünf Ringe von Kassetten angeordnet, die den fünf mit bloßem Auge sichtbaren Planeten entsprechen, die das Zentralgestirn umkreisen. Sonnennah sind das die kleinen Planeten Merkur, Venus und Mars, sonnenferner die beiden großen Wandelsterne Jupiter und Saturn. Die Sonderrolle des erdnahen Mondes äußert sich darin, dass es für ihn zwar keinen eigenen Ring gibt, jedoch jede Reihe 28 Kassetten besitzt, welche die Anzahl der Tage zwischen aufeinander folgenden gleichen Mondbildern widerspiegeln sollen.
Das Abbild des himmlischen Kosmos drückt sich auch in der geometrischen Struktur des Bauwerks aus. Seit PYTHAGORAS glaubte man, dass die Ordnung der Welt durch die Harmonie ganzer Zahlen gegeben sei, die denselben Gesetzen gehorche wie die Harmonie der grundlegenden Konsonanzen in der Musik. Betrachtet man den Schnitt durch die Rotunde in Figur 5.20, so erkennt man, dass die Höhe der zylindrischen Wand mit R = 73' gleich dem Radius eines Kreises ist, der die Kuppel innen berührt. Als Fortsetzung des Kuppelgewölbes ließe sich daher im Inneren des Pantheons eine Kugel unterbringen. In das Tempelinnere kann man zusätzlich einen Kegel einzeichnen, der im Schnitt wie ein gleichschenkliges Dreieck aussieht. Seine Basis und die Höhe sind mit 2R gleich lang. Berechnet man den Rauminhalt von Zylinder, Kegel und Kugel, so erhält man:

$$V_{Zylinder} = \pi \times R^3$$
$$V_{Kegel} = 2\pi/3 \times R^3$$
$$V_{Kugel} = 4\pi/3 \times R^3$$
$$V_{Gesamt} = V_{Zylinder} + ½ \times V_{Kugel} = 5\pi/3 \times R^3$$

Für die Verhältnisse dieser Volumina ergeben sich neben den schon bekannten zwei weitere wichtige Konsonanzen der diatonischen Harmonienlehre der Griechen.

$$V_{Kegel} : V_{Kugel} = 1 : 2 \text{ (Oktave)}$$
$$V_{Kegel} : V_{Zylinder} = 2 : 3 \text{ (Quinte)}$$

$$V_{Zylinder} : V_{Kugel} = 3 : 4 \text{ (Quarte)}$$
$$V_{Zylinder} : V_{Gesamt} = 3 : 5 \text{ (Große Sexte)}$$
$$V_{Kugel} : V_{Gesamt} = 4 : 5 \text{ (Große Terz)}$$

Cicero schreibt in seinem Buch *De natura deorum* (II,53):

„Ihr behauptet also, Kegel, Zylinder und Pyramide überträfen die Kugel an Schönheit. Wären jedoch die Figuren schöner, so könnte dies nur äußerlich sein. Doch selbst dem stimme ich nicht zu. Was existiert Schöneres als die Figur, die alle anderen in sich einschließt? ... Zwei Formen übertreffen alle anderen. Unter den festen Körpern ist es die Kugel, unter den Flächen ist es der Kreis. ... Könnt ihr nicht verstehen, dass eine so ebenmäßige Bewegung und eine so beständige Ordnung wie die des Universums notwendigerweise eine kugelförmige Figur voraussetzen?“

Diese geometrischen Ansichten und die rationalen Harmonien der Musik als Sinnbild der Ordnung des Kosmos waren im Bau des Pantheons somit neben die zahlenmäßige Symbolik getreten, die zuvor ihren alleinigen Ausdruck in den Zahlen der göttlichen Proportion und deren irrationalem Modulus Φ gefunden hatte.

5.6 Rasterplanung

Nach der Proportionierung mit Heiligen Zahlen aus überwiegend sakralen Gründen entdeckten die Menschen schon bald jene Vorteile, die sich mit dem Goldenen Schnitt für eine Rasterplanung ergeben. Sie beruhen auf den mathematischen Eigenschaften, die ich schon bei der Unterteilung von *goldenen* Rechtecken und Quadraten beschrieben habe. Vor allem die im 7. Jahrhundert v. Chr. gegründeten Tochterstädte der griechischen Städte rings um das Mittelmeer teilten das Siedlungsland so auf, dass jeder Kolonist ein gleiches, rechteckiges

Landlos erhielt, dessen Seiten durch Heilige Zahlen als Vielfache der Maßeinheiten festgelegt waren. Der Staatsmann Hippodamos von Milet war angeblich der Erste, der auch das rechtwinklige Raster der innerstädtischen Straßen in seiner Heimatstadt Milet nach diesem System plante. Von Kleinasien aus breitete sich diese Idee dann bis nach Italien aus, wo die Etrusker ihre Städte in gleicher Weise mit einem rechtwinkligen Straßensystem erbauten.

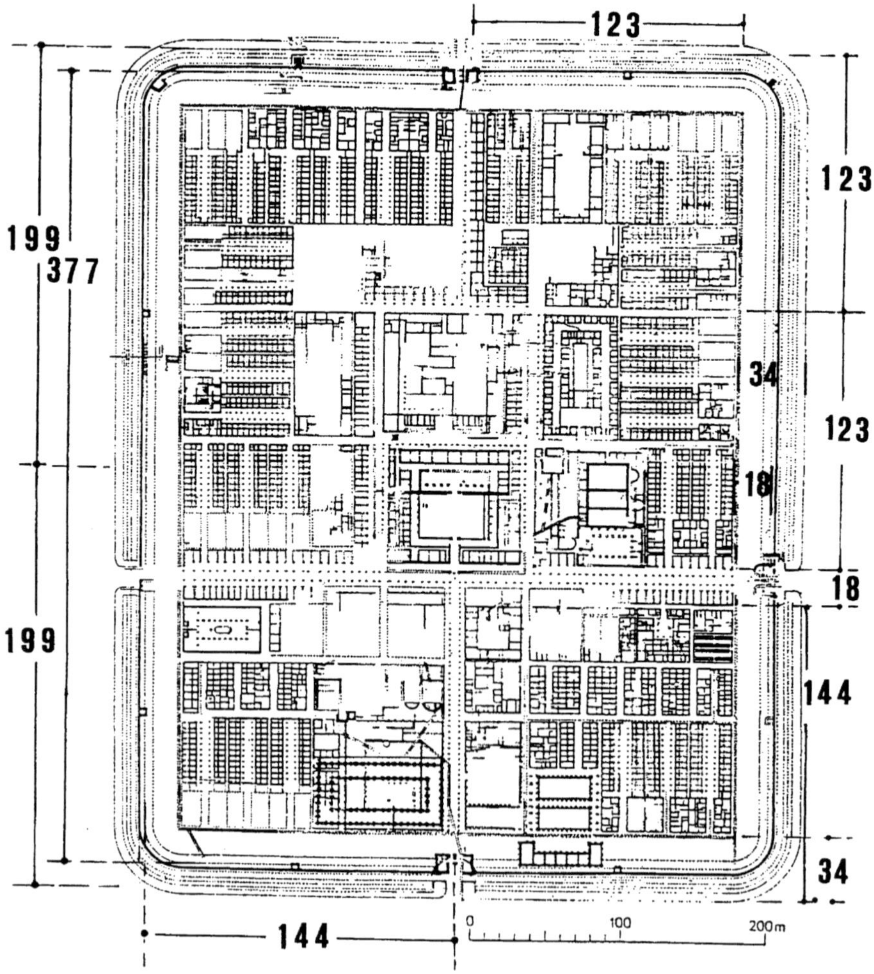

5.21

Spätestens seit Beginn der Kaiserzeit wurden überall im römischen Reich Militärlager für die Legionen nach einem festen Plan errichtet, der die Mathematik des Goldenen Schnitts bewusst anwendete. Das lässt sich daran erkennen, dass dabei auch dessen harmonisches und arithmetisches Mittel als Proportion bei den rechteckigen Lagerflächen verwendet wurden. Das Lagerinnere mit seinen Bauten und Wegen wurde dabei in kurzer Zeit von getrennten Truppenteilen erbaut und dennoch passte am Ende alles zusammen. Zwei Beispiele sollen darlegen, wie das im Einzelnen geschah. Figur 5.21 zeigt das Legionslager Neuss, das unter Kaiser Nero im „Spielkartenformat" errichtet wurde.

Das Lager innerhalb der Mauer hat eine Ausdehnung von 2×144* mal 377* und wurde als Standlager für eine Legion errichtet. Deren Soldaten waren in 30 Manipelkasernen aus Fachwerk untergebracht, die das Lagerinnere wie einen Kranz umgaben. Die Areale für die einzelnen Bauwerke wurden sämtlich mit richtigen Zahlen und der Einheit Klafter 1* = 5' abgesteckt. Betrachtet man den Grundriss als Ganzes, so ergibt sich für das Seitenverhältnis ein Wert von 377* : 288* = Φ^2 : 2. Die Fläche von 377* × 288* ist das arithmetische Mittel aus den Flächen eines Quadrats mit 144# Seitenlänge und aus einem *goldenen* Rechteck mit 144# × 233# Seitenlänge. In der Verwendung der Maßeinheit 1# = 10' (*decempeda*) spiegelt sich noch eine ältere Tradition des Lagerbaus aus der Endzeit der römischen Republik wider.

In Aachen wurde um –54 durch die XIV. Legion Caesars das quadratische Legionslager *Atuatuka* mit 199# Seitenlänge, später dann unter Augustus ein rechteckiges Lager für drei Legionen errichtet. Das jüngere, rechteckige Lager ist ein schönes Beispiel für einen Lagergrundriss, der das arithmetische und das harmonische Mittel des Goldenen Schnitts verwendet. Die Grundfläche setzt sich zusammen aus zwei *goldenen* Teilrechtecken mit Seiten von 322* und 521* Länge. Dieselbe Rechteckfläche würde sich auch als Quadratfläche (322*)^2 × Φ ergeben.

Schreibt man für diesen Ausdruck (2×322* : Φ) × (322* × ½ Φ^2), so erhält man das Produkt HM × AM. Dabei ist HM = 2×322* : Φ = 2×199* das harmonische Mittel HM der beiden Längen 322* und 521*, während der Term AM = ½ (521* + 322*) = 322* × ½ Φ^2 dem arithmetischen Mittel dieser Längen entspricht. Die Gesamtfläche des Lagers beträgt demnach L × B = 644* × 521* = $(322^*)^2$ × 2Φ = 2 HM × AM. Für das Verhältnis L : B = 2×322* : 521* = 2 : Φ ergibt sich wieder das harmonische Mittel der beiden Proportionen 1 : 1 und Φ : 1. Es stellt die Harmonie her zwischen dem rationalsten und dem irrationalsten Verhältnis überhaupt.

Die nutzbare Innenfläche misst 521* × 398* = B × HM = 2×$(322^*)^2$. Es muss nicht besonders erwähnt werden, dass alle wichtigen Proportionen der Lagerteile den Modulus Φ aufweisen, da nur *richtige* Zahlen für die Planung benutzt wurden.

Die Rekonstruktion der Aachener Legionslager ist ein gutes Beispiel für die praktische Anwendung des metrischen Fingerabdrucks.

Das Format der Spielkarte in Figur 4.22 stellt den Umriss eines *castra tertiata* genannten Lagers dar, wie es der Feldmesser HYGINUS GROMATICUS im 2. Jahrhundert beschrieben hat. In seiner Abhandlung *Liber de munitionibus castrorum* beschreibt HYGINUS ein Musterlager mit einem ungefähren Seitenverhältnis von 3 : 2, das wegen seiner gerundeten Ecken als „Spielkartenformat" bezeichnet wird.

Eine genauere Analyse der Proportion L : B = 3 : 2 macht allerdings deutlich, dass es sich dabei eigentlich um eine Näherung für das Verhältnis L : B = 4 : $\Phi^2 \approx$ 1,528 mit Hilfe der Fibonacci-Zahlen handelt. Setzt man nämlich als Näherung Φ^2 = 8/3 = 2 × (4/3), so liefert eine Umformung unmittelbar 4 : $\Phi^2 \approx$ 3 : 2. In Fibonacci-Zahlen ausgedrückt hätte ein römisches *castra tertiata* beispielsweise Seiten von 4×55* und 144* Länge gehabt und damit Platz für die 10.000 Soldaten einer Legion unter Einschluss von Hilfstruppen geboten.

5.7 Bauen mit dem Idealschnitt

Zu Beginn des 4. Jahrhunderts lässt sich erstmals nachweisen, dass der Idealsschnitt statt des Goldenen Schnitts in der Architekturplanung von achteckigen Mausoleen verwendet wurde. Das hatte mit der Symbolik der Zahl 8 im Zusammenhang mit einer Wiedergeburt des Menschen zu tun. Diese Vorstellungen griffen die fränkischen Könige wieder auf, als sie in Aachen eine Kirche bauen ließen.

Alle Bauten der Aachener Pfalz sind unter Karl dem Großen mit einer einheitlichen Planung auf der Grundlage des Idealschnitts errichtet worden. Sie wurden auf einem *idealen* Rechteck von 408×169 Einheiten ≈ 214,5 m × 89 m erbaut und exakt in Nord-Süd-Richtung ausgerichtet. Eine Einheit hatte dabei die Länge $2\ L\sqrt{2} \times \sigma^{-5}$ = 1,78' = 0,53 m. Die Länge L wurde benutzt, weil die Entfernung zwischen Altar und Eingang einer merowingischen Vorgängerkirche diese Länge hatte (HAUSMANN 1998a). Diese kleine Kirche war noch mit den Fibonacci-Zahlen und dem römischen Fuß als Maßeinheit geplant worden.

Die Palastanlage bestand aus einer Pfalzkapelle - dem heutigen Dom - einer königlichen Aula am Ort des Rathauses und einem Wohntrakt für den Kaiser. Die Bauten waren durch Verbindungsgänge miteinander verbunden und schlossen einen großen Innenhof ein. Wahrscheinlich hatte die Palastanlage drei Eingänge, die von Westen in ein der Kirche vorgelagertes Atrium, durch den Wohnpalast zum zentralen Hof und von Osten in die Aula führten. Ein aus Holz gefertigter Gang verlief zu den ehemals römischen Badeanlagen. Die Palastkirche erfüllte die Vorgabe der Johannesoffenbarung, in Breite, Länge und Höhe gleich groß zu sein.

Das Bauwerk wurde zwar mit den Proportionen des Idealschnitts, jedoch als geometrische Konstruktion und nicht unter Verwendung von Idealzahlen geplant. Man könnte vermuten, der Architekt der Aachener Bauten habe die Idealzahlen nicht gekannt und habe deshalb auf die geometrische Konstruktion zurückgegriffen. Das ist aber nicht richtig, da

die zeitgleichen Kirchenbauten der Benediktinerabteien Inda und Corvey sowie die Basilika in Steinbach im Odenwald das Gegenteil beweisen. Vielmehr ist es so, dass die vorhandenen Bauten durch ihre Planung auf der Basis der überkommenen sakralen Länge L die geometrische Konstruktion erzwangen.
Wollte man die Neubauten an bereits vorhandene, ältere Teile der Anlage anpassen, so musste man dieselbe Maßeinheit verwenden, damit alle Bauteile einheitliche Proportionsverhältnisse aufwiesen. Mit unterschiedlichen Maßeinheiten, beispielsweise der Länge L und der Einheit 1', wäre das nicht möglich gewesen.

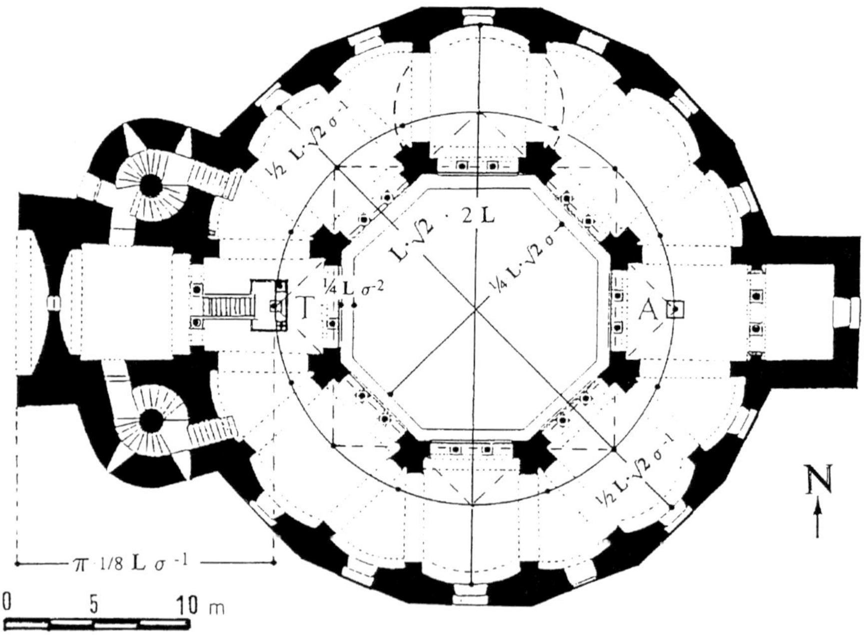

5.22

Besonders sorgfältig ist die sechzehneckige Palastkirche samt ihrer Ausstattung mit Türen und Bronzegittern geplant worden. Der Innenraum der Kirche besteht aus einem schlanken Achteck mit einem zweigeschossigen, ringförmigen Umgang, der mit einem Klostergewölbe gedeckt ist. Einer rechteckigen Sakristei im Osten liegt im Westen der Anlage ein Westbau mit Vorhalle gegenüber. Zwischen zwei seitlich zur Empore führenden Treppenhäusern erhebt sich über dem Westbau ein Turm. Das mit aufsteigenden Kreuzgratgewölben gedeckte Umgangsgürtelschiff öffnet sich in acht Rundbogenarkaden mit doppelten Säulenstellungen zum Mittelraum (Figur 4.13).

Wie in Figur 5.22 beim Obergeschoss zu sehen ist, bestand die Planungsgrundlage aus zwei um 45° gegeneinander gedrehten Quadraten mit L als Seitenlänge. Zwei der acht Quadratecken markieren die Orte von Thron (T) und Altar (A), deren Verbindungslinie AT als Diagonale mit der Länge $L\sqrt{2}$ die Ost-West-Richtung liefert. Die Schnittpunkte der beiden rotierten Quadrate bilden die acht Ecken eines regelmäßigen Oktogons, an denen die acht Pfeiler der Oktogonarkaden errichtet wurden. Die acht Quadratecken im Obergeschoss bilden zugleich die Kreismittelpunkte für die konkaven Innenseiten der Wände. Im Obergeschoss verlaufen die Seiten der rotierten Quadrate genau durch die Mitten der 16 Säulen. Die Entfernung zwischen zwei gegenüberliegenden konkaven Nischen misst exakt 2 L und ist damit genauso groß wie die Höhe des Kuppelscheitels über dem Fußboden des Oktogons.

Die acht Pfeiler des Oktogons beweisen die Verwendung des Idealschnitts bei der Planung. Das wird in Figur 5.23 deutlich. Hier ist der Punkt S identisch mit einer der acht Oktogonecken des Grundquadrats mit der Seitenlänge L. Er ist gleichzeitig Eckpunkt eines kleineren Oktogons von $L\sqrt{2} \times \sigma^{-5}$ Seitenlänge. Auf der Basis des Idealschnitts kann man auf geometrische Weise aus ihm das größere Oktogon a bis h konstruieren, dessen Seiten dann $L\sqrt{2} \times \sigma^{-4}$ lang werden. Durch die Verlängerung der Seiten des inneren, kleineren und des äußeren, größeren Achtecks werden die Pfeilerfluchten festgelegt. Die Pfeilerecken erhält man als Schnittpunkte eines Kreises mit den Verlängerungsgeraden.

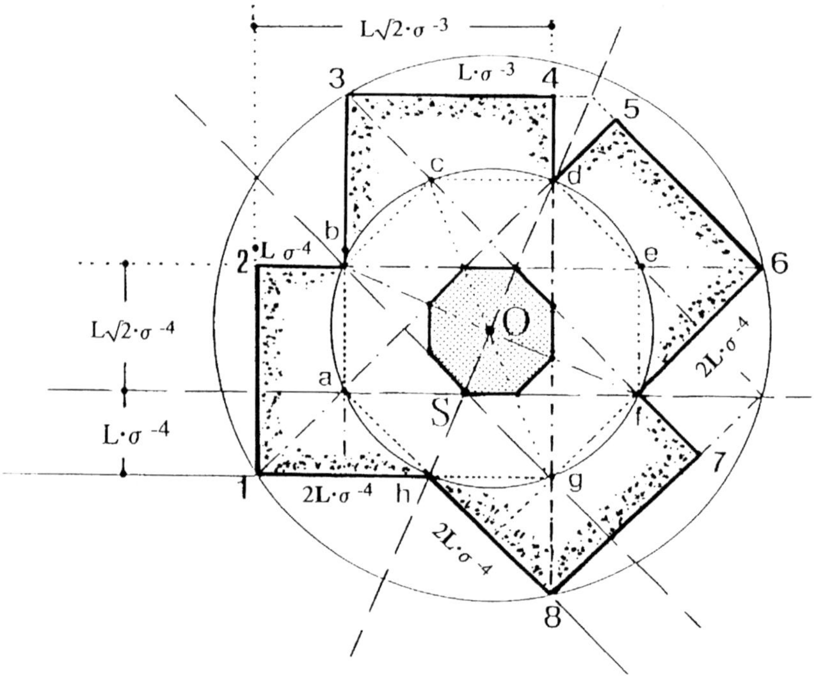

5.23

Der Pfeilergrundriss lässt sich geometrisch aus nur zwei Längen aufschnüren, nämlich aus den Strecken 1,52' = L × σ^{-4} zwischen den Punkten 2 und b, sowie 2,14' = L√2 × σ^{-4} zwischen den Punkten a und b. Die Pfeilerseiten 1 – h = h – 8 = 3,04' = 2 L × σ^{-4} sowie 1 – 2 = 3 – 4 = 5 – 6 = 7 – 8 = 3,66' = L × σ^{-3} ergeben sich dann unmittelbar aus der geometrischen Konstruktion durch Verlängerung der Oktogonseiten im Inneren des Pfeilers.

Nach der Festlegung der Ecken eines Oktogons mit L × σ^{-1} als Seiten und L als Durchmesser für die Herstellung aller Maße sowie mit dem beschriebenen Plan für den Pfeilergrundriss war es leicht möglich, alle anderen Bauteile, wie etwa die Gestalt und die Abmessungen der

Gurtbögen und Pfeilervorlagen der Joche, im Gelände durch Fluchten und Aufschnüren festzulegen. Sie alle ergeben sich durch Fluchtlinien, die entlang den Pfeilerbegrenzungen verlaufen.

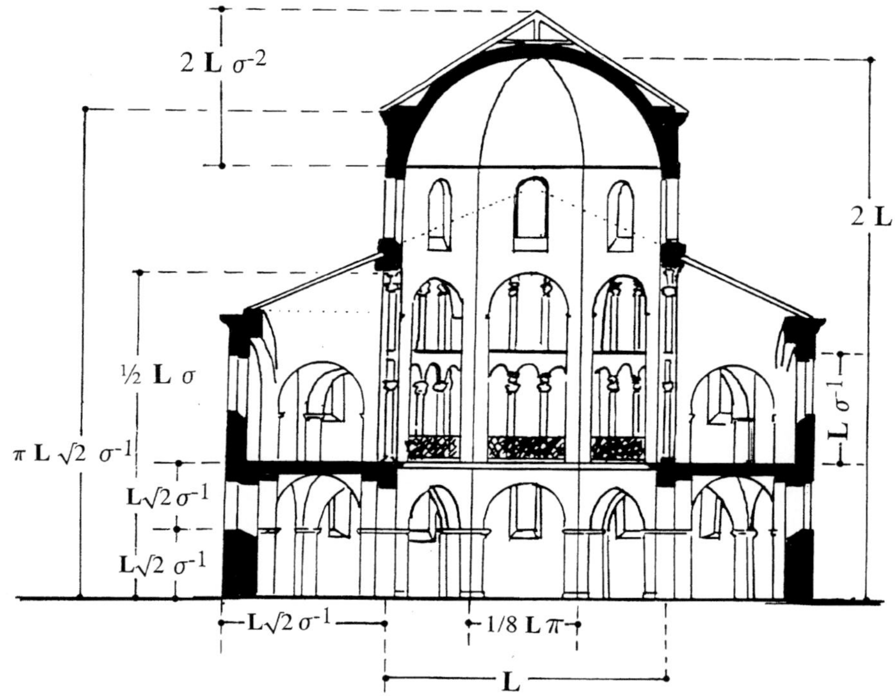

5.24

Eine genaue Analyse des Bauwerks zeigt, dass die verwendeten Maße des Zentralbaus von Aachen mit großer Wahrscheinlichkeit durch eine fortgesetzte Unterteilung eines Oktogons gemäß Figur 4.12 erhalten wurden. Die Planung berücksichtigte dabei die biblischen Vorgaben und verwendete die Kreisquadratur zur Sichtbarmachung der Sonderrolle des Kaisers in seinem Symbolbauwerk.

5.25

Rund fünfhundert Jahre später, seit 1233, ließ Kaiser Friedrich II. in Apulien ein Bauwerk für das im Jahr 1239 wieder einmal erwartete Weltende errichten. Es handelt sich um eine Burg mit dem Namen *Castello del Monte*. Könnte man sich wie einst Dädalos in die Lüfte schwingen, so sähe man auf einer Anhöhe das Gebäude aus gelblich-weißem Kalkstein wie eine gigantische, kristalline Schneeflocke ausgebreitet unter tiefblauem Himmel liegen. Dann aber würde man schnell feststellen, dass dieser Eiskristall nicht die sechszählige Symmetrie der Schneeflocken aufweist, sondern ein vollkommenes Achteck ist. Wie man am Grundriss in Figur 5.26 erkennt, umgeben acht trapezförmige Räume den oktogonalen Innenhof. An den Ecken des durch sie geformten Oktogons ragen symmetrisch acht kleinere oktogonale Treppentürme in den Himmel, durch die man in das Obergeschoss des Bauwerks gelangt.

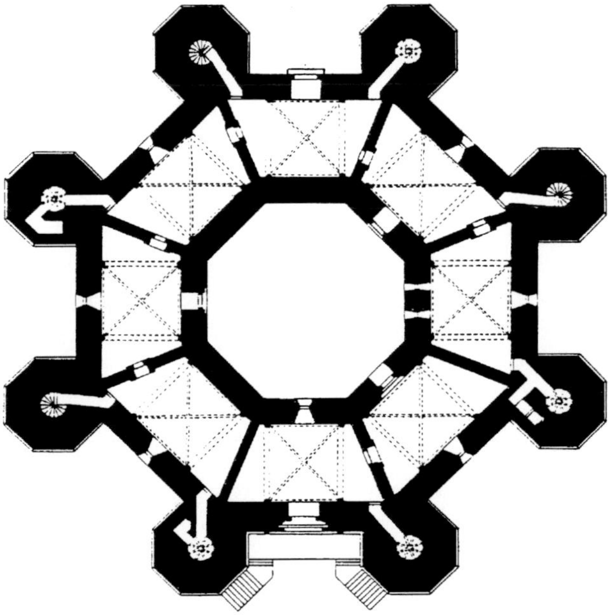

5.26

Da das Achteck das zum Idealschnitt gehörige Polygon ist, lohnt sich eine genauere Untersuchung von *Castello del Monte*. Aus Figur 5.27 ergibt sich, dass das Oktogon in das Quadrat OPQR mit der Seitenlänge 2×70' einbeschrieben wurde. Das Fußmaß ist 18 Fingerbreiten lang und entspricht dem antiken pheidonischen Fuß von 32,8 cm. Vier Kreisbögen, mit der halben Diagonalenlänge als Radius um die Ecken des Quadrats geschlagen, zerlegen die Quadratseiten in Stücke von 41' ∗ 2×29' ∗ 41'. Die Schnittpunkte der Seiten und Kreisbögen liefern die acht Mittelpunkte a bis h für die Treppentürme. Verbindet man nun a mit f, b mit e usw., so legen diese Geraden im Zentrum der Figur das Achteck *a* bis *h* des Innenhofes mit 2×29' Durchmesser und Kantenlängen von 2×12' fest. Verlängert man die Oktogonseiten bis zum Schnitt, so sieht man, dass die Figur des Achtecks dem Quadrat STUV mit 2×29' Seitenlänge einbeschrieben ist. Die Teilstücke dieses inneren Quadrats messen 17' ∗ 2×12' ∗ 17' und entstehen durch die Unterteilung

der Seiten mit Kreisbögen von 41' Länge um die Ecken S–T–U–V. Verbindet man nun wieder gegenüberliegende Ecken am Quadrat STUV des Innenhofes, so erhält man die Oktogone der Treppentürme mit Durchmessern von 2×12' und Seiten von 2×5'.
Alle drei entstandenen Achtecke stehen mit ihren Durchmessern und Kanten wegen 2×70' : 2×29' ≈ 2×29' : 2×12' ≈ 2×12' : 2×5' ≈ σ im Verhältnis des Idealschnitts zueinander. Aus den Maßzahlen und aus der Verwendung des Fußes als Einheit ergibt sich eindeutig, dass der Baumeister die Zahlenfolge des Idealschnitts gekannt und benutzt hat, als er den Plan für das oktogonale Bauwerk schuf.

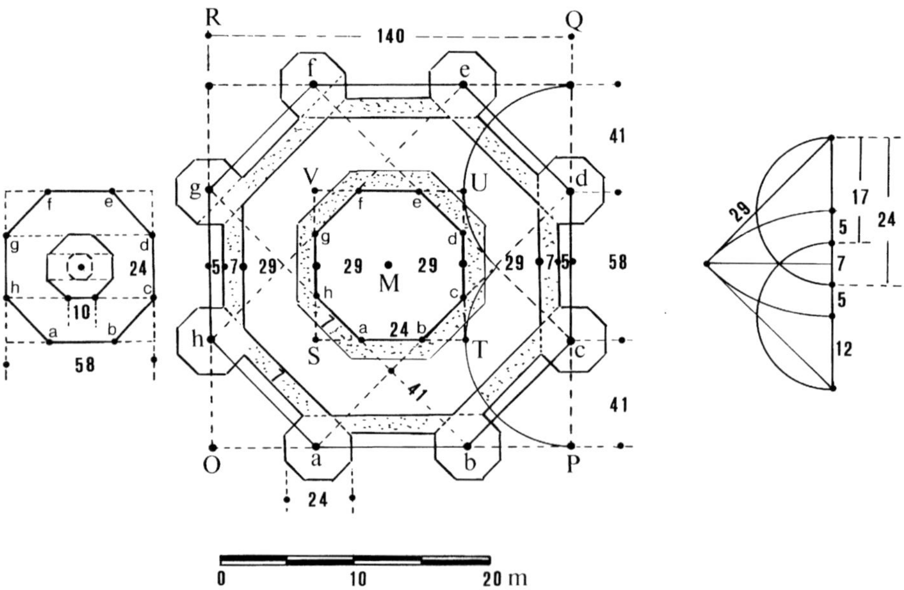

5.27

Ein Schnitt durch das Bauwerk macht deutlich, dass die Höhe des Untergeschosses bis zum außen umlaufenden Sims 2×12', die des Obergeschosses hingegen 2×17' beträgt. Damit ergeben sich für die Gesamthöhe des Bauwerks 2×29'. Auch der Innenhof hat als Achteck einen Durchmesser von 2×29'. Deshalb dürfen wir vermuten, dass dieser zum Himmel hin geöffnete Raum als Ort für die eventuelle Erscheinung Gottes in diesem „Himmlischen Jerusalem" des Kaisers gedacht war. In der achteckigen Form des Bauwerks offenbart sich wie fast fünfhundert Jahre früher beim Kirchenbau in Aachen, dass für die mittelalterlichen Menschen die Zahl 8 und das Oktogon Ausdruck und angemessenes Symbol für eine Wiederkehr Gottes auf dieser Erde waren.

- Der Goldene Schnitt und sein jüngerer Bruder, der Idealschnitt, sind vor anderen Proportionen ausgezeichnet. Der Grund dafür ist die Sonderstellung der Noblen Zahlen in der Mathematik, zu denen die Moduli dieser Kathetenschnitte gehören. Sie spielen eine besondere Rolle in der Mathematik. Ohne dieses Wissen haben die Menschen die Proportion des Goldenen Schnitts bereits vor mehr als 6.000 Jahren als Heilige Zahlen am menschlichen Körper entdeckt und als etwas Besonderes empfunden. Sie begannen mit diesen Zahlen und gemäß den sich daraus ergebenden Proportionen zu bauen. Später fingen sie an, mit den Zahlen zu rechnen und schufen dadurch die Grundlage aller Mathematik. Es ist schwer zu sagen, ob sich die lange andauernde Bevorzugung gerade dieser Proportion aus der mathematischen Beschäftigung ergab oder ob Menschen sie deshalb bevorzugten, weil sie darin eine natürliche, auch der menschlichen Gestalt eigene Norm erkannten.

Da ich das Buch mit einer Spekulation über Pythagoras begonnen habe, möchte ich es auch mit einer hypothetischen Überlegung beschließen. Die Entdeckung des Philosophen war die hörbare Harmonie von schwingenden Saiten, die sich in den ganzzahligen Verhältnisse der Saitenlängen äußerten. Je größer die Zahlen in den Verhältnissen wurden, desto unharmonischer erwies sich allerdings der Klang der akustischen Konsonanzen. Hätten sich die Pythagoreer nicht von dieser zunehmenden Dissonanz abschrecken lassen, sondern der Mathematik vertraut, so wären sie zwar in der Irrationalität angekommen, doch hätten sie dabei die vollkommene visuelle Harmonie der göttlichen Proportion erkannt.
Manchmal erfordert Wissenschaft eben auch Mut!

BIBLIOGRAFIE

ALBERTI, LEON BATTISTA: **Zehn Bücher über die Baukunst**, Ed. Max Theuer, Leipzig 1912

ANDRÉ, PAUL: **Die Kupferstecher der Renaissance**, Bornemouth 1996

ARCHIMEDES: **Fünf geometrische Bücher**, in Th. Heath: Archimedes' Werke, Berlin 1914

ARGYRIS, J. – G. FAUST – M. HAASE: **Die Erforschung des Chaos**, Braunschweig 1995

AURELIUS AUGUSTINUS: H. Krings in **Ordo. Philosophisch-historische Grundlegung einer abendländischen Idee**, Halle 1941

BEUTELSPACHER, A. und B. PETRI: **Der goldene Schnitt**, Mannheim 1989

BRAVAIS, A. et L.: **Sur la disposition symmetrique des inflorences**, in Ann. Scienc. Nat VII et VIII, Paris 1837

BRIGGS, JOHN – F. DAVID PEAT: **Die Entdeckung des Chaos**, München 1990

CH'ONG-ZHI: H. Kogelschatz in **Bibliographische Daten zu frühen mathematischen Schriften Chinas**, München 1981

DUCKWORTH, G.: **Structural patterns and proportions in Vergil's Aeneid - A study in mathematical composition**, University of Michigan press, Ann Arbor 1962

DÜRER, ALBRECHT: **Unterweisung der Messung**, ed. A. Peltzer, München 1909

ENGEL-HARDT, R.: **Der Goldene Schnitt im Buchgewerbe**, Leipzig 1919

EUKLID: **Die Elemente**, Buch I – XIII, Übersetzer Clemens Thaer, Wissenschaftliche Buchgesellschaft Darmstadt 3, 1969

FECHNER, GUSTAV THEODOR.: **Vorschule der Ästhetik**, Leipzig 1876

GREENE, J.: Journal of Mathematical Physics 20, 1183 (1979)

HAUSMANN, A.: **Cherubim und Kreuze**, Aachen 2000a

HAUSMANN, A.: **Kirchen – Tempel – Pyramiden**, Aachen 1998a

HAUSMANN, A.: **Atlantis**, BoD, Norderstedt 2000b

HAUSMANN, A.: **Kreis, Quadrat und Oktogon**, Aachen 1998b

HAUSMANN, A.: **Atuatuka**, Aachen 2001

HYGINUS: **Hygini Gromatici Liber de munitionibus castrorum**, Ed. A. v. Domaszewski, Leipzig 1887

KEPLER, JOHANNES: **Weltharmonik** , Übersetzer Max Caspar, München 1973

KOECHER, MAX: **Castel del Monte und das Oktogon**, Miscellanea mathematica, Berlin 1991

LANGOSCH, KARL: **Komposition und Zahlensymbolik in der mittellateinischen Dichtung**, Miscellania Mediaevalia 7, 106, 1970

LAUENSTEIN, HAJO: **Arithmetik und Geometrie in Raffaels Schule von Athen**, Berlin 1998

LE CORBUSIER: **Der Modulator**, J. G. Cotta'sche Buchhandlung, Stuttgart 1953

LENDVAI, E.: **Béla Bartók – An Analysis of his Music**, Kahn and Averill, London 1971

LEONARDO FIBONACCI: **il liber abbaci**, Bibliotheka Ambrosiana de Milano contrassegnato I, 72

LORENZ, J.: A. v. Thimus in **Die harmonikale Symbolik des Altertums**, Bd. 1, 28, 1868

LUDWIG, F.: **Einige wichtige Abschnitte aus der mathematischen Botanik**, Botanisches Zentralblatt 68, 1, 1896

LÜTTICH, FRANCO VON: **De quadratura circuli**, Arch. Intern. Hist. Sci. 26, 59 (1976)

MANDELBROT, B. B.: **The Fractal Geometry of Nature**, Freeman, San Francisco 1982

NEUWIRTH, GÖSTA: **Symbol und Form**, (Te Deum K 270) Johann Josef Fux, Sämtliche Werke, Graz, X-XV, 1979

PACIOLI, LUCA (Fra Luca di Borgo): **De Divina Proportione**, Venedig 1497

PENROSE, R.: Bull. Inst. Math. and its Appl. 10, 226 1974

PFEIFER, F. X.: **Der Goldene Schnitt und dessen Erscheinungsformen in Mathematik, Natur und Kunst**, Augsburg 1885

PLATON: **Spätdialoge**, Übersetzer Rudolf Rufener, Zürich 1969

PÖTTERS, W.: **Nascita del Sonetto**, Longo editore, Ravenna 1998

POINCARÉ, H.: **Les Méthodes Nouvelles de la Mécanique Céleste III**, Gauthiers-Villars, Paris 1899

PROTAGORAS: in H. Diels **Fragmente der Vorsokratiker**, Berlin 1951

PTOLEMAIOS, KLAUDIOS: **Claudii Ptolemaei opera quae extant omnia**, Ed. J. L .Heiberg, Leipzig 1898

PYTHAGORAS: B. L. Van d. Waerden in **Die Pythagoreer**, Zürich 1979

REDIG DE CAMPO, D.: **Raffaello nelle Stanze**, Aldo Martello Editore, Milano 1965

REIS, H.: **Der Goldene Schnitt und seine Bedeutung für die Harmonik**, Bonn 1990

RICHTER, P. H. und H.- J. SCHOLZ: in **Ordnung aus dem Chaos**, p. 175. Serie Piper, München 1991

ROTTLÄNDER, R. C.: PTB-Mitteilungen 107, 247 (4 / 1997)

SCHMID, W.: A. v. Thimus in **Die harmonikale Symbolik des Altertums**, Bd. 1, 28, 1868

SCHMIDT, H.: in Fortschritte der Akustik, DAGA '88, p.621

SONNTAGBAUER, W.: **Der Kanon des Polyklet als mathematische Form**, Berlin 1995

STAIGMÜLLER, H.: in **Lucas Paciuolo**, Z. f. Math. & Phys. 34, 81 (1889)

STAVANS, J., F. HESLOT, A. LIBCHABER: Phys. Rev. Lett. 55 (6), 596

UNGER, E.: in **Eberts Reallexikon der Vorgeschichte**, Bd. VIII, p. 58, 1927

URBAN, K., P. KRAMER, M. WILKENS, Physikalische Blätter 42, 373 (1986)

URBAN, K., H.- U. NISSEN: Physikalische Blätter 44, 144 (1988)

VARDELL SANDRESKY, MARGOT: **The golden section in the three byzantine motets of Dufay**, Journal of Music Theory 25, 291,1981

VARRO, MARCUS TERENTIUS: **Fragmente**, in N. Bubnov: Gerberti postea Silvestri II Papae Opera, Mathematica, Berlin 1899

VERHULST, F.: **Nonlinear differential equations and dynamical systems**, Springer, Berlin 1990

VILLARD DE HONNECOURT: **Bauhüttenbuch 1235**, Ed. A. Schroll, Wien 1935

VITRUV: **De architectura libri decem** Ed. C. Fensterbusch, Wissenschaftliche Buchgemeinschaft, Darmstadt 1964

WALSER, H.: **Der Goldene Schnitt**, Leipzig 1993

WEST, BRUCE J. and ARY. L. GOLDBERGER: **Physiology in Fractal Dimensions**, American Scientist, 7 / 1987

ZEISING, A.: **Der goldene Schnitt**, Halle 1884